皖中皖北
水资源演变与配置技术

王振龙　朱　梅　章启兵　钱筱暄　董秀颖◎著

U0350577

中国科学技术大学出版社

内 容 简 介

　　皖中皖北属严重缺水地区,且地表水体污染严重,集中式饮用水达标率低,整体上面临极大的缺水和水污染压力,部分区域面临生存和安全压力,供水安全和水环境安全面临前所未有的挑战。

　　本书以皖中皖北为研究对象,揭示了水资源的演变特征,分析研究了区域内重点缺水区域、主要城市的现状及近期不同年型不同保证率的缺水态势,评价了区域的供水安全状况,提出了研究区安全供水方案及供水保障关键技术,为皖中皖北水资源优化配置、可持续利用和管理提供了技术支撑。

图书在版编目(CIP)数据

皖中皖北水资源演变与配置技术/王振龙,朱梅,章启兵,钱筱暄,董秀颖著. —合肥:中国科学技术大学出版社,2015.1
ISBN 978-7-312-03637-8

Ⅰ.皖… Ⅱ.①王…②朱…③章…④钱…⑤董… Ⅲ.水资源管理—研究—安徽省 Ⅳ.TV213.4

中国版本图书馆 CIP 数据核字(2014)第 312046 号

出版　中国科学技术大学出版社
　　　　安徽省合肥市金寨路 96 号,邮编:230026
　　　　网址:http://press.ustc.edu.cn
印刷　安徽省瑞隆印务有限公司
发行　中国科学技术大学出版社
经销　全国新华书店
开本　710 mm×1000 mm　1/16
印张　25.5
字数　528 千
版次　2015 年 1 月第 1 版
印次　2015 年 1 月第 1 次印刷
定价　59.00 元

序

近 20 年来,人类活动的影响加剧和城市化进程的快速推进,特别是为防洪除涝、农田排灌及水资源开发而进行的各种水利工程的续建配套和兴建,以及安徽省沿淮及淮北煤炭的大规模开采引发的大面积深陷区的形成,使得皖中皖北地区水文循环条件、水资源转化关系和水资源情势发生了变化,同时水资源利用方式、供水结构发生了较大的改变。因此,本书着重对皖中皖北地区水资源情势变化和缺水态势与供水安全保障进行综合研究,揭示变化条件下水资源的演变特征及情势规律,对区域内重要跨省界水资源区域、重点缺水区域、主要城市的供水安全状况进行系统评价,从区域特点和实际出发,研究供水安全保障关键技术,提出重要水资源区域的安全供水方案及供水保障关键技术,意义重大又十分迫切。这不仅能解决这些地区日益复杂的水资源问题和满足供水安全的迫切需要,也事关区域经济可持续发展的重大战略问题,具有非常重要的现实意义。

本书是作者在系统对皖中皖北地区水资源演变和综合利用研究的基础上撰写而成的,主要阐述了开展研究的基本情况、皖中皖北地区及重点区域水资源概况、水文循环与水资源演变、供需平衡及缺水态势、水资源开发潜力与承载力、供水安全评价、供水安全保障关键技术和供水安全保障方案以及重点城市和区域的水资源优化配置等研究结论和相关技术。

书中利用安徽省水文局淠史杭蒸发实验站、五道沟水文水资源实验站历年实验研究资料和皖中皖北地区近 150 个水文站点长系列水文监测资料,首次开展变化环境下皖中皖北地区水文情势演变规律和水资源变化规律的研究,把水循环要素转换关系和水资源演变研究成果,应用于水资源开采潜力、承载力及供水安全评价中,并将水资源承载力和供水安全研究成果,又应用于区域供水安全保障关键技术研究。相关研究结果和技术自 2009 年以来,已在皖中皖北的水利和科研等部门的水资源综合规划、流域综合规划、农村水利规划、易旱缺水地区综合治理规划、城市供水规划、水资源调度与管理等方面得到广泛应用,并取得显著的社会经济和生态效益,为保障区域社会经济与城市协调发展提供了重要技术支撑。

本书是针对皖中皖北地区系统全面的水文水资源科学基础和应用研究的专著,适合全国广大水文水资源科技工作者在实际工作中参考和借鉴。

编　著
2014 年 9 月

前　　言

　　皖中皖北地区地处我国的东部,位于黄河和长江之间,是南北气候、高低纬度和海陆相三种气候过渡带的典型地区,由于特殊的地理位置和气候条件,水资源时空分布极不均匀、人均占有量偏少、空间分布与人口土地经济社会格局不匹配、水体污染严重,导致该区洪涝旱灾害频发及水资源问题的复杂性。尤其是位于皖中的江淮分水岭缺水地区,人均水资源占有量不到 600 m³,皖北地区人均水资源占有量不到 500 m³,约为全国人均水资源占有量的 1/5,属于严重缺水地区。近年来,随着国家实施中部发展战略和经济社会的快速发展,沿淮城市群、合肥经济圈、皖江城市带三大区域发展战略加速推进,安徽省"三化"同步发展进程加快,皖中皖北已进入快速发展期,也是水资源和水环境新问题和新矛盾更为频发期,供需矛盾日益突出,水资源短缺已成为区域发展的重大制约。整体上面临越来越大的缺水和水污染的压力,部分地区已面临生存和安全的压力,供水安全和水环境安全面临前所未有的挑战。新时期水资源的合理开发、高效利用和科学调配,成为皖中皖北地区当前乃至更长时期迫切需要解决好的水安全重大问题之一。这不仅是解决该区日益复杂流域水资源问题和供水安全、粮食安全的迫切需要,也是事关流域区域经济社会可持续发展和经济安全全局的重大战略问题,同时解决皖中皖北水资源问题对全国也有着较好的借鉴意义。

　　本书以安徽省皖中皖北地区重要缺水区域、重要流域、重要城市等为重点研究对象。按照"把当地水留住,把当地水用好,注重节约,优水优用"的水资源开发利用战略指向,将水循环和水资源演变放到区域背景中,构建河湖连通、库塘调配的水资源配置格局。以皖中皖北地区丘陵代表站和平原代表站淠史杭蒸发实验站、五道沟水文水资源实验站为依托,采用皖中皖北地区近 150 个站点 1956~2010 年长系列水文水资源资料和区域社会经济资料,采用野外实验、资料分析、模型计算等手段开展研究,揭示了变化条件下水循环和水资源演变特征。在此基础上,开展了皖中皖北地区重点区域和主要城市缺水态势和供水潜力与水资源承载能力分析,评价重要水资源区域、重要城市的供水安全现状。在区域、流域和灌区水资源总体配置框架下,针对不同区域水资源特征和利用条件,提出供水安全保障关键技术。结合区域社会经济发展对水资源的需求,紧紧围绕供水安全,提出保障重点水资源区和主要城市供水安全的优化配置方案及特枯水期和突发事件期应急供水预案。

　　本书由安徽省·水利部淮河水利委员会水利科学研究院、安徽省水文局、安徽农业大学等单位,历时近三年联合攻关完成。王振龙负责全书的大纲编写与统稿。全书主要由王振龙、章启兵、朱梅、钱筱暄、董秀颖负责编著完成,章启兵、王兵、柏菊编写第一、二章,朱梅、尚晓三、王发信编写第三、四章,钱筱暄、尚新红、陈小凤、王辉编写第五、六章,董秀颖、许一、刘猛、张梦然编写第七、八章,张乃丰、胡勇、胡军编写第九章。安徽农业大学郑佳重、周迪、时召军、赵家祥、赵博、梅海鹏参与专著资料整理、分析及文稿编排等工作。

　　书中所述技术于2009～2012年在水利规划设计、水资源保护规划、科学研究、水资源管理配置、农业抗旱及高校等部门得到了广泛应用,为产学研结合及水资源学科的发展起到了积极的推动作用,为安徽省皖中皖北地区重点缺水区域及主要城市供水安全和粮食安全,经济结构的布局调整,保障区域社会经济快速发展起到重要的支撑作用,并产生了显著的社会经济效益。本书在写作过程中,得到了安徽省水利厅、淮河水利委员会、河海大学、五道沟水文水资源实验站、渒史杭蒸发实验站、蚌埠市水利局、六安市水利局、合肥市水务局以及渒史杭灌区管理总局等单位的大力支持和帮助,本书凝聚了这些单位水利工作者多年的辛勤劳动。书中采用了皖中皖北地区近150个水文站点及实验站的长系列资料,这些资料的取得都凝聚了大量基层水文工作者多年的辛苦积累。在此,向一直关心和支持本书写作的单位、领导和同志们表示衷心的感谢。

　　由于作者水平有限,书中疏漏或不足之处在所难免,敬请广大读者批评指正。

作　者

2014 年 9 月

目　　录

第1章 绪 论

1.1 研究背景

1.1.1 皖中皖北水资源与水安全问题

皖中皖北地区是安徽省政治、经济、文化、交通、能源的重要区域,也是经济发展极具潜力的区域。区内中小流域众多,水系发达,尤其是区内的淮河流域,是我国独具特色的流域和水系,涉及河南、安徽、江苏、山东、湖北四个省级行政区,流域独特的地形地貌、气候特征和社会经济特点导致其水问题交织而十分复杂。皖中皖北区域,尤其是淮河流域长期的水旱灾害致使淮河流域经济处在我国经济洼地,但优越的地理位置、丰富的煤炭资源和良好的光热资源,使得区域经济发展又极具潜力。国家实施中部发展战略、合肥经济圈建设、皖江城市带承接产业转移示范区等重大战略的实施,为本地区发挥区位、交通、土地、劳动力、农副产品资源等优势,构建现代农业产业体系,提供了更大的发展空间;我省经济在"十二五"期间的跨越式发展,将为江淮分水岭地区发展提供有力支撑。皖中皖北地区已进入快速发展期,也是水资源和水环境新问题、新矛盾更为频发期,供需矛盾日益突出,整体上面临越来越大的缺水和污染的压力,部分地区已面临生存和安全的压力,供水安全和环境安全面临前所未有的挑战。皖中境内的巢湖水质常年处于Ⅳ~Ⅴ类标准,水多却不能有效利用,水环境形势较为严峻;皖北境内淮河干流水质有所好转,但仍有65%左右的水质存在不同程度的污染,28.6%的水质重度污染。地表水污染严重,不仅使其失去生态和使用功能,引起结构性缺水,加剧了水资源匮乏,而且还会导致地下水污染。皖中皖北集中式饮用水达标率只有70%左右,低于全省平均水平23个百分点。新时期皖中皖北地区尤其是重点缺水地区水资源合理开发、高效利用和科学调配,已成为当前乃至更长时期迫切需要解决好的水安全保障重大问题。

1.1.2 研究的意义

皖中皖北地区是受人类活动影响最剧烈的流域。尤其是近20年来,由于人类活动的影响加剧和城市化进程的快速推进,特别是防洪除涝、农田排灌及水资源开发各种水利工程的兴建,以及安徽省沿淮及淮北煤炭的大规模开采引发的大面积沉陷区形成,使得区域水文循环条件、水资源转化关系和水资源情势发生了变化,同时水资源利用方式、供水结构发生了较大的改变。因此,在整个区域背景下,开展皖中皖北地区水资源缺水态势与供水保障综合研究,揭示变化条件下水资源的演变特征及情势规律,对区域内重要水资源区域、主要城市的供水安全状况进行系统评价,从地区特点和实际出发,研究供水安全保障关键技术和措施,提出重要水资源区域的安全供水方案及供水保障关键技术,意义重大且十分迫切。这不仅是解决该区日益复杂水资源问题和供水安全、粮食安全的迫切需要,也是事关区域经济社会可持续发展和经济安全全局的重大战略问题。

本项目以皖中皖北地区为研究区域,重点研究区域水资源问题突出的江淮分水岭区域、平原区及重要城市等;针对流域内近 20 年来较为剧烈频繁的人类活动,开展了对水文循环要素时空变化规律、水资源供需关系及缺水态势、水资源开发潜力与承载力及供水安全评价的研究;对区域内水资源问题突出和流域层面水资源管理重点关注的区域的供水安全及保障措施进行了评价;对流域内提高供水安全保障的关键技术进行了研究,提出"水资源优化调度与管理技术"、"洪水资源安全利用技术"、"地下水水资源分布规律与开采技术"、"特殊干旱期水资源安全利用技术"等系列关键技术成果,在此基础上提出了皖中皖北重要城市和重点区域供水安全保障技术与优化配置方案,为保障区域供水安全、粮食安全、经济安全提供了技术支撑。

1.2　皖中皖北供水现状与水资源研究回顾

1.2.1　皖中皖北供水现状与缺水态势

根据调查分析,皖中地区(主要为江淮分水岭区域的六安市、合肥市、巢湖市、滁州市)区内供水量由 1980 年的 59.5 亿 m^3 增加到 2010 年的 98.9 亿 m^3,年均递增 2%。其中,供水增长最快的为合肥市,年均增幅 2.3%。现状年 2010 年供水工程中,蓄水工程供水量 55.00 亿 m^3,占区域总供水量的 56.0%;引水工程供水量 12.2 亿 m^3,占区域总供水量的 12.4%;提水工程供水量 24.5 亿 m^3,占区域总供水量的 24.90%;跨流域调水工程供水量 3.16 亿 m^3,占区域总供水量的 3.22%。其中六安市供水量最大为 29.7 亿 m^3,主要是淠史杭灌区从大别山水库群引水并承担着跨流域调水任务,其他依次为巢湖市 26.26 亿 m^3、合肥市 21.86 亿 m^3、滁州市 20.49 亿 m³。

皖中地区特别是江淮分水岭地区,地形复杂,水资源条件差、地区差异大,气候、地质条件特殊,河流短,泄水快、蓄水条件差,干旱缺水一直是该地区的突出气象特征,也是制约该地区农业生产发展、农民生活改善和经济社会发展的主要矛盾。1997 年,安徽省省委、省政府决定实施江淮分水岭易旱地区综合治理开发,经过多年治理成效明显,除了从淠史杭灌区引水解决缺水问题外,主要是库、塘、坝、井并举,坚持"留天水、拦雨水、抽井水、省用水"。随着社会经济的发展和城市化进程的加快,用水需求进一步加大。分析统计,在供水量结构中,农业用水量减少趋势明显,生活和工业用水量明显增加,尤其是合肥市用水量增加较快,用水结构转换明显。统计资料显示,淠史杭灌区向合肥市市区调水量由 2000 年的 0.18 亿 m³增加到目前的近 2 亿 m³,增加的水量主要是补充合肥市的城市生活用水和公共服务用水。作为我国五大淡水湖之一的巢湖,由于水质污染和富营养化,近年来虽然通过多种渠道进行治理,但水质仍未根本好转,水质仍处在Ⅳ～Ⅴ类,水源充裕但难以利用,从而造成区域和城镇水质型缺水。

1.2.2　皖中皖北水资源研究回顾

自 20 世纪 60 年代以来,以淮北地区的五道沟实验站、杨楼实验流域以及江淮丘陵地区的淠史杭蒸发试验站和城西径流试验站等为代表的水文水资源研究基地及农业生态实验基地建设得到不断加强。20 世纪 80 年代以来,安徽省水利科学院先后承担完成了省部级科技攻关及技术创新项目近 30 项,获省部级一等奖一项、二等奖三项、三等奖六项。其中,"淮河中游河床演变"获安徽省科技进步一等奖,"淮北平原变化环境下水文循环实验研究与应用"项目获 2010 年度大禹水利科学技术奖二等奖,"安徽淮北地区浅层地下水资源评价"和"实用土壤墒情预报研究"分别获安徽省科技进步二等奖,"安徽淮北地区地下水资源开采潜力研究与应用"、"淮北地区墒情监测预报和抗旱减灾信息系统"、"安徽淮北地下水动态监测与调控预报技术综合研究"、"安徽省水资源评价与利用研究"、"五道沟水文模型"、"淮北地区农田排灌与水资源综合利用研究"分别获安徽省科技进步四等奖,水利部科技创新项目"节水灌溉示范项目工程技术与政策管理研究"获省水利科学技术一等奖。淠史杭蒸发试验站自 1982 年建站以来,在蒸发试验、径流实验、灌溉试验及土壤墒情监测及预报等方面取得 10 项实验成果。其中,"APE-500 型土壤蒸发器研制成果"、"水稻节水增产浅湿间歇灌溉制度推广应用"获安徽省科学技术成果三等奖,"提高旱涝渍害中低产田生产力综合研究"成果获安徽省水利科学技术进步一等奖,"山区冷浸田改造的试验研究"等四项成果获安徽省水利科学技术进步三等奖。

1.3　研究现状

1.3.1　水文情势

水文循环决定了水资源的形成和演变规律,任何水资源问题的研究都不能脱离水文循环的研究,水资源承载能力、供水安全评价与保障技术的研究也不例外。

水文情势包括灌区水文情势、河川水文情势、地下水水文情势和海洋水文情势等。水文情势的变化影响主要表现在对湿地、生态、水环境、森林等方面。

目前国内外对水文情势变化的研究主要在以下方面:

① 主要研究内容:在灌区、流域、地下、海洋等特征地域,对人类活动、降雨、蒸发、径流及气象要素的研究。主要表现在通过对各个水文要素的单项或综合分析,探求区域水文情势的变化趋势和演变规律。

② 主要分析方法:目前国内外对水文情势的演变研究的主要方法有相关关系分析、IHA 和 RAV 法、Mann‐Kendall、Spearman 秩次相关检验法、小波分析、持续性分析、模糊分析、神经网络及多种统计学方法。

③ 水文情势演变规律和影响水文情势的成因有:降雨蒸发对河川、灌区、山地、森林、地下径流变化的影响;水利工程建设对水文情势变化规律的影响;温度、湿度、风速、气压及太阳辐射等气象因子对水文情势的影响。

随着科学的进步以及水利工程生态环境效应的逐步显现,人类意识到,水利工程在造福于人类的同时也改变了水文情势、水流形态,进而改变着人类赖以生存的生态系统。由于水文循环具有联系地球系统"地圈—生物圈—大气圈"的纽带作用,水文循环过程变化与其相关的生态环境变化交叉的研究是今后研究的主要方向。

1.3.2　水资源演变

国内外的水资源演变研究主要包括以下几个方面:

① 应用统计方法研究水资源演变规律,分别得出气温和下垫面的变化引起的水资源演变。姜德娟等应用统计方法研究了洮儿河流域中上游水循环要素的变化情况,获得结论:植被覆盖度的降低可能为该流域天然年径流量增加的主要原因,且定量分析了水资源开发利用对径流的影响。

② 应用概念性水文模型界定区域内流域水资源对气候和下垫面变化的响应。MohamadI Hejazi 等应用 HEC‐HMS 模型对伊利诺斯州 12 个城市化较高的流域

洪水进行模拟,得出城市化较气候变化对洪峰流量的影响高34%,且环境变化后径流量较之前至少增加了19%。但由于概念性模型机理上的局限,在定量研究驱动因子对水资源的影响时略显不足。

③ 基于物理机制分布式水文模型耦合生态模型,研究下垫面和气候变化两个驱动因子对流域水资源的影响。Boulain N 将耦合生态模型的水文模型应用于小尺度流域,根据1959、1975、1992年的覆被情况分析气候和土地利用变化对水文水资源的影响,发现土地利用变化对水资源的影响比气候变化影响大,水资源对土地利用变化的敏感性大约为气候变化敏感性的1.5倍。上述研究模型因其物理机制与生态模型的耦合可在一定程度上模拟驱动因子对水资源影响的过程,结果可信度较大。

④ 在分布式水文模型耦合其他模型基础上,结合统计方法对区域水资源演变进行归因分析。Tim P Barnett 等将"指纹算法"结合气象水文模型应用于美国中西部地区的水资源演变归因分析中,得出结论:该地区水资源演变的60%为气候变化驱动。上述研究将水文模型机理优势与统计方法的规律优势相结合,在水资源演变的归因分析中具有不可替代的作用。

⑤ 应用新方法分析流域水资源演变规律。张建兴等应用混沌理论、小波理论、近似熵复杂性理论、生命旋回理论等分析了昕水河流域近50年径流量,认为人类因素是影响该流域径流变化的主要因素,但驱动因子分类较简单。

⑥ 突破传统水资源演变研究多集中于水量的演变,拓展为水质对驱动因子的响应。Huang Shaochun 应用分布式生态水文动力学 SWIM 模型,模拟大尺度流域水资源对土地利用变化的响应,在对水循环模拟的基础上又模拟了地下水氮负荷和氮浓度,获得了优化的农业土地利用和管理是减少氮负荷和改善流域水质的必要条件。

⑦ 分布式物理机制水文模型结果结合动态水资源评价。王浩等设定黄河流域2000年现状下垫面条件下有无取用水情景,应用基于物理机制的分布式水文模型(WEP‐L)进行水文模拟,基于情境下模拟结果对比,定量评价了取用水与下垫面变化对黄河流域狭义水资源、有效降水利用量、广义水资源总量演变规律的影响。该研究突破了研究对象仅为径流的局限。

1.3.3　水资源开发利用与承载能力

水资源开发利用潜力是指一个地区在可以预见的期间内,以水资源的开发利用不引起环境退化为前提可以开发利用的潜在水资源量。为保障水资源的可持续利用,水资源开发利用不应超过其限度。国内外学者对水资源开发利用潜力早有研究,Falkenrnark 等学者研究了全球或一些发展中国家的水资源的使用限度,为水资源开发利用潜力的专门研究提供了一定的基础。国内学者对水资源开发利用潜力比较有代表性的有：2008年,张丹等以《中国水资源分区》为基础,采用ARC/INFO软件,统计分析了一级、二级和三级流域分区的水资源负载指数,定量揭示了中国不同地区的水资源利用程度与开发潜力。

国外关于水资源承载力的单项研究比较少,大多将其纳入可持续发展理论中,Joardor等人在1998年将水资源承载力纳入城市发展规划当中,并从供水的角度对城市水资源承载力进行了相关研究;Rijiberman等在研究城市水资源评价和管理体系中将承载力作为城市水资源安全保障的衡量标准。我国对水资源承载力的研究始于20世纪80年代中后期,当时只是在我国北方的部分地区进行了探索性研究。目前已有的关于水资源承载力研究大多是从水资源的自然和社会属性着手,综合考虑区域或流域特征以及社会经济发展状况,循着可持续发展的宗旨,借助相关学科理论及知识,应用已有的方法来解决水资源承载力的问题。迄今为止并未形成一个系统科学的研究体系。

1.3.4　供水安全

水安全研究始于20世纪70年代,随着水资源危机的不断加深,人类社会对水安全的关注程度越来越强烈。目前,在水安全评价中运用较多的是可持续发展指标体系,虽然它没有得到世界各国的公认,但是并不影响对其研究和广泛应用。联合国有关组织在对世界水资源状况进行评价时,主要采用以下几种指标:① 瑞典水文学家Malin Falken - mark提出的"水紧缺指标(Water - Stress Index)",该指标主要用人均可更新水资源来表示区域水资源的余缺程度;② 以水资源的开发利用程度作为用水紧张的分类指标;③ 以水资源总量折合径流深来衡量生态系统的自然状况,当径流深大于150 mm时,基本上可以保证适当的人类活动,维持原有生态系统不蜕化,即可维持较好的生态环境状况。王淑云等总结了水安全的内涵和水安全评价的主要方法,即层次分析法、模糊综合评价法、模糊物元模型法、投影寻踪法等。总体来看,过去的供水安全评价较侧重在单个城市进行,而流域层面上开展的多为综合性的水资源承载力评价或者水资源安全评价。因此,在安徽省皖中皖北地区开展供水安全专项评价,对于了解流域内水资源供需矛盾、保障城市供水安全和农村饮水安全,以及指导区域内水资源合理配置等具有重要的意义。

1.3.5　水资源配置

传统的水资源配置思路是"以需定供"或"以供定需",具有一定的局限性,动态的可持续发展的水资源优化配置是基于宏观经济的水资源配置的进一步升华,遵循人口、资源、环境和经济协调发展的战略原则,在保护生态环境(包括水环境)的同时,促进经济增长和社会繁荣。水资源优化配置是多目标多决策的大系统问题,必须利用大系统理论的思想进行分析研究。目前,国内外常用的水资源优化配置模型主要有:线性规划模型、非线性规划模型、动态规划模型、模拟模型、多目标优化模型、大系统优化模型等。近年来,运筹学优化理论中的排队论、存贮论和对策论、模糊数学、灰色系统理论、人工神经网络理论、遗传算法等多种理论和方法的引入,也大大丰富了水资源优化配置技术的研究手段和途径。此外,从实际需要出发,多种优化方法的组合模型也得到了较快发展。如动态规划与模拟技术相结合、图论方法与线性规划方法相结合、动态规划与线性规划相结合、网络方法与线性规划方法相结合等方法。

第2章 皖中皖北地区概况

2.1 区域概况

2.1.1 自然地理

1. 皖中江淮分水岭地区

江淮分水岭地区是指我省长江、淮河流域分界区域,涵盖安徽省合肥、六安、滁州、淮南等6市的22个县(市、区),400多个乡镇,总面积4.5万 km²,农业人口1596.2万,占全省的三分之一。区内人口密度大,其中农业人口占80%以上。交通发达,以合肥市为中心,国家和省级公路纵横交错,铁路网纵贯东西南北。农作物以水稻为主,种植业结构单一,耕作方式和耕作技术仍然停留在传统的方式上。该地区河流源短流急,水利配套设施不完善。地形地貌以低山、丘陵、岗地为主,岗地起伏、丘陵断续相连成波浪的地形,为长江、淮河分水岭。海拔高度15~100 m,丘陵东部有一些块状隆起的高丘,海拔在500 m左右。地势自西北向东南倾斜。古有"五山一水三分田、一分道路和庄园"之说。江淮分水岭地区地形地貌分区如图2.1所示。

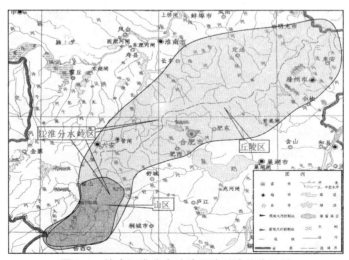

图 2.1 皖中江淮分水岭地区地形地貌分区图

2. 皖北沿淮淮北地区

皖北地处我国东部，介于黄河流域和长江流域江淮分水岭之间，位于东经 $111°55'\sim121°25'$，北纬 $30°55'\sim36°36'$。其中，淮河流域西起桐柏山、伏牛山，东临黄河，南以大别山和皖山余脉、通扬运河、如泰运河与长江流域毗邻，北以黄河南堤和沂蒙山脉为界。东西长约 $700\ km$，南北宽约 $400\ km$，面积约 27 万 km^2，包括湖北、河南、安徽、江苏、山东五省的 47 个地市。总的地形为由西北向东南倾斜，淮南山丘区、沂沭泗山丘区分别向北和向南倾斜。西、南、东北部流域为山区，约占流域总面积的 $1/3$；其余为平原、湖泊和洼地，约占 $2/3$。

地貌类型复杂多样、层次分明，平原地貌类型极为丰富。在空间分布上，东北部为鲁中南断块山地，中部为黄淮洪积、冲积、湖积、海积平原，西部和南部是山地和丘陵。平原与山地丘陵之间以洪积平原、冲洪积平原和冲积扇过渡。此外，还有零星的喀斯特侵蚀地貌和火山熔岩地貌。地貌的成因主要有流水地貌、湖成地貌、海成地貌。地貌形态上分为山地（中山、低山）、丘陵、台地（岗地）和平原四种类型，皖北地区淮河流域地区地形地貌分区示意图如图 2.2 所示。

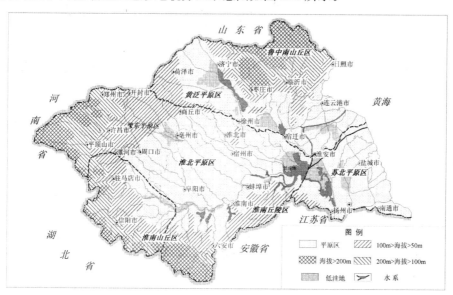

图 2.2　皖北地区淮河流域地区地形地貌分区示意图

土壤类型以潮土、沙姜黑土和水稻土为主，占流域总面积的 64% 左右。皖北地区西部伏牛山区主要为棕壤和褐土；丘陵区主要为褐土，土层深厚，质地疏松，易受侵蚀冲刷。淮南山区主要为黄棕壤，其次为棕壤和水稻土；丘陵区主要为水稻土，其次为黄棕壤土。

2.1.2 社会经济

1. 皖中江淮分水岭地区

长三角地区是当前中国经济最具活力的区域之一,东向发展是安徽省实现奋力崛起的基本战略取向。江淮分水岭地区与长江三角洲地区无缝对接,"建设以合肥为中心的省会经济圈"的战略构想,使江淮分水岭地区获得了新的发展机遇。江淮分水岭地区要结合东向战略和省会经济圈的发展,充分发挥自身产业、区位、交通优势和土地、劳动力、农产品、生态等的比较优势,推动区域资源优化配置,承接产业递移,发展农业产业化,开拓农产品市场,实现食物保障、原料供给、收入增加、生态安全功能。

人口与资源的矛盾一直是江淮分水岭地区发展的一个突出矛盾,江淮分水岭地区人均耕地资源约 1 亩、水资源 471 m³,分别为安徽省平均水平的 66.7%、42%。十年来,安徽省城市化、工业化进程明显加快,城市化率和工业化率均保持年均增长一个百分点。地处省会经济圈的江淮分水岭地区,农村劳动力转移具有得天独厚的优势。目前,我国城乡居民的消费结构已正从生存消费型向享受性、发展性消费层次转变,高端农产品、高附加值农产品和环保型农产品的需求快速增长,服务性消费比重不断上升,农业与观光、休闲、旅游的结合日益密切,江淮分水岭地区发展符合现代消费取向的多元化农业的资源丰富,市场广阔。

农村基础设施依然薄弱。十年来,受资金和地理条件限制,分水岭治理开发所建水利工程,主要是一些规模较小的塘坝工程和小型水利项目,蓄水、供水能力仍不足以应对大旱灾情。分水岭地区现有大、中型水利工程大都兴建于 20 世纪六七十年代,工程建设标准相对不高,相关配套设施不完善,工程效益不能充分发挥。目前,江淮分水岭地区旱涝保收面积 443.8 万亩,仅占耕地总面积的 46.8%,比全省平均水平低 15.1%,农业稳定发展和农民持续增收能力不强;在岭脊丘岗地区,群众生活用水还未从根本上解决问题,仍有 23 万人在不同程度存在饮水困难和饮水安全问题,水资源供求矛盾仍然是制约江淮分水岭地区可持续发展的根本问题。

2. 皖北沿淮淮北地区

皖北地区人口密集,主要从事农业生产,工业十分薄弱。20 世纪 50 年代,流域的人口增长与全国一样,增长幅度很大,人口自然增长率达到 20‰以上;50 年代末 60 年代初,由于自然等因素,人口增长为低谷,部分年份出现了负增长;1962 年以后进入高速增长期,自然增长率高达 23‰以上,部分年份达 30‰以上;1972 年以后,人口增长趋缓,尤其是近 20 余年,人口自然增长率基本上维持在 8.3‰~11.9‰。至 2010 年,皖北地区人口已达 3633.2 万人,占全省总人口的 53.5%。人口密度从 1949 年的 254 人/km² 增长到 2002 年的 685 人/km²,增加 2.7 倍,1949~2002 年年平均递增率为 17‰。

2010 年,皖北实现地区生产总值 4102.2 亿元,占全省的 33.5%,"十一五"时期,皖北地区生产总值由 1909 亿元提高到 4102 亿元,年均增长 12.5%。财政收入由 164亿元提高到 488 亿元,年均增长 24.4%。全社会固定资产投资累计完成 8115 亿元,年均增长 36.4%。三次产业结构由 27.6∶35.7∶36.7 调整为 21.6∶46.5∶31.9。工业主导地位日益突出,工业化率从 30% 提高到 40.3%,与全省的差距缩小 0.7 个百分点。农副产品加工、煤炭、电力、化工、中药材等优势产业地位进一步巩固,金融、物流等现代服务业快速发展。城市建成区面积扩大到 815 平方千米,城镇化率由31.6% 提高到 39.7%;省级开发园区(含筹建)增加到 47 个。城乡居民收入保持较快增长,城镇居民人均可支配收入、农民人均纯收入分别达到 14863 元和 4753 元。

2.1.3　水文气象

1. 皖中江淮分水岭地区

江淮分水岭地区地处暖温带与亚热带的过渡带,东部是该地区的基本气候类型,中西部是在该基本气候类型基础上受周围环境影响而产生的局地气候,中部气候是干燥型稳定,西部是湿润型稳定。其特征是:季风显著,雨量适中;冬冷夏热,四季分明;热量丰富,光照充足,无霜期较长;光、热、水配合良好。但由于处在北亚热带向温带转换的过渡带,暖冷气流交会频繁,年际间季风强弱程度不同,进退早迟不一,因而造成气候多变,常受水旱灾害的威胁,制约农业生产的因素亦多。春季是冬季风向夏季风过渡季节,冷空气活动频繁,雨量增多,冷暖无常,天气多变,低温阴雨天气常有出现。夏季天气炎热,从 6 月中下旬至 7 月上旬为梅雨季节。在多数年份里,这一时期湿度大、雨量集中,常有洪涝发生。梅雨过后,天气晴热,光照充足,偏南风为主,常出现伏旱。秋季是夏季风向冬季风转换季节,冷空气南下次数增多。冬季常受北方冷空气侵袭和控制,气温低、湿度小,晴天多,雨雪少,偏北风占优势。

岭区多年平均气温为 14.6~16.0 ℃,自东北向西南随地势抬高而递减,最冷月 1 月平均气温为 2.5 ℃,最热月 7 月平均气温为 28.7 ℃ ,无霜期 240 天。多年平均降水量为 1100 mm,具有南多北少、自西至东递减、夏春季多、冬秋季少以及年际间降水差距过大等特点。年内降水,夏季(6~8 月)雨量集中,约占全年降水量的 46.0%,春季(3~5 月)占 26.3%,秋季(9~11 月)占 19.2%,冬季(12 月至次年2 月)最少,占 10.5%,梅雨伏旱现象较明显,降水强度也不均等;干燥度 $K \leqslant 1$。年际间变化,降水最多年一般是最少年的三倍左右。年平均降水日为 112~125天,年平均降雪日为 10~12 天,极少年仅有 2 天,多年可达 15 天以上。

区域多年平均水面蒸发量约为 845 mm,相当于年降水量的 77% 以上。最大年蒸发量是最小年蒸发量的 2.2 倍,分布总趋势为岭区东西部比中部大,南部大于北部。选取各蒸发代表站水面蒸发系列资料,分 1959~1979 年、1980~2000 年两个系列与同步期 1980～2009 年进行对比分析。结果显示,同步期水面蒸发量均值普遍比 1956～1979 年、1980～2000 年均值偏小。区域同步期水面蒸发量相对于 1956～1979 年平均减少了 14.9%,相对于 1980～2000 年平均减少了 1.5%。从两组对比资料来看,1956～1979 年与 1980～2010 年这两个系列平均蒸发量之间变化较大,而 1980～2000 年与 1980～2009 年这两个系列平均蒸发量之间变化较小。总体来看,岭区蒸发量多年呈现逐步减少的趋势。

2. 皖北沿淮淮北地区

皖北地区地处我国南北气候过渡带,气候四季分明。以淮河和苏北灌溉总渠为界,北部属暖温带半湿润区,南部属亚热带湿润区。影响本流域的天气系统众多,既有北方的西风槽和冷涡,又有热带的台风和东风波,还有本地产生的江淮切变线和气旋波,因此造成流域气候多变,天气变化剧烈。在雨季前期,主要是涡切变型,后期则有台风参与。大范围持久性降水是由切变线和低涡接连出现而形成。江淮流域六七月份持久性大范围的降水天气称梅雨。梅雨期长短、雨量的多寡,基本上决定了淮河全年的水情。梅雨期结束后转入盛夏,皖中皖北地区常受台风袭击。查近百年来的台风资料发现,台风路径遍及全流域,亦即台风雨可以影响整个皖中皖北地区。台风型暴雨的特点是范围小、历时短、强度大,如"75·8"林庄暴雨,6 小时雨量 830 mm,接近世界纪录。

流域年平均气温为 13.2～15.7 ℃,气温南高北低。年平均月最高气温 27 ℃(7 月或 8 月)左右,年平均月最低气温 0 ℃(1 月)左右。年均日照时数在 1990～2650 h。相对湿度年平均值为 63%～81%。蒸发量南小北大,年平均水面蒸发量为 900～1500 mm,无霜期 200～240 天。

流域多年平均降水量约为 888 mm,其中淮河水系 910 mm,沂沭泗水系 836 mm。多年平均降水量的分布状况大致是由南向北递减,山区多于平原,沿海大于内陆。东亚季风是影响流域天气的主要因素。

区域多年平均陆面蒸发量约为 640 mm,相当于年降水量的 70% 以上。分布总趋势是南部大于北部,东部大于西部,同纬度平原大于山区。在豫东、淮北、南四湖湖西及沂沭泗下游平原地区,陆面蒸发量为 600～700 mm;大别山区、伏牛山区、沂蒙山区的陆面蒸发量仅为 500～600 mm。

2.1.4　河流水系

① 杭埠、丰乐河:杭埠河干流全长 154 km,流域面积为 1970 km²(境内流域面积 1587.5 km²);裁弯后河道总长 148 km,水库以下干流长约 70 km。水库坝址以上属山区,以下至河口镇(马河口)有部分丘陵,左岸圩口,右岸有 600 km² 的小丘陵。河口镇以下河道上宽下窄、比降平缓、淤积严重、宣泄不畅;近 25 年因在河道取沙,原淤积状况大为改善;因未对杭埠河下游进行彻底根治,泄洪能力仍达不到设计要求。

② 淠河:淠河是淮河中游南岸的一条较大的支流,位于江淮分水岭西北侧。该河发源于大别山北麓,由南向北经岳西、霍山、金寨、六安、霍邱、寿县等县(市)后汇入淮河,是六安市境内最大的一条入淮河流,全长 260 km,流域面积 6000 km²,位于东经 115°53′~116°41′,北纬 30°57′~32°28′之间。淠河有东西两条源流,东西源于两河口汇合后始称淠河。

③ 巢湖:巢湖流域位于安徽省中部,地理纬度大致为东经 116°24′30″~118°0′0″、北纬 30°58′40″~32°6′0″内,处于长江、淮河两大水系中间,属于长江下游左岸水系,东南濒临长江,西接大别山山脉,北依江淮分水岭,东北邻滁河流域。巢湖湖区位于合肥市南 15 km,属合肥市内湖。地理位置为东经 117°16′54″~117°51′46″、北纬 30°25′28″~31°43′28″之间,属于长江下游的左岸水系,为我国第五大淡水湖。

④ 淮河:淮河发源于河南省南部桐柏山主峰太白顶,东流经河南、湖北、安徽、江苏四省,在三江营南流入江、北流入海。全长约 1000 km,总落差约 1100 m。淮河可以分为上游、中游、下游三部分,洪河口以上为上游,长 360 km,地面落差 980 m,流域面积 3.1 万 km²;洪河口以下至洪泽湖出口中渡为中游,长 490 km,地面落差 16 m,中渡以上流域面积 15.8 万 km²;中渡以下至三江营为下游入江水道,长 150 km,地面落差约 6 m,三江营以上流域面积为 16.5 万 km²。

⑤ 滁河:滁河流域位于江淮之间,系长江下游左岸一级支流,源于安徽省肥东县梁园丘陵山区,干流基本平行于长江东流,沿途流经安徽省合肥市、巢湖市、滁州市和江苏省的南京市,于江苏省大河口汇入长江。干流全长 269 km,其中安徽省境内长 197 km,江苏省境内长 116 km(部分河段为两省界河)。滁河流域面积约 8000 km²,在安徽境内为 6250 km²,占 78.1%;江苏境内 1750 km²,占 21.9%。

2.2　水资源开发利用与配置

2.2.1　水资源与分布

1. 皖中江淮分水岭缺水地区

安徽省江淮分水岭,属亚热带季风气候,气候温和,雨量适中,但降雨量不均匀,年平均降雨量 700~1000 mm,在大旱年份降雨量 600 mm 左右,且降雨量基本集中于 6~8 月,以三年两旱为基本特征。

岭内淠史杭灌区多年平均天然径流量为 109.8 亿 m³,折合年径流深 641 mm。受气候、降水、地形、地质及土壤植被等条件的综合影响,区内地表水资源量在空间分布上变化甚大,与年降水的空间分布基本一致。总的趋势是由西向南、东、北方向递减,西南部多于东北部,山区多于平原,山地迎风坡多于背风坡。

地表水资源量年内分配不均且主要集中在汛期,多以洪水形式出现,5~8月水资源量占全年的60%~70%。地表水资源量年际之间丰枯变化悬殊,尤其江淮分水岭以北更为明显。同时,连续枯水年也经常出现,新中国成立以来已先后出现1958~1959年、1966~1967年、1978~1979年、1994~1995年、2000~2001年等连续枯水年份。由于近三十年降水系列偏丰,地表水资源量系列相应比20世纪五六十年代系列增大。

2. 皖北淮河流域地区

淮河发源于河南桐柏山,由安徽省西北部流入,流经安徽省的干流长度430 km,省境淮河流域面积占整个淮河流域面积的35%。淮河以北主要支流有洪汝河、沙颍河、西淝河、涡河、茨淮新河、怀洪新河、浍河、北淝河、奎濉河、新汴河等,其中茨淮新河、怀洪新河、新汴河为人工开挖的行洪河道兼具灌溉的功能;淮河以南支流主要有史河、淠河、东淝河、池河等。

淮河流域共有大小湖泊30余个,总面积约1260 km²,相应蓄水量20亿 m³左右。较大湖泊,左岸有焦岗湖、四方湖、沱湖、天井湖等,右岸有城西湖、城东湖、瓦埠湖、高塘湖、女山湖和七里湖等。沿淮淮北地区水资源主要是地下水资源,多年平均地下水用水量占总用水量的60%以上。

2.2.2　水资源开发利用与"三条"红线

1. 水资源开发利用

依据皖中皖北地区各水文站点1956~2010年水文资料统计分析,区域多年平均降雨量957.4 mm,其中淮河及淮河以北地区多年平均降雨量785.0 mm,淮河以南江淮丘陵区多年平均降雨量1216.1 mm。区域多年平均蒸发量885.6 mm,其中江淮分水岭地区多年平均蒸发量835.7 mm。

截至现状年2010年,皖中皖北地区人均水资源量449.9 m³,其中皖北区人均水资源量340.5 m³,江淮分水岭地区559.3 m³。2010年区域总供水量183.8亿 m³,其中皖北区总供水量85.2亿 m³,江淮分水岭区域总供水量98.5亿 m³。区域人均用水量394.7 m³,其中皖北区人均用水量333.6 m³,江淮分水岭区域人均用水量486.3 m³。

皖中皖北地区已建成大中小型水库2969座,总库容近130亿 m³。其中,10座大型水库总库容为80亿 m³,兴利库容58亿 m³。淮河、淠河、杭埠河、颍河、涡河、新汴河等主要河道上的大中型拦河闸也都蓄水,初步统计,蚌埠闸、颍上闸、阜阳闸、蒙城闸、团结闸等大、中、小型近900座拦河闸的兴利库容约11亿 m³。根据《安徽省水资源公报》(安徽省水利厅)2001~2010年及各地区用水资料分析统计,皖中皖北地区供水量由2001年的286.26亿 m³增加到2010年的334.87亿 m³,净增 48.6 亿 m^3,年均增长率 1.76%。工业、生活用水量增长迅速,在总用水量中的比例持续上升,工业用水量由 2001 年的 16.1% 上升到 2010 年的 24.9%,生活用水量由 2001 年的 5.9% 上升到 2010 年的 7.8%;农业用水量在总用水量中的比例虽然下降,但用水总量呈缓慢上升趋势,农业用水量由 2001 年的 189.7 亿 m^3 提高到 2010 年的 205.7 亿 m^3。

随着经济社会的发展和人民生活水平的提高,全社会对水资源的要求越来越高,区域水资源供需矛盾不断加剧,水资源分布与经济社会发展水平在空间上不匹配,加之近年来区内经济社会发展加速,对水资源的需求力度显著增加,皖中皖北地区水资源供需矛盾凸显。

江淮丘陵区(江淮分水岭地区)耕地多,水量少,一般蓄水条件差。新中国成立以来,该区域兴建了大量的水利工程,在山丘区修建水库,在丘陵区采用蓄、引、提相结合,整治河道,加固堤防及兴建涵闸、排灌站等工程措施。尤其是 1958 年开始兴建淠史杭大型灌区,将淠河水引至合肥市,使得市辖淠河灌区成为合肥市四大灌区中的最主要灌区;20 世纪 60 年代先后修建了裕溪闸、巢湖闸,控制了江洪倒灌,同时可蓄水为流域内丘陵区提水灌溉提供水源;70 年代起建设的驷马山引江水道工程,相继兴建了乌江站枢纽,滁河一、二、三级提水站,为肥东县东部丘陵区提供生活和生产水源;南淝河上游兴建的董铺、大房郢两座大型水库,控制山丘区面积 391.5 km^2,总库容 4.19 亿 m^3。两座水库除供给部分农田灌溉外,是合肥市城市工业和生活用水的主要水源之一。这些水利工程的建设,对合肥市的工农业生产及城市供水起着重要的支撑作用。这些工程的建设使江淮丘陵区防洪、排涝、抗旱能力得到显著提高,有力地保障了该地区尤其是中心城市合肥市工农业生产和国民经济的发展。即便如此,由于区内特殊自然环境造成水资源十分贫乏,加上区域经济的快速发展和人民生活水平的不断提高,工业和生活用水量逐年增加,水资源的供需矛盾仍较为突出。

2. 区域"三条红线管理与控制"的问题分析

区域水资源问题有其原因和背景,从表 2.1 可以看出区域水资源、三条红线问题相互交织。水资源管理系统是实施水资源全要素、全过程、精细化管理的平台,迫切需要通过系统中的各项水资源管理业务的综合管理,来逐步解决已存在和可能潜在的水资源问题。

表 2.1　区域水资源、三条红线问题与管理业务系统关系

问　题	原　因	在水资源管理的体现	对应的水资源管理业务系统
降水时空分布不均,水资源丰枯变化剧烈	水资源丰枯变化,源于水资源调蓄能力严重不足,调蓄工程规划、建设滞后	水资源规划体系管理不够	水资源规划管理
			水资源调度管理
			调度决策支持

续表

问　题	原　因	在水资源管理的体现	对应的水资源管理业务系统
水资源供给能力不足	水资源供给、配置工程体系的科学规划与建设不足,在防洪体系建设中水资源供给体系建设重视不够	水资源工程规划、建设,调度管理不够	水资源规划管理
			供水工程管理
			水源地管理
			水资源论证管理
			取水许可管理
大部分地区地表水开发过度,地下水严重超采	开发利用方案的不合理,管理薄弱	"水资源开发利用总量控制红线"破坏	取水许可管理
			地下水超采区管理
			水源地管理
用水效率和效益不高,浪费水严重	节约用水意识淡薄,计划用水、节水监管不够	"用水效益红线"破坏	计划用水与节约用水管理
			水资源论证管理
			取水许可管理
水污染问题仍突出,已威胁供水安全	排放污水管理与监督力度不够	"水功能区限制纳污红线"破坏	水功能区管理
			入河排污口管理
			水资源应急管理
水生态系统安全受到威胁	过度开发水资源,排放污水破坏了水生态系统	"水资源开发利用红线"、"水功能区限制纳污红线"破坏	水生态系统保护与修复管理、水功能区管理、入河排污口管理
区际河、湖敏感地区多,水资源管理难度大	水资源管理体制、机制,监管手段,监测力度、水量分配方案等不足或滞后	三条控制红线问题都可能存在	区界断面水量水质控制管理
			水资源信息统计与发布管理

2.2.3　发展规划与供水需求

2.2.3.1　皖中江淮分水岭地区

1. 合肥市

近几年随着城市的发展,供水量逐年增长。2010 年,年供水量 21.86 亿 m^3。由于巢湖水质富营养化,巢湖水源目前已停用;而作为优质水源地的董铺水库和大房郢水库,因库容量有限,每年仅能提供约 1.1~1.3 亿 m^3 的原水,遇干旱年份供水量则更少。为此,合肥市 1996 年从上游买水补给 1500 万 m^3,到 2010 年已增加到 2.0 亿 m^3。随着"1331"发展战略的实施,合肥的城市面积、人口和经济都会有很大发展,需水量也将逐步增长。因此,充足的优质水资源将成为影响合肥市跨越式发展的重要因素,合肥市目前从淠河总干渠引上游四大水库(佛子岭、响洪甸、磨子潭、白莲崖水库)水量约占合肥市供水总量的 50%左右,一旦该条线路取水受阻,合肥市供水无法保障。2000 年大旱,淠史杭灌区出现断流,上游水库基本无水可供,不得不动用死库容。因此,从更大范围寻找优质水源已成为构建合肥市水源保障体系的必然要求。

从政策环境看,国家实施区域发展总体战略和主体功能区战略,推动经济布局逐步从沿海向内陆延伸,加快中西部地区发展是国家"十二五"规划的重点,合肥所在的江淮地区被列为重点开发区域。随着国家促进中部崛起战略的深入实施,皖江城市带承接产业转移示范区、合芜蚌自主创新试验区和国家创新型城市试点、合肥经济圈建设的实质性推进,诸多政策的叠加效应正在"十二五"期间集中显现。

从发展趋势看,随着沿海产业加速向中西部地区转移,良好的区位优势、较低的商务成本和日益完善的投资环境,使合肥正在成为产业转移的首选地。

根据合肥市发展规划,未来将加强水资源综合规划,加大水利设施建设力度,提升水利服务经济社会发展的综合能力,保障城乡供水安全,统筹城乡供水,优化水资源配置和合理利用,为产业结构调整和城市发展提供水源保障;加强饮用水源地保护,提高董铺水库、大房郢水库等各饮用水源保护区综合保护水平,继续实施淠史杭灌区和驷马山灌区的续建配套与节水改造工程;推进"引泉入城"工程,加快龙河口等新水源地建设,加强长江—淠史杭—巢湖"三水沟通",确保水源足量、稳定、安全供给;提高供水品质,满足人民群众不同层次的需求;扩建六水厂、新建七水厂、筹建八水厂,建设完善供水管网。到"十二五"末,城市供水能力达到 240 万 m^3/日。

2. 六安市

随着皖江城市带承接转移示范区、合肥经济圈建设深入推进,六安市可利用国家级平台参与长三角产业合作与分工,承接产业转移,加快与合肥等城市一体化进程,促进沿淮地区加快发展,未来 20~30 年六安市经济社会发展总体态势为:经济保持持续增长,年增长速度在 8.46%左右,人口增长速度将继续维持在较低水平 5.55‰左右;随着城市化的加速发展,城镇化水平不断提高,城镇人口增长率在 3.00%左右。

根据现状水平年(基准年)需水依据现状调查评价及近年来的用水态势,并分析不同保证率下的农田灌溉用水量、多年平均的林牧渔需水量和河湖生态需水量,经分析,现状水平年多年平均及 50%、75%、95%保证率条件下,六安市总需水量分别为 34.16 亿 m^3、30.79 亿 m^3、40.62 亿 m^3 和 61.36 亿 m^3。

现状年 2010 年六安市生活用水总量为 29497 万 m^3,其中城镇生活需水量为

16067 万 m³,用水定额为 166 L/(人·日);农村生活需水量为 13430 万 m³,用水定额为 83 L/(人·日)。规划 2020 年全市生活用水总量为 38961 万 m³,其中城镇生活需水量为 27462 万 m³,用水定额为 183 L/(人·日);农村生活需水量为 11499 万 m³,用水定额为 92 L/(人·日)。

3. 滁州市

2010 年全市国民生产总值 696 亿元,比上年增长 15.6%;财政收入 90.5 亿元,增长 32.5%;社会固定资产投资 723.5 亿元,增长 37.8%;城镇居民人均可支配收入 15100 元,增长 13.0%;农民人均纯收入 5915 元,增长 17.6%。总体上看,全市继续保持发展步伐较快、发展质量较好、发展后劲增强、人民生活改善、社会稳定和谐的良好态势。

2010 年全市供水总量 20.73 亿 m³,其中地表供水 19.05 亿 m³,占总供水量的 91.9%;地下供水中,浅层地下水为 1.525 亿 m³,占总供水量的 7.3%,深层地下水为 0.1573 亿 m³,占总供水量的 0.8%。

2010 年全市总用水量为 20.73 亿 m³,比上年用水多 0.93 亿 m³。其中,农田灌溉用水量 14.56 亿 m³,占总用水量的 70.3%,比上年多 0.26 亿 m³;林牧渔用水量 0.3114 亿 m³,占总用水量的 1.5%,比上年多 0.0064 亿 m³;工业用水 3.379 亿 m³,占总用水量 16.3%,比上年多 0.622 亿 m³;城镇生活用水量 0.9833 亿 m³,占总用水量 4.7%,与上年持平;农村生活用水量 1.497 亿 m³,占总用水量的 7.2%,比上年多 0.031 亿 m³;全市人均用水量 460.5 m³。

根据以上分析,结合当地实际水资源状况和生活用水习惯,考虑到未来人民生活水平提高、生活条件的改善等因素,综合确定 2020 年城镇居民人均日用水量 140 L/(人·日)。由此预测,滁州市 2020 年的农村居民生活需水量 6762.4 万 m³。

2.2.3.2　皖北淮河流域地区

1. 淮南市

2010 年现状水平年多年平均及特别干旱条件下,全市总需水量分别为 22.07 亿 m³ 和 29.30 亿 m³。预测未来 20~30 年,全市 GDP 年均增长 12.8% 左右,人口年均增速 6.00‰,城镇人口增长率 15.45‰;至 2020 年,淮南市 GDP 总量将达到 2292 亿元,人均 GDP 达到 9.24 万元,城镇化率达到 73.0%;按强制节水模式和用水总量控制要求,至 2020 年全市年均需水控制在 23.81 亿 m³ 左右,其中农业灌溉和农村生活用水呈下降趋势,新增需水主要为城市生活、工业生产和河湖生态用水。

2. 淮北市

淮北市 2010 年国内生产总值(GDP)179.1 亿元。其中,第一产业增加值 24.04 亿元,第二产业增加值 92.76 亿元,第三产业增加值 62.03 亿元。按户籍人口计算,人均生产总值 8845 元,比上年增加 1994 元。

2010 年,在保证率 50% 的平水年,淮北市全市水资源达到供需平衡,总用水量

4.447 亿 m³,从供水水源的角度考虑,地表水、地下水、中水和淮水北调水组成比例为 21∶49∶6∶24,其中地表水 0.945 亿 m³,岩溶地下水 0.791 亿 m³,浅层地下水 1.698 亿 m³,中水 0.260 亿 m³,淮水北调水 0.752 亿 m³。淮水北调水主要用于各区的工业生产用水。

在保证率 75% 的一般干旱年,全市水资源基本达到供需平衡,北区、南区农业略微缺水,总用水量 5.038 亿 m³,地表水、地下水、中水和淮水北调水组成比例为 21∶53∶5∶21,地表水 1.049 亿 m³,岩溶地下水 0.791 亿 m³,浅层地下水 1.883 亿 m³,中水 0.260 亿 m³,淮水北调水 1.055 亿 m³。

在保证率 95% 的特殊干旱年,三个区的农业灌溉少量缺水,其他部门不缺水,总缺水率在 10% 以内,可以看作基本达到供需平衡。总用水量 5.045 亿 m³,地表水、地下水、中水和淮水北调水组成比例为 16∶57∶5∶22,地表水 0.796 亿 m³,岩溶地下水 0.791 亿 m³,浅层地下水 2.094 亿 m³,中水 0.260 亿 m³,淮水北调水 1.106 亿 m³。

2020 年,在保证率 50% 的平水年,全市水资源达到供需平衡,总用水量 6.824 亿 m³,地表水、地下水、中水和淮水北调水组成比例为 24∶40∶7∶29,其中地表水 1.653 亿 m³,岩溶地下水 0.846 亿 m³,浅层地下水 1.862 亿 m³,中水 0.260 亿 m³,淮水北调水 1.975 亿 m³。

在保证率 75% 的一般干旱年,全市水资源基本达到供需平衡,总用水量 7.140 亿 m³,地表水、地下水、中水和淮水北调水组成比例为 25∶41∶7∶28,其中地表水 1.754 亿 m³,岩溶地下水 0.846 亿 m³,浅层地下水 2.603 亿 m³,中水 0.490 亿 m³,淮水北调水 1.988 亿 m³。

在保证率 95% 的特殊干旱年,总用水量 7.091 亿 m³,三个区的农业略微缺水,其他部门不缺水,总缺水率在 10% 以内,可以看作基本达到供需平衡。地表水、地下水、中水和淮水北调水组成比例为 19∶45∶7∶29,地表水 1.351 亿 m³,岩溶地下水 0.846 亿 m³,浅层地下水 2.347 亿 m³,中水 0.490 亿 m³,淮水北调水 2.058 亿 m³。

3. 蚌埠市

蚌埠市 1980～2010 年地区生产总值平均年增长率为 10%,其中第一、二、三产业的平均年增长率分别为 8.1%、10.9%、10.2%。从行业角度看,农业生产保持逐年增长的趋势,但是年增长率呈现下降趋势,工业生产呈现上升势头,建筑业和第三产业也保持良好的发展势头。

随着人口的增长和生活水平的不断提高,对农产品的需求将不断增长,为保障区域粮食安全,蚌埠市农田有效灌溉面积将由 2010 年的 271.1 万亩增长为 2030 年的 328.8 万亩左右,农田有效灌溉面积增加约 57.7 万亩。

2010 年蚌埠市城镇居民平均生活用水量为 102 L/(人·日),各县市农村生活用水平均为 68 L/(人·日)。根据用水效率控制指标确定的定额成果,蚌埠市

2015 年、2020 年和 2030 年的城镇居民用水定额将分别控制在 112 L/(人·日)、116 L/(人·日)和 125 L/(人·日),农村居民生活用水定额将分别控制在 75 L/(人·日)、80 L/(人·日)和 85 L/(人·日)。

4. 阜阳市

根据统计部门资料,2000～2010 年阜阳市地区生产总值(GDP)平均增长率为 12.6%,其中第一产业、第二产业、第三产业的平均年增长率分别为 8.3%、16.9%、13.2%。从行业角度看,阜阳市农业生产长期保持着稳定增长的趋势,工业生产和建筑业呈快速发展的趋势,服务业等其他行业也都保持着较好的发展势头。截至 2010 年末,阜阳市地区生产总值为 721.5 亿元,其中阜阳市区、临泉县、太和县、阜南县、颍上县及界首市的地区生产总值分别为 242.9 亿元、85.9 亿元、111.3 亿元、83.0 亿元、125.6 亿元及 72.6 亿元。

2010 年,阜阳市城镇居民生活用水总量为 11796 万 m³,城镇居民平均生活用水量为 135 L/(人·日)。城镇居民生活用水定额以实际调查为基础,参照《城市居民生活用水量标准》(GB50331 - 2002),结合阜阳市实际水资源状况,充分考虑到未来人民生活水平提高、生活条件的改善等因素,综合确定阜阳市 2020 年和 2030 年城镇居民人均日用水量分别取 156 L/(人·日)和 170 L/(人·日)。

2010 年,阜阳市农村居民生活用水总量为 13301 万 m³,农村居民生活用水定额为 70 L/(人·日)。随着城乡差距的逐步缩小,农村生活水平也越来越高,因此农村生活用水定额也会变大,2020 年和 2030 年阜阳市农村居民生活用水定额分别为 93 L/(人·日)和 104 L/(人·日)。

2.2.4 水资源配置现状与问题

2.2.4.1 皖中江淮分水岭区域

1. 水资源配置现状

按照"依托皖江、调配皖西、补给皖北、改善皖东"的水资源开发利用战略指向,皖中地区将加快构建江淮互通、河湖相连、库塘多点的水资源配置格局,水资源调配能力显著提高。区域供水能力新增 30 亿 m³,年供水总量控制在 120 亿 m³,基本建立供水安全保障体系。大力发展节水农业,力争启动引江济巢与淮水北调等跨区域调水工程,逐步解决沿淮淮北地区及江淮丘陵部分地区水资源短缺问题。

据了解,"十二五"期间,将继续加快江淮分水岭区域水资源配置工程建设,初步建立水资源高效利用与有效保护体系,万元工业增加值用水量降低到 182 m³,净增节水灌溉面积 50 万亩(1 亩 = $\frac{1}{15}$ hm² = $\frac{10000}{15}$ m² ≈ 666.7 m²),大型灌区灌溉水有效利用系数提高到 0.53,基本实现农业灌溉用水总量零增长,主要江河湖泊水功能区水质达标率达到 70% 以上,城市主要供水水源地水质达标率达到 95%

以上。

（1）淠史杭灌区水资源配置

以淠史杭灌区涉及的行政区域为分配范围，包括合肥市（含合肥市区、肥西县、肥东县、长丰县）、六安市（含六安市区、叶集试验区、霍山县、金寨县、舒城县、寿县、霍邱县）、巢湖市的庐江县和淮南市的山南新区，共涉及 4 市 14 个县区。淠史杭灌区是以利用当地库塘坝水源为基础，以灌区尾部提引河湖水源为补充，以皖西六大水库为主要水源，按照防洪、供水、发电为顺序的水库联合调度方式和上述分配原则，提出一般年份（50%保证率）和中等干旱年份（75%保证率）各省辖市级的水量分配控制指标；提出水库坝下、渠首下泄自然河道等重要断面最小下泄流量控制指标和涉及生活供水安全的重要控制断面水质管理控制指标。

（2）六安市水资源配置现状

六安市水量配置以六大水库为依托，以中小型蓄水工程为支撑，舒城县城镇生活用水以杭埠河为水源，灌溉以杭北干渠为主；金安、裕安区用水以淠河和淠河总干渠及支渠为水源；寿县以淠河总干渠及支渠以及安丰塘水源为主；霍邱县用水主要以史河灌区渠系供水和城西湖、城东湖相结合，以沣河、汲河为补充；叶集试验区以史河灌区为依托，以史河总干渠为主水源，以史河支流为补充；金寨、霍山县以梅山水库、佛子岭水库、响洪甸水库为主要供水水源，以史河、淠河灌区各级渠系支持生活和灌溉用水。根据六安市水资源条件和承载能力，加强重要水源和跨流域、跨区域水资源配置工程建设，增加水资源时空调控能力，缓解水资源供需矛盾。合理调配水资源，形成当地水与外调水、新鲜水与再生水联合调配，蓄引提、大中小相结合的水资源供水网络。建立和完善流域和区域水资源配置格局，形成水源调度自如、安全保障程度高、抗御干旱能力强、生态环境友好的水资源工程体系。保障重点领域和区域供水安全，在节约用水的前提下，改造和扩建现有水源工程，科学规划和建设新的水源，挖掘供水潜力，提高供水能力，优先保障城乡饮水安全。在已有灌区大力加强节水配套改造、提高农业用水效率和效益的基础上，在水土资源较匹配的地区适度发展灌溉面积，为粮食安全提供水资源保障。在流域和区域水资源合理配置的基础上，保障重点区域、重点领域和重要城镇供水安全，缓解水资源供需矛盾突出地区的缺水状况，提高水资源应急调配能力，加强对饮用水源的涵养，规划和建设城市应急备用水源，推进城市和重要区域双水源或多水源建设，加强水源地之间与供水系统之间的联网和联合调配。制定和完善特枯水年、连续枯水年等供水分配方案和应急供水调度预案，建立健全从水源地到供水末端全过程的供水安全监测体系，提高特枯水年、连续枯水年以及突发事件的应对能力，保障经济社会正常秩序。

（3）合肥市水资源配置现状

现状年合肥市供水主要来源于董铺水库、大房郢水库、区内小型水库、塘坝、淠史杭灌区引水和引江提水，巢湖作为备用水源。随着合肥市城市化进程加快，人口急剧增长,现有可利用水资源量远远不能满足合肥市以后用水量需求,现有供水方式存在保障风险。目前正在积极引进外来水源,还应统筹考虑分质用水,积极研究将工业、景观、农业等与生活用水区分开来,不纳入城市生活用水管网。

根据合肥市水资源开发利用现状调查评价成果,2010 年当地地表水开发利用率为 51.5%,国际上公认标准当地地表水开发利用率一般不超过 40%,充分发挥现有大中型蓄水工程作用是至关重要的任务。合肥市位于江淮丘陵区,地处江淮分水岭两侧属当地水资源匮乏地区,巢湖虽水源丰富,但近年来污染严重使得合肥市优质水更为紧缺。因此,合肥市水资源开发利用目标是:

① 以骨干水源工程建设为重点,库坝、渠道、泵站等各种工程相结合,形成大中小型相结合、蓄引提调多方位联合的供水系统,充分发挥大别山水库群与当地中小水库反调节工程功能的大群体作用,实现水资源的统一管理、合理开发、高效利用和有效保护。

② 基本形成节约水资源、保护水资源、调引优质水、调整产业结构及加强水资源管理等五方面的综合解决治理措施体系。

(4) 滁州市水资源配置现状

滁州市地表水系较发达,分属淮河流域和长江流域,其中淮河流域中分属淮河水系和高邮湖水系,淮河水系的出入境河流主要有淮河、池河、高塘湖等,高邮湖水系有白塔河、高邮湖等。明光、定远用水主要依靠区内的中小型水利工程,如女山湖、七里湖等以及区内的池河等;全椒、滁州、来安等县、区用水主要依靠区内的黄栗树水库、沙河集水库、城西水库以及滁州市属长江流域中的滁河水系及其支流。另外,引江济滁水量可作为区内补充水源。滁州市多年平均地表水资源可利用量为 19.57 亿 m^3,多年平均地表水资源可利用率为 54.6%。其中,滁州市区多年平均地表水资源可利用量为 2.34 亿 m^3,占地表水资源可利用总量的 12.0%,可利用率为 56.1%。滁州市频率为 20%、50%、75%、95% 的地表水资源可利用量分别为24.010 亿 m^3、15.601 亿 m^3、10.482 亿 m^3 和 5.546 亿 m^3。

滁州市现状农业以灌区和塘坝灌溉为主,现状灌溉水利用系数为 0.49,节水灌溉工程面积仅 6.20%,加快驷马山、女山湖、炉桥三大灌区和面上中小型灌区续建配套与节水改造工程建设,以保障城乡供水安全、粮食主产区生产安全为主要目标,以江巷水库立项建设为着眼点,着力解决江淮分水岭地区干旱缺水问题,协调好生活、生产和生态用水关系,逐步构建较为安全可靠的水资源配置格局。

2. 存在问题

(1) 淠史杭灌区

随着区域经济社会快速发展,特别是近年来合肥经济圈加快形成,淠史杭灌区用水结构和用水需求发生了较大变化,干旱年份水资源供需矛盾日益加剧。现状淠史杭取用水仍处于传统的管理方式,缺乏明确的取水总量控制,用水定额和入河排污管理薄弱,水资源利用效率偏低。一旦发生干旱,各行政区间、用户间争水现象普遍。"十二五"时期,合肥经济圈经济社会发展进一步加快,中西部淠史杭流域水资源供需矛盾将更加突出。

(2) 六安市

① 水资源利用效率低、水资源浪费现象普遍。六安市现状人均水资源量为1653 m³,按照国际公认的标准,人均水资源低于 2000 m³ 属于中度缺水,同时降水时空分布差异较大,受气候、地形和经济条件等因素的限制,遭遇偏干旱年份时,就会出现水资源短缺、供求矛盾紧张的局面。与此同时,六安市水资源开发利用效率不高,用水浪费现象普遍。与 1980 年相比,六安市在用水效率上有了较大的提高,但与全省平均水平相比仍然偏低。全市农业用水量占总用水量的 70% 以上,而农业灌溉水的利用系数约为 0.50。部分灌区由于灌溉方式落后、配套不全和管理不善等原因,跑水漏水现象较为严重,渠系水利用系数偏低。在工业用水方面,部分工业企业生产工艺落后,单位产品耗水量偏高,水的重复利用效率偏低。另外,民众节水意识薄弱也是造成用水浪费的主要原因之一。

② 全市水环境前景不容乐观。水质监测结果表明,六安市现状大部分水体水质尚可,饮用水源水质良好。但随着区域经济的快速发展,工业废水、生活及农业污水排放量不断增大,特别是沿河(渠)农村生活污水的排放及生活垃圾的随意倾倒,河流(渠道)水环境前景不容乐观,因此在今后较长的一段时间内,仍须加大水环境治理力度,加强水污染防治。

(3) 合肥市

① 水资源紧缺,供需矛盾日益突出。合肥市地处江淮丘陵区,受气候、地形的条件影响,水资源与土地资源不相匹配。随着工农业生产的发展,国民经济各部门对水的需求量不断增加,遭遇偏旱年份时,现有的供水工程能力限制,就会出现水资源紧缺、供求矛盾紧张的局面,特旱年份供求矛盾就更加尖锐。合肥市 1956~2010 年多年平均当地自产天然水资源总量 30.2 亿 m³,以 2010 年全市户籍人口统计人均水资源占有量 606 m³,按国际上一般公认的标准,人均水资源小于 500 m³ 为严重缺水地区,合肥市为中度缺水地区。合肥市水资源地区分布和生产力布局不相匹配,与人口、耕地和经济的分布不相适应。水利部《全国主要缺水城市供水水资源规划报告》将合肥市列入全国重点缺水城市之一。

② 全市水资源利用效率偏低,用水浪费现象普遍。根据安徽省水利水电设计院及淠史杭总局调查,淠河灌区灌溉水利用系数为 0.5 左右,全市农业灌溉水的利用系数在 0.4~0.5,仅为用水先进国家灌溉水利用系数(0.7~0.8)的一半左右。部分灌区,由于灌溉方式落后、配套不全和管理不善等原因,跑水漏水现象较为严重,据淠史杭总局调查,跑漏水率达 10%~15%。近年来,工业各行业增加节水投入更新改造旧设备,改进工艺和生产流程,但工业用水量的节水潜力仍较大。

水质监测结果表明,合肥市大部分水体水质一般,但饮用水源水质较好。肥西丰乐河的水质污染严重,常年为Ⅲ类水以下;董铺水库、大房郢水库、众兴水库、谭冲水库、瓦埠湖、滁河干渠等水利工程的水质较好,常年为Ⅱ~Ⅲ类;巢湖西半湖水质差、污染严重,高塘湖水质受到一定程度污染;南淝河、店埠河、十五里河、二十埠河等污染严重,为劣Ⅴ类水。可见,全市总体水质一般,水环境状况不容乐观。因此,必须加大治理力度,进一步加强水污染防治。

(4) 滁州市

① 地表水资源开发利用程度不高。滁州市多年平均降雨量为966.1 mm,多年平均地表水资源量为35.825亿 m^3,径流系数为0.278,小于安徽省产水系数0.40。由于自然和人为因素,产流量偏低。多年平均地表水资源可利用量为19.57亿 m^3,可利用系数为0.546,接近安徽省地表水资源可利用率水平。

② 浅层地下水资源利用率低。滁州市山丘区面积3155 km^2,丘陵区和平原区共占全市土地面积的68%,多年平均浅层地下水资源量为4.972亿 m^3,多年平均浅层地下水资源可开采量为1.838亿 m^3,但区域内地下水开采量不足且开采点不均匀。

③ 用水量逐年增加、用水结构变化快、用水保证率要求高。滁州市1980~2010年用水量的年增长率为3.42%,城镇生活用水量、工业用水量占总水量的比例在增加,农村生活用水量占总用水量的比例在下降,农田灌溉用水量和林牧渔用水量占总用水量的比例也在减少。随着社会经济的发展和人们生活水平的提高,伴随着用水结构的变化,人们对用水保护率的要求越来越高。

④ 地表水拦蓄工程虽多但利用程度不够。2010年地表水源蓄水工程供水量占地表水源供水总量的58.7%,供水量较目前蓄水工程设计供水能力来说较小,可通过工程措施进一步加大地表水源供水量。

⑤ 地表水部分河道污染严重。随着工农业的迅速发展和人民生活水平的不断提高,工业废水及居民生活污水排放量逐年增加。据水质评价,池河、濠河、襄河、白塔河水质类别为Ⅳ类,滁河干流和清流河水质类别为Ⅲ~Ⅳ类,来安河水质类别为劣Ⅴ类。

2.2.4.2 皖北地区水资源配置现状与问题

1. 现状

淮河流域中渡以上已建成大、中、小型水库3647座,总库容近200亿 m^3。其中,18座大型水库总库容为142亿 m^3,兴利库容47亿 m^3。淮河、颍河、涡河、新汴河等主要河道上的大中型拦河闸也都蓄水,初步统计,蚌埠闸、颍上闸、阜阳闸、蒙城闸、团结闸等19座拦河闸的兴利库容约9亿 m^3。依据《淮河水资源公报》(水利部淮河水利委员会),1980~2006年供水量由518.2亿 m^3增加到590.4亿 m^3,净增72亿 m^3,年均增长率0.5%。工业、生活用水量迅速增长,在总用水量中的比例持续上升,由1980年的13%上升到2006年的27%,年均用水增长率均为3.4%(其中城镇生活达7%);农业用水基本保持平稳,其用水总量在420亿 m^3左右。

2. 问题

以淮河干流和苏北灌溉总渠为界,北部属温带半湿润区,南部属亚热带湿润区。影响本流域的天气系统众多,既有北方的西风槽和冷涡,又有热带的台风和东风波,还有本地产生的江淮切变线气旋波,东南亚季风是主要因素。由于本流域是多种气候交汇区,多变是一大特色,不同地区、季节、年份,降水量极不均匀。南部大别山,最大年降水量可达 2000 mm 以上,而同时北部平原区可能只有 200 多毫米;全流域的年降水量虽是 800 多毫米,5 月至 8 月的汛期 3 个月却通常降雨五六百毫米。特别是六七月,江淮地区特有的梅雨季节,降雨可持续一两个月,范围之大,可覆盖全流域。丰水年和贫水年交替,降水量平均相差四五倍。于是形成特殊的降水年份,如 1954 年的水年和 1978 年的旱年相比,悬殊竟高达三四十倍。淮河流域独特的气候特征,使得流域降水、水资源时空分布不均衡,加剧水资源供需矛盾,更需要强化水资源的调度与管理。

2.2.5　水资源管理

2.2.5.1　皖中江淮分水岭区域

1. 六安市

经过多年建设,六安市的水利工程已初具规模,对提高抗御水旱灾害能力,防治水土流失,促进城镇供水以及经济生产活动,解决农村饮水困难发挥了重要作用,大大促进了社会经济发展。但由于经济基础薄弱等原因,也存在一些问题。

① 在区域布局上,六安市分为西南大别山区、中部江淮丘陵区和北部沿淮岗地平原区。西南大别山区水资源相对丰富,水质较好,佛子岭、磨子潭、白莲崖、响洪甸、梅山、龙河口等 6 座大型水库是六安市主要供水水源地;江淮丘陵区水资源相对缺乏,主要依靠淠史杭灌溉工程以自流和提水方式引取水库下泄水量;北部沿淮岗地平原区临近淮河,区内有瓦埠湖、城东湖、城西湖 3 个大型湖泊,除利用渠道水外,还可以从湖泊和淮河中提水作为补充。

② 在工程管理上,由于资金缺乏,大多数灌区工程尚未配套完善,达不到设计灌溉面积,不能充分发挥工程效益。

③ 在保障体系上,由于六安市经济基础较弱,水利投资来源单一,对政府依赖性大,导致投入不足,过境和境内河流尚未得到综合开发利用和全面治理,水资源未得到有效利用,尚未形成有效的水资源保障体系和防洪减灾体系。

2. 合肥市

① 在区域布局上,由于合肥市地处巢湖、瓦埠湖、高塘湖之滨,西有淠河、东有长江。本着先近后远、先易后难,立足巢湖、两湖,引淠补充,以江水为后盾,兴办以蓄为主,蓄引提调相结合的工程措施的原则,对水资源合理调配来满足城市建设和国民经济发展对用水量的需求。东北部地区及江淮分水岭两侧骨干工程少,水资

源开发利用相对薄弱,灌溉供水保证率较低影响了当地经济发展。

②在工程管理上,现有中小型水库大部分始建于20世纪六七十年代,防洪标准低,特别是小型水库施工质量较差,再加上管理工作跟不上,导致病险水库增多。

③在规划布局上,针对水问题与特点和水资源承载能力,从需要与可能两方面,分析经济布局和产业结构调整对总体布局的影响,提出包括工程措施与非工程措施在内的水资源可持续利用的发展方向、合理布局和利用方式,构建与经济社会发展相适应、与生态环境保护相协调的水资源安全供给保障体系,为水资源合理配置格局所需的各类措施提供具体的支撑,并将规划的工程方案和管理手段以及市场机制有机结合起来,强化水资源的统一管理,实现新的治水思路。在提出总体布局思路的基础上,根据经济社会发展、生态环境保护的目标与要求以及经济社会发展水平,按节水、水资源保护和增加供水三个体系制定水资源开发利用与治理保护的实施方案等,以水资源状况和未来经济社会发展趋势为导向,充分结合六安市建设的需要,通过水资源配置结果所确定的各区域需水状况,形成全市各区域协调发展的合理布局。

3. 滁州市

(1) 水资源管理体制不顺

目前,滁州市的水资源管理体制表现为条块分割、相互制约、职责交叉、权属不清。负责水源地的机构不负责供水、节水,供水机构不负责排水,排水机构不负责治污,治污机构不负责回收利用。由于水务管理权不统一,使得各管水部门依据自身的管理职能开展工作,没有实现水资源统一管理。全市水资源保护、开发、利用缺乏统一的规划,无法实现统一管理及联合和优化调度,也无法实现水资源的合理开发和节约利用。

(2) 水资源可利用量不足

滁州市由于水资源可利用量不足,工业与生活、城市与农村水矛盾越来越突出。滁州市多年平均水资源可利用总量为 21.121 亿 m^3,2010 年滁州市用水量为 20.49 亿 m^3。1956～2010 年多年平均地表水资源可利用量为 19.57 亿 m^3,2010 年滁州市地表供水量为 18.8 亿 m^3,75% 年型全市缺水率为 20.5%,95% 年型全市缺水率为 42.5%,水资源可利用量显示出不足。滁州市分属淮河流域和长江流域,是典型的江淮分水岭地区,过境水量多,虽然来水面积较大,水量丰富,但可利用量不多。另外,由于河流上游地区出于自身用水考虑,多建有河道节制闸拦蓄,一般在非汛期不向下游放水,汛期泄洪,因此更加剧了来水年内分配的不均匀。以上两点原因使得滁州市境内地表径流在汛期或丰水年份大多流走,非汛期或干旱年份水量少,地表水的实际可供水量小于地表水资源总量。随着经济社会和城市化的不断发展,水资源的需求量将越来越大,供需矛盾日益加剧。

2.2.5.2　皖北地区

1. 管理现状与基础

(1) 水资源管理制度初步建立

认真贯彻实施《取水许可和水资源费征收管理条例》,加强取水许可监督管理,推进水资源管理不断发展。先后制订了淮河流域水资源论证报告书审查管理办法、淮委实施水行政许可管理办法等相关规章制度,初步形成以水资源开发、利用、节约、保护等为重点的制度框架体系。水资源论证工作逐渐走向规范化、科学化,共组织审查涉及火电、水利工程、化工等行业 80 多个建设项目水资源论证报告书。

(2) 水资源管理基础工作不断夯实

淮河水利委员会先后组织开展了淮河干流及主要支流现状用水情况调查、淮河流域取水许可和水资源管理状况调查、淮河流域闸坝运行管理评估和优化调度对策研究等多项水资源管理基础性、前瞻性研究。组织开展流域水资源调查评价、拟订流域内省际水量分配方案和年度调度计划等基础工作。组织开发淮河水利委员会水资源管理信息系统,推进水资源管理信息公开,提高水资源工作效率与水平。

(3) 应急处置能力有效提升

区域制订了流域水污染突发事件应急预案,初步建立了应急处置机制,预防和应对突发水污染事件能力不断加强,在流域水资源保护和省际协调与应急处置中的作用更加突出。先后妥善处理了涡河支流大沙河、徐州境内邳苍分洪道水体砷污染严重超标事件,避免了重大水污染事故。

(4) 水资源保护工作深入开展

认真履行流域水质监测和水功能区管理职能,核定了流域水功能区纳污能力,提出了限制排污总量意见,水功能区规范管理得到加强。积极组织开展水污染联防联治,开展省界缓冲区水质水量监测,定期通报水功能区等水质状况,水质监测能力建设取得较大进展。

(5) 具备一定的水资源调配基础

近年来,区域十分重视跨区水资源调度工作。淮河水利委员会先后组织实施了南四湖应急生态补水、恢复湖区生态,两次实施"引沂济淮",调剂沂沭泗水系洪水资源补充淮河下游地区抗旱水源,初步形成了江、淮、沂沭泗水资源跨流域调度体系,增强了跨省、跨水系的水资源调配能力。以流域综合规划修编和水资源综合规划编制为标志,初步构建了流域水资源规划体系,为水资源配置奠定基础。同时,流域水权制度建设取得明显进展,初步编制完成了淮河流域取水许可总量控制指标方案,为取水许可总量控制规范化、制度化建设奠定了基础。

2. 流域水资源复杂而交织,管理难度大

从表 2.2 可以看出,流域的气候水文、地形地貌、人口分布、经济发展、工程体系复杂、涉及行政区多等是流域水资源问题复杂的深层次背景,管理难度大,要解

决这些复杂水资源问题,一般的、单一的管理手段或平台是不行的,迫切需要建设流域水资源管理系统。

表 2.2　淮河流域特征与水资源复杂性关系表

要　　素	主要特征	水资源问题与管理对策
气候水文 与地形、地貌	淮河流域处于南北气候过渡带,中高纬度过渡带,沿海与内陆结合部	流域降水、水资源时空分布不均衡,加剧水资源开发利用难度和供需矛盾,独特地形特征更容易诱发"水多、水少、水脏"的水灾害,水资源调度与管理难度大,更需要强化水资源的调度与管理
	地势低平,平原面积占流域总面积的 2/3,淮河干流河道比降平缓,蓄排水条件差	
人口分布密集, 易诱发污染事件	流域平均人口密度为 630 人/km²,是全国平均人口密度的 4.8 倍	密集的人口蕴含着发展给水资源供给和污水排放给水环境带来巨大的压力,要更加注重入河排污口、水功能区的纳污红线严格管理和应急管理
	独特气候、地形特征,人口密集,众多的闸坝拦蓄工程体系,这些因素在一定的水文条件下,容易诱发突发性水污染事件	
地理位置、 资源条件好	区域位置优越、资源条件好,经济发展总体水平低,极具发展潜力	巨大的发展潜力需要水资源支撑,对未来水资源开发与管理的要求和需求更高
涉及行政区多	地区之间、行业之间的水事矛盾较多;发展与水资源、水生态环境之间的矛盾日显突出	水资源协调、监督与管理难度大

2.3　重点研究区域与重点城市

2.3.1　江淮分水岭易旱、易涝地区与淮北地区

2.3.1.1　皖中江淮分水岭易旱、易涝地区

1. 自然概况

　　分水岭地区水源洁净,降雨是从这里向长江或淮河"分流",南麓流往长江,北麓汇入淮河。地貌以低山、丘陵、岗地为主,西高东低,丘陵起伏,岗冲交错,海拔高度 30~100 m,丘陵东部有一些块状隆起的高丘,海拔在 500 m 左右。尽管降水总

量偏丰,却难以大量蓄用,停滞难,流失多。如表2.3所示。

江淮丘陵地区降水有明显季节性差异,夏季降水多、强度大,秋冬季少。年度间差异较大,如2005年降水量超过2000 mm。常年降水量小于蒸发量,土壤长期处于干燥状态,一旦遇上强降雨,土壤径流明显,易造成沟蚀、面蚀。

表2.3　江淮分水岭缺水地区(1956~2010年)多年平均降水量

行政分区	面积 (km²)	多年平均值			不同频率年降水深(mm)			
		降水深 (mm)	降水量 (亿 m³)	占全省比例	20%	50%	75%	95%
合肥市	7266	949	69	4.2%	1121	943	800	631
六安市(部分)	18444	1182	218	13.3%	1376	1166	1014	820
滁州市(部分)	13328	964	128.4	7.8%	1126	950	823	661

2. 水资源开发利用状况

根据安徽省水利厅发布的2010年安徽省水资源公报,2010年江淮分水岭地区年径流深506.7 mm,比2009年减少25.5%,但与常年值比较增加11.1%。江淮分水岭地区年降水量501.3亿 m³,地表水资源量205.3亿 m³,产水系数为0.39,产水模数为36.48万 m³/km²,人均水资源量为559.3 m³。此外,江淮分水岭地区水资源变化幅度高于长江以南,年际变化较大。江淮分水岭地区多年平均水资源总量从20世纪60年代至80年代呈递减趋势,90年代比多年均值略偏多,21世纪至今又呈增加趋势。

江淮分水岭区域较大河流有淠河、杭埠河、丰乐河、池河、滁河等,大型水库有龙河口、佛子岭、磨子潭、董埠、大房郢、黄栗树、沙河集水库等。

安徽江淮分水岭地区地表水开发利用程度高,一定程度上制约了经济社会的发展,中等以上干旱年份,水资源的供需矛盾更加突出。随着社会经济的发展和人口增长,这些地区水资源供需矛盾将日趋尖锐,特别是城市的缺水问题将更加突出。

2.3.1.2　皖北淮河流域地区

1. 自然概况

该地区除东北部有少量低山残丘外,其余绝大部分属冲积、洪积平原,南部沿淮地带分布有湖泊洼地。全区总面积37421 km²,其中平原区面积为36708 km²(包括洼地等)。

2. 水资源开发利用状况

根据安徽省水利厅发布的2010年安徽省水资源公报,2010年淮北地区年径流深193.3 mm,比2009年减少50.4%,但与常年值比较增加38.3%。淮北地区年降水量293.13亿 m³,地表水资源量58.94亿 m³,产水系数为0.39,产水模数为36.48万 m³/km²,人均水资源量为304.5 m³。此外,淮北地区水资源变化幅度高于淮河以南,最大值为1956年的262亿 m³,最小值为1959年的12亿 m³,年际变化较大,极值比高达23。淮北地区多年平均水资源总量从20世纪60年代至90年代呈递减趋势,90年代比多年均值略偏多。

安徽淮北平原地表水资源可利用量为65.85亿 m^3,但地表水资源可利用率为34%。原因是淮北平原地区缺少大型的地表水蓄水工程,主要地表水工程为塘坝。水源工程多为地下水生产井、浅水井和中深层承压水井等。

此外,就淮北地区而言,平原区浅层地下水资源比较丰富,多年平均可开采模数为9.2~15.6万 $m^3/(km^2 \cdot a)$,大部分地区浅层地下水位埋深一般为1~5 m,其中南部1~2.5 m,中部3.5 m左右,北部4~7 m,开采最大动水位埋深,中南部8~10 m,北部10~15 m。此外,现状深层地下水利用量为5.6亿 m^3,主要集中于阜阳、淮北、亳州、宿州等城市及工矿区。

2.3.2 合肥市与阜阳市

2.3.2.1 合肥市概况

1. 自然地理

合肥市位于安徽省中部,跨长江、淮河两大流域。周边毗邻情况:东至肥东县元祖山,与滁州市为;西至肥西县金牛乡,与六安市交界;南临巢湖隔湖,与巢湖市相望;北和淮南市接壤。山区面积占总土地面积5%,丘陵区面积占83.2%,平原圩区面积占8.3%,湖泊面积占3.5%。

2. 地形地貌

合肥市地处江淮丘陵地带,江淮分水岭自西北向东北横贯合肥市中部,使合肥市形成低缓的鱼脊形地势,海拔高程7~92 m;地形总趋势,自分水岭向东南和西北倾斜;地貌特征为丘陵至平原的河谷地貌,境内具有丘陵岗地、低山残丘、河湖低洼平原三种地貌。

丘陵岗地:江淮分水岭自大别山向东北延伸,在肥西县大潜山入境,蜿蜒逶迤,横贯市境中部,至肥东县元祖山北侧出境。

低山残丘:低山残丘区分布于市境东西边陲地带。东部山区以浮槎山为最高,高程418 m(全市最高点),其余皆为100~300 m之间低山;西部山区为大别山余脉,脉络西东走向,绵延25 km,山峰6座,并列于肥西县西部地带,以大潜山为最高。

河湖低洼平原:长江流域巢湖沿岸及南淝河、派河、丰乐河、杭埠河等河流下游两侧为冲积平原,地势平坦,地面高程7~15 m,淮河流域瓦埠湖洼地最低高程为18~20 m。

3. 土壤植被

土壤:合肥地区土壤以黄棕壤、水稻土两类为主要土壤,约占全部土壤的85%,其余为石灰(岩)土、紫色土和砂黑土。黄棕壤土遍及全境,成土母质系下蜀黄土;水稻土主要分布于巢湖沿岸低洼圩区及中部波状丘陵磅冲间;石灰(岩)土分布于江淮分水岭岭脊附近及低山残丘地带,系石灰岩风化物,属自然土壤。市境内东部和西南低山残丘及舜耕山南麓,零星分布着紫色土和砂黑土。

植被:合肥市境内土地,大面积已开垦为农田,植被覆盖主要为农作物,林木甚少。全市陆地垦殖指数为52.3%,其中农作物覆盖占垦殖数92.9%,林木占垦殖数7.1%。在农作物方面,以稻、麦、菽类为主,其次为薯类、玉秦、棉、油料、瓜蔬等。在林木方面,常绿树种和落叶树种组成的混交林,是全市主要林木植被类型。

4. 水文地质

在地质构造上,合肥地区属于下扬子海槽和淮阳古陆边缘地带,形成合肥波状平原丘陵区。合肥地区地层,除局部地区为太古界、元古界和古生界地层外,大部分为中生界地层。岩质以灰岩和沉积岩为主,太古界片麻岩、元古界震旦纪石英砂岩、页岩、白云岩亦有出露。全市境域内地层上部,广为第四纪松散沉积物覆盖,其裂隙和孔隙均不发育,储水空间极差,降水多形成地表径流排走,因而含水微弱。

5. 水文气象

合肥市地处中纬度由亚热带向暖温带的过渡区域,冷暖气团交锋频繁,气候表现出明显的过渡性,降水多变。合肥市位于南北冷暖气流交会较频繁的场所,具有较好的水汽输送条件,大量水汽随着东南季风和西南季风输入,春末夏初季风加强,水汽通量也随之加大,进入梅雨季节,6月至7月上旬由于太平洋副热带高压西伸北挺,合肥市先后进入雨季。

合肥市多年平均气温为15 ℃,年内最高气温为7月,最低在1月。极端最高气温为41 ℃(郊区,出现于1959年8月23日),极端最低气温为-20.6 ℃(郊区,出现于1955年1月6日)。多年平均日照数为2036~2162 h,合肥地区多年平均无霜期224~242天。

合肥市1956~2000年多年平均降水量945.6 mm,降水时空分布不均,呈现汛期集中。汛期5~9月降水量占年降水量的62%,灌溉期4~10月的降水量占年降水量的77%。降水量北小南大,市辖淮河、长江流域年平均降水量分别为921.5 mm、960.6 mm;降水量的年际变化趋势明显,全市多年平均最大最小年降水量分别为1506.1 mm(1991年)、502.7 mm(1978年),其极值比为3.0。因此,合肥市洪涝灾害及旱灾发生频繁。

区域间多年平均水面蒸发量818.8 mm(代表站为董铺水库站)。合肥地区1956~2000年多年平均河川径流量17.29亿 m³,径流深254.6 mm,径流系数0.27;径流分布与降水基本相同,从南到北减少。汛期5~9月径流量占全年径流量超过70%。

6. 河流水系

合肥市境内河流,以江淮分水岭为界,岭南为长江水系,岭北为淮河水系。淮河水系主要河流有东淝河、沛河、池河等,市内范围的淮河流域面积占全市面积的38.3%;除池河外,各河流均通过瓦埠湖、高塘湖流入淮河。长江水系主要河流有南淝河、派河、丰乐河、杭埠河、滁河等,市内范围的长江流域面积占全市面积的61.7%;长江水系的河流除滁河外,均通过巢湖流入长江。合肥市境内河流特点是集水面积小而分散,源短流急、常流水少是合肥市水资源紧缺的重要因素。

7. 湖泊水库

合肥市域范围内湖泊有:巢湖、瓦埠湖、高塘湖,总面积达 984.5 km²,总库容51.15 亿 m³,多年平均蓄水量 26.67 亿 m³。如表 2.4 所示。

8. 其他水利工程

合肥市 2010 年共有蓄水工程 81154 座(口),其中大型水库 2 座,中型水库 17座,小型水库 404 座,塘坝 80731 口。蓄水工程总库容为 19.7 亿 m³,其中大、中、小型水库和塘坝总库容分别为 4.19 亿 m³、4.50 亿 m³、3.38 亿 m³、7.63 亿 m³。蓄水工程兴利库容 10.15 亿 m³,其中大、中、小型水库及塘坝兴利库容分别为 1.33亿 m³、2.36 亿 m³、1.68 亿 m³、4.77 亿 m³。如表 2.5 所示。

经调查统计,合肥市共有引水工程 2 处,引水流量 6 m³/s,现状供水能力为2310 万 m³/年,占地表水供水工程总供水能力的 1.18%。合肥市有提水工程 677处,总提水流量 324 m³/s,现状供水能力为 7.42 亿 m³/年,占地表水供水工程总供水能力的 37.99%。

表 2.4 合肥市湖泊情况

湖泊名称	湖泊类型	流域	所属市	相应水位(m)	水面面积(km²)	容积(万 m³)
巢湖	淡水湖	长江	合肥、巢湖、六安	12.0	780	481000
瓦埠湖	淡水湖	淮河	合肥、淮南、六安	18.0	156	22000
高塘湖	淡水湖	淮河	合肥、滁州	17.5	48.5	8500

表 2.5 合肥市各类水库统计表

水库类型	水库名称	座数	流域面积(km²)	总库容(万 m³)	兴利库容(万 m³)	
					汛期	汛后
大型	董铺水库	2 座	207.5	24900	5800	7700
	大房郢水库		184	17700		6400
中型		18 座	841	45613		23077
小型		534 座		40989		21632
合计		554 座		129202		58809

2.3.2.2 合肥市水资源开发利用状况

1. 概述

全市水资源总量 30.12 亿 m³,较多年平均值增加 12.40 亿 m³,其中地表水资源量 30.02 亿 m³,地下水资源量 4.89 亿 m³,地表水与地下水不重复计算量 0.10 亿 m³。全市大中型水库年末蓄水量 3.46 亿 m³,小型水库和塘坝年末蓄水量 3.86 亿 m³,年末共蓄水 7.32 亿 m³,较上年增加 1.61 亿 m³。全市供水总量 21.86 亿 m³,比上年增加 0.12 亿 m³。地表水源供水量 21.07 亿 m³,其中跨流域调水 3.16 亿 m³,地下水源供水量 0.22 亿 m³,其他水源供水量 0.57 亿 m³。全市用水总量 21.86 亿 m³,其中农灌用水量 9.44 亿 m³,占用水总量的 43.1%。

2010 年全市大部分水体水质较好。城市供水水源地董铺水库、大房郢水库水质均为Ⅱ~Ⅲ类,长丰、肥东、肥西三县供水水源地的水质均较好,全年为Ⅲ类;肥西丰乐河、肥东店埠河大李湾橡皮坝上段的水质较好,全年水质为Ⅲ类。南淝河、板桥河、二十埠河、派河、十五里河、店埠河等河流重点污染监测断面均为劣Ⅴ类水,水污染状况比较严重。滁河干渠南淝河闸上段全年和非汛期为Ⅱ类,汛期为Ⅲ类,水质较好;合白路三十头桥段全年为Ⅳ类。瓦东干渠高刘镇段全年、汛期和非汛期为Ⅲ类;四棵树段全年和非汛期为劣Ⅴ类,非汛期为Ⅳ类。潜南干渠官亭段全年和汛期为Ⅳ类,非汛期为Ⅴ类。巢湖西半湖劣Ⅴ类水比例较上年下降,水质有所好转。

2. 地表水资源量

合肥市 2010 年全市地表水资源量 30.02 亿 m³,折合年径流深 425.5 mm,比上年增加 177.3 mm,增幅为 71.4%;与多年平均值相比,增加了 170.9 mm,增幅为 67.1%。市区、长丰县、肥东县、肥西县各行政分区地表水资源量分别为 4.88 亿 m³、4.44 亿 m³、8.42 亿 m³、12.28 亿 m³,折合径流深分别为 581.7 mm、230.5 mm、381.5 mm、589.6 mm。与上年相比,市区、长丰县、肥东县和肥西县分别增加了 273.7 mm、14.7 mm、157.6 mm 和 309.6 mm,增幅分别为 88.9%、6.8%、70.4% 和 110.6%。与多年平均值相比,长丰县基本持平;市区、肥东县和肥西县年径流深分别增加了 256.5 mm、147.8 mm、309.2 mm,增幅分别为 78.9%、63.2%、110.3%。如表 2.6 所示。

表 2.6　2010 年行政分区年径流深与 2009 年及多年平均值对照表　单位:mm

年份 / 行政分区	合肥市区	长丰县	肥东县	肥西县	合肥市
2010 年	581.7	230.5	381.5	589.6	425.5
2009 年	308.0	215.8	223.9	280.0	248.2
多年平均	325.2	232.7	233.7	280.4	254.6

3. 地下水资源量

地下水资源量是指地下饱和含水层逐年更新的动态水量,即降水和地表水入渗对地下水的补给量。2010 年全市地下水资源量 4.89 亿 m³,比上年增加了 1.23

亿 m^3。

4. 水资源总量

水资源总量是指当地降水形成的地表、地下水资源量总和,扣除地表水和地下水重复计算量,不包括过境水量。2010 年全市水资源总量 30.12 亿 m^3,较多年平均值增加 12.40 亿 m^3。产水系数(即水资源总量与降水量的比值)为 0.36,产水模数为 42.69 万 m^3/km^2。

5. 供水量

2010 年全市供水总量 21.86 亿 m^3,比上年增加 0.12 亿 m^3。其中,地表水源 21.07 亿 m^3,占供水总量 96.4%,比上年增加 0.49 亿 m^3;地下水 0.22 亿 m^3,占供水总量 1.0%,与上年相比几乎无增加;其他水源 0.57 亿 m^3,占供水总量的 2.6%,比上年减少 0.37 亿 m^3。地表水源供水量中,蓄水工程供水量 13.39 亿 m^3,占地表水源供水量的 63.5%;引水工程供水量 0.31 亿 m^3,占地表水源供水量的 1.4%;提水工程供水量 4.21 亿 m^3,占地表水源供水量的 20.1%;跨流域调水 3.16 亿 m^3,占地表水源供水量的 15.0%。

6. 用水量

2010 年全市用水总量 21.86 亿 m^3,比上年增加 0.12 亿 m^3。其中,农灌用水量 9.44 亿 m^3,较上年减少 0.49 亿 m^3,占用水总量的 43.1%;林牧渔畜用水量 0.25 亿 m^3,较上年减少 0.13 亿 m^3,占用水总量的 1.2%;工业用水量 7.78 亿 m^3,较上年增加 0.02 亿 m^3,占用水总量的 35.6%;城镇公共用水量 0.99 亿 m^3,较上年增加 0.15 亿 m^3,占用水总量的 4.6%;居民生活用水量 2.64 亿 m^3,较上年增加 0.35 亿 m^3,占用水总量的 12.0%;生态环境用水量 0.76 亿 m^3,较上年增加 0.22 亿 m^3,占用水总量的 3.5%。2010 年总用水量比去年有所增加,主要是居民生活用水量增多。

如表 2.7、表 2.8、图 2.3、图 2.4、图 2.5 所示为合肥市水资源情况。

表 2.7　2010 年合肥市行政分区水资源总量表

行政分区	降水量 (亿 m^3)	地表水量 (亿 m^3)	地下水量 (亿 m^3)	不重复量 (亿 m^3)	水资源总量 (亿 m^3)	产水 系数	产水模数 (万 m^3/km^2)
市区	11.50	4.88	0.53	0.02	4.90	0.43	58.46
长丰县	17.78	4.44	0.96	0.01	4.45	0.25	23.08
肥东县	24.75	8.42	1.40	0.00	8.42	0.34	38.17
肥西县	30.70	12.28	2.00	0.07	12.35	0.40	59.30
全市	84.73	30.02	4.89	0.10	30.12	0.36	42.69

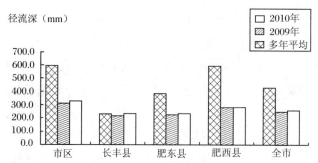

图 2.3　2010 年行政分区年径流深与 2009 年及多年平均值对照得图

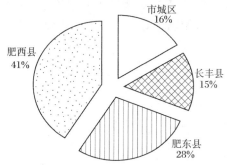

图 2.4　2010 年合肥市行政分区水资源总量分配图

表 2.8　2010 年合肥市行政分区供水量表　　　　　　　单位:亿 m³

行政分区	地表水源供水量					地下水源供水量	其他水源供水量	总供水量
	蓄水	引水	提水	跨流域调水	小计			
市区	2.75	0.00	2.83	2.29	7.87	0.02	0.57	8.46
长丰县	2.84	0.31	0.54	0.00	3.69	0.06		3.75
肥东县	4.24	0.00	0.43	0.31	4.98	0.07		5.05
肥西县	3.56	0.00	0.41	0.56	4.53	0.07		4.60
全市	13.39	0.31	4.21	3.16	21.07	0.22	0.57	21.86

备注:其他水源供水量主要是污水回用量。

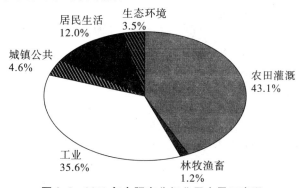

图 2.5　2010 年合肥市分行业用水量示意图

2.3.2.3　阜阳市自然地理概况

阜阳市地处安徽省西北部,淮河中游,东邻利辛、凤台,西接河南省沈丘,南与霍邱隔淮河相望,北与谯城区相毗邻。阜阳市辖界首市和太和、临泉、颍上、阜南四县及颍州、颍泉、颍东三区,总面积 9775 km²。阜阳市分属淮河、颍河两大水系。淮河沿市区南缘自西向东流经 169 km,颍河自西北向东南穿越其中注入淮河,主要河流有茨淮新河、谷河、润河、黑茨河、泉河、洪河等,主要湖泊有焦岗湖、颍州西湖、八里河(湖)等;大型闸坝有王家坝濛洼进水闸、曹台子濛洼退水闸、邱家湖进退洪闸、姜唐湖退水闸、阜阳闸、耿楼闸、颍上闸、茨河铺闸、插花闸、杨桥闸(老)、杨桥闸(新)、原墙闸,共 12 座;中型闸坝有陶坝孜闸、普善闸、老集闸、张册闸、坎河溜闸等共 40 座。

2.3.2.4　阜阳市水资源开发利用状况

1. 概述

全市主要河流(史河、淠河、淮河、颍河、泉河)的入境水量合计为 203.6 亿 m³,较上年(2009 年)偏多 112.5%,较多年均值偏多 12.0%;主要河流出境水量(淮河、茨淮新河)共 262.4 亿 m³,较上年偏多 100.8%,较多年均值偏多 22.4%。淮河王家坝站年最高水位 28.45 m,为有资料以来的第 21 位。

全市水资源总量 28.09 亿 m³,全市湖泊、闸坝正常蓄水量约为 2.403 亿 m³。全市供水总量 19.67 亿 m³,其中地表水供水量 11.67 亿 m³,地下水供水量 8.00 亿 m³。全市用水总量 19.67 亿 m³,其中农田灌溉用水量 13.12 亿 m³,占用水总量的 66.6%;工业(总)用水量 3.35 亿 m³,占用水总量的 17.0%(火电用水量 0.2 亿 m³,占用水总量的 1.0%)。全市人均用水量 233.4 m³,万元 GDP 用水量 284.1 m³,万元工业增加值用水量 162.1 m³,农田灌溉亩均用水量 268.3 m³,居民生活人均用水量 29.8 m³。

2. 地表水资源量

全市地表水资源量 16.91 亿 m³,折合平均径流深 173.0 mm,较上年值偏少 17.6%,较多年均值偏少 10.8%。

各个分区年径流量与上年相比,界首市、太和县分别增加 8.7% 和 9.5%,阜南县、临泉县、颍上县和阜阳三区分别减少 25.9%、17.5%、31.8% 和 23.4%。各分区年径流量与多年均值相比,界首市、太和县分别增加 3.3% 和 8.1%,阜南县、临泉县、颍上县和阜阳三区分别减少 16.7%、10.0%、18.4% 和 20.1%。如图 2.6 所示。

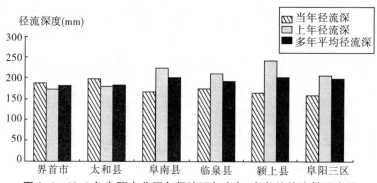

图 2.6　2010 年阜阳市分区年径流深与上年、多年均值比较示意图

3. 浅层地下水资源量

全市面积 9775 km², 均为平原, 计算面积 9775 km², 浅层地下水资源总量 15.41 亿 m³。界首市、太和县、阜南县、临泉县、颖上县、阜阳三区浅层地下水资源量分别为 1.19 亿 m³、3.18 亿 m³、2.69 亿 m³、2.83 亿 m³、2.87 亿 m³ 和 2.65 亿 m³。

4. 水资源总量

全市水资源总量为 28.09 亿 m³。2010 年阜阳市各分区水资源总量如表 2.9 所示。

表 2.9　2010 年阜阳市分区水资源总量　　　　　　　　　　单位:亿 m³

分区名称	年降水量	地表水资源量	地下水资源量	不重复量	水资源总量	产水系数	产水模数（万 m³/km²）
界首市	5.82	1.25	1.19	0.79	2.04	0.35	30.6
太和县	16.66	3.59	3.18	2.32	5.91	0.35	32.5
阜南县	13.73	2.95	2.69	1.96	4.91	0.36	27.8
临泉县	14.66	3.15	2.83	2.06	5.21	0.36	28.7
颖上县	14.27	3.06	2.87	2.12	5.18	0.36	27.9
阜阳三区	13.55	2.91	2.65	1.93	4.84	0.36	26.2
全市	78.69	16.91	15.41	11.18	28.09	0.36	28.7

5. 供水量

全市供水总量 19.67 亿 m³。其中, 地表水为 11.67 亿 m³, 占供水总量的 59.3%；地下水为 8.00 亿 m³, 占供水总量的 40.7%。浅层地下水为 5.17 亿 m³, 占供水总量的 26.3%；中深层地下水为 2.83 亿 m³, 占供水总量的 14.4%。如表 2.10 所示。

表 2.10　2010 年阜阳市分区供水量表　　　　　　单位:亿 m³

分区名称	地表水源供水量	地下水源供水量		总供水量	地表水供水比例	地下水供水比例	
		浅层	中深层			浅层	中、深层
界首市	0.57	0.72	0.25	1.54	37.0%	46.8%	16.2%
太和县	1.23	1.06	0.51	2.80	43.9%	37.9%	18.2%
阜南县	2.57	0.64	0.39	3.60	71.4%	17.8%	10.8%
临泉县	1.01	0.87	0.55	2.43	41.6%	35.8%	22.6%
颍上县	3.94	0.54	0.43	4.91	80.2%	11.0%	8.8%
阜阳三区	2.35	1.34	0.70	4.39	53.5%	30.5%	16.0%
全市合计	11.67	5.17	2.83	19.67	59.3%	26.3%	14.4%

6. 用水量

全市总用水量为 19.67 亿 m³。阜阳市分区用水量如表 2.11 所示。

表 2.11　2010 年阜阳市分区用水量　　　　　　单位:亿 m³

分区名称	农田灌溉	林牧渔畜	工业(总)		城镇公共	居民生活	生态环境	总用水量
			工业	火电				
界首市	0.86	0.02	0.40		0.03	0.22	0.01	1.54
太和县	1.75	0.06	0.55		0.03	0.40	0.01	2.80
阜南县	2.93	0.06	0.21		0.02	0.37	0.01	3.60
临泉县	1.62	0.07	0.19		0.02	0.52	0.01	2.43
颍上县	3.66	0.11	0.70		0.02	0.40	0.02	4.91
阜阳三区	2.30	0.09	1.10	0.20	0.07	0.58	0.05	4.39
全市	13.12	0.41	3.15	0.20	0.19	2.49	0.11	19.67

第 3 章　水文及水资源要素演变规律

近年来人类活动影响频繁,使得皖中皖北气候和下垫面条件发生了很大变化,导致水资源量及其转化规律随之发生变化。同时,流域内水土流失和水环境严重恶化,部分地区地下水严重超采,已形成降落漏斗和地面沉降等环境地质问题。面对人类面临的共同问题,如全球变暖、水文气象灾害加剧、生态环境恶化等,以保护人类生存环境和保障可持续发展为目的,研究变化环境下淮河流域的水文循环变化、水资源演变、水质状况和供水安全等重大问题,对加强水文循环要素时空变化研究,加强皖中皖北水资源调度,加强皖中皖北管理等项目来说十分迫切,且意义深远。

地球表面的各种水体,在太阳的辐射作用下,从海洋和陆地表面蒸发上升到空中,并随空气流动,在一定的条件下,冷却凝结形成降水又回到地面。降水的一部分经地面、地下形成径流并通过江河流回海洋;一部分又重新蒸发到空中,继续上述过程。这种水分不断交替转移的现象称为水分循环,也叫水文循环,简称水循环。如图 3.1 所示。

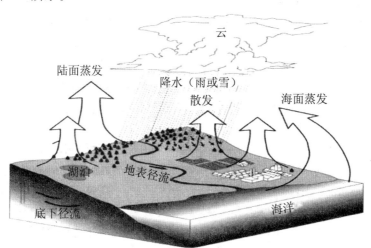

图 3.1　水文循环示意图

水文要素是构成某一地区、某一时段水文状况的必要因素,如降水、蒸发和径流,这是水文循环中的 3 个基本要素。此外,水位、流量、含沙量、水温、冰凌和水质等也可称为水文要素。各种水文要素可以通过水文站网的水文测验和观测来测定,是预报、研究水体水文情势的不同物理量。为深入研究淮河流域水循环的变化特征,对其基本要素演变进行分析。

3.1　皖中地区

3.1.1　水文要素演变特征

3.1.1.1　降水

皖中地区自然灾害频发,而降水多寡造成的旱涝灾害更为频繁。建国前的 500 多年间,平均 2～3 年有一次水灾或旱灾发生,而丘陵的特点是旱多于涝。

皖中地区干旱有连续出现及水旱交错发生的特点。如 1958～1959 年、1966～ 1967 年、1976～1978 年、1994～1995 年、2000～2001 年等为连续 2～3 年干旱。而 1954、1956、1963、1991、1998 年等又在大水后期出现较大旱情情况。

皖中地区建设以来比较典型的干旱年份有 1996、1978、1994、2001 年等。

本节在已有成果的基础上,对代表站和典型区的观测系列较长、代表性较佳的雨量变化特征进行分析,然后再根据流域多站降水观测资料对整个皖中江淮分水岭地区的降水时空变化特征进行探讨。

1. 代表站降水变化分析

淠史杭蒸发实验站,是专门开展水面蒸发、径流、灌溉实验研究的国家重点综合性实验站,也是目前国内为数不多的大型蒸发实验站。这里选用该站为区域代表站进行皖中地区降水变化的进一步研究。为了能深刻地反映降水的变化特征,将淠史杭蒸发实验站的降水资料分成三类:年降水系列、汛期降水系列(6～9 月)、非汛期降水系列(10 月至次年 5 月),分别对这三个系列进行时序分析。

(1)降水量时序变化分析

根据淠史杭实验站 1964～2010 年资料分析,多年平均降水量约为 1087.7 mm。淠史杭实验站汛期(6～9 月)多年平均降水量为 52.5 mm,最大汛期降水量为 2010 年的 952 mm,最小汛期降水量为 1966 年的 184.7 mm;非汛期(10 月至次年 5 月)多年平均降水量为 533 mm,最大非汛期降水量为 1997～1998 年的 759.6 mm,最小非汛期降水量为 1980～1981 年的 339.6 mm。最大年降水量为 2010 年的 1566.9 mm,最小年降水量为 1978 年的 609.2 mm,最大年降水量是最小年的 2.57 倍。淠史杭实验站降水频率分析图如图 3.2 所示。为了便于表达,其中非汛期将年际间非汛期规认为是上一年度非汛期,如 1966 年非汛期指 1966 年 10 月至 1967 年 5 月的时段。降水量、汛期降水量、非汛期水统计分析计算成果如表 3.1 所示。

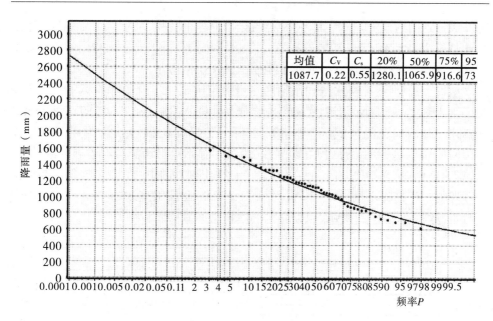

均值	C_V	C_s	20%	50%	75%	95
1087.7	0.22	0.55	1280.1	1065.9	916.6	73

图 3.2　淠史杭实验站年降水频率分析图

表 3.1　淠史杭实验站降水量统计分析计算成果表　　　　　　单位：mm

项目		年降水量	汛期降水量	非汛期降水量
统计参数	均值	1087.7	550	533
	C_V	0.22	0.4	0.2
	C_s/C_V	2.5	2.5	2.5
频率	1%	1738.8	1216.2	819.6
	5%	1515.1	963.8	722.4
	20%	1280.1	717.4	619.4
	50%	1065.9	514.4	524.3
	75%	916.6	389.3	457.3
	95%	735.0	260.5	374.2
	99%	629.0	200.8	324.7

对于年降水量,丰水年可以读出其对应年降水量为 1334.2 mm;偏丰年其对应年降水量为 1334.2~1159.6 mm;平水年其对应年降水量为 1159.6~992.9 mm;偏枯年其对应年降水量为 992.9~844.3 mm;枯水年其对应年降水量为 844.3 mm。而且,在降水的年内分布上,12 月占全年平均降水的比例最小,仅为 3%,而 7 月占全年的比例最大,为 17%,其次是 8 月和 6 月,都为 13%,6~9 月的总降水量可以占到全年降水总量的 51%,而另外 8 个月合计仅占 49%。另外,年内降水

分布最不均匀的是 1980 年,其 6～9 月占全年降雨的比例高达 71%,而 1966 年这个比例仅为 22%,前者是后者的近 3.2 倍。因此,滁史杭实验站观测到的年内降水分布极不均匀,这也与典型的亚热带湿润季风气候相吻合。

值得一提的是,年降水量和汛期降水量最值出现的年份通常并不一致。汛期最小降水量为 1966 年的 151.9 mm,而全年最小降水量则是 1978 年的 609.2 mm。年降水量线性拟合的公式为 $y = 3.0158x + 1015.4$,即可以认为年降水量以 3.0158 mm/a 的速率增加,但其距平图(图 3.3)显示这种增加带有强烈的波动性,尤其是 20 世纪 70 年代以前和 90 年代末至 21 世纪初,偏少和偏多年份都频繁出现。而对于汛期降水量,其距平图(图 3.4)显示 90 年代末至 21 世纪初亦出现强烈波动,但这种波动更多体现在汛期降水的剧增之上。

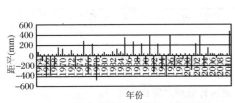

图 3.3　滁史杭实验站年降水量距平

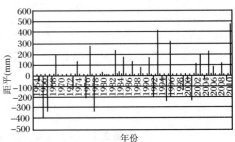

图 3.4　滁史杭实验站汛期降水量距平

对于跨年非汛期降水量,其平均降水量较少,且其波动性亦有别于全年和年内汛期降水量,自 20 世纪 80 年代末至 90 年代末其降水量呈现明显偏多情势,而 21 世纪初则较为均衡。全年、汛期和非汛期降水量分年代统计结果如表 3.2 所示。

表 3.2　分年代降水量统计图　　　　　　　　　　单位:mm

年代	20 世纪 60 年代	20 世纪 70 年代	20 世纪 80 年代	20 世纪 90 年代	21 世纪初
全年降水量均值	945.1	1056.4	1198.0	1038.4	1095.9
汛期降水量均值	388.6	523.8	674.6	486.7	567.8
非汛期降水量均值	525.4	513.7	538.8	531.2	554.0

(2) 降水趋势性和突变分析

在水文领域用于趋势分析和突变诊断的方法很多,国内外从概率统计方面着手,发展了参数统计、非参数统计等多种方法。其中,Mann‐Kendall 检验法是世界气象组织推荐并已广泛使用的非参数检验方法,许多学者不断应用此方法来分析降水、径流、气温等要素时间序列的趋势变化。Mann‐Kendall 检验法不需要样本遵从一定的分布,也不受少量异常值的干扰,适从水文、气象等非正态分布的数据,具有计算简便的特点。

在 Mann‐Kendall 检验中,原假设 H_0 为时间序列数据($x_1, \cdots, x_n$),是 n 个

独立的、随机变量同分布的样本;备择假设 H_1 是双边检验,对于所有的 $k,j \leqslant n$ 且 $k \neq j, x_j, x_k$ 的分布是不相同的,检验的统计变量 S 计算如下式:

$$S = \sum_{k=1}^{n-1} \sum_{j=k+1}^{n} \text{sgn}(x_j - x_k) \tag{3.1}$$

其中:

$$\text{sgn}(x_j - x_k) = \begin{cases} +1, (x_j - x_k) > 0 \\ 0, (x_j - x_k) = 0 \\ -1, (x_j - x_k) < 0 \end{cases} \tag{3.2}$$

S 为正态分布,其均值为 0,方差 $\text{Var}(S) = n(n-1)(2n+5)/18$。当 $n > 10$ 时,标准的正态统计变量通过式 3.3 计算:

$$z = \begin{cases} \dfrac{S-1}{\sqrt{\text{Var}(S)}}, S > 0 \\ 0, S = 0 \\ \dfrac{S+1}{\sqrt{\text{Var}(S)}}, S < 0 \end{cases} \tag{3.3}$$

这样,在双边的趋势检验中,在给定的 α 置信水平上,如果 $|Z| \geqslant Z_{1-\alpha/2}$,则原假设是不可接受的,即在 α 置信水平上,时间序列数据存在明显的上升或下降趋势。对于统计变量 Z,大于 0 时,是上升趋势;小于 0 时,则是下降趋势。Z 的绝对值在大于或等于 1.28、1.64 和 2.32 时,分别表示通过了置信度 90%、95% 和 99% 的显著性检验。当 Mann - Kendall 检验进一步用于检验序列突变时,检验统计量与上述 Z 有所不同,通过构造一秩序列:

$$S_k = \sum_{i=1}^{k} \sum_{j=1}^{i-1} \alpha_{ij} \qquad (k = 2,3,4,\cdots,n) \tag{3.4}$$

$$\alpha_{ij} = \begin{cases} 1, x_i > x_j \\ 0, x_i \leqslant x_j \end{cases}, 1 \leqslant j \leqslant i \tag{3.5}$$

定义统计变量

$$\text{UFk} = \frac{|S_k - E(S_k)|}{\sqrt{\text{Var}(S_k)}} \qquad (k = 1,2,\cdots n) \tag{3.6}$$

式中: $E(S_k) = k(k+1)/4, \text{Var}(S_k) = k(k-1)(2k+5)/72$, UFk 为标准正态分布,给定显著性水平 α,若 $|\text{UFk}| > U_{1-\alpha/2}$,则表明序列存在明显的趋势变化。将时间序列 x 按逆序排列,在按照上式计算,同时使

$$\begin{cases} \text{UBk} = -\text{UEk} \\ K = n+1-k \end{cases} \qquad (k = 1,2,\cdots,n) \tag{3.7}$$

通过分析统计序列 UFk 和 UBk 可以进一步分析序列 x 的趋势变化,而且可以明确突变的时间,指出突变的区域。若 UFk 值大于 0,则表明序列呈上升趋势;小于 0 则表明呈下降趋势;当它们超过临界直线时,表明上升或下降趋势显著。如果 UFk 和 UBk 这两条曲线出现交点,且交点在临界直线之间,那么交点对应的时

刻就是突变开始的时刻。本文选取 $\alpha = 0.05$,此时｜$U0.05$｜$= 1.96$。

对于年降水量,M-K检测显示(图3.5),20世纪60年代中期至70年代初年降水量是减少的,并且在1967年超过90%置信区间范围,表明下降趋势显著。70年代初期开始,年降水量开始了长达近40年的增长,值得一提的是,2002年附近出现了小时段的减少。按照突变点的定义,年降水量的每次变化几乎都会产生突变点,根据检测结果得出1970年、1980年、1993年、1997年、2003年、2006年、2009年均为突变点。

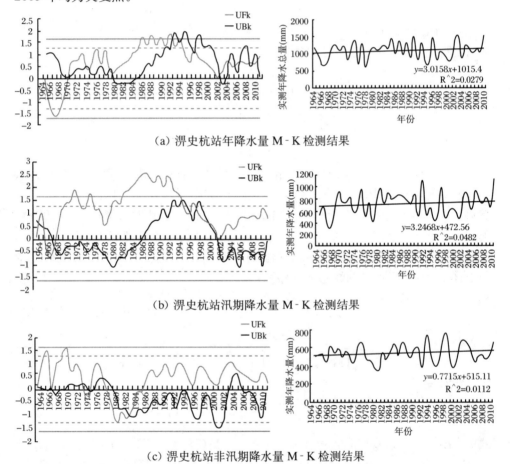

(a) 滁史杭站年降水量M-K检测结果

(b) 滁史杭站汛期降水量M-K检测结果

(c) 滁史杭站非汛期降水量M-K检测结果

图3.5　滁史杭站降水量M-K检测结果

对于汛期降水量,M-K检测显示,在整个检验时段内有一个明显的突变点,发生在1995年附近。从1964~1966年期间汛期降水量才开始增加,之后的两年内降水量开始减少,1968~2001年降水量开始一直增加,并与1982年至1994年间数次通过90%置信直线,说明在这些年间有90%的可信度汛期降水量有显著增加趋势。2001年前后出现了小幅波动,但汛期降水量就在那之后就又出现了增加趋势,汛期降水量开始缓慢增加,但不显著。另外,2001年是一个由减少到增加的突变点。

非汛期降水量较汛期降水量趋势变化更加频繁。1974年非汛期降水量变化趋势由增加转为减少,1974年为突变点。经历过1978年的小波动后,于1979年开始减少,并在1983年产生突变点,此后又在1986年产生了由减少到增加,并从1986年起一直维持稳定的增加趋势,但检测时间段内所有的趋势都未超过90%置信直线。

2. 典型流域降水变化

丰乐河流域降水量分析采用流域内桃溪、双河镇、张母桥、山南四个雨量站1956~2010年系列降水资料,这些站点资料系列较长,数据可靠,在区域面上具有代表性,满足分析需要。流域面雨量计算采用算术平均法。

(1)降水量时序变化分析

根据代表雨量站多年降水资料分析,丰乐河流域多年平均降水量为1070.5mm;50%、75%、90%保证率年份降水量分别为1057.7mm、927.1mm、819.5mm。不同保证率年份降水量计算成果如表3.3所示。

表3.3　丰乐河流域不同保证率降水量计算成果表

多年平均降水量	50%保证率年份降水量	75%保证率年份降水量	90%保证率年份降水量
1070.5 mm	1057.7 mm	927.1 mm	819.5 mm

① 年内分配。丰乐河流域多年平均降水年内分配的特点主要表现为汛期降水集中,季节分配不均。降水量主要集中在汛期的6~9月,占全年降水量的48.8%,其余月份降水量占全年的51.2%;最大月降水量出现在7月,占全年降水量的14.9%。一年四季降水量变化较大,夏季6~8月降水最多,降水量占全年的41.1%;春季3~5月降水量占全年的27.6%;秋季9~11月降水占全年的18.8%;冬季12月至次年2月降水量占全年的12.5%。年内最大月降水量占年总量的14.9%,最小月降水量仅占年总量的3.2%。如表3.4、图3.6、图3.7所示。

表3.4　丰乐河流域多年平均降水量月分配表

月份	1	2	3	4	5	6	7	8	9	10	11	12
降水量（mm）	42.9	56.5	84.2	98.4	112.4	145.2	160.0	134.4	82.9	62.5	56.8	34.0
比例	4.0%	5.3%	7.9%	9.2%	10.5%	13.6%	14.9%	12.6%	7.7%	5.8%	5.3%	3.2%

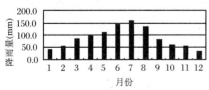

图3.6　丰乐河流域多年平均降水量年内分配比例图

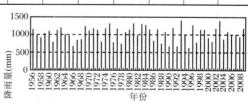

图3.7　丰乐河流域代表站降水量统计表

② 年际变化。丰乐河流域降水量的年际变化较为悬殊。主要表现为最大与最小年降水量的比值较大,年降水量变差系数 C_V 值较大等特点。代表站降水量极值比统计如表3.5所示。

表3.5　丰乐河流域代表站降水量极值比统计表

站点	年最大 (mm)	出现 年份	年最小 (mm)	出现 年份	极值比	多年平均 (mm)	C_V
桃溪	1540.3	1975	592.1	1978	2.60	1025.9	0.22
双河镇	1401.1	1993	635.2	1995	2.21	1035.2	0.19
张母桥	1723.0	1991	689.0	1978	2.50	1178.2	0.21
山南	1548.3	1991	633.4	1995	2.44	1042.6	0.20
流域平均	1483.1	1991	661.6	1978	2.24	1070.5	0.19

由表3.5可见,在多年降水系列中,丰乐河流域最大年降水量为1991年的1483.1 mm,最小年降水量为1978年的661.6 mm,极值比为2.24。进入21世纪后,极值雨量出现的概率增大,年际变化更为悬殊。丰乐河流域历年降水量年际变化分布趋势如图3.7所示。

③ 不同年代降水情势。以1956～2010年降水系列为基准,对丰乐河流域不同年代降水量均值及距平(表3.6)进行统计。

表3.6　丰乐河流域不同年代降雨量均值及距平统计表

时段	1961～ 1970年	1971～ 1980年	1981～ 1990年	1991～ 2000年	2001～ 2008年	1956～ 2010年
均值(mm)	1026.5	1067.2	1133.4	1052.6	1080.5	1070.5
距平	−4.11%	−0.31%	5.88%	−1.67%	0.93%	0

由表3.6可以看出,20世纪80年代丰乐河流域降水总体偏丰,距平值为5.88%;70年代和21世纪初降水量均值与基准系列均值基本相当;60年代和90年代偏枯,距平值分别为−4.11%、−1.67%。

(2) 趋势性及突变分析

丰乐河流域面上年降水量 M‐K 检测结果如图3.8所示,汛期降水量检测结果如图3.9所示,非汛期检测结果如图3.10所示。从年降水量来看,除1956～1970年处于减少期内,其余年份均处于增长期,其中又以80年代末期到90年代初期为甚,期间大多数年份降水量减少的置信度超过95%。但1994年后,年降水量减少的趋势开始放缓,预计短时期内丰乐河流域年降水量仍将延续这种趋势甚至是趋于增加。1970年可以看作是一个由减少转为增加的突变点。汛期降水量与年降水量类似,除1970年之前有短暂的减少期外,以后的40多年几乎均处于增长期,以1985～1995年最为明显,置信度超过90%,但1995年以后减少的趋势开始放缓。类似于年降水量,1970年可以看作是汛期降水量由减少转为增加的突变点。非汛期降水量的趋势变化以及突变点分布较全年及汛期有很大变化。非汛期降水量在1968年前有短暂的增加过程,但1968~1976年又减少,1976年前后降水量增多,1977年以后至1987年为减少过程,此后处于波动区间,总体是减少的趋势。但除1980年降水量的减少过程超过90%置信度直线外,其他变化过程均无法超过置信度直线,即这些变化不够显著。其中有可能是突变点的一个是1980年由减少到增多的突变,另一个是2007年由多变少的突变,预示着非汛期降水量可能会减少。

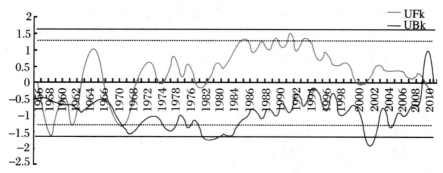

图 3.8　丰乐河流域年降水量 M‑K 检测结果

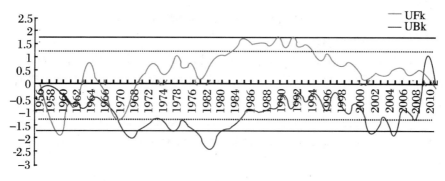

图 3.9　丰乐河流域汛期降水量 M‑K 检测结果

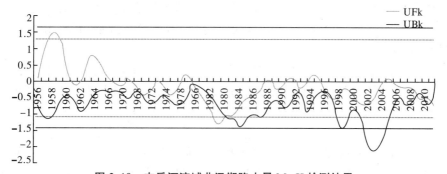

图 3.10　丰乐河流域非汛期降水量 M‑K 检测结果

与五道沟站一样,杨楼流域的 M‐K 检测结果显示 80 年代以后其年降水量增加的趋势的可信度大多超过 95%,而 1993 年以后降水的偏多也仅仅是恢复性减少。汛期降水量类似,80 年代以后 95% 置信水平下降水量增加的趋势十分明显,1994 年这种趋势才初步放缓。非汛期降水量的增减趋势虽然变化剧烈,但置信度不高,总体上看呈不明显的减少—增加—减少过程。

3. 皖中江淮分水岭地区降水变化分析

(1) 空间分布

为了全面地把握皖中江淮分水岭地区降水量变化趋势,将整个流域分为两大分区:江淮分水岭以北长江流域分区、江淮分水岭以南淮河流域分区,并在各流域分区选择足够数量且代表性较好的观测站。将降水情况分成偏丰年、平水年、偏枯年和枯水年,其相应的保证率分别为:12.5%~37.5%、37.5%~62.5%、62.5%~87.5%、>87.5%,利用差积曲线法研究各个流域分区降水量变化趋势。如图 3.11 所示。

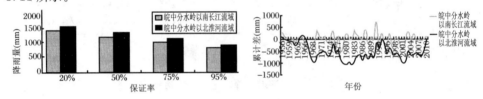

图 3.11 流域各分区多年平均降雨变化图

从图 3.11 中可以看出:

① 皖江分水岭以南长江流域,降水变化趋势基本一致,总体规律大致是:50 年代中期到 80 年代初期降水量趋于减少,80 年代初期到 90 年代初期降水量有所上升,90 年代初期到 21 世纪初期又有一短期减少过程,21 世纪初期到 2010 年末又有增加的过程。所以总体上,1956~1979 年系列基本上降水减少;70 年代末到 90 年代初为持续多雨,1990 年到 2001 年又有短时间减少;2001 年以后降水有上扬的趋势。

② 皖江分水岭以北淮河流域:该区域降水变化趋势不明显,50 年代中期到 60 年代中期皖江的分水岭以北淮河流域降水变化趋势与皖江分水岭以南大致一致,只是 60 年代中期以后降水就在均值附近上下波动,减少的幅度较皖江分水岭以南区域小得多。

经分析计算结果,皖中地区多年平均年降水深 1066.9 mm,相应降水量 414.23 亿 m³,其中淮河水系年均降水深 1070.2 mm,相应降水量 289.28 亿 m³;长江水系年均降水深 1059.1 mm,相应降水量 124.95 亿 m³。

(2) 时程分布

皖西地区 1956~2010 年的逐年降水量呈波动型变化,没有显著的年际变化趋势。显著性检验表明,各时段的降水量趋势均未达到 0.05 的置信水平,皖西地区降水的年际变化应属于气候的自然波动。降水量在各季节的分配比例随年份波动较大,总体上没有明显的变化趋势,近年来汛期和夏季降水所占比例有上升趋势。汛期降水的变化特征基本与年降水量一致,年际波动较强烈,无明显的阶段特征。通过波谱分析,淮河流域汛期(6~9月)降水有着准10年和2年的降水周期。皖中地区年际变化较明显,年降水量变化具有明显的阶段性。

3.1.1.2 蒸发

水面蒸发是江河湖泊、水库池塘等自然水体的水、热循环与平衡的重要因素之一。过去对水面蒸发的研究,主要侧重于观测方法与计算模型的探讨。大多数学者得到的结论是,随着气温升高和降水减少,水面蒸发量呈增大趋势。然而,这一结论与各地实测水面蒸发量减少的事实相矛盾。因此,探讨气候变化条件下水面蒸发量特征,具有十分重要的理论与实践意义。选择滁史杭实验站1964~2010年的E601实测水面蒸发量来分析水面蒸发量特征以及气候变化条件下演变趋势。

1. 年内分配

皖中地区多年月平均水面蒸发量在7月份最大,达到116.3 mm,占多年平均值的13.28%;最小月份出现在1月,仅为29.8 mm,占多年平均值的3.4%;多年平均连续3个月最大蒸发量为333.1 mm,出现在6~8月,占多年平均值的38.03%;多年平均连续3个月最小蒸发量为103.1 mm,出现在12月到次年2月,占多年平均值的11.77%。如图3.12所示为多年各月平均蒸发量年内分配图。

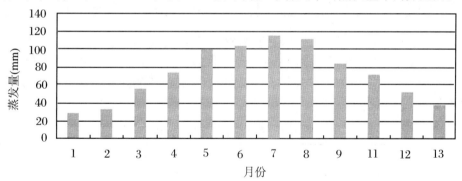

图3.12 多年各月平均蒸发量年内分配图

2. 年际变化

滁史杭实验站多年平均蒸发量为875.8 mm。研究得出,各个季节中夏季的蒸发量最大,冬季的蒸发量最小,春季和秋季基本持平,它们的水面蒸发量变化趋势基本一致,而且整体呈下降趋势。由图3.13可以大致看出水面蒸发变化的周期性,平均为10年。1984年之前距平率基本都为正值,之后基本都为负值,同时,结合图3.14可看出该年是一个水面蒸发变化的转折年,但用Yamamoto检验方法计算得$RSN<1.0$,故认为没有发生突变。

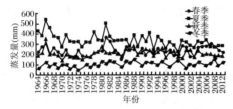
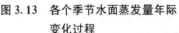
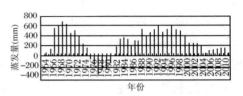

图 3.13　各个季节水面蒸发量年际 变化过程

图 3.14　年水面蒸发量距平累积过 程线

皖中地区不同频率水面蒸发计算结果如表 3.7 所示。结合图 3.13 分析可知：夏季、秋季水面蒸发递减，其中夏季的速率最大，约 2.48 mm/a；而春季与冬季的水面蒸发年际递增；全年的递减速率为 1.46 mm/a。另外，水面蒸发量年、季节的变差系数 C_V 分析如表 3.8 所示，春季变差系数最大为 0.27，年际变化为 0.15。

表 3.7　皖中地区水面蒸发频率计算

$P\%$	20	50	75	95
X_p(mm)	986.4	848.6	766.5	686.3

表 3.8　水面蒸发量年、季节的变差系数 C_V

季节	春季	夏季	秋季	冬季	年际
水面蒸发量	0.21	0.24	0.19	0.22	0.17

皖中地区水面蒸发量年代衰减情况分析如表 3.9 所示，可以看出年水面蒸发量和各个季节的水面蒸发量除了 60～70 年代的春季，80～90 年代的冬季和 90～00 年代的夏季的年代水面蒸发量出现反弹回升之外，其余各年代各个季节的水面蒸发量均呈下降趋势。

表 3.9　蒸发量年代衰减百分比

季节	蒸发量年代衰减百分比			
	60～70 年代	70～80 年代	80～90 年代	90～00 年代
春季	−19.37%	25.41%	−10.77%	14.03%
夏季	−22.25%	5.61%	−9.64%	−4.59%
秋季	−19.82%	25.92%	−4.60%	−6.94%
冬季	−9.73%	42.81%	−6.29%	−5.80%
年际	−19.80%	19.13%	−8.30%	−0.54%

为分析水面蒸发量的多年变化趋势，选用部分代表站水面蒸发系列资料，分 1956～1979 年、1980～2010 年两个时段进行对比分析，分析结果显示 1980～2010 年水面蒸发量均值普遍比 1956～1979 年均值偏小。如表 3.10 所示。

表 3.10　不同系列水面蒸发量均值

季节	水面蒸发量均值（mm）		
	1956～1979 年	1980～2010 年	1956～2010 年
春季	216.06	240.39	228.22
夏季	362.82	317.72	340.27
秋季	196.23	213.32	204.77
冬季	216.06	111.67	163.87
年际	861.58	883.09	872.34

根据对水面蒸发量减少原因所做的初步分析,结果表明:平均水面蒸发量的变化比较明显,年际变化由 60、80 年代偏少转为 70、90 年代偏多。年内变化主要表现在春夏季蒸发量存在显著的减少趋势,年际蒸发量变化主要是由夏季蒸发量变化所决定的。这主要是由于增温主要出现在冬季及夜间,而在蒸发力较高的春夏季及白天气温变化不明显,甚至出现降低。因此,日照时间或太阳辐射是影响蒸发量变化的另一主要因子。气温日较差似乎也通过某种环节对长期的蒸发量变化造成重要影响。

3.1.2　水资源演变特征

3.1.2.1　径流演变分析

径流是指河流、湖泊、冰川等地表水体中由当地降水形成的可以逐年更新的动态水量。径流是地貌形成的外力之一,并参与地壳中的地球化学过程,它还影响土壤的发育,植物的生长和湖泊、沼泽的形成等。径流在国民经济中具有重要的意义。径流量是构成地区工农业供水的重要条件,是地区社会经济发展规模的制约因素。人工控制和调节天然径流的能力,密切关系到工农业生产和人们生活是否受洪水和干旱的危害。因此,径流的测量、计算、预报以及变化规律的研究对人类活动具有相当重要的指导意义。本节在已有成果的基础上通过对流域所选取代表水文站及典型区 1956～2010 年天然径流系列分析与处理,并对 1956～2010 年长系列径流资料分析,找出皖中地区径流变化规律。

1. 代表站径流分析

（1）横排头站径流变化分析

淠河上游的横排头水利枢纽,以上流域汇水面积为 1840 km²,汇集了上游及各大支流（东淠河、西淠河等）的地表径流,是淠河干流上径流量的主要水源,后者又是合肥市、六安市的灌溉水源及饮用水水源。所以探讨横排头站年径流量（包括汛期和非汛期)的年内分配、年际变化以及多时间尺度周期变化对于涡河中下游地区供需水安全的研究至关重要,可以通过站年径流量的丰枯变化作为一个参考指标来制定供需水保障制度,保障区域性供水安全。

① 径流变化特征:

根据涡河横排头 1956～2010 年的资料分析,多年平均径流量约为 33.1 亿 m³,最大年径流量为 1991 年的 66.9 亿 m³,最小年径流量为 1967 年的 15.5 亿 m³,最大年径流量是最小年的 4.3 倍,丰枯年份变化幅度比较大;汛期(6～9 月)多年平均径流量为 18.4 亿 m³,最大汛期径流量为 1991 年的 51.9 亿 m³,最小汛期径流量为 1978 年的 5.5 亿 m³,最大汛期径流量是最小年的 9.4 倍;非汛期多年平均径流量为 14.6 亿 m³,最大年非汛期径流量为 1963 年的 29.2 亿 m³,最小非汛期径流量为 1978 年的 4.6 亿 m³,最大非汛期径流量是最小年的 6.3 倍。

横排头站 1956～2010 年各月平均径流量年内分配如图 3.15 所示,在径流的年内分布上,1 月份占全年平均径流的比例最小,仅为 2.6%,其次是 2 月份和 12 月份,都是 3.0%;而 7 月份占全年的比例最大,为 17.7%,其次是 8 月份为 15.6%。汛期6～9 月的总径流量可以占到全年径流总量的 55.7%,而非汛期的其他 8 个月合计仅占 44.3%。另外,年内径流分布最不均匀的是 1996 年,其 6～9 月占全年径流量的比例高达 77.8%,而 2001 年这个比例仅为 19.0%,前者是后者的近 4.1 倍。因此可以说,横排头站观测到的年内径流分布极不均匀,这也与淮北平原典型的季风性气候导致的降雨量年内分配不均进而导致年内径流量分布不均有一定的关系,另外的原因就是人工取水并没有在枯水年份适当的减少。

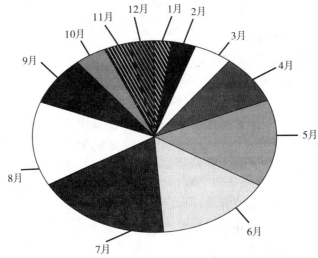

图 3.15　横排头站多年径流量年内分配

对于横排头年径流量,绘制皮尔逊Ⅲ型曲线,以频率 $P \leqslant 15\%$ 为丰水年,可以读出其对应年径流量为 100.5 mm;$15\% < P \leqslant 35\%$ 为偏丰年,其对应年径流量为 100.5～82.1 mm;$35\% < P \leqslant 62.5\%$ 为平水年,其对应年径流量为 82.1～65.4

mm；62.5%＜P≤85%为偏枯年，其对应年径流量为 65.4～51.5 mm；P＞85%为枯水年，其对应年径流量为 51.5 mm。如表 3.11 所示。

表 3.11　横排头径流量排频统计分析计算成果表

项目		年径流量（亿 m³）	汛期径流量（亿 m³）	非汛期径流量（亿 m³）
统计参数	均值	33.1	18.4	14.6
	C_V	0.32	0.42	0.38
	C_s/C_V	2.5	2.5	2.5
频率	1%	63.7	42.1	31.3
	5%	52.6	33.1	25.0
	15%	43.9	26.2	20.3
	32.5%	36.6	20.7	16.4
	50%	31.7	17.1	13.8
	62.5%	28.6	14.9	12.2
	75%	25.4	12.8	10.6
	85%	22.5	10.9	9.2
	95%	18.4	8.4	7.2
	99%	14.7	6.4	5.6

　　a. 全年径流量。据横排头站 1956～2010 年的年径流量序列（图 3.16）和年径流量距平（图 3.17）所示，从趋势来看整体呈减少趋势，减少速率为 0.03 亿 m³/a，且有明显的波动。在 1990 年之前，年径流量丰转枯、枯转丰经历两个明显的波峰波谷，而 1990～2010 年之间，年径流量丰枯变化只出现了一个明显的波峰波谷，可以简单认为在 1990 年之前径流量变化周期为 10 年左右，1990 年之后径流量变化周期为 20 年左右。按照前面提到的丰、偏丰、平水、偏枯、枯年份的五级划分方法以及皮尔逊Ⅲ型曲线排频分析成果来判断横排头站 1956～2010 年间，丰水年有 7 年，分别是 1963 年、1964 年、1969 年、1975 年、1983 年、1991 年、2003 年，其中 1991 年超过 30 年一遇的丰水年标准；枯水年有 9 年，分别是 1966 年、1967 年、1968 年、1978 年、1979 年、1992 年、2000 年、2001 年、2007 年，其中 1967 年和 1979 年达到 50 年一遇的枯水年标准。

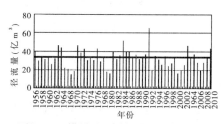

图 3.16　横排头实验站年径流量序列

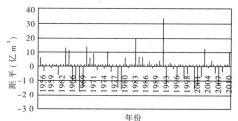

图 3.17　横排头实验站年径流量距平

　　b. 汛期径流量。据横排头站1956～2010年的汛期径流量序列(图3.18)和年径流量距平(图3.19)分析,从线性趋势来看整体呈增加趋势,增加速率为0.10亿m³/a,汛期径流量在55年有明显的波动,波动趋势和周期变化和上述年径流量序列分析结果一致。按照前面提到的丰、偏丰、平水、偏枯、枯年份的五级划分方法以及皮尔逊Ⅲ型曲线排频分析成果来判断横排头站1956～2010年间,丰水年有6年,分别是1969年、1980年、1983年、1991年、1996年、2003年,其中1969年和1991年超过20年一遇的汛期丰水年标准;枯水年有7年,分别是1959年、1961年、1965年、1967年、1978年、2000年、2001年,其中1978年达到50年一遇的汛期枯水年标准,1959年接近20年一遇汛期枯水年份。

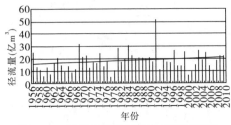
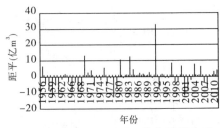

图3.18　横排头实验站汛期径流量序列　　**图3.19　横排头实验站汛期径流量距平**

　　c. 非汛期径流量。据横排头站1956～2010年的非汛期径流量序列(图3.20)和年径流量距(图3.21)平分析,从线性趋势来看整体呈减少趋势,减少速率为0.13亿m³/a,非汛期径流量在55年有明显的波动,波动趋势和周期变化也和上述年径流量序列分析结果一致。按照前面提到的丰、偏丰、平水、偏枯、枯年份的五级划分方法以及皮尔逊Ⅲ型曲线排频分析成果来判断横排头子站1956～2010年间,丰水年有16年,其中只有1963年超过20年一遇非汛期丰水年标准,并且超过百年一遇的非汛期丰水年标准;枯水年有16年,其中有5年分别是1966年、1967年、1978年、1995年、1998年达到20年一遇非汛期枯水年份。

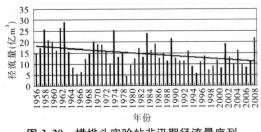
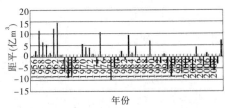

图3.20　横排头实验站非汛期径流量序列　　**图3.21　横排头实验站非汛期径流量距平**

　　总之,自20世纪50年代至21世纪初,丰枯年份频繁交替出现。而对于汛期径流量和非汛期径流量,其平均径流量的多少、波动性亦有别于年径流量。相对而言,汛期径流量和年径流量的丰枯年份的变化的相似程度要比非汛期和全年径流量丰枯年份变化测相似度要高,非汛期径流量的年际波动较为平稳。对年际变化的分析离不开对周期的分析,通过周期分析可以清楚地看到径流量序列的发展趋势,进而可以预测未来年份的径流量走势。

② 径流趋势分析：

季节性 Kendall 检验是 Mann‑Kendall 检验的一种推广，它首先是由 Hirsch 及其同事提出。该检验的思路是用于多年的收集数据，分别计算各季节（或月份）的 Mann‑Kendall 检验统计量 S 及其方差 Var(S)，再把各季节统计量相加，计算总统计量，如果季节数和年数足够大，那么通过总统计与标准正态表之间的比较来进行统计显著性趋势检验。

径流趋势分析：选取横排头站 1956～2010 年年径流资料进行分析，年径流变化过程线如图 3.22 所示。从图中可以看出，多年来横排头年径流总体上呈下降趋势，年径流量下降的趋向率为 2.59×10^7 m^3/a。其中，1963～1965 年、1968～1969 年、1982～1985 年、1989～1992 年年径流量处在小波动的偏高年，说明年径流量偏大；1957～1962 年、1966～1967 年、1970～1974 年、1976～1979 年、1992～1995 年年径流量处在下降期，说明年径流量偏小。用 Mann‑Kendall 趋势检验法检验，其下降趋势不显著，检验结果如表 3.12 所示。

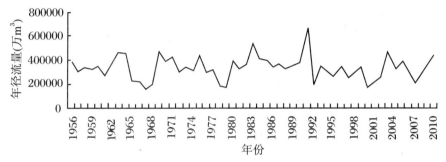

图 3.22　横排头站年径流量变化过程线

表 3.12　M‑K 检验结果

项目	年径流量序列
n	55
M	-0.97
检验过程	$\lvert M \rvert < M_{0.05} = 1.96$
检验结果	有下降趋势，但不显著

(2) 桃溪站径流变化趋势分析

桃溪水文站是丰乐河上游重要控制站，桃溪水文站以上流域面积 1510 km^2，研究桃溪站天然径流量的多年变化规律对江淮分水岭地区水资源利用有着非常重要的意义。对桃溪 1956～2010 年年径流资料进行径流趋势分析：从图 3.23 中可以看出，多年来桃溪水文站年径流总体上呈上升趋势，年径流量上升的趋向率为 508.3×10^4 m^3/a。其中，1991～1992 年、1993～1994 年年径流量处在小波动的偏高年，说明年径流量偏大；1965～1968 年、1978～1980 年、1992～1993 年、2000～

2001年年径流量处在下降期。用Mann-Kendall趋势检验法检验,其上升趋势不显著,由于淠史杭灌区位于丰乐河上游,灌溉回归水增加了径流量,实际上天然径流量并未增加,故总的变化趋势不明显,检验结果如表3.13所示。

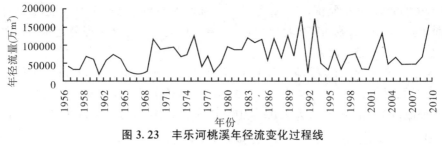

图 3.23　丰乐河桃溪年径流变化过程线

表 3.13　M-K检验结果

项目	年径流量序列
n	54
M	1.53
检验过程	$\lvert M \rvert < M_{0.05} = 1.96$
检验结果	有上升趋势,但不显著

由此可以看出淮河流域的年径流是逐年减少的,而长江流域的年径流变化不显著。

2. 流域径流的时空变化

(1) 径流情势分析(如图3.24所示)

为了全面地把握皖中江淮分水岭地区降雨径流情势,需在区域内选择足够数量且代表性较好的流量观测站进行降雨径流情势分析,通过分析识别径流有衰减的区域。由于本次研究的区域在皖中江淮分水岭地区,则选取了长江流域的晓天站、龙河口站、桃溪站、襄河闸和淮河流域的黄泥庄站、黄尾河站、白莲崖站、明光站等8个水文控制站。

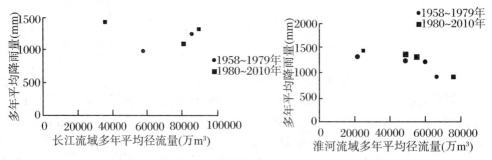

图 3.24　区域年降雨径流相关分析

① 用降雨径流相关法研究径流情势:

建立流域各分区年降雨径流相关关系,由这些降雨径流关系可见:1980~2010

年系列年降水量小于 600 mm 的大多数点据偏于 1958～1979 年系列的左边,这表明同样量级的降雨量所产生的地表径流量偏小,即地表径流有衰减的趋势。

② 用径流系数法研究径流情势:

径流系数反映降水形成径流的比例,径流系数集中反映了下垫面的水文地质情况和降水特性对地表径流产流量的影响,其中影响较大的因子包括下垫面的土壤和植被类型、土壤前期土壤含水量、降水量和强度等。一般而言,降水越多或降水强度越大,径流系数也相应较大;下垫面土壤含水量越大,径流系数也相应越大,且这种关系是非线性的。所以用径流系数研究径流演变情势,必须区分降水影响和下垫面的影响,如果径流系数的减小幅度远大于降水减少的幅度,那么其中有一部分可能是由下垫面变化所致。

计算流域各分区两个系列的径流系数,如图 3.25 所示,其中系列 1 为 1958～1979 年,系列 2 为 1980～2010 年。由图可见:

a. 江淮分水岭以南1980～2010 年系列的径流系数均略大于 1958～1979 年系列,说明该区域地表径流量没有衰减现象。

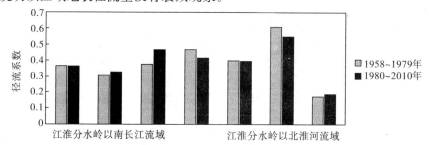

图 3.25　区域年径流系数变化趋势

b. 江淮分水岭以北,除个别水文控制站外,1980～2010 年系列的径流系数均较 1956～1979 年系列小,但是差距不明显,说明相同降雨产生的径流偏小。

(2) 径流的时空变化

① 空间分布:

皖中地区年径流地区分布呈现山区大、平原小,西部大、东部小的变化趋势。皖中地区年径流深变幅在 50～1000 mm 之间;皖北山丘区,年径流深为 300～1000 mm 并自西向东递减;皖西地区的大别山区是本区径流深最高的地区,年径流深可达 1000 mm;皖东地区为径流最小地区,年均径流深 260 mm,东西相差将近 4 倍。

② 时程分布:

皖中地区径流年内分配不均匀,主要体现为汛期十分集中、季径流变化大、最大与最小月径流相差悬殊等。年径流的大部分主要集中在汛期 6～9 月,各地区河流汛期径流量占全年径流量的 50%～80%,呈现出由西向东递增的规律。最大与最小月径流相差悬殊,最大月径流量占年径流量的比例一般为 10%～42%,由西向东递减;最小月径流量占年径流量的比值仅为 1%～5%,地区上变化不大。

皖中地区径流年际变化较大,主要表现在最大与最小年径流量倍比悬殊、年径流变差系数较大和年际丰枯变化频繁等。最大与最小年径流量倍比悬殊,本区各控制站最大与最小年径流量的比值一般在 5~30 之间,最小仅为 3,而最大可达1680。变差系数 C_V 值较大,年径流变差系数值与年降水量变差系数值相比,不仅绝对值大,而且在地区分布上变幅也大,呈现由西向东递减、平原大于山区的规律。

3.1.2.2 地表水资源量变化

地表水资源量是指河流、湖泊、冰川等水体的动态水量,一般用还原后的天然河川径流量表示。但是由于人类活动的影响,河道断面的实测径流量已不能客观反映天然状态下的径流量,必须将人类活动影响的该部分径流量还原到实测径流中去,以求得天然径流量。同时,由于人类活动已经极大地改变了自然地理环境,使得人类已无法再恢复到纯天然状态。因此,为了更客观地反映天然水资源状况,也为了以后能更合理和更有效地利用、配置水资源,有必要将实测径流还原到现状下垫面条件。

1. 分区地表水资源量

(1) 皖中地区

1956~2010 年多年平均地表水资源量 143.6 亿 m^3,折合年径流深 221.1 mm,水资源分区及各市地表水资源量如表 3.14 所示。

表 3.14 皖中地区各市地表水资源量

分区	多年平均值		不同频率年径流量(亿 m^3)			
	径流深(mm)	径流量(亿 m^3)	20%	50%	75%	95%
六安市	490.4	90.44	119.2	85.4	63.5	39.2
合肥市	425.5	17.29	24.1	15.8	10.7	5.6
滁州市	268.8	35.82	50.0	32.8	22.2	11.2
皖中江淮分水岭以南区域	362.2	41.8	56.9	38.9	27.7	15.7
皖中江淮分水岭以北区域	376.6	101.8	137.0	94.7	67.7	39.0

受降水和下垫面条件的影响,皖中地表水资源量地区分布总体与降水量基本一致,总的趋势是西部大、东部小,同纬度山区大于平原。总体上,1976 年以前径流量偏丰,1976 年以后径流量偏枯,且流域内各区域趋势变化差异较大。皖中地区 1958~2010 年系列平均年径流量 143.6 亿 m^3,相应径流深 372.3 mm;平均年降水量 414.23 亿 m^3,相应降水深 1070.2 mm;径流系数 0.35。1991 年径流量最大,达 1017.1 亿 m^3;1978 年径流量最小,仅 57.7 亿 m^3。径流年内分配不均,60%以上的径流集中在 6~9 月,12~3 月径流量仅占全年的 10% 左右;地区差异大,皖中地区西部径流量丰沛,皖中东部大部分地区地表水资源匮乏;年际变化大,系列中典型丰水年有 1956 年和 1991 年,典型枯水年有 1966 年和 1978 年。

(2) 皖北地区区域

1980 年前,有 3 个下降段 2 个上升段。60 年代初到 60 年代中期、60 年代末期到 70 年代中期水量有所上升,其余时段下降。1980～2000 年分为明显的上升段和下降段,80 年代明显上升,90 年代呈减少趋势。

2. 地表水资源特征分析

区域地表水资源变化主要受气候因子、下垫面、人类活动等主要因素影响。其中,气象因素是影响地表水资源的主要因素,因为蒸发、水汽输送和降水这三个环节,基本上决定于地球表面上辐射平衡和大气环流情况。而径流情势虽与下垫面(自然地理)条件有关,但基本规律还是决定于气象因素。

分析不同年代的地表水资源量可以看出:20 世纪 50 年代和 2003～2010 年是区域地表水资源相对偏多时期,分别比常年同期偏多 13% 和 19%;20 世纪 60 年代的地表水资源量略高于常年均值 3%;而 20 世纪 70、80、90 年代的地表水资源分别比常年均值偏少 8.3%、4.8% 和 11%。

(1) 气温与地表水资源

一般来说,由于气候变暖,蒸发加大,会影响整个循环过程,改变区域降水量的降水分布格局,增加降水极端异常事件的发生,导致洪涝、干旱灾害的频次和强度的增加,使水资源量发生变化。一般来说,气温对水资源的影响主要表现在高温使水体蒸发加大,高温与干旱往往同时出现。高温加剧了旱情,使农田需水量增加;城市生活用水量增加,加大城市供水的负担;高温干旱是导致水资源区域紧张的重要因素。

统计分析表明,全年气温与全年降水的相关系数为 −0.32,夏季气温与夏季降水的相关系数为 −0.37,说明气温与降水存在着一定的反相关关系,这表明夏季气温低,冷空气较多,容易产生降水天气。因为夏季不缺少暖空气,只要有冷空气南下,就会产生降雨过程。夏季气温与降水的反相关关系略高于全年,但相关性并不显著。

(2) 降水与地表水资源

流域全年降水与地表水资源量的相关系数为 0.93,说明地表水资源量与降水的关系密切,降水是影响地表水资源量的重要因子。降水多的年份,相应的地表水资源量大;降水量少的年份,水资源量也少。而全年温度与地表水资源量的相关系数为 −0.26,说明气温变化与水资源量有一定的反相关性,但相关不显著。

皖中地区近 60 年冬季气温增温幅度最大,春秋季气温增幅次之,夏季气温增温趋势不明显。特别是近 10 年冬季气温增幅明显,其冬季温度平均为 2.8 ℃,比历年均值(2.0 ℃)高 0.8 ℃,比 1951～1960 年的冬季气温 1.5 ℃ 上升了 87%。历年降水量与地表水资源量的相关系数为 0.93,说明降水与地表水资源的关联程序高,变化趋势基本一致。

皖中地区历年气温与地表水资源量的相关系数为 −0.26,气温与地表水资源量有一定的反相关关系,但相关系数低,气温变化对水资源量的影响不显著。

3.1.3　水资源开发利用演变

3.1.3.1　区域水资源开发利用演变情势分析

1. 皖中地区供水结构变化

根据调查统计,现状 2010 年皖中地区总供水量为 72.25 亿 m³,其中地下水供水量为 2.34 亿 m³,占总供水量的 3.2%;地表水供水量为 69.34 亿 m³,占总供水量的 96.0%;其他污水处理回用、雨水回收利用等占 0.8%。

2000 年以来,随着流域人口增加、国民经济的快速发展和人民生活水平的不断提高,社会经济对水资源需求不断增加,总体上看,皖中地区供水总量增长迅速,历年供水总量和供水水源结构变化较大。同时,地下水以其分布广泛、水量稳定、水质良好的优点,在供水中发挥越来越重要的作用,地下水的供水水量总体上也呈增长的趋势。

根据皖中地区供水量统计分析,2000 年以来,皖中地区总供水量趋势总体增长,增长速率趋快。皖中地区 2000～2010 年供水变化趋势如表 3.15 所示。

表 3.15　皖中地区 2000～2010 年供水变化　　　　　单位:亿 m³

年份	地表水	地下水	其他	合计
2000	50.43	0	0.32	50.75
2005	58.19	0.90	0.07	59.16
2010	69.34	2.34	0.57	72.25

2. 皖中地区用水现状变化

（1）用水量构成变化

2000～2010 年,皖中地区的总用水量仍呈增长趋势,农业、工业和生活用水增长迅速,就整体而言,农业用水较 2000 年有所上升,具体原因为 2010 年农业有效灌溉面积增加。皖中地区总用水量趋势总体增长,增长速率还有所增加。其中2000 年用水量 50.75 亿 m³,2010 年用水量 72.25 亿 m³,2000～2010 年用水年均增长率 4.27%。皖中地区 2000～2010 年用水变化趋势如表 3.16 所示。用水结构发生变化较大,工业、生活用水量迅速增长,在总用水量中的比例持续上升,用水年均增长率均分别达 5.2% 和 9.5%。

表 3.16　皖中地区 2000～2010 年用水趋势　　　　　单位:亿 m³

年份	农业	工业	生活	合计
2000	36.8	9.61	4.34	50.75
2005	42.37	11.14	5.65	59.16
2010	49.23	14.57	8.45	72.25

（2）开发利用变化分析

以合肥市地区为例，经济社会的持续发展，用水结构和用水水平不断调整提高，皖中地区水资源开发利用的演变情势主要表现在以下几个方面。

① 皖中地区地下水用水量占总用水量的比例提高。

皖中地区多年平均地下水用水量占总用水的比例为 2.4% 左右，其中合肥市、滁州市、六安市地下水用水量占总用水的比例分别为 1%、1.5%、5.9%。皖中地区地下水用水量占总用水量的比例从 2000 年的 0 提高到 2010 年的 2.4%；各行政分区地下水用水量占总用水量的比例变化不一，合肥市的比例变化不大，滁州市的比例从 2000 年的 0 增长到 2010 年的 8.1%。皖中地区地处江淮分水岭，地下水埋深较大，开采难度较大所以地下水利用率较低，主要取用地表水。

② 皖中地表水资源开发利用演变分析。

皖中地区多年平均地表水用水量占绝大部分，地表水主要是由蓄水工程、引水工程、提水工程和其他供水方式供给，其他供水包括跨流域调水、中水回用及雨水收集回用。皖中地区蓄水供水平均占整个供水量的 70% 左右，其中合肥市、滁州市、六安市蓄水供水占全部供水的 61%、76%、80%。

地表水源供水量中，蓄水工程与提水工程供水量所占的比重呈下降趋势，分别由 2000 年的 73.17%、24.47% 下降到 2010 年的 75.87%、12.58%，引水工程所占比例有所上升，分别由 2000 年的 2.36% 上升到 2010 年的 6.32%。值得一提的是其他方式的供水量在 2010 年占有 5.24% 的比重，由于技术的提高和工程的完善使以前不能被利用的水资源也可以在现在被开发利用。如表 3.17、表 3.18 所示。

表 3.17　皖中地区 2000 年地表供水量的组成　　　　　单位：亿 m³

分区	蓄水	引水	提水	其他	总用水
合肥	11.29	0.03	6.83	0	18.15
滁州	12.56	0.08	3.75	0	16.39
六安	13.05	1.08	1.76	0	15.89
合计	36.90	1.19	12.34	0	50.43
所占比例(%)	73.17	2.36	24.47	0	100

表 3.18　皖中地区 2010 年地表供水量的组成　　　　　单位：亿 m³

分区	蓄水	引水	提水	其他	总用水
合肥	13.39	0.31	4.21	3.16	21.07
滁州	15.85	0.03	2.85	0.32	19.05
六安	23.37	4.04	1.66	0.15	29.22
合计	52.61	4.38	8.72	3.63	69.34
所占比例(%)	75.87	6.32	12.58	5.24	100

3. 皖中地区需水预测

在现状用水调查分析的基础上,进行皖中地区区域需水预测。充分考虑发展节水农业、采用灌溉节水限制新建耗水量大的工业企业和城市中水利用等措施,参考已有规划成果,分析预测3个地市生活和生产需水量增长趋势。预测远期为2020年。预测方法采用综合人均用水量法估算规划期需水量。其中,近期人口按年均增长率为6.75‰,远期按年均增长率3‰估算人口增长。

根据以上分析,预测规划期需水量如图3.26所示。

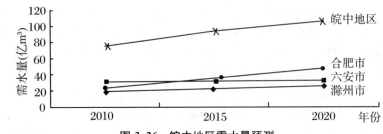

图 3.26　皖中地区需水量预测

皖中地区需水量总体上是增加的,其中合肥市的需水量增加的速率最快,平均年增长率4.0%,大于滁州的2.6%和六安的0.5%。合肥市需水量增长原因主要是经济的快速发展,工业用水增长较快,城镇化水平不断提高造成的。

3.1.3.2　城市水资源利用演变情势分析

1. 用水量

2010年皖中地区建制市总用水量59.5亿 m³,其中,居民生活用水量12.9亿 m³,城市公共用水量(含交通运输业、服务业和城市环境用水)5.7亿 m³,工业用水40.9亿 m³,分别占城市总用水量的21.6%、9.5%、68.8%。1995、2000年淮河区建制市不同用水部门用水量如表3.19所示、不同用水部门用水量在总用水中的比重如表3.20所示。

图 3.19　皖中地区建制市不同用水部门用水量统计表

市(区)		2005 年用水量(万 m³)				2010 年用水量(万 m³)			
		合计	居民生活用水	城市公共用水	工业用水	合计	居民生活用水	城市公共用水	工业用水
皖中区域	合肥	77700	16000	3700	58000	114100	26400	9900	77800
	滁州	46200	13900	1800	30500	54690	17600	3300	33790
	六安	44000	18900	2200	22900	57500	19900	3500	34100
	小计	167900	48800	7700	111400	226290	63900	16700	145690

图 3.20　皖中地区建制市不同用水部门用水结构表

市(区)		2005 年				2010 年			
		合计	居民生活用水	城市公共用水	工业用水	合计	居民生活用水	城市公共用水	工业用水
皖中区域	合肥	100.0%	20.6%	4.8%	74.6%	100.0%	23.1%	8.7%	68.2%
	滁州	100.0%	30.1%	3.9%	66.0%	100.0%	32.2%	6.0%	61.8%
	六安	100.0%	43.0%	5.0%	52.0%	100.0%	34.6%	6.1%	59.3%
	小计	100.0%	29.1%	4.6%	66.3%	100.0%	28.2%	7.4%	64.4%

2. 用水结构

随着建制市建成区面积的扩大和人口的增长,2005 年至 2010 年,皖中区各建制市居民生活用水量不断增加,居民生活用水和城市公共用水除个别城市外在城市总用水的比重呈上升趋势,工业用水比重呈下降趋势。皖中区建制市生活用水占城市用水的比重由 2005 年的 29.1% 提高到 2010 年 28.2%,值得一提的是六安市城市生活用水比重反而有所下降,净下降 8.4 个百分点。

3. 用水水平

（1）人均用水量

2005 年皖中地区建制市年人均用水量 194 m³。按市级分区,皖中各建制市人均用水量最高,达 487 m³,合肥最低,为 412 m³。皖中地区城市人均用水量在地区分布上呈现由西向东先减少后增加的趋势。六安市人均用水最高,其主要原因是城市工业结构以能源、食品、化工等高耗水工业比重大,同时节水水平不高。

2005～2010 年,皖中地区建制市人均用水量总体呈下降趋势,但各市变化比较大,皖中建制市人均用水呈下降状态,由 2005 年的 487 m³ 下降到 2010 年的 465 m³,降幅为 22 m³,年平均下降率为 0.9%,其余各市均有不同程度下降,下降最快的为合肥市与滁州市,年平均下降率为 1.2%。如表 3.21 所示。

表 3.21　皖中地区建制市人均用水量分析表

市(区)		年人均用水量(m³)		2005～2010 年人均年用水变化量(m³)	2005～2010 年人均用水年平均速率(%)
		2005 年	2010 年		
皖中地区	合肥	412	387	−25	−1.2
	滁州	489	461	−73	−1.2
	六安	523	529	6	0.2
	小计	487	465	−22	−0.9

（2）城市生活用水定额

2010 年皖中建制市生活用水定额为 150 L/（人·日），其中居民生活用水定额 119 L/（人·日），公共用水定额 31 L/（人·日）。居民生活用水与公共用水的比例为 3.8：1。皖中区各市生活用水定额如表 3.22 所示。

表 3.22　皖中地区建制市生活用水定额分析表　　　　　单位：L/（人·日）

市		建制市居民生活用水量定额						2005～2010 年额变化量	2005～2010 年变化量增（减）率
		2005 年			2010 年				
		合计	居民生活	公共用水	合计	居民生活	公共用水		
皖中地区	合肥	133	108	25	174	127	47	41	5.5%
	滁州	112	90	12	114	97	17	2	0.4%
	六安	94	84	10	166	138	28	72	12%
	小计	108	93	15	150	119	31	42	6.8%

2005 年至 2010 年，皖中地区建制市生活用水定额总体呈上升趋势。由 2005 年的 101 L/（人·日）上升到 2010 年的 150 L/（人·日），增幅 49 L/（人·日），年平均增长率 8.2%。皖中地区各市生活用水定额差异较大，但变化趋势基本相同。

皖中地区建制市生活用水定额呈由西向东呈先增加后减少的趋势。合肥、六安两市生活用水定额达 160 L/（人·日）以上，年平均增长率分别为 5.5% 和 12%；滁州市生活用水定额呈缓慢上升。

从地区上看，由于各市水资源条件差异较大，城市生活习惯不同，经济发展情况不同，因此其居民的节水意识、生活习惯、生活水平也有很大差异。总体上来说，地级建制市人均居民生活用水量普遍高于县级建制市，水源条件相对较好的城市高于水源条件相对较差的城市。

（3）工业用水定额

2010 年皖中区建制市万元工业产值用水定额为 234 m³，万元工业增加值用水定额为 105 m³。六安市万元工业产值及万元工业增加值用水定额分别为 549 m³、158 m³，为皖中地区之最。合肥市节水水平较高，工业用水已经出现下降趋势，用水定额在全地区为最低，万元工业产值及万元工业增加值用水定为分别为 121 m³万元、81 m³万元，滁州市分别为 391 m³万元和 113 m³万元。

从皖中地区建制市工业用水量增长趋势上看，工业用水处于稳定增长阶段。皖中地区建制市工业用水定额分析如表 3.23 所示。

表 3.23　皖中地区建制市工业用水定额分析表

省(流域)		2005 年			2010 年			工业用水增长率
		用水量(万 m³)	万元产值用水量(m³)	万元工业增加值用水量(m³)	用水量(万 m³)	万元产值用水量(m³)	万元工业增加值用水量(m³)	
皖中地区	合肥	51200	154	114	78000	121	81	-4.58%
	滁州	25900	535	161	33800	391	113	3.42%
	六安	20600	612	210	34700	549	158	2.09%
	小计	97700	325	171	14650	234	105	-3.82%

3.1.4　水资源演变驱动因子分析

1. 气候条件变化的影响

为说明近 20 多年来我国气候状况的变化情况及其引起的水资源变化,进行前(1956~1979 年)、后(1980~2010 年)两时段气候要素多年平均值的对比及其影响分析。

由 1980~2010 年与 1956~1979 年两时段多年降雨量(表 3.24)可知,皖中地区年均降水量在 875 mm,其中淮河水系 911 mm,沂沭泗水系 788 mm。降水量在地区分布上不均,变幅为 600~1400 mm,南多北少,同纬度地区山区大于平原,沿海大于内陆。降水量在年内分配上也呈现出不均衡性,淮河上游和淮南地区降水多集中在 5~8 月,其他地区在 6~9 月。多年平均连续最大 4 个月的降水量为400~800 mm,占年降水量的 55%~80%;降水集中程度自南向北递增,淮南山区约 55%,沂沭河上游超过了 75%。受季风影响,流域年降水量年际变化剧烈。丰水年与枯水年的降水量之比约为 2.1。单站最大与最小年降水量之比大多为 2~5,少数在 6 以上。流域全年降水日数大致是南多北少,淮南和西部山区降水日为100~120 天,大别山区最多,约为 140 天,淮北平原约为 30~100 天。

表 3.24　皖中地区水资源分区多年平均降雨量

区 域	河名	站名	面积(km²)	多年平均降雨量(mm)		
				1956~1979 年	1980~2010 年	增减率
皖中地区	史河	梅山水库	1970	1323.5	1442.5	8.99%
	淠河	横排头	4370	1391.8	1470.4	5.65%
	淠河	响洪甸水库	1476	1410.8	1498	6.18%
	史河	蒋家集	5930	1225.5	1323	7.96%
	池河	明光	3501	906.3	925.9	2.16%

2. 蒸发变化及其影响

蒸发量的大小与日照时数、太阳辐射强度、风速、平均最高气温、气温日较差等多因子相关。造成蒸发量增加的原因主要是水资源开发利用程度增大,下垫面情况发生了变化;同时气候原因如日照时数、太阳辐射及平均风速和气温日较差的增加也可能引起蒸发量增大,尚需进一步深入研究。根据气象部门预测,在未来相当长的一段时期内我国温度仍然将持续上升,势必要增大蒸发量,减少径流量,水资源将更趋紧张。

3. 下垫面变化对水资源变化影响

近 20 年来人类对自然的干预越来越大,人为的措施如封山育林、采伐森林、变林地为农田、都市和道路建设、水利工程等引起水资源下垫面的变化,导致降雨入渗、地表径流、蒸发等水平衡要素发生了变化,从而造成了径流的减少或增加。

为了保证 1958~2010 年天然径流量系列的一致性,反映近期下垫面条件下的天然径流量,对下垫面变化引起的水资源变化进行了一致性处理,统一修正到 1980~2010 年下垫面。对变化大的地区同时进行了向前还原,分析 1958~2010 年系列中的 1958~1979 年和 1980~2010 年两种下垫面条件下天然径流量的变化。

3.2　皖北地区

3.2.1　水文要素演变特征

3.2.1.1　降水

1. 代表站降水变化分析

（1）降水量时序变化分析

根据五道沟实验区 1952~2010 年资料分析,多年平均降水量约为 899.0 mm。五道沟实验区汛期(6~9 月)多年平均降水量为 573.6 mm,最大汛期降水量为 2007 年的 1041.3 mm,最小汛期降水量为 1966 年的 184.7 mm;非汛期(10~次年 5 月)多年平均降水量为 324.1 mm,最大非汛期降水量为 1997~1998 年的 566.5 mm,最小非汛期降水量为 2000~2001 年的 174.5 mm。最大年降水量为 2003 年的 1416.2 mm,最小年降水量为 1978 年的 410.3 mm,最大年降水量是最小年的 3.45 倍。五道沟实验站降水频率分析如图 3.27 所示。为了便于表达,其中非汛期将年际间非汛期认为是上一年度非汛期,如 1966 年非汛期即指 1966 年 10 月至 1967 年 5 月的时段。年降水量、汛期降水量、非降水量统计分析计算成果如表 3.25 所示。

对于年降水量,丰水年降水量为 1140.4 mm,偏丰年对应年降水量为 1140.4~970.8 mm,平水年对应年降水量为 970.8~807.3 mm,偏枯年对应年降水量为 807.3~660.7 mm,枯水年对应年降水量为 660.7 mm。而且,在降水的年内分布上,1月份和12月份占全年平均降水的比例最小,皆仅为2%,而7月份占全年的比例最大,为25%;其次是6月和8月,分别为14%和16%,6~9月的总降水量可以占到全年降水总量的64%,而另外8个月合计仅占46%。另外,年内降水分布最不均匀的是2000年,其6~9月占全年降雨的比例高达86%,而1966年这个比例仅为32%,前者是后者的近2.7倍,因此可以说五道沟站观测到的年内降水分布极不均匀,这也与淮北平原典型的季风性气候相吻合。

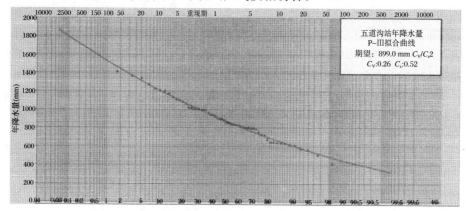

图 3.27　五道沟实验站年降水频率分析图

表 3.25　五道沟实验区降水量统计分析计算成果表　　　　　　单位:mm

项目		年降水量	汛期降水量	非汛期降水量
统计参数	均值	899.0	573.6	324.1
	C_V	0.26	0.38	0.33
	C_s/C_V	2	2	2
频率	1%	1530.9	1194.1	624.0
	5%	1315.4	970.5	518.2
	20%	1087.8	743.7	409.2
	50%	878.8	546.6	312.3
	75%	732.1	416.5	246.8
	95%	551.7	269.3	170.0
	99%	445.2	190.9	127.4

值得一提的是,年降水量和汛期降水量最值出现的年份通常并不一致。汛期最小降水量为1966年的184.7mm,而全年最小降水量则是1978年的410.3mm。年降水量线性拟合的公式为 $y = 1.304x - 38.49$,即可以认为年降水量以1.304 mm/a的速率增加,但其距平图(图3.28)显示这种增加带有强烈的波动性,尤其是20世纪70年代以前和90年代末至21世纪初,偏少和偏多年份都频繁出现。而对于汛期降水量,其距平图(图3.29)显示90年代末至21世纪初亦出现强烈波动,但这种波动更多体现在汛期降水的剧增之上。

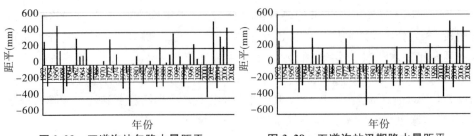

图 3.28　五道沟站年降水量距平　　　　图 3.29　五道沟站汛期降水量距平

对于跨年非汛期降水量,其平均降水量较少,且其波动性亦有别于全年和年内汛期降水量,自 20 世纪 80 年代末至 90 年代末其降水量呈现明显偏多情势,而 21 世纪初则较为均衡。全年、汛期和非汛期降水量分年代统计结果如表 3.26 所示。由表 3.26 可以清楚地看到,五道沟实验站观测到的年平均降水量在 20 世纪 70 年代和 80 年代的降雨量偏少,而 90 年代和 21 世纪初则偏多,尤以进入 21 世纪后偏多更甚。

表 3.26　分年代降水量统计图　　　　　　　　　　　　单位:mm

降水量 ＼ 年代	50 年代	60 年代	70 年代	80 年代	90 年代	21 世纪初
全年降水量均值	897.9	896.4	836.2	843.2	944.2	976.0
汛期降水量均值	585.0	576.0	531.4	527.3	557.4	667.1
非汛期降水量均值	302.2	319.1	314.7	319.7	369.0	314.6

(2)降水趋势性和突变分析

本次检验使用 M‐K 检验法,通过分析统计序列 UFk 和 UBk 可以进一步分析序列 x 的趋势变化,而且可以明确突变的时间,指出突变的区域。若 UFk 值大于 0,则表明序列呈上升趋势;小于 0 则表明呈下降趋势;当它们超过临界直线时,表明上升或下降趋势显著。如果 UFk 和 UBk 这两条曲线出现交点,且交点在临界直线之间,那么交点对应的时刻就是突变开始的时刻。本文选取 $\alpha = 0.05$,此时 $|U|0.05 = 1.96$。

对于年降水量,M‐K 检测显示(图 3.30),20 世纪 50 年代初至 70 年代初年降水量处于减少—增加—减少—增加—减少的波动中,但未超过 90% 置信区间范围。70 年代中期开始,年降水量开始了长达近 40 年的增加,直到 90 年代中前期才出现短暂增长,此后又经历了短时的减少过程,进入 21 世纪后又开始逐渐增加。按照突变点的定义,年降水量的每次变化几乎都会产生突变点:1953 年左右为由减少到增加的突变点,1957 年左右为由增加到减少的突变点,1962 年为由减少到增加的突变点,1965 年为由增加到减少的突变点,1995 年为由减少到增加的突变点,2000 年为由增加到减少的突变点,2003 年为由减少到增加的突变,2008 年也是一个由增加到减少的突变点年。

对于汛期降水量,M‐K 检测显示,在整个检验时段内都没有明显的突变点发生。1952 年前后极有可能存在一个由增加到减少的突变点,此后一直到 1956 年汛期降水量才开始增加,1957 年降水量开始减少,1962 年到 1965 年经历小幅的波动,从 1966 年开始,汛期降水量就一直处于增加趋势,并与 1977 年至 1987 年间数次通过 90% 置信直线,说明在这十年间有 90% 的可信度汛期降水量有显著增加趋势。2007 年开始有小幅波动,汛期降水量开始缓慢增加,但不显著。另外,2009 年是一个潜在的由减少到增加的突变点。

非汛期降水量较汛期降水量趋势变化更加频繁。1953 年其变化趋势由减少转为增加,1953 年为突变点。经历过 1962 年的小波动后,于 1968 年开始减少,并在 1970 年产生突变点,此后又在 1976 年产生了由增加到减少、1984 年产生由减少到增加的突变点,并从 1989 年起一直维持稳定的增加趋势,但检测时间段内所有的趋势都未超过 90% 置信直线。

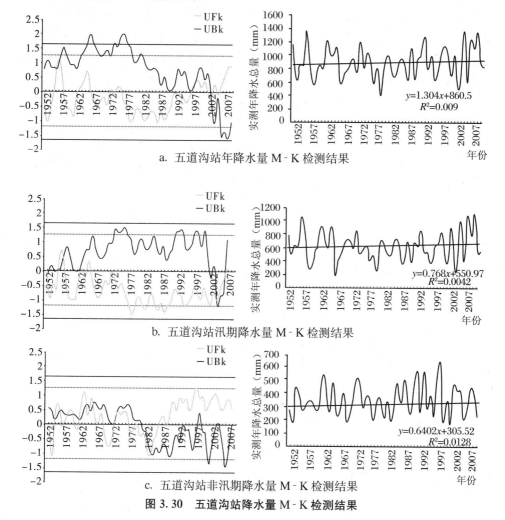

a. 五道沟站年降水量 M‑K 检测结果

b. 五道沟站汛期降水量 M‑K 检测结果

c. 五道沟站非汛期降水量 M‑K 检测结果

图 3.30　五道沟站降水量 M‑K 检测结果

2. 典型流域降水变化

杨楼流域降水量分析采用流域内杨楼、黄口、新庄寨、唐寨四个雨量站 1960～2008 年系列降水资料,这些站点资料系列较长,数据可靠,在区域面上具有代表性,满足分析需要。流域面雨量计算采用算术平均法。

(1) 降水量时序变化分析

根据代表雨量站多年降水资料分析,杨楼流域多年平均降水量为 764.5 mm;50%、75%、90%保证率年份降水量分别为 751.6mm、664.2mm、517.8 mm。

① 年内分配:

杨楼流域多年平均降水年内分配的特点主要表现为汛期降水集中,季节分配不均。降水量主要集中在汛期的 6～9 月,占全年降水量的 67.0%,其余月份降水量占全年的 33.0%;最大月降水量出现在 7 月,占全年降水量的 26.4%。一年四季降水量变化较大。夏季 6～8 月降水最多,降水量占全年的 57.3%;春季 3～5 月降水量占全年的 18.2%;秋季 9～11 月降水占全年的 18.1%;冬季 12 月至次年 2 月降水占全年的 6.4%。年内最大月降水量占年总量的 26.4%,最小月降水量仅占年总量的 1.8%。如表 3.27、图 3.31 所示。

表 3.27   杨楼流域多年平均降水量月分配表

月份	1	2	3	4	5	6	7	8	9	10	11	12
降水量 (mm)	15.0	20.3	30.3	44.1	65.0	99.2	201.9	137.7	74.9	40.5	23.3	14.0
比例(%)	2.0	2.6	4.0	5.8	8.5	12.9	26.4	18.0	9.8	5.3	3.0	1.8

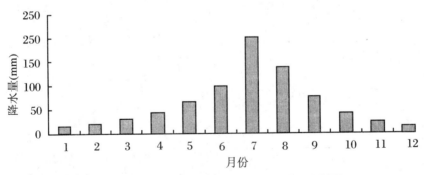

图 3.31   杨楼流域多年平均降水量年内分配比例图

② 年际变化:

杨楼流域降水量的年际变化较为悬殊,主要表现为最大与最小年降水量的比值较大,年降水量变差系数 C_V 值较大等特点。代表站降水量极值比统计如表 3.28 所示。由表可见,在多年降水系列中,杨楼流域最大年降水量为 1963 年的 1256.5 mm,最小年降水量为 1988 年的 471.7 mm,极值比为 2.66。进入 21 世纪后,极值雨量出现的概率增大,年际变化更为悬殊。杨楼流域历年降水量年际变化分布趋势如图 3.32 所示。

表 3.28　杨楼流域代表站降水量极值比统计表

站点	年最大降水		年最少降水		极值比	多年平均 (mm)	C_v
	降水量(mm)	出现年份	降水量(mm)	出现年份			
杨楼	1234.3	2003	443.7	1988	2.78	764.3	0.22
黄口	1380.8	1963	462.7	1986	2.98	768.3	0.24
新庄寨	1256.6	2003	443.0	1988	2.84	747.0	0.22
唐寨	1302.5	2003	473.6	1966	2.75	784.9	0.24
流域平均	1256.5	1963	471.7	1988	2.66	764.1	0.22

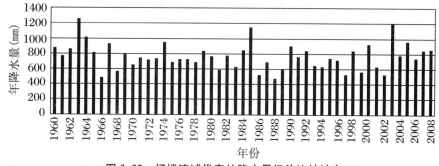

图 3.32　杨楼流域代表站降水量极值比统计表

③ 不同年代降水情势：

以 1960～2010 年降水系列为基准,对杨楼流域不同年代降水量均值及距平进行统计。

由表 3.29 可以看出,20 世纪 60 年代杨楼流域降水总体偏丰,距平值为 6.34%;70 年代降水量均值与基准系列均值基本相当;80 年代和 90 年代偏枯,距平值分别为－6.36%、－5.95%;21 世纪初属偏丰时期,距平值为 6.87%。

表 3.29　杨楼流域不同年代降雨量均值及距平统计表

时段	1961～ 1970 年	1971～ 1980 年	1981～ 1990 年	1991～ 2000 年	2001～ 2010 年	1960～ 2010 年
均值(mm)	813.0	757.2	715.9	719.0	817.0	764.5
距平	6.34%	－0.96%	－6.36%	－5.95%	6.87%	100%

(2) 趋势性及突变分析

杨楼流域面上年降水量 M－K 检测结果如图 3.33 所示,汛期降水量检测结果如图 3.34 所示,非汛期降水量检测结果如图 3.35 所示。从年降水量来看,除 1963～ 1965 年处于增长期内,其余年份均处于减少期,其中又以 80 年代末期到 2003 年左右为甚,期间大多数年份降水量减少的置信度超过 95%。但 2003 年后,年降水量减少的趋势开始放缓,预计短时期内杨楼流域年降水量仍将延续这种趋势甚至是趋于增加。1964 年可以看做是一个由增加转为减少的突变点。

　　汛期降水量与年降水量类似,除 1965 年之前有短暂的增长期外,以后的 40 多年几乎均处于减少期,以 1985~2005 年最为明显,置信度超过 95%,但 2005 年以后减少的趋势开始放缓。类似于年降水量,1964 年可以看作是汛期降水量由增加转为减少的突变点。

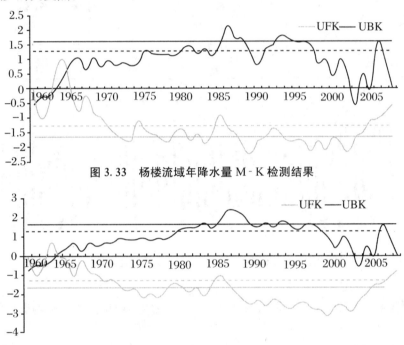

图 3.33　杨楼流域年降水量 M‑K 检测结果

图 3.34　杨楼流域汛期降水量 M‑K 检测结果

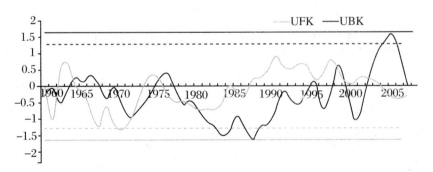

图 3.35　杨楼流域非汛期降水量 M‑K 检测结果

　　非汛期降水量的趋势变化以及突变点分布较全年及汛期有很大变化。非汛期降水量 1965 年前同样有短暂的增加过程,但 1965~1973 年又减少,1973~1975 年前后降水量增多,1975 年以后至 1986 年为减少过程,1986~2004 年为增加过程,

2006 年至今为减少过程。但除 1970 年降水量的减少过程超过 90%置信度直线外,其他变化过程均无法超过置信度直线,即这些变化不够显著。1960 年至今 UFk 线与 UBk 相交有 10 次之多,其中,有可能是突变点的一个是 1980 年由减少到增多的突变,另一个是 2005 年由多变少的突变,预示着非汛期降水量可能会减少。

不同于五道沟站,杨楼流域的 M‐K 检测结果显示 70 年代以后其年降水量减少趋势的可信度大多超过 95%,而 2000 以后降水的偏多也仅仅是恢复性增长。汛期降水量类似,70 年代以后 95%置信水平下降水量减少的趋势十分明显,2005 年这种趋势才初步放缓。非汛期降水量的增减趋势虽然变化剧烈,但置信度不高,总体呈不明显的减少—增加—减少过程。

3. 皖北地区降水变化分析

(1) 空间分布

将降水情况分成偏丰年、平水年、偏枯年和枯水年,其相应的保证率分别为:12.5%~37.5%、37.5%~62.5%、62.5%~87.5%、>87.5%,利用差积曲线法研究各个流域分区降水量变化趋势。

经分析计算结果,皖北多年平均年降水深 910.9 mm,相应降水量 1731 亿 m^3。皖北条件对降水量的分布影响很大,淮河流域西部、西南部及东北部为山区和丘陵区,东临黄海。来自印度洋孟加拉湾、南海的西太平洋的水汽,受边界上大别山、桐柏山、伏牛山、沂蒙山和内部局部山丘地形的影响,产生抬升作用,利于降水;而在广阔的平原及河谷地带,缺少地形对气流的抬升作用,则不利于降水。因此,在水汽和地形的综合影响下,致使降水呈现自南部、东部向北部、西部递减,山丘降水大于平原区,山脉迎风坡降水量大于背风坡的特征。

(2) 时程分布

皖北地区 1953~2008 年的逐年降水量呈波动型变化,没有显著的年际变化趋势。显著性检验表明,各时段的降水量趋势均未达到 0.05 的置信水平,皖北地区降水的年际变化应属于气候的自然波动。降水量在各季节的分配比例随年份波动较大,总体上没有明显的变化趋势,近年来汛期和夏季降水所占比例有上升趋势。汛期降水的变化特征基本与年降水量一致,年际波动较强烈,无明显的阶段特征。通过波谱分析,皖北地区汛期(6~9 月)降水有着准 10 年和 2 年的降水周期。由年代距平百分比(图 3.36)可以看出,淮河流域年代际变化较明显,年降水量变化具有明显的阶段性。1953~1963 年和 2003~2008 年处于相对多水的年代际背景,1992~2002 处于相对少水的年代际背景,20 世纪 70 年代和 80 年代则处于相对平稳时期。对于汛期,年代际波动较为明显,1964~1991 基本为波动下降,1991 后下降较为明显,进入 2003 年后,降水量增幅较大。夏冬季年代际变化特征与汛期类似,春秋季降水呈波动型变化。

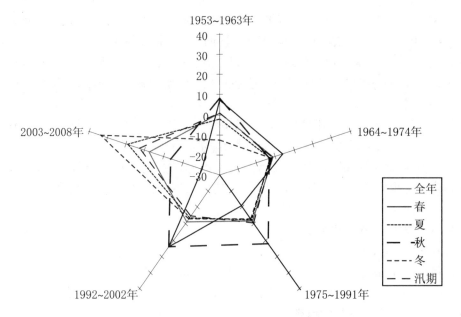

图 3.36　皖北地区降水量年代际距平百分比图

3.2.1.2　蒸发

1. 水面蒸发

（1）年内分配

五道沟地区多年月平均水面蒸发量在 6 月份最大，达到 148.5 mm，占多年平均值的 13.72%，最小月份出现在 1 月，仅为 33.0 mm，占多年平均值的 3.05%，多年平均连续 3 个月最大蒸发量为 411.3 mm，出现在 6～8 月，占多年平均值的 38.01%，多年平均连续 3 个月最小蒸发量为 116.1 mm，出现在 12 月到次年 2 月，占多年平均值的 7.73%，如图 3.37 所示为多年各月平均蒸发量年内分配图。

（2）年际变化

五道沟实验站多年平均蒸发量为 1082.2 mm。研究得出（图 3.38），各个季节中夏季的蒸发量最大，冬季的蒸发量最小，春季和秋季基本持平，它们的水面蒸发量变化趋势基本一致，而且整体呈下降趋势。由图 3.39 可以大致看出水面蒸发变化的周期性，平均为 10 年。从 1984 年之前距平率基本都为正值，之后基本都为负值，同时，结合图 3.40 可知 1984 年是一个水面蒸发变化的转折年，但用 Yamamo-to 检验方法计算得 $R_{SN} < 1.0$，故认为没有发生突变。

五道沟地区不同频率水面蒸发计算结果如表 3.30 所示。结合图 3.37 分析可知：秋季递减的速率最大，约 4.43 mm/a；春季递减速率最小，约为 1.02 mm/a，年际递减速率为 9.31 mm/a。另外水面蒸发量年、季节的变差系数 C_V 分析如表 3.31 所示。春季变差系数最大为 0.27，年际变化为 0.15。

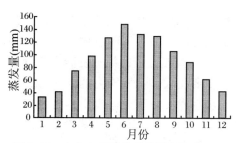

图 3.37　多年各月平均蒸发量年内分配图

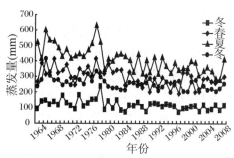

图 3.38　各个季节水面蒸发量年际变化过程

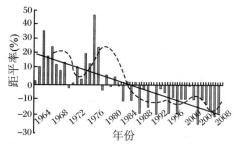

图 3.39　年水面蒸发量年际变化距平值过程

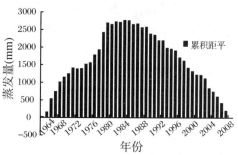

图 3.40　年水面蒸发量距平累积过程线

表 3.30　道沟地区水面蒸发频率计算

$P\%$	20	50	75	95
X_p(mm)	1217.8	1073.8	967.0	826.3

表 3.31　水面蒸发量年、季节的变差系数 C_V

春季	夏季	秋季	冬季	年际
0.27	0.18	0.19	0.16	0.15

　　五道沟地区水面蒸发量年代衰减情况分析如表 3.32 所示,可以看出年水面蒸发量和各个季节的水面蒸发量除了 60～70 年代的春季,80～90 年代的冬季和 90～00 年代的夏季的年代水面蒸发量出现反弹回升之外,其余各年代各个季节的水面蒸发量均呈下降趋势。

表 3.32　蒸发量年代衰减百分比

季节	60～70 年代	70～80 年代	80～90 年代	90～00 年代
春季	－20.51%	27.66%	1.84%	7.41%
夏季	1.14%	8.33%	15.05%	－3.43%
秋季	6.73%	16.84%	7.68%	7.72%
冬季	6.72%	14.01%	－1.26%	5.50%
年际	2.83%	15.01%	7.13%	4.13%

2. 潜水蒸发

潜水蒸发是指潜水在土壤吸力的作用下,向包气带土壤中输送水分,并通过土壤蒸发和植被蒸腾进入大气的过程。潜水蒸发受两方面因素的制约:大气蒸发能力和包气带的输水能力,并且受两者之中较小者的控制。当大气蒸发能力(水面蒸发能力)小于土壤最大输水能力时,潜水蒸发主要受大气蒸发能力的控制,随着水面蒸发的增加而增加。潜水埋深为零时的潜水蒸发实际是土壤表土蒸发,其蒸发量与水面蒸发量极其接近,但其蒸发条件却不同于同一地区的水面蒸发条件,差别在于:两种蒸发面的粗糙度不同,故与大气的接触面有差异;接触大气的表面颜色不同,其反射率各异。因此,表面吸收太阳辐射能亦不同。土壤与水面的导热率和热容量不同,土壤上层增温较为迅速,所以土壤蒸发能力一般稍大于水面蒸发能力,但通常认为潜水埋深为零时的潜水蒸发近似等于水面蒸发,并将其作为建立经验公式的边界条件。

依据 40 年内五道沟的气温观测情况,同时统计了年内的极大值和极小值的均值变化趋势。年平均温度维持在一个相对稳定值(14.7 ℃),多年递增速率为 0.02 ℃/a,而极值(最大、最小值的均值)统计显示出一定趋势性。最大值趋势线(图 3.41)呈逐年震荡下降,而最小值趋势线(图 3.42)呈现逐年上升,递增速率分别为 -0.22 ℃/a 和 0.26 ℃/a。因此,最高温度的逐步降低,温差逐渐减小反映出气候变化在该地区的显现。然而,蒸发与温度呈弱相关,且蒸发能力受控于最高温度(或者零度以上的温度)。因此,蒸发趋势与最高温度和温度差的变化趋势相同。

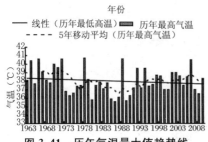

图 3.41　历年气温最大值趋势线

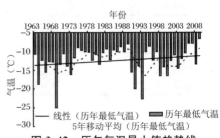

图 3.42　历年气温最小值趋势线

从五道沟实验站记录的年均器皿蒸发以及不同潜水深度的蒸发能力变化过程中可以看出,随着潜水埋深的增加,年均蒸发量的变化幅度逐渐减小,总体的趋势显现下降的趋势。过去的 40 多年中,平均的器皿蒸发量为 1079.9 mm,方差为 167.8 mm。最大蒸发量出现 1978 年(1574.2 mm),最小蒸发量出现在 2003 年(807.3 mm)。1966~1986 年,低于多年平均蒸发年的年份仅 5 年,绝大多数年份高于多年平均蒸发量。1986~2008 年,几乎所有的年份都低于均值。蒸发量的下降趋势非常明显。通过趋势拟合,蒸发量呈现逐年震荡下降趋势,下降速率每年约为 10.6 mm。潜水蒸发量也出现类似规律,递减速率随深度变化依次为 12.1 mm/a、13.7 mm/a、13.1 mm/a、10.6 mm/a、4.2 mm/a、3.9 mm/a。从拟合的递减速率看,表层 0.6 m 内的潜水蒸发趋势与器皿蒸发趋势近似相等,而较深处(1.0 m、1.5 m)的蒸发递减速率明显减小。对于蒸发能力而言,蒸发水量不受限制,那么这样的递减趋势势必来自于气候的变化。蒸发能力的变化趋势与气候因子关系密切,并且在机理上是相符的。

　　总体看来,淮北平原多年的年温差逐步缩小、均温逐渐上升,但并没有增加蒸发能力。相反地,蒸发能力呈逐年下降趋势。太阳辐射(太阳日照时数)与风速减少、相对湿度差升高等因素导致了蒸发能力的降低,或者说导致了区域蒸发潜能的降低。潜水蒸发能力的变化趋势与器皿蒸发类似,但是其变化趋势受到土壤介质的缓冲。长期来看,气候变化对浅层地下水蒸发的影响是持续的,建立以气候变化因子为前提的蒸发模式能很好地建立气候模式与净水蒸发、潜水蒸发能力的关系,有利于进一步研究变化环境下水文过程的响应。

3.2.2　水资源情势演变分析

3.2.2.1　径流演变分析

1. 代表站径流分析

(1) 径流变化特征

　　淮河干流上的鲁台子站处于中游,以上流域汇水面积为 8.86 万 km²,汇集了上游及各大支流(沙颍河、洪汝河、淠河、史河等)的地表径流,是蚌埠闸上径流量的主要源水,后者又是淮南、蚌埠市和凤台、怀远县等地的供水水源。所以探讨鲁台子站年径流量(包括汛期和非汛期)的年内分配、年际变化以及多时间尺度周期变化对于淮河中下游地区供需水安全的研究至关重要,可以通过鲁台子站年径流量的丰枯变化作为一个参考指标来制定供需水保障制度,来保障区域性供水安全。

　　根据淮河干流鲁台子站 1951～2008 年的资料分析,多年平均径流量约为 218.1 亿 m³,最大年径流量为 1956 年的 522.3 亿 m³,最小年径流量为 1966 年的 34.7 亿 m³,最大年径流量是最小年的 15 倍,丰枯年份变化幅度非常大;汛期(6～9 月)多年平均径流量为 136.0 亿 m³,最大汛期径流量为 1956 年的 419.8 亿 m³,最小汛期径流量为 1966 年的 12.7 亿 m³,最大汛期径流量是最小年的 33 倍;非汛期(汛期之外的月份)多年平均径流量为 81.9 亿 m³,最大非汛期径流量为 1964 年的 282.5 亿 m³,最小非汛期径流量为 1978 年的 16.9 亿 m³,最大非汛期径流量是最小年的 16.7 倍。值得一提的是,年径流量和汛期径流量最值出现的年份一致,但与非汛期径流量最值出现的年份并不一致。全年和汛期最大年径流量为 1956 年,最小径流量为 1966 年,而非汛期最大年径流量为 1964 年,最小径流量则是 1978 年。

　　鲁台子站 1951～2008 年各月平均径流量年内分配如图 3.43 所示,在径流的年内分布上,1 月份占全年平均径流的比例最小,仅为 2%;其次是 2 月份和 12 月份,都是 3%;而 7 月份占全年的比例最大,为 24%,其次是 8 月份为 19%。汛期 6～9 月的总径流量可以占到全年径流总量的 64%,而非汛期的另外 8 个月合计仅占 46%。另外,年内径流分布最不均匀的是 1982 年,其 6~9 月占全年径流量的比例高达 82.7%,而 2001 年这个比例仅为 17.7%,前者是后者的近 4.7 倍。因此可以说,鲁台子站观测到的年内径流分布极不均匀,这也与淮北平原典型的季风性气候导致的降雨量年内分配不均进而导致年内径流量分布不均有一定的关系,另外的原因就是人工取水并没有在枯水年份适当的减少。

对于鲁台子站年径流量,我们绘制皮尔逊Ⅲ型曲线,丰水年其对应年径流量为 343.8 mm;偏丰年其对应年径流为 343.8~243.3 mm;平水年其对应年径流量为 243.3~158.9 mm;偏枯年其对应年径流为 158.9~96.2 mm;枯水年其对应年径流量为 96.2 mm。经过皮尔逊Ⅲ型曲线排频分析过的鲁台子站全年径流量、汛期和非汛期径流量的特征值计算成果如表 3.33 所示。

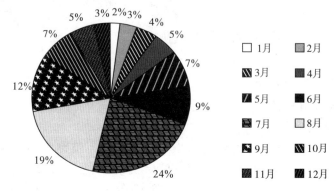

图 3.43 鲁台子站多年径流量年内分配

表 3.33 鲁台子站径流量排频统计分析计算成果表　　　　单位:亿 m³

项目		年径流量	汛期径流量	非汛期径流量
统计参数	均值	218.1	136.0	82.1
	C_V	0.58	0.73	0.58
	C_s/C_V	2	2	2
频率	1%	613.3	462.3	229.2
	5%	458.9	328.2	171.8
	15%	343.9	231.5	129.0
	32.5%	252.8	158.1	95.1
	50%	194.2	113.0	73.2
	62.5%	159.0	87.1	60.0
	75%	125.1	63.5	47.4

续表

项目		年径流量	汛期径流量	非汛期径流量
频率	85%	96.2	44.6	36.6
	95%	59.0	22.6	22.5
	99%	31.3	9.1	12.1

① 全年径流量。

据鲁台子站 1951～2008 年的年径流量序列和年径流序列距平分析,从趋势来看整体呈减少趋势,减少速率为 0.68 亿 m³/a,且有明显的波动。在 1986 年之前,年径流量丰转枯,枯转丰经历两个明显的波峰波谷,而 1986～2006 年之间,年径流量丰枯变化只出现了一个明显的波峰波谷,可以简单认为在 1986 年之前径流量变化周期为 10 年左右,1986 年之后径流量变化周期为 20 年左右。按照前面提到的丰、偏丰、平水、偏枯、枯年份的五级划分方法以及皮尔逊Ⅲ型曲线排频分析成果来判断鲁台子站 1951～2008 年间,丰水年有 7 年,分别是 1954 年、1956 年、1963 年、1964 年、1975 年、1984 年、2003 年,其中 1954 年和 1956 年超过 30 年一遇的丰水年标准;枯水年有 6 年,分别是 1961 年、1966 年、1978 年、1992 年、1994 年、2001 年,其中 1966 年和 1978 年达到 50 年一遇的枯水年标准。

② 汛期径流量。

据鲁台子站 1951～2008 年的汛期径流量序列和年径流序列距平分析,从线性趋势来看整体呈减少趋势,减少速率为 0.24 亿 m³/a,汛期径流量在 58 年有明显的波动,波动趋势和周期变化与上述年径流量序列分析结果一致。按照前面提到的丰、偏丰、平水、偏枯、枯年份的五级划分方法以及皮尔逊Ⅲ型曲线排频分析成果来判断鲁台子站 1951～2008 年间,丰水年有 8 年,分别是 1954 年、1956 年、1963 年、1975 年、1984 年、1991 年、2003 年、2005 年,其中 1954 年和 1956 年超过 20 年一遇的汛期丰水年标准;枯水年有 10 年,分别是 1959 年、1961 年、1966 年、1978 年、1981 年、1992 年、1994 年、1997 年、1999 年、2001 年,其中 1966 年和 2001 年达到 50 年一遇的汛期枯水年标准,1978 年接近 20 年一遇汛期枯水年份。

③ 非汛期径流量。

据鲁台子站 1951～2008 年的非汛期径流量序列和年径流序列距平分析,从线性趋势来看整体呈减少趋势,减少速率为 0.44 亿 m³/a,非汛期径流量在 58 年有明显的波动,波动趋势和周期变化也和上述年径流量序列分析结果一致。按照前面提到的丰、偏丰、平水、偏枯、枯年份的五级划分方法以及皮尔逊Ⅲ型曲线排频分析成果来判断鲁台子站 1951～2008 年间,丰水年有 6 年,分别是 1952 年、1963 年、1964 年、1969 年、1985 年、2003 年,其中只有 1964 年超过 20 年一遇非汛期丰水年标准并且超过百年一遇的非汛期丰水年标准;枯水年有四年分别是 1966 年、1978 年、1986 年、1995 年,其中只有 1978 年达到 20 年一遇非汛期枯水年份。

　　总之,自 20 世纪 50 年代至 21 世纪初,丰枯年份频繁交替出现。而对于汛期径流量和非汛期径流量,其平均径流量的多少、波动性亦有别于年径流量。相对而言,汛期径流量和年径流量的丰枯年份变化的相似程度要比非汛期和全年径流量丰枯年份变化的相似度要高,非汛期径流量的年际波动较为平稳。对年际变化的分析离不开对周期的分析,通过周期分析可以清楚地看到径流量序列的发展趋势,进而可以预测未来年份的径流量走势。

　　(2) 多时间尺度分析

　　① 年径流量分析。

　　采用不同母函数检测鲁台子站年径流量结果具有类似的特征:在大尺度上表现为减少—增加的特点,而在中小尺度上则是众多尺度交错出现,相互包含,但二者都显示 2008 年及随后的几年将处于年径流量的增长期,但这种趋势并不会持续太长,因为其均处于正信号区域即增长期的末期。

　　首先对于时间周期 T 和伸缩尺度具有明确关系的 Mexcian hat 函数(MEXH),由于其伸缩尺度相对较大,取最大尺度 max(a)=30,可以看出 20 世纪 50 年代初至 70 年代初,a =2～3 的小尺度发育明显,即在时间上存在 8～12 年的周期;类似地,70 年代中后期到 2008 年资料序列末,a =5,即时间上 20 年左右的周期表现显著,且检测时段末未闭合,由于其处于正信号区域故 2006 年之后可能是一个短暂的多雨期(图 3.44)。

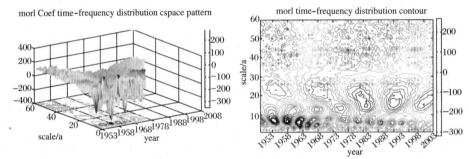

图 3.44　Mexcian hat 小波系数图

　　Morlet 小波检测的结果表明,在 20 世纪 50 年代初至 2008 年资料序列末,小尺度上 a =5～8 的发育明显,即在时间上存在 1.6～2.5 年的周期;中尺度上 a =20～22 的尺度表现显著,即时间上存在 6 年的周期;但从大尺度上看,实际上鲁台子年径流量在 20 世纪 50 年代到 60 年代中期年径流量总体偏丰,70 年代初到 80 年代末总体偏枯,90 年代之后到 2008 年年径流量开始转丰,预计在未来会有两三年左右的偏丰年。

　　cmor2‑1 小波(复 Morlet 小波,选择带宽参数为 2,中心频率为 1 Hz)在小尺度和大尺度上检测的结果显示与实 Morlet 小波基本相同(图 3.45),但在中尺度上显示 80 年代中期之前有 a =18 和 a =28 的尺度表现显著,即时间上存在 5～6 年和 9～10 年的周期;在 80 年代之后显示 a =20,即 6 年左右的周期。另外,鲁台子站年径流 cmor2‑1 小波系数实部、虚部、模、相位角分别如图 3.46(a)、(b)、(c)、 (d)所示。模值平方代表的能量周期将在下面详细分析。

总体上看,Morlet 小波和 cmor2‐1 小波检测的结果较 Mexcian hat 小波分别率要高,但在宏观分析上却逊于 Mexcian hat 小波。Morlet 小波比 cmor2‐1 小波简便易用,但是从模值图展示各种时间尺度的周期变化在时间域中的分布情况却不如复 Morlet 小波(cmor2‐1)直观方便。

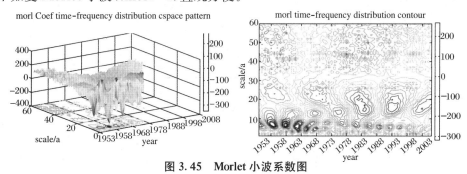

图 3.45　Morlet 小波系数图

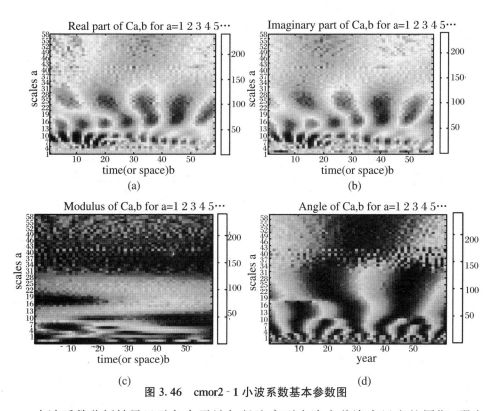

图 3.46　cmor2‐1 小波系数基本参数图

小波系数分析结果显示鲁台子站年径流序列中隐含着许多尺度的周期,哪个是主周期,起到主要的影响作用还有待进一步分析,下面我们通过小波系数的模值、模值平方以及小波方差来寻找主周期和次主周期,进一步揭示其周期变化规律。通过小波方差图可以非常方便地查找一个时间序列中起主要作用的尺度（周期）。Mexcian hat 小波系数方差，Morlet 小波方差和 cmor2‐1 小波系数方差分别如图 3.47(a)、(b)、(c)所示。

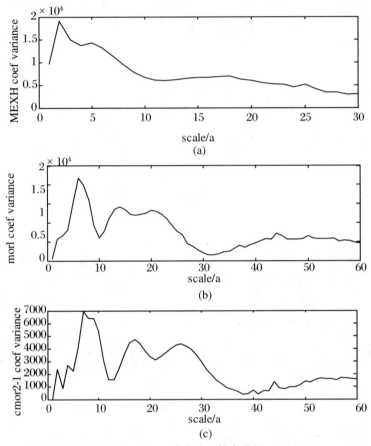

图 3.47　三种小波系数方差图

Mexcian hat 小波系数方差检测鲁台子站年径流量序列在 2a 左右尺度的小波方差极值表现最为显著，说明鲁台子站年径流过程存在 2a，即 8 年左右的主要周期；在 5a 左右尺度的小波方差极值表现次显著，说明鲁台子站年径流过程存在 5a 即 20 年左右的次主周期。这两个周期的波动决定着鲁台子站年径流量在整个时间域内的变化特征。

Morlet 小波方差检测鲁台子站年径流量序列在 6~8a 左右尺度的小波方差极值表现最为显著，说明鲁台子站年径流过程存在 2 年左右主要周期；在 14a 和 20a 左右尺度的小波方差极值表现次显著，说明鲁台子站年径流过程存在 4 和 6 年左右两个次主周期。这 3 个周期的波动决定着鲁台子站年径流量在整个时间域内的变化特征。

cmor2‐1 小波系数方差检测鲁台子站非汛期径流量序列在 8a 左右尺度的小

波方差极值表现最为显著,说明鲁台子站年径流过程存在 2.5 年左右主要周期;在 16a 和 25a 左右尺度的小波方差极值表现次显著,说明鲁台子站年径流过程存在 5 和 8 年左右两个次主周期。这 3 个周期的波动决定着鲁台子站非汛期径流量在整个时间域内的变化特征(图 3.48)。

从小波变换系数模值及模值平方图可以看出,鲁台子站年径流量 8~10a 尺度的周期变化最为明显,模值最大,能量最强,但其周期性变化具有局部化特征;其次,16a 和 25a 尺度周期变化次明显,并且具有随时间推移能量进一步加大的趋势;其他尺度周期变化都较弱,能量较低。

通过上述三种小波的对比分析,不难发现小波函数不同分析结果会有细微差异,但是整体周期变化基本相同,比较其分析结果的相似性和各自的优缺点,我们下面分析多周期时间尺度只选择 cmor2‐1 小波。

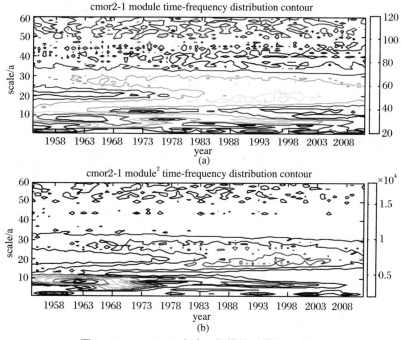

图 3.48　cmor2‐1 小波系数模值及模值平方图

② 汛期径流量分析。

鲁台子站汛期径流量周期分析结果如图 3.49 所示:在 45~55a 大尺度即 15~18 年上表现为减少—增加的特点,而在 28a 左右中尺度即 8~9 年峰值谷值交错出现,周期显著,二者都显示 2008 年及随后的几年处于汛期径流量的增长期末期,8a 左右小尺度即 2~3 年显示 2008 年及随后的几年处于汛期径流量的减少期末期即将要转变成为增长期。另外在 20 世纪 90 年代之前有个 15~20a 尺度即 5~6a 的存在明显的周期性,90 年代之后此尺度未表现出周期波动。多周期表现出杂乱的规律性,为了简化周期规律,下面我们需要找到几个主周期。

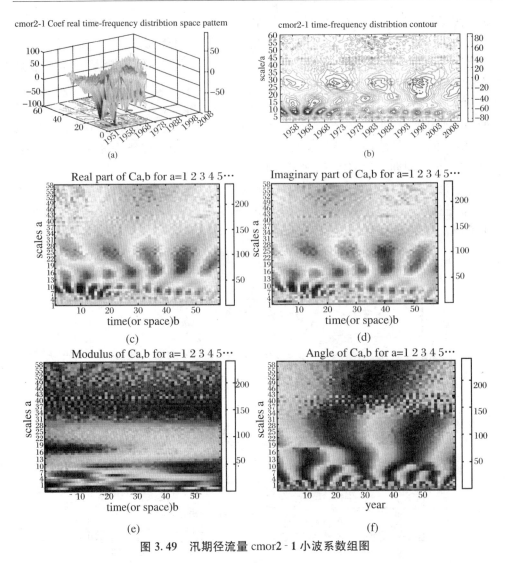

图 3.49　汛期径流量 cmor2‑1 小波系数组图

　　小波变换系数模值及模值平方如图 3.50 所示,可以看出,鲁台子站年径流量 8~10a 尺度的周期变化最为明显,模值最大,能量最强,但其周期性变化具有局部化特征;其次,16a 和 25a 尺度周期变化次明显,并且具有随时间推移能量进一步加大的趋势;其他尺度周期变化都较弱,能量较低。结合 cmor2‑1 小波系数方差(图 3.51),检测出鲁台子站非汛期径流量序列在 8a 左右尺度的小波方差极值表现最为显著,说明鲁台子站年径流过程在 20 世纪 70 年代之前存在 2.5 年左右主要周期,70 年代之后 2.5 年左右的周期消失;在 25a 左右尺度的小波方差极值表现次显著,说明鲁台子站年径流过程在 1951~2008 年间存在 8 年左右的次主周期;在 16a 左右尺度的小波方差极值表现第三显著,说明鲁台子站年径流过程在 1951~2008 年间存在 5 年左右的第三主周期。这 3 个周期的波动决定着鲁台子站非汛期径流量在整个时间域内的变化特征。

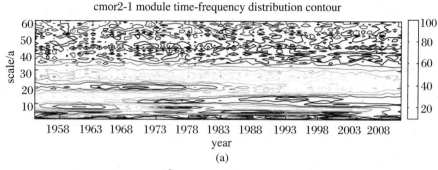

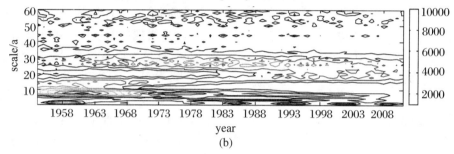

图 3.50　汛期径流量 cmor2‑1 小波系数模值和模平方图

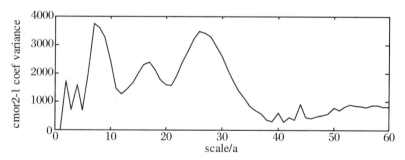

图 3.51　汛期径流量 cmor2‑1 小波系数方差图

③ 非汛期径流量分析。

鲁台子站汛期径流量周期分析结果显示:在 40～50a 大尺度即 12～15 年上表现为"减少—增加"的特点,而在 20a 左右中尺度即 6 年上则峰值谷值交错出现,周期显著,前者显示 2008 年及随后的几年处于汛期径流量的增长期,后者显示 2008 年及随后的几年处于汛期径流量的减少期,10a 左右小尺度即 3 年在 2008 年及随后的几年处于汛期径流量周期变化不明显。非汛期径流量周期变化规律跟年径流量、汛期径流量周期变化规律有些差异。

小波变换系数模值及模值平方如图 3.52 所示可以看出,鲁台子站年径流量 5～10a 尺度的周期变化最为明显,模值最大,能量最强,但其周期性变化只在 20 世纪 60 年代初至 80 年代末能量最大,具有局部化特征;其次,20a 尺度周期变化次明显,也具有局部化特征,在 70 年代初至 90 年代末能量最大;其他尺度周期变化都较弱,能量较低。结合 cmor2‐1 小波系数方差(图 3.53)检测出鲁台子站非汛期径流量序列在 5~10a 左右尺度的小波方差极值表现最为显著,说明鲁台子站年径流过程只在 60 年代初至 80 年代末存在 2~3 年主要周期,90 年代之后此主周期消失;在 20a 左右尺度的小波方差极值表现次显著,说明鲁台子站年径流过程在在 70 年代初至 90 年代末周期明显。这两个局部周期的波动决定着鲁台子站非汛期径流量在整个时间域内的变化特征。总体来说,非汛期周期变化不如全年径流量和汛期径流量周期变化明显。

(3) 径流趋势分析

季节性 Kendall 检验是 Mann‐Kendall 检验的一种推广,它首先是由 Hirsch 及其同事提出。该检验的思路是用于多年的收集数据,分别计算各季节(或月份)的 Mann‐Kendall 检验统计量 S 及其方差 Var(S),再把各季节统计量相加,计算总统计量,如果季节数和年数足够大,那么通过总统计量与标准正态表之间的比较来进行统计显著性趋势检验。

首先进行径流趋势分析:选取鲁台子站 1951~2008 年年径流资料进行分析,年径流变化过程线如图 3.54 所示。从图中可以看出,多年来淮干鲁台子站年径流总体上呈下降趋势,年径流量下降的趋向率为 7.94×10^8 m³/10a,其中 1954~1956 年、1963~1965 年、1968~1969 年、1982~1985 年年径流量处在小波动的偏高年,说明年径流量偏大;1957~1962 年、1966~1967 年、1970~1974 年、1976~1979 年、1992~1995 年年径流量处在下降期,说明年径流量偏小。根据统计资料得出:上述各时段的年径流量分别为 442.765×10^8 m³、421.006×10^8 m³、276.255×10^8 m³、324.190×10^8 m³、155.472×10^8 m³、82.624×10^8 m³、180.071×10^8 m³、112.899×10^8 m³、94.293×10^8 m³。用 Mann‐Kendall 趋势检验法检验,其下降趋势显著,检验结果如表 3.34 所示。

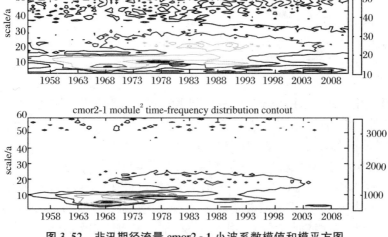

图 3.52　非汛期径流量 cmor2‐1 小波系数模值和模平方图

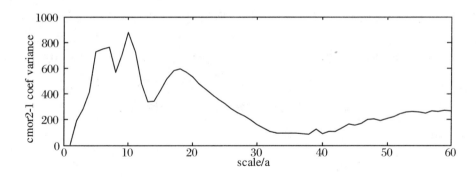

图 3.53 非汛期径流量 cmor2‑1 小波系数方差图

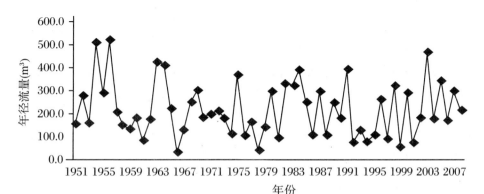

图 3.54 淮干鲁台子站年径流变化过程线

表 3.34 M‑K 检验结果

项目	年径流量序列
n	59
M	-6.28
检验过程	$\lvert M \rvert > M_{0.05} = 1.96$
检验结果	有下降趋势,显著

2. 典型区径流变化分析

考虑到影响径流演变的下垫面因素资料收集的困难和必须保证专题研究具有一定的代表性,需选择径流演变较为明显的小流域作为典型研究流域,通过对典型流域的研究揭示流域水资源的演变规律。

杨楼流域,作为一个封闭式小流域应该具有很好的降雨径流相关性以及其他水文要素的相关性,本节将杨楼流域作为一个典型区域来分析其地表径流的年内年际变化趋势。

流域地表径流分析计算采用杨楼水文站 1972～2008 年实测流量资料,径流计算采用降雨-径流相关法。通过还原计算,所采用的降雨径流关系能够代表杨楼流域的降雨径流关系。

经分析计算,杨楼流域多年平均径流量为 1243.4 万 m³,50%、75%、95% 频率径流量分别为 869.4 万 m³、364.8 万 m³、67.2 万 m³。如表 3.35 所示。

表 3.35　杨楼流域不同频率地表径流量计算成果

流域面积(km²)	频率	径流深(mm)	径流量(万 m³)
152.0	50%	57.2	869.4
	75%	24.0	364.8
	95%	4.42	67.2
	多年平均	81.8	1243.4

(1) 径流的年内分配

杨楼地区地表径流的年内季节性变化很明显,6~9 月径流占全年的 76.2%,7 月份最大,占全年的 30.3%。如表 3.36 所示。

表 3.36　杨楼流域多年平均年径流量月分配表

月份	1	2	3	4	5	6	7	8	9	10	11	12	汛期	全年
径流量(万 m³)	16.2	18.7	23.6	39.8	85.8	144.2	376.8	264	180.3	77.1	21.1	13.7	965.5	1243.4
比例(%)	1.3	1.5	1.9	3.2	6.9	11.6	30.3	19.8	14.5	6.2	1.7	1.1	76.2	100

(2) 径流的年际变化

据 1972~2008 年的年径流系列资料,径流的年际变化非常大。最大年径流量为 3412.4 万 m³,发生在 1985 年;最小年径流量为 0,若干年份都没有径流;年径流变差系数 C_V 为 1.23。经分析得出杨楼地区的径流量从 1972 年到 2008 年整体呈先减少再增加的趋势,其中 1985 年的径流为一个突变值。

3.2.2.2　皖北地区水资源演变分析

1. 径流深年际变化

皖北地区各个地级市的径流深年际变化明显,各个地级市的历年径流深变化趋势大致相同,且丰枯变化十分频繁。据统计从 1956 年至 2008 年间,1956 年、1962 年、2003 年出现较重洪涝灾害;1959 年、1961 年、1966 年、1976 年、1978 年、1994 年、1999 年和 2001 年出现较重的旱灾;1956~1965 年、1996~2006 年为偏丰水段;1966~1979 年为偏枯水段,旱灾出现的频率明显很大,平均 6 年出现一次,即使是偏丰水段期间也会出现较重的旱灾年份。五年滑动平均显示,此地区丰枯变化周期大约是十年。

皖北地区的径流80年代之前各个年代径流呈明显的递减趋势,到80年代有所回升,90年代略有下降,00年代明显增大,具体变化情况如表3.37所示。

表 3.37　皖北地区各年代径流深变化　　　　　单位:mm

年代	1956~1959年	1960~1969年	1970~1979年	1980~1989年	1990~1999年	2000~2008年	1956~2008年
年代平均径流深	203.4	188.4	154.2	171.7	159.8	248.1	184.7
与多年平均差值	18.7	3.7	−30.5	−13.0	−24.9	63.4	

近年来由于下垫面变化和人类活动的影响致使相同降雨产生径流减少幅度相当明显,在降雨量平均值大致相同的60年代和90年代,后者的径流量比前者减少了18.6 mm。如表3.38所示。

表 3.38　典型年代近似降雨产流对比　　　　　单位:mm

年代	年均降雨量	年均径流量
60年代	869.3	188.4
90年代	864.1	159.8

2. 径流的年内分配

皖北地区多年平均径流量77.72亿 m³,径流深约208 mm,多年平均径流系数0.195。径流特性受降水与地形地貌条件制约。本区河流为雨源型,即河川径流来源于降水,因而径流的时空分布与降水的时空分布大体相一致,但年内分配更为集中,汛期(6~9月)径流可占年径流量的70%左右,最大值出现在7、8月份。连续最大4个月径流量占年径流量的百分率为60%~72%;最大月径流量占年径流量的比例一般为18%~40%,一般在8月份。最小月径流量占年径流量的比例一般为0.6%~3.3%,出现在1~3月份。在中小水年份,全年水量几乎都集中在汛期,甚至产生于汛期的几场大雨或者暴雨。

总之,淮北地区多年平均径流量77.72亿 m³,径流深约208 mm,多年平均径流系数0.195,年内分配集中,汛期(6~9月)径流占年径流量的70%左右;80年代之前各个年代径流呈明显的递减趋势,60年代比50年代的年平均径流量减少15 mm,70年代又比60年代的年平均径流量减少27 mm,80年代后径流量波动异常,先是80年代比70年代径流量增加了17.5 mm,90年代略有下降,比80年代下降了11.9 mm,然后21世纪的前9年径流量平均值比20世纪90年代增加了87.3 mm,比多年平均高出63.4 mm。据统计,在降雨量平均值大致相同的60年代和90年代,后者的径流量比前者减少了18.6 mm,可以看出下垫面变化和人类活动的影响致使相同降雨产生径流减少幅度相当明显。年径流 C_V 值多在0.56~0.78之间。其中废黄河以北区的年径流 C_V 值最小为0.56,涡河区的年径流 C_V 值最大为0.78。

3. 降雨径流的空间变化

受气候、地形、地质、下垫面等条件的影响,相同降水产生的径流亦有很大的差别。淮北地区六个地级市的降雨径流相关系数在 0.65～0.93 之间,其中只有淮南市的降雨径流相关性较差,不到 0.8,其余各市的降雨径流相关系数均在 0.8 之上,整个淮北平原上的相关系数达到 0.9 以上,相关性非常好。

3.2.3　水资源开发利用演变

随着皖北经济社会的持续发展,用水结构和用水水平不断调整提高,皖北地区地下水资源开发利用的演变情势主要表现在以下几个方面。

① 皖北地区地下水用水量占总用水量的比例提高,深层承压水用水量占地下水用水量的比例下降。皖北地区多年平均地下水用水量占总用水的比例为 48.58%,其中蚌埠市、亳州市、阜阳市、淮北市、淮南市、宿州市地下水用水量占总用水的比例分别为 12.34%、73.29%、59.31%、76.41%、5.73%、69.25%。淮北地区地下水用水量占总用水量的比例从 1980 年的 49.13% 提高到 2006 年的 52.69%,最低为 1990 年的 41.04%;各行政分区地下水用水量占总用水量的比例变化不一,蚌埠市、亳州市、阜阳市、淮南市的比例变化不大,淮北市的比例从 1980 年的 79.84% 下降到 2006 年的 76.13%,而宿州市的比例从 1980 年的 62.80% 提高到 2006 年的 71.39%。

皖北地区多年平均深层承压水用水量占地下水用水量的比例为 21.47%,其中蚌埠市、亳州市、阜阳市、淮北市、淮南市、宿州市地下水用水量占总用水的比例分别为 8.30%、8.11%、20.71%、50.43%、13.45%、23.78%。淮北地区深层承压用水量占地下水用水量的比例从 1980 年的 20.63% 下降到 2006 年的 16.25%,最高值在 1985 年达 27.56%,其次为 1990 年的 26.56%,值得注意的是从 1980 年至 2006 年行政分区中亳州市、淮北市的深层承压水用水量占地下水用水的比例是提高的。

② 皖北地区地下水用水量逐年增加。地下水用水的年增长率比总用水的年增长率高。淮北地区 1980～2006 年总用水的年增长率为 4.08%,而地下水用水量的年增长率为 4.32%,其中浅层地下水用水量的年增长率为 4.53%、深层承压水用水量的年增长率为 3.37%。各行政分区中,蚌埠市、淮北市地下水的年增长率小于总用水的年增长率,亳州市持平,阜阳市、淮南市、宿州市地下水的年增长率大于总用水的年增长率。如表 3.39 所示。

表 3.39　皖北地区 2006 年比 1980 年用水年增长率表

分区	浅层淡水	深层承压水	地下水	总用水
蚌埠	3.87%	2.66%	3.74%	3.95%
亳州	4.72%	5.10%	4.72%	4.72%

续表

分区	浅层淡水	深层承压水	地下水	总用水
阜阳	4.29%	2.68%	4.05%	4.02%
淮北	3.26%	3.63%	3.50%	3.69%
淮南	3.54%	25.21%	3.83%	3.53%
宿州	5.33%	3.16%	4.87%	4.35%
合计	4.53%	3.37%	4.32%	4.08%

注：淮南市 1980 年以后才开采深层承压水。

皖北地区在 1980～2006 年中,总用水量增加最快的是 1985～1990 年,年增长率为 10.74%;地下水用水量增加最快的是 1990～1995 年,年增长率为 9.07%;其中浅层地下水用水量增加最快的是 1990～1995 年,年增长率为 10.78%,深层承压水用水量增加最快的是 1980～1985 年,年增长率为 7.22%。

③ 皖北地区地下水用水结构发生变化。目前,皖北地区地下水各分类用水量占地下水用水总量的比例由高到低分别为农田灌溉用水、工业用水、农村生活用水、城镇生活用水、林牧渔用水,从 1980～2006 年淮北地区的地下水用水结构发生了较显著的变化,变化较大的农田灌溉用水从 1980 年 45.84% 下降至 2006 年的 38.91%,工业用水从 1980 年的 17.77% 上升到 2006 年的 27.54%。如表 3.40 所示。

表 3.40　皖北地区代表年地下水用水比例表

年份	城镇生活用水量	农村生活用水量	工业用水量	农田灌溉用水量	林牧渔用水量
1980	5.43%	28.33%	17.77%	45.84%	2.63%
1985	6.57%	32.16%	25.64%	32.53%	3.09%
1990	8.08%	29.98%	29.88%	29.99%	2.06%
1995	6.98%	27.73%	32.81%	30.49%	1.99%
2000	7.23%	23.87%	24.97%	40.79%	3.14%
2006	7.84%	22.42%	27.54%	38.91%	3.28%

④ 皖北地区需水预测。在现状用水调查分析的基础上,进行皖北地区区域需水预测。充分考虑发展节水农业、采用灌溉节水技术限制新建耗水量大的工业企业和城市中水利用等措施,参考已有规划成果,分析预测 6 个地市生活和生产需水量增长趋势。预测近期为 2020 年,远期为 2030 年。预测方法采用综合人均用水量法估算规划期需水量。其中,近期人口按年均增长率为 5‰,远期按年均增长率 2‰ 估算人口增长。根据以上分析,预测规划期需水量如图 3.55 所示。

在退还挤占的河道内生态用水的基础上,通过跨流域调水等措施增加地表水供水量 111.2 亿 m³；退还 6.5 亿 m³ 不合理的地下水开采量的同时，在淮北等部分有开采潜力的地区适当增加地下水供水量；其他水源供水量由 0.4 亿 m³ 增加到 26.0 亿 m³。

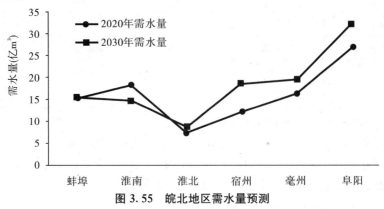

图 3.55　皖北地区需水量预测

3.2.4　水资源演变驱动因素分析

水循环在外界条件的影响下是会发生变化的，影响水文循环变化的因素很多，但是都是通过影响降水、蒸发、径流和水汽输送而起作用的。归纳起来有四类：一是气象因素，如风向、风速、温度、湿度等；二是自然地理条件，如地形、地质、土壤、植被等；三是地理位置；四是人类活动，包括水利措施等。

在这四类因素中，气象因素是主要的，因为蒸发、水汽输送和降水这三个环节，基本上决定于地球表面上辐射平衡和大气环流情况。而径流情势虽与下垫面（自然地理）条件有关，但基本规律还是决定于气象因素。

自然地理条件主要是通过蒸发和径流来影响水文循环。有利于蒸发的地区，往往水文循环很活跃；而有利于径流的地区，则恰好相反，不利于水文循环。

人类活动改变下垫面条件，通过对蒸发、径流的影响而间接影响水文循环。通常是有利于蒸发而不利于径流，从而促进了内陆水文循环。人类活动包括：土地利用、水资源开发利用、农业节水灌溉措施等。土地利用变化是水资源情势演变的重要影响因素，土地利用变化大大改变了天然的水循环过程和水量水质状况，影响了社会经济发展和生态环境质量。

水资源开发利用和农业节水措施对水资源情势的演变也有一定的影响，蓄水量增加必将导致蒸发量加大、地表径流量减少、下渗量加大，引水、提水量的增加改善了区域水资源的可利用状况，增加了地表水对地下水的补给量，农业节水措施使蒸发量、下渗量均减少。如图 3.56 所示。

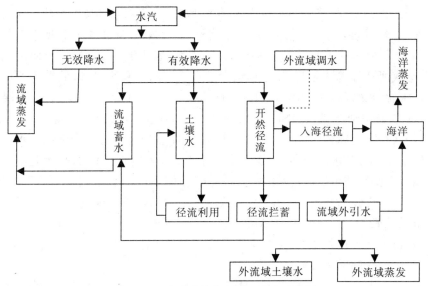

图 3.56 改进后的水文循环流路过程图

1. 城市化发展的"水危机"

随着国民经济的不断发展,城镇人口越来越集中,城市面积不断扩大,耕地面积持续缩减。城市化对气候、环境和人类的影响已经不容忽视。

随着社会经济的发展,皖北城市建设加快,城市规模不断扩大。人口愈来愈向城镇集中,带动区域经济的同时,也给用水及水环境安全带来前所未有的压力。加拿大安大略(Ontario)城市排水下属委员会发表的"关于城市排水实用手册"中提出了城市化引起水文要素之间分配比例的变化,其中列出将降雨作为100%分配其他几项的比例可以看出,城市化将显著影响水文循环系统中各要素的变化。如表3.41所示。

表 3.41 城市化前后水文循环要素的变化

水文要素	降雨	蒸发	地表径流	地下径流	屋顶截流	雨水管径流
城市化前	100%	40%	10%	50%	0	0
城市化后	100%	25%	30%	32%	13%	43%

① 随着皖北经济快速发展,工业化进程和城市化发展加快,改变了自然地形地貌,以不透水地面铺砌代替原有透水土壤和植被,造成下渗与蒸发的显著减少,使同强度暴雨增大地表径流量,增大洪峰流量,增加防洪与排水压力。以道路建设为例,界阜蚌高速公路里程190 km,共占用和破坏土地近3000 hm²,其中占用的土地面积1441 hm²,全部是优质耕地。公路建设除大量占用土地和耕地,还破坏植被,切割水系,造成生态系统的破碎。

② 从 20 世纪 70 年代后期进入 80 年代以来,人们对水环境保护认识和治理力度不够、管理不善,一些工艺落后、技术水平低、污染严重的乡镇工业企业大量发展,大量未经处理的工业污水直接排入河道,加上农业生产过程中大量使用化肥和农药,造成河湖等水域的严重污染,减少了水资源的可利用量,造成供水不足。据地下水水质监测资料反映,淮北地区全区水质 30 年来有较大的变化,中深层变化较弱,基本未受到污染,仅 NO_2—N、NO_3—N、NH_4—N 及 COD 超标,一般超标 5~10 倍,COD 超标 2~3 倍,个别地段超标达 17 倍,虽然如此,全区地下水总趋势仍然处于 Ⅱ～Ⅲ 类水。浅层地下水水质变化较大,污染范围不大,一般老城区及其下游地带主要受城市生活污水的污染,在奎濉河沿岸、泉河、涡河上游沿岸,新濉河黄桥闸下段等河段,地表水严重污染,致使沿岸浅层地下水受到不同程度的污染,污染范围一般在左右岸的 1~2 km,在闸上段,污染宽度达 3~4 km,引用地表污水灌溉,也不同程度污染了包气带土壤及浅层地下水。农田超标准施撒化肥、农药,已形成潜在的面污染源。

③ 城市建成后,一方面由于地表水源不足,城市抽水使原来靠天然雨水补给的地下水井水源有枯竭的后果,地下水位持续下降,在局部地区形成漏斗;另一方面,社会经济发展和人民生活水平的提高对地下水资源量的需求加大,不科学的开发利用地下水,使地下水资源可开采量有减少的趋势。众多城市因地表水水质严重污染,城市用水不得不抽取地下水,而超量开采地下水导致流域内地下水位下降的漏斗面积达 15530.2 km^2,部分城市的浅层地下水趋于疏干,造成海咸水入侵,加重了水资源短缺和生态系统失衡,严重制约了社会经济的可持续发展。

2. 过度开采地下水的影响

(1) 对地下水开发利用的影响分析

随着皖北地区社会经济的发展,人们对水的要求越来越高,由于皖北地区地处南北气候过渡带,属暖温带半湿润季风气候区,降水量年际变化大、年内分配不均匀,降水的有效利用率不高,充分利用地下水资源将是对皖北地区所需水资源的补充。但是目前皖北地区的地下水开采极不合理,存在着集中地区、集中时间、集中层位的"三集中"现状。中深层、深层地下水在城镇及工矿业集中区域,已形成超采漏斗。至 2006 年年底,主要城市和主要工矿区的超采漏斗面积已达 6961 km^2。

阜阳市由于过量开采地下水,地下水位以 1.5~2.0 m/a 的速度逐年下降,同时还导致了地面沉降,形成了 1440 km^2 面积的漏斗,漏斗中心地区静水位埋深 25~65 m。据 2001 年测量资料可知,最大沉降量已达 1.5 m,沉降范围大于 400 km^2。地面以每年 30~40 mm 的速度下沉,1995 年后每年平均沉降 35.5 mm,沉降速度较前趋缓,从 1957 年以来,阜阳市城区地面沉降统计如表 3.42 所示。地面沉降使城区近 15% 的深井错位剪断而报废,颍河大堤下沉,防洪标准降低,城区附近阜阳节制闸被拉裂损坏,颍河闸闸墩多处被拉裂。

表 3.42 阜阳市城区历年地面沉降统计

测量年份	测量单位	水准等级	黄海高程(m)	沉降量(mm)	年平均沉降量(mm/a)
1957	治淮委员会	Ⅰ	33.736	0	3.16
1980	国家地震局	Ⅱ	33.6523	83.7	59.8
1985	河北省测绘局	Ⅱ	33.3531	382.9	75.4
1987	阜阳市勘测队	Ⅱ	33.2022	533.8	93.6
1989	阜阳地区勘测大队	Ⅱ	33.0151	720.9	79.5
1995	阜阳地区勘测院	Ⅱ	32.528	1198	35.5
2001	阜阳市勘测院	Ⅱ	32.325	1421	

(2) 对地下水动态的影响

① 浅层地下水开采对地下水动态的影响。

根据安徽省第二次浅层地下水资源调查评价成果,皖北地区浅层地下水资源量 64.48 亿 m^3,可开采量 41.56 亿 m^3。浅层地下水开发利用程度:1985 年全区平均 15%,其中西北部 15%~25%,中南部 10%~15%;1993 年全区平均 24.8%,其中西北部 35%~50%,其他地区 15%~20%;1995 年全区已达 27.8%,1999 年上升到 33.3%,2000 年达 36.0%,皖北西北部达 40%~60%,中东部 30%~40%,南部及沿淮地区 15%~30%。从全区可开采总量上看,采补均衡,仍有节余,即浅层地下水资源尚有开采潜力,但区域上开发利用程度差异性较大,主要情况如下:

西北部黄泛砂土农灌区,由于开发利用程度较高,浅层地下水位静止埋深由 50 年代的 3~5 m 下降到 4.5~7.5 m,局部地区达 8 m 以上,动水位埋深由 7~9 m 下降到 12~15 m,原农灌水泵扬程,已更换中高扬程的潜水电泵。由于浅层地下水位埋深常年低于潜水蒸发临界深度,潜水蒸发量很小,即原来的潜水蒸发量转化为可开采的水资源量,原部分盐碱化土地在淋滤作用下已脱盐脱碱。在无城市工业集中开采浅层地下水的地方,农业全面推行节水措施、调整农业结构和充分拦蓄地表水,可补给地下水,并与浅层地下水实行联合调度,才能基本维持平衡,农灌保证率可达到 75%。

淮北、宿州、界首等城市工业区,集中开采中深层孔隙水和岩溶水,致使上覆的浅层地下水位下降或被疏干。宿州市等城市因集中开采中深层地下水,与中深层有较好水力联系的上覆浅层地下水水位下降,形成漏斗,目前漏斗面积约 50 km^2,漏斗区浅层地下水位平均下降 1.5 m 左右。

中东部(砂礓黑土为主)区,浅层地下水开发利用程度达 30%~40%,与 70 年代初相比,浅层地下水水位埋深由 2~3 m 下降到 3.0~4.5 m。

南部及沿淮地区,开发利用程度达 15%~30%,与 70~80 年代相比,浅层地下水埋深下降了 0.50~1.0 m。

综上所述,浅层地下水位下降的原因,主要是因为开发利用程度的提高,使之动态均衡发生变化;其次是流域排水系统的逐年完善,既及时排除了雨洪资源,又起着疏降浅层地下水位的作用。如怀洪新河开挖以后,五道沟浅井地下水位明显下降,过去水位埋深 1.5~2.5 m,现在 2.0~3.5 m。阜阳十二里庙乡宁小村一带,浅层地下水位受南侧河道整治影响较大,河道整治后向浅层地下水位下降较为明显。

② 中深层~深层地下水开采对地下水动态的影响。

皖北地区中深层~深层孔隙承压水可开采量 8.0 亿 m^3,目前已开采 3.3 亿 m^3(包括矿山疏干在内),占 41.3%,总体来看尚有一定的开采潜力。但在阜阳、宿州、亳州、界首、蒙城、砀山县城区,中深层~深层地下水已经超采,超采系数 1.28~2.19,其中界首达 2.19,阜阳市区 1.76,为严重超采。本区已形成 7 个开采漏斗区,总面积达 6961 km^2,其中阜阳市区 1440 km^2,宿州市区 378 km^2。阜阳市区中深层、深层孔隙承压水可开采量仅有 7.0 万 m^3/日,1993~2000 年以 12 万~13 万 m^3/日速度开采。由于中深层孔隙水严重超采,已形成地面沉降漏斗,漏斗中心静止水位埋深 68.0 m,动水位埋深达 89.0 m,漏斗中心地面沉降量已近 1.5 m。

从 1990~2000 年以来,少数县区的井越打越深,越打越密,单井抽取的水量越来越少,经常发生抽空吊泵现象,导致机械设备能源重复投资的巨大浪费。同时,城区有 15% 的深井错位剪断损坏而报废,颍河大堤下沉,降低了河道蓄水防洪能力,水准点网被破坏,水文资料无法修正、利用;更为严重的是使城区附近拥有 7000 万 m^3 调节库容的阜阳颍河节制闸被拉裂、损坏而处于"病危"状态。虽然 1996~1997 年投资 1600 万元加固维修,但对于这种加固维修不治措施,如果中深层地下水超采问题不解决,阜阳市区未来地质、生态环境将会进一步恶化。

宿州市~朱仙庄一带,中深层孔隙水已超采,水位每年以 1.2 m 的速度下降,形成 150 km^2 的地面沉降漏斗,漏斗中心沉降量超过 44 mm。亳州、界首市区集中超采深层地下水,超采系数 1.30~2.20,水位变化情况为:70 年代承压水头高出地面,而现在静止水位埋深达 25~40 m,动水位埋深 60~85 m。

③ 基岩裂隙水开采对地下水动态的影响。

本区基岩裂隙的岩溶水年均水资源总量 3.5 亿 m^3,可开采量 2.8 亿 m^3,目前萧县、淮北市、宿州市等地生活生产供水开采量及矿山疏干开采量 1.4 亿 m^3,尚有一定的开采潜力,但淮北市区、濉溪县城区及萧县城区生活及工业生产开采岩溶水,已形成严重超采局面。其中淮北市区高岳~相山、一电厂~三堤口~濉溪县城一带岩溶水源地,岩溶水可开采量 14.4 万 m^3/日,而实际开采量达 24.4 万 m^3/日,超采系数达 1.69,岩溶水位持续下降,超采漏斗中心水位低于海平面 9.50~11.44 m,超采范围已达 260 km^2,水位影响范围已波及整个岩溶水及外围孔隙水分布区域。由于岩溶水的超采造成上覆孔隙水位下降,形成岩溶水与上覆孔隙水的双层漏斗,漏斗中心地段孔隙水被疏干引发了一系列社会经济问题。过量开采岩溶水已引发地下水质日益恶化,硬度和矿化度呈逐年上升趋势。淮北市区岩溶水超强度开采所形成的降落漏斗中心区域,造成地下含水空间厚度达 30~40 m 以上无水充填的状态,大大降低了地基承载力及稳定性,地表的人为活动(建筑物的载荷冲击震动等)将潜伏着不可低估的地质环境灾害隐患。

皖北地区随着骨干及支流排水系统形成以后,面上的农田除灌防渍排水系统不断完善,尤其是已开挖相当数量的超标准排水大沟,致使平原区浅层地下水的补给径流活动由滞缓型转化为交替积极型,即垂直淋滤及水平排泄作用增强,浅层地下水位有所下降,局部低洼盐碱地区已经脱盐脱碱。

3. 煤炭开采的影响分析

(1)煤炭开采对水资源循环的影响

降雨、蒸发、下渗、径流是水资源循环的几个主要过程。煤炭开采前水循环处于自然状态,开采后由于矿坑疏干及采空后地表裂隙塌陷作用,使得矿区水循环系统发生了变化,主要表现为以下几个方面。

① 改变了地表水与地下水的转化关系。

开采前地表水对地下水的补给关系较稳定,矿井排水后使地下水位区域性下降,致使河流地表水直接回灌地下,地表水流量明显减少或枯竭断流,处于滨海区域的会引起海水倒灌。当因采矿发生裂隙甚至引起地面塌陷使裂缝延展到地面时,地表水就会通过导水裂隙带下渗补给矿坑水,再人为机械排出地面流入河谷,致使河谷中的水流无法分辨其来源及其各自的数量,破坏了地表水与地下水的天然水力联系,使水资源量的评价难以得出较可靠的数据。

② 加速了降雨和地表水的入渗速度的同时减少了蒸发消耗量。

采矿前受地下水储量的调节,地下水埋藏较浅且以横向运动为主,运动速度较慢,从补给到排泄时间较长,从而有利于蒸发消耗。采矿后地下水储蓄因不断被疏降而越来越少,漏斗范围越来越大,浸润线比降越来越大,地下水埋藏越来越深,运动速度加快,且运动方向由天然状态下的横向运动为主,逐步改变为垂向运动为主。特别是受地表裂隙塌陷的作用,不仅地表水向地下水的转化加强,而且降雨入渗的速度加快,因而不利于蒸发消耗。

③ 矿坑排水使水循环复杂化。

矿坑水的来源主要为河床基流、地下水侧向径流。大量的矿坑排水加速了地表水的下渗及地下水的径流速度,且排出的矿坑水部分又渗漏补给地下水,从而改变了流域内地表径流、基流与潜流的相对比重,使本来闭合的流域变为非闭合流域,使区域水循环复杂化。

(2)煤炭开采对水资源量的影响

① 对水资源补给量的影响。

矿山开采后产生的地表裂隙及塌陷,加快了地表水向地下水的转化和降水入渗速度,故地表水和降水入渗量均加大。特别是丰水期的入渗量增大,减少了地表径流向区域外的排泄量。另外矿坑排水降低了地下水位,加大了对外流域的袭夺量,减少向流域外的潜流量及地下水蒸发量,故区域水资源的补给量有所增加。

②对水资源可利用量的影响。

自然条件下可利用的水资源有地下含水层中的水、泉水及地表水,由于矿坑大量疏干排水,地下水均衡系统天然流场发生了改变,再加上矿层(体)采出后,采空区上方岩层在重力作用下发生弯曲、离层以致冒落形成塌陷,使矿坑上覆岩层产生破裂,促使岩层中原有断裂裂隙进一步扩展并波及地表,从而使坡面漫流、地表径流沿裂隙带渗漏流失而逐渐减少,造成许多河流水量明显减少,甚至断流,地表水资源可利用量减少。同时使塌陷区孔隙水通过导水裂隙带渗入井下而转化为矿坑水,导致地下水资源可利用量减少或枯竭。

(3) 矿山开采引起含水层水位变化

煤矿开采区含水层水位变化与农民饮用浅水井、农用灌溉机井的用水量及开采引起的含水层水流失等有关,其中主要是开采引起的。地下开采破坏了原有的力学平衡,使得上覆岩层产生移动变形和断裂破坏。当导水裂隙带波及上覆含水层时,含水层中的水就会沿采动裂隙流向采空区,造成岩土体中水位下降。可以看出,岩土体中的水位下降与覆岩破裂密切相关。随着工作面推进距离增大,断裂带高度增大,当采空区面积达到充分采动时,断裂带高度将保持为某一定值,采空区边界的破坏带高度大于采空区中央的破坏带高度。

根据上覆岩层破坏带高度及其分布形态,可以推断出一般开采情况下的含水层水位变化。对于非充分采动,上覆岩层破坏带高度最大值位于采空区中央,导致此处的含水层水位降最大(图3.57)。如果采空区面积较大,采空区中央上方的断裂裂隙压密闭合,则由此产生的含水层水位降在采空区边界达到最大值(图3.58)。对于大采高、小采深,上覆岩层冒落区波及含水层,则由此引起含水层的水直接流入采空区,形成以开采边界为边界的扩散降落漏斗,如图3.59所示。因此呈现出采煤沉陷区状况。比如,淮北市大小煤矿星罗棋布,每年因采煤沉陷土地约500 hm²,据2006年3月实测资料,全市采煤沉陷区共有209个,水面面积30.98 km²,平均水深约2~4 m,现状库容7858万 m³,可利用库容6508万 m³。

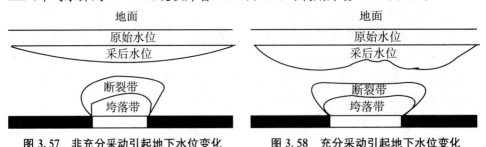

图3.57 非充分采动引起地下水位变化　　图3.58 充分采动引起地下水位变化

(4) 煤炭开采造成水环境污染

煤炭开采造成水污染是矿区普遍存在的环境问题。煤炭的采掘生产活动同其他生产活动一样,需排放各类废弃物,如矿坑水、废石和尾矿等。在煤矿开采区周围塌陷区,由于矿坑排水,不但污染地表水,同时也污染了浅层地下水,还局部污染第二含水组地下水。地矿部门资料显示塌陷区周边 F、Fe、SO_2、Mn、Ca 等超标,多超标1～5倍不等。矿床处在封闭的环境下,一旦开挖就变成氧化环境,导致各种金属加快迁移速度。淮北市采煤沉陷区现状如表3.43所示。

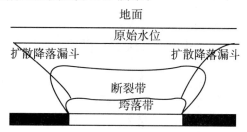

图 3.59　深厚比大且充分采动引起地下水位变化

表 3.43　淮北市各采煤沉陷区现状统计表

序号	矿区名称	水位(m)	水面面积(km^2)	现状总库容(万 m^3)
1	百善	26.5～28.5	1.242	137
2	刘桥二矿	28.0～28.6	1.160	225
3	刘桥一矿	28.0～29.0	1.786	333
4	朱庄(四矿)	29.4～31.4	2.976	715
5	新兴公司(五矿)	/	0.168	23
6	岱河	30.5～32.5	2.158	546
7	双龙(张庄)	28.3～31.6	2.039	516
8	朔里	29.6～30.5	4.151	842
9	石台	29.8～30.5	1.489	304
10	杨庄	25.5～29.2	5.740	1717
11	烈山	28.1～28.5	0.315	68
12	临海童	26.0	7.76	2432
合计	/	/	30.984	7858

第4章 水资源供需平衡与缺水态势研究

4.1 皖中地区

4.1.1 需水预测

需水预测是对未来水资源供需态势的前瞻认识,是不同水平年水资源供需分析的重要环节,也是区域水资源配置分析计算的基础,对水资源配置结果会产生重要影响。需水预测涉及社会、经济以及生态环境等各个方面,具有一定的复杂性和不确定性。

4.1.1.1 合肥市

1. 社会经济发展

(1) 国民经济发展指标预测

"十一五"末,全市地区生产总值由"十五"末的 925.6 亿元提高到 2702.5 亿元,年均增长 17.9%;财政收入由 130.9 亿元提高到 476.2 亿元,年均增长 29.5%;全社会固定资产投资累计完成 9511 亿元,年均增长 44%。地区生产总值占全省比重由 17.3%提升至 22%,在全国省会城市中位次由第 18 位跃升至第 15 位,三次产业结构调整为 4.9∶53.9∶41.2,工业主导地位日益突出,高新技术产业增加值占 GDP 比重达到 23%,战略性新兴产业增加值达到 260 亿元,金融、物流等现代服务业快速发展。

到 2020 年,地区生产总值在"十二五"基础上再翻一番,人均地区生产总值达 2万美元以上,在全省率先基本实现现代化。

(2) 人口与城镇化发展预测

按照合肥市人民政府编制《合肥市城市总体规划》(2006~2020 年),合肥市 2010 年总人口数为 570.8 万人,城镇人口 391 万人。考虑到居巢区和庐江县划分给合肥市,2020 年合肥市域总人口为 895 万人,其中城镇人口 662.3 万人,城镇化水平为 74%。

2. 需水量预测(生产、生活、生态)

(1) 生活需水预测

生活需水包括城镇生活需水和农村生活需水。生活需水量的预测方法有综合分析定额和趋势法,本规划采用两者结合的方法。参照水利部水利水电规划设计院总院《第二、三产业取水定额预测》拟定合肥市城镇、农村生活用水定额分别为 120~180 L/(人·日)、80~90 L/(人·日)。由于 2011 年巢湖市的居巢区和庐江县并入合肥市,本次计算将居巢区和庐江纳入中期水平年 2020 年。生活总需水量为城镇和农村生活需水量之和。如表 4.1、表 4.2 所示。

表 4.1　合肥市人口发展指标

水平年	总人口		城镇人口		城镇化率
	人口(万人)	年平均增长率(%)	人口(万人)	年平均增长率	
2010	570.8	1.74	391	5.43%	68.5%
2020	895	1.20	662.3	2.88%	74%

注:2010 年人口数为合肥市第六次普查人口数。

表 4.2　合肥市生活用水量情况表

水平年	城镇			农村		
	人口 (万人)	用水量(毛) (亿 m³)	用水定额 [L/(人·日)]	人口 (万人)	用水量(毛) (亿 m³)	用水定额 [L/(人·日)]
2010	391	2.12	150.5	179.8	0.52	76.1
2020	662.3	3.96	163.7	232.7	0.818	96.3

若按照合肥市城市总体规划(2006~2020 年)指标,2020 年合肥总人口 895 万人,其中城镇人口 662.3 万人,则 2010 年合肥市生活用水量为 2.64 亿 m³,2020 年为 4.778 亿 m³。

(2)生产需水预测

① 农业灌溉需水预测。

合肥市旱作物品种较多,主要有小麦、油菜、棉麻、玉米、大豆、蔬菜。为简化,本次选小麦、大豆、蔬菜作为旱作物代表,根据省内灌溉试验及有关规划资料,拟定各代表作灌水制度进行代表旱作物灌溉定额计算。1956~2000 年系列计算各种代表农作物多年平均灌溉定额如表 4.3 所示,合肥市农田灌溉需水量预测如表 4.4 所示。

表 4.3　合肥市主要农作物多年平均灌溉定额表(中情景方案)　　单位:m³/亩

灌溉名称	中稻	小麦	春玉米	大豆	蔬菜
淠河灌区	212	68	63	50	460
巢湖灌区	214	62	58	53	457
驷马山灌区	233	79	69	65	495
两湖灌区	234	80	71	59	499

表 4.4　合肥市农田灌溉需水量预测　　　　　单位:万 m³

城　市	保证率	基准年(2010 年)	中期水平年(2020 年)
	50%	106034	190598
合肥市	75%	133469	240300
	95%	155503	285486

② 工业需水预测。

根据合肥市水资源开发利用现状调查分析成果,2020 年达到 72%左右,工业增加值单位产值需水量将由 2010 年的 114 m³/万元下降到 2020 年 77～70 m³/万元。全国 2020 年平均万元产值用水量指标为 70 m³/万元。合肥市工业需水量预测如表 4.5 所示,控制指标与全国工业平均用水水平相接近。合肥市工业需水量年平均增长率分析如表 4.6 所示。

表 4.5　合肥市工业需水量预测

方案	水平年	高工业用水(亿 m³)	一般工业(亿 m³)	火电(亿 m³)	合计 需水量(亿 m³)	合计 α(%)	万元增加值综合定额(m³/万元)
高情景	2010	2.44	5.02	0.36	7.82	9.57	118
	2020	8.05	15.67	0.32	24.04	5.42	77
中情景	2010	2.44	5.02	0.36	7.84	6.40	108
	2020	5.87	12.86	0.49	19.22	6.16	70

注:α(%)为年平均增长率。

表 4.6　合肥市工业需水量年平均增长率分析表

方案	水平年	工业增加值 α(%)	工业需水量 α(%)	合肥市 用水定额(m³/万元)	合肥市 α(%)	全国平均 用水定额(m³/万元)	全国平均 α(%)
高情景	2010	20.2	9.57	118	-8.69	128	-7.79
	2020	10.0	5.42	77	-4.17	70	-5.86
中情景	2010	17.7	6.40	108	-9.48	128	-7.79
	2020	10.0	6.16	70	-4.27	70	-5.86

注:α(%)为年平均增长率。

若按合肥城市总体规划(2006～2020 年),2020 年全市总人口 895 万人,其中城镇人口 662 万人,则城镇生活用水增加,考虑到合肥市 2010 年、2020 年与 2000年相比工业需水量年平均增长率还是相当大,与全国节水要求不相适应。因此,中情景方案 2020 年工业需水量减少 12.42 亿 m³。

③ 建筑业与第三产业（表 4.7）。

表 4.7　合肥市建筑业与第三产业需水量预测表

方案	水平年	建筑业			第三产业		
		用水定额（m³/万元）	需水量（亿 m³）	α(%)	用水定额（m³/万元）	需水量（亿 m³）	α(%)
高情景	2010	28.5	0.290	14.74	14.5	1.353	21.27
	2020	25.1	0.641	8.24	11.8	3.206	9.00
中情景	2010	27.9	0.231	12.14	14.5	1.064	18.38
	2020	24.4	0.508	8.19	11.4	2.342	8.21

④ 林牧渔畜需水预测（表 4.8）。

表 4.8　合肥市林牧渔畜需水量预测表

水平年	林果地		鱼塘补水		牲畜用水		
	用水定额（m³/亩）	需水量（亿 m³）	用水定额（m³/亩）	需水量（亿 m³）	牲畜定额（万 m³/万头）		牲畜需水量（亿 m³）
					大牲畜	小牲畜	
2010	55.6	0.032	296.2	1.129	16.7	9.2	0.157
2020	52.8	0.049	219.0	1.741	16.7	9.2	0.242

（3）生态需水预测

河道外生态总需水量为城镇绿化和道路浇洒用水量之和。合肥市河道外生态需水量预测成果如表 4.9 所示。

表 4.9　合肥市河道外生态需水量预测成果表　　　　　单位：万 m³

分　区		基准年（2010 年）	中期水平年（2020 年）
行政分区	市区	0.72	0.75
	长丰县	0.01	0.03
	肥东县	0.02	0.02
	肥西县	0.01	0.02
	庐江县	/	0.02
	巢湖市	/	0.04
全市合计		0.76	0.88

4.1.1.2 六安市

1. 社会经济发展

(1) 国民经济发展指标预测

随着皖江城市带承接转移示范区、合肥经济圈建设和加快外被地区发展的深入推进,六安市可利用国家级平台,参与长三角产业合作与分工,承接产业转移,加快与合肥等城市一体化进程,促进沿淮地区加快发展,未来 20~30 年六安市经济社会发展总体态势为:经济保持持续增长,年增长速度在 8.46% 左右,人口增长速度将继续维持在较低水平 5.55‰ 左右,随着城市化的加速发展,城镇化水平不断提高,城镇人口增长率在 3.00% 左右。

(2) 人口与城镇化发展预测

六安市基准年 2010 年全市总人口为 705.89 万人,城镇化率为 37.48%。预测至 2020 年全市总人口为 753.70 万人,城镇化率为 54.52%。

2. 需水量预测(生活、生产、生态)

(1) 生活需水预测

根据六安市水资源开发利用现状调查分析成果,现状 2010 年六安市生活用水总量为 29497 万 m^3,其中城镇生活需水量为 16067 万 m^3,用水定额为 166 L/(人·日),农村生活需水量为 13430 万 m^3,用水定额为 83 L/(人·日)。

规划 2020 年全市生活用水总量为 38961 万 m^3,其中城镇生活需水量为 27462 万 m^3,用水定额为 183 L/(人·日),农村生活需水量为 11499 万 m^3,用水定额为 92 L/(人·日)。

(2) 生产需水预测

① 农业灌溉需水预测。

根据六安市水资源开发利用现状调查分析成果,六安市 2010 年农田有效灌溉面积 711.77 万亩,主要集中在淠史杭灌区和沿淮地区,农业种植主要以水稻、油菜和棉花为主,近年来随着农村经济社会的发展经济作物种植比例不断增加。根据《安徽省淠史杭总局"十二五发展规划"》《六安市水利发展"十二五"规划报告》及各县水利发展"十二五"规划报告及相关规划预测农业发展指标,2020 年将达到 740.17 万亩。表 4.10 所示为不同类型农田灌溉用水定额。

表 4.10　不同类型农田灌溉用水定额　　　　　　　　　单位(m³/亩)

水平年	保证率	水田	水浇地	菜田
2010 年	多年平均	368	211	587
	50%	320	199	534
	80%	462	238	672
	95%	778	289	792

续表

水平年	保证率	水田	水浇地	菜田
2020 年	多年平均	326	187	522
	50%	276	172	462
	80%	411	212	597
	95%	702	261	714

根据《六安市水利发展"十二五"规划报告》,六安市现状年农业灌溉水利用系数为 0.49。根据《六安市水利发展"十二五"规划报告》、《安徽省淠史杭总局"十二五发展规划"》、《六安市水利发展"十二五"规划报告》、《安徽省淠史杭灌区续建配套与节水改造规划》、《安徽省中西部及淠史杭灌区水量分配方案》等相关规划成果预计,2020 年可提高到 0.55 左右。如表 4.11 所示。

表 4.11　六安市农业灌溉需水量预测成果表　　　　　单位:万 m³

水平年	保证率	水田	水浇地	菜田	合计
2010 年	多年平均	232654	2974	34719	270347
	50%	202233	2814	31543	236590
	80%	291885	3357	39705	334947
	95%	491434	4083	46815	542332
2020 年	多年平均	216525	2835	31299	250660
	50%	183513	2615	27726	213854
	80%	273036	3211	35850	312096
	95%	466546	3962	42861	513369

② 林牧渔畜需水预测(表 4.12)。

表 4.12　六安市林牧渔畜需水量预测成果　　　　　单位:万 m³

水平年	林果	鱼塘补水	牲畜需水	合计
2010	375	7440	2439	10253
2020	400	7566	3122	11089

a. 林果需水预测。

根据《六安市水资源开发利用调查》,2010 年六安市林果有效灌溉面积 8.91 万亩,预测至 2020 年为 9.51 万亩,至 2030 年林果地有效灌溉面积将不再增加,维持在 2020 年 9.51 万亩水平。采用定额法预测至 2020 年林果地灌溉需水量为 400 万 m³。

b. 鱼塘补水需水预测。

2010 年六安市鱼塘补水面积为 14.95 万亩,预测至 2020 年为 15.21 亩。采用定额法预测至 2020 年全市鱼塘补水需水量为 7566 万 m^3。

c. 牲畜需水预测。

2010 年全市牲畜总量为 253.18 万头,预测至 2020 年全市牲畜总量为 324.17 万头。牲畜需水量采用定额法预测,大牲畜用水定额为 45 L/(头·日),小牲畜为 25 L/(头·日),牲畜用水定额现状水平年和规划水平年一直无变化,预测至 2020 年全市牲畜需水量为 3122 万 m^3。

③ 工业需水预测。

a. 一般工业需水预测。

根据六安市水资源开发利用现状调查分析成果,2010 年全市一般工业万元工业增加值用水量为 156 m^3,预测至 2020 年一般工业万元工业增加值用水量为 55 m^3。

采用定额法预测一般工业用水量,预测至 2020 年全市一般工业增加值将达到 854 亿元,一般工业需水量为 46724 万 m^3。

b. 火(核)工业需水预测。

六安市现状 2010 年火电用水量为 513 万 m^3,在全市工业用水中所占比重较小。根据《火力发电节水导则》(DL/T783-2001)等相关标准确定火电工业用水指标,并结合《安徽省煤电发展规划》等成果,预测至 2020 年全市火电用水量为 1872 万 m^3。不同水平年全市工业用水量见表 4.13。

表 4.13　六安市工业需水量预测成果

水平年	一般工业用水定额 (m^3/万元)	需水量(万 m^3)		
		火核电	一般工业	合计
2010 年	156	513	29838	30351
2020 年	55	1872	46724	48596

c. 生态需水预测。

预测至 2020 年六安市河道外生态需水量为 3890 万 m^3。

4.1.1.3　滁州市

1. 社会经济发展

(1)国民经济发展指标预测

参照滁州市"十二五"规划及相关成果,2015～2020 年期间 GDP 平均年增长 7.0% 左右,2020 年全市生产总值达到 2200 亿元。

根据滁州市政府制定的经济发展战略,不断推进市域经济结构调整,预计到 2015 年,三产结构比例调整为 12∶52∶36;到 2020 年,三产结构比例调整为 9∶53∶39。如表 4.14 所示。

表 4.14　滁州市经济发展指标预测表　　　　　单位:亿元

指标	现状年(2010)	中期水平年(2020)
生产总值	695	2200
一产	148	192
二产	342	1155
三产	205	855
经济结构	32∶49∶30	9∶53∶39

(2) 人口与城镇化发展预测

截至 2010 年末,滁州市总人口 450.8 万,其中琅琊区、南谯区、来安县、全椒县、定远县、凤阳县、天长市及明光市的人口分别为 27.53 万、26.31 万、50.15 万、46.58 万、96.7 万、74.91 万、63.17 万和 65.47 万,平均人口密度为 338 人/km²,为全国平均人口密度 127 人/km² 的 3 倍,其中琅琊区、南谯区、来安县、全椒县、定远县、凤阳县、天长市的人口密度分别为 2257 人/km²、206 人/km²、339 人/km²、334 人/km²、390 人/km²、357 人/km² 和 280 人/km²;城镇化率为 41.5%,随着社会经济的发展,城市化进程的推进,未来滁州市各城镇规模还将进一步扩大。

根据以上分析,预测滁州市域总人口规模为:中期规划水平年(2020 年) 479.79 万人。根据《滁州市城市总体规划》中确定的城镇发展战略,预计滁州市城镇化水平:中期 2020 年达到 61%。如表 4.15 所示。

表 4.15　滁州市人口预测成果表　　　　　单位:万人

分区	2020 年	
	城镇	农村
琅琊区	27.00	2.30
南谯区	20.00	8.00
来安县	31.00	22.37
全椒县	29.50	20.07
定远县	56.00	46.92
凤阳县	44.00	35.72
天长市	42.00	25.23
明光市	43.20	26.48
合计	292.67	187.12

2. 需水量预测(生活、生产、生态)

(1) 生活需水预测

① 城镇居民生活需水量(表 4.16)。

表 4.16　滁州市生活总需水量预测成果表　　　　单位:万 m³

分	区	基准年(2010)	中期水平年(2020)
行政分区	琅琊区	1234	1612
	南谯区	985	1431
	来安县	1729	2419
	全椒县	1645	2284
	定远县	3325	4369
	凤阳县	2545	3362
	天长市	2315	3082
	明光市	2323	3164
全市合计		16100	21723

根据滁州市水资源开发利用现状调查分析成果,2010 年滁州市城镇居民生活用水总量为 8136 万 m³,城镇居民平均生活用水量为 119.6 L/(人·日)。结合当地实际水资源状况和生活用水习惯,考虑到未来人民生活水平提高、生活条件的改善等因素,综合确定 2020 年城镇居民人均日用水量为 140 L/(人·日)。由以上分析,以常住人口计算,滁州市在 2020 年的城镇居民生活需水量为 14960.6 万 m³。

② 农村居民生活需水量。

2010 年,滁州市农村居民生活用水总量为 7963 万 m³,农村居民生活用水定额为 82.7 L/(人·日)。随着城乡差距的逐步缩小,农村生活水平也越来越高,因此农村生活用水定额也会变大,2020 年滁州市农村居民生活用水定额取为 99 L/(人·日)。由此预测,滁州市 2020 年的农村居民生活需水量为 6762.4 万 m³。

③ 生活总需水量:生活总需水量为城镇和农村生活需水量之和。

(2) 生产需水预测

① 农业需水预测。

滁州是国家重要的商品粮、蔬菜生产基地。农业灌溉方式以水库、河道引水提水等地表灌溉为主。2010 年,滁州市有效灌溉面积为 534 万亩。根据实际调查,结合《安徽省行业用水定额》中规定的农业用水定额,以及周边地区的农业用水定额成果,制定滁州市农业灌溉用水定额如表 4.17 所示。灌溉水利用系数与工程配套、防渗措施、用水管理、输水方式等有密切关系。根据《安徽省行业用水定额》中规定,灌溉水利用系数在 0.57～0.64,考虑农田水利设施建设的发展和先进灌溉技术的推广,未来滁州市农业灌溉水利用系数将有所提高,预计为 0.60～0.72,灌溉定额总体上也将有所减少。滁州市农业灌溉需水量如表 4.18 所示。

② 林牧渔业需水量。

a. 林果业需水量。

表 4.17　滁州市农业灌溉用水定额　　　　　　　　单位:m³/亩

保证率	水田	水浇地	菜田
50%	300	80	180
75%	400	100	220
95%	490	120	240

表 4.18　滁州市农业灌溉需水量预测成果表　　　　　　单位:万 m³

分区		保证率	基准年(2010)	中期水平年(2020)
行政分区	琅琊区	50%	750	630
		75%	984	795
		95%	1184	929
	南谯区	50%	10761	9241
		75%	14209	11595
		95%	17203	13409
	来安县	50%	17621	16153
		75%	23242	20288
		95%	28126	23502
行政分区	全椒县	50%	15133	13741
		75%	19964	17319
		95%	24206	20088
	定远县	50%	29787	28912
		75%	39384	36360
		95%	47926	42498
	凤阳县	50%	18761	18072
		75%	24663	22816
		95%	29905	26903
	天长市	50%	25823	23228
		75%	34408	29250
		95%	42122	33599
	明光市	50%	14218	13811
		75%	18607	17442
		95%	22491	20734
全市合计		50%	132853	123787
		75%	175459	155865
		95%	213164	181662

滁州市是国内著名的、安徽省重要的林木及水果产区。2010 年,全市水果林木栽培面积 145.2 万亩。参考《安徽省行业用水定额》中关于果园林地的灌溉定额,制定滁州市林果业用水定额分别为 25 m³/亩(P=50%)、30 m³/亩(P=75%)、45 m³/亩(P=95%)。由此预测滁州市各规划水平年的林果业需水量,预测结果如表 4.19 所示。

b. 淡水渔业需水量。

滁州市是安徽省著名的渔业基地,淡水渔业养殖需水量根据养殖水面面积和用水定额计算。参考《安徽省行业用水定额》中关于渔业补水的定额,制定滁州市渔业补水定额分别为 280 m³/亩($P=50\%$)、350 m³/亩($P=75\%$)、420 m³/亩($P=95\%$)。预测结果如表 4.20 所示。

c. 畜牧养殖需水量。

参考《安徽省行业用水定额》中关于畜牧业的用水定额,制定滁州市畜牧业用水定额分别为大牲畜 40 L/(只·日),小牲畜 20 L/(只·日),家禽 1.5 L/(只·日)。预测结果如表 4.21 所示。

表 4.19　滁州市林果业需水量预测成果表　　　单位:万 m³

分区		保证率	基准年(2010)	中期水平年(2020)
行政分区	琅琊区	50%	69	79
		75%	82	95
		95%	124	143
	南谯区	50%	518	600
		75%	622	719
		95%	933	1079
	来安县	50%	156	181
		75%	188	217
		95%	282	326
	全椒县	50%	127	147
		75%	153	177
		95%	229	265
	定远县	50%	1573	1820
		75%	1887	2184
		95%	2831	3276
	凤阳县	50%	222	256
		75%	266	308
		95%	399	461
	天长市	50%	217	251
		75%	261	302
		95%	391	453
	明光市	50%	747	865
		75%	897	1038
		95%	1345	1557
全市合计		50%	3630	4200
		75%	4356	5040
		95%	6533	7560

表 4.20 滁州市渔业需水量预测成果表   单位:万 m³

分区		保证率	基准年(2010)	中期水平年(2020)
行政分区	琅琊区	50%	168	177
		75%	210	221
		95%	252	265
	南谯区	50%	548	576
		75%	685	720
		95%	822	864
	来安县	50%	1296	1362
		75%	1620	1703
		95%	1944	2044
	全椒县	50%	2174	2285
		75%	2717	2856
		95%	3260	3427
	定远县	50%	1414	1486
		75%	1767	1858
		95%	2121	2229
	凤阳县	50%	906	952
		75%	1132	1190
		95%	1358	1428
	天长市	50%	1817	1910
		75%	2272	2388
		95%	2726	2865
	明光市	50%	535	562
		75%	668	703
		95%	802	843
全市合计		50%	8857	9310
		75%	11071	11637
		95%	13285	13965

表 4.21　滁州市畜牧养殖业需水量预测成果表　　单位:万 m³

分区		基准年(2010)	中期水平年(2020)
行政分区	琅琊区	38	46
	南谯区	175	210
	来安县	297	356
	全椒县	490	592
	定远县	730	874
	凤阳县	476	568
	天长市	207	248
	明光市	392	470
全市合计		2805	3365

③ 工业需水量。

工业用水分为一般工业用水和火电工业用水,分别对其进行预测(表 4.22)。根据水资源开发利用现状调查分析成果,2010 年,滁州市一般工业用水总量为 33672 万 m³,万元增加值用水量为 113 m³。

表 4.22　滁州市一般工业需水量预测成果表　　单位:万 m³

分区		基准年(2010)	中期水平年(2020)
行政分区	琅琊区	7612	16175
	南谯区	2263	4824
	来安县	3574	7591
	全椒县	2790	5957
	定远县	2306	4940
	凤阳县	3407	7300
	天长市	9729	20777
	明光市	1990	4243
全市合计		33672	64639

2010 年,滁州市火电工业的用水总量为 175 万 m³,根据单位装机容量用水量法,预测火电需水量 2020 年 9600 万 m³。如表 4.23 所示。

表 4.23　滁州市工业总需水量预测成果表　　　　单位：万 m³

分区		基准年（2010）	中期水平年（2020）
行政分区	琅琊区	7787	18775
	南谯区	2263	11824
	来安县	3574	7591
	全椒县	2790	5957
	定远县	2306	4940
	凤阳县	3407	7300
	天长市	9729	20777
	明光市	1990	4243
全市合计		33847	74239

④ 建筑业与第三产业需水量。

2010 年滁州市建筑业增加值 23.6 亿元。根据相关发展规划预测,到 2020 年,全市建筑业增加值可达到 146.8 亿元,由此得到建筑业需水量预测成果(表 4.24)。

表 4.24　建筑业需水量预测成果表　　　　单位：万 m³

分区		基准年（2010）	中期水平年（2020）
行政分区	琅琊区	353	930
	南谯区	78	207
	来安县	167	440
	全椒县	148	391
	定远县	149	393
	凤阳县	174	459
	天长市	192	506
	明光市	131	345
全市合计		1392	3670

根据水资源开发利用现状调查分析成果,2010 年滁州市第三产业增加值为 205.2 亿元,用水量为 4706 万 m³,平均万元增加值用水量为 22.9 m³。到 2015 年和 2020 年,全市第三产业增加值可分别达到 577.8 亿元和 854.8 亿元,考虑到未来水平年第三产业节水措施的实施,确定滁州市 2020 年第三产业平均万元增加值取水定额为 16.4 m³。第三产业需水量预测成果表如表 4.25 所示。

表 4.25 第三产业需水量预测成果表 单位:万 m³

分区		基准年(2010)	中期水平年(2020)
行政分区	琅琊区	1031	2997
	南谯区	177	514
	来安县	454	1369
	全椒县	468	1410
	定远县	639	1955
	凤阳县	652	1996
	天长市	735	2177
	明光市	550	1628
全市合计		4706	14045

（3）生态需水预测

河道外生态总需水量为城镇绿化和道路浇洒用水量之和（表 4.26）。

表 4.26 滁州市河道外生态需水量预测成果表 单位:万 m³

分区		基准年(2010)	中期水平年(2020)
行政分区	琅琊区	307	652
	南谯区	169	483
	来安县	264	748
	全椒县	249	712
	定远县	510	1352
	凤阳县	391	1062
	天长市	358	1014
	明光市	366	1043
全市合计		2614	7064

（4）需水量汇总（基本方案）

根据生活、农业、工业和生态环境需水量的预测,得到皖中地区各市需水量预测成果（表 4.27）。

表 4.27　皖中各市需水量分区预测汇总表　　　　　　　单位:亿 m³

城市		水平年	城镇生活用水	工业	建筑	第三产业	生态	农村生活用水	林牧渔畜	农田灌溉 P=50%	农田灌溉 P=75%	农田灌溉 P=95%	总需水量 P=50%	总需水量 P=75%	总需水量 P=95%
皖中	合肥市	2010	2.12	7.84	0.23	1.06	0.76	0.52	1.32	10.60	13.35	15.55	24.46	27.20	29.40
		2015	3.00	10.57	0.37	1.34	0.82	0.66	1.95	19.48	24.56	29.18	38.19	43.27	47.88
		2020	3.96	19.22	0.51	2.34	0.88	0.82	2.03	19.06	24.03	28.55	48.82	53.79	58.31
	六安市	2010	1.61	3.04	0.07	0.29	0.12	1.34	1.03	23.66	33.49	54.23	31.15	40.99	61.72
		2015	2.26	4.58	0.18	0.50	0.28	1.21	1.07	21.90	31.95	52.25	31.97	42.03	62.33
		2020	2.75	4.86	0.30	0.72	0.39	1.15	1.11	21.39	31.21	51.34	32.66	42.48	62.61
	滁州市	2010	0.84	3.38	0.14	0.47	0.26	0.80	1.82	13.29	17.55	21.32	20.70	25.25	29.46
		2015	1.14	6.90	0.32	1.12	0.49	0.77	1.93	12.65	16.52	20.18	25.36	29.53	33.66
		2020	1.50	7.42	0.37	1.41	0.61	0.68	2.00	12.38	15.59	18.17	26.86	30.38	33.45

4.1.2　节约用水

4.1.2.1　合肥市

1. 现状用水水平分析

（1）用水综合效率

根据水资源开发利用现状调查分析成果,2010 年合肥市实际用水量为 21.87 亿 m³,人均综合用水量分别为 438 m³/人,全市 GDP(以下均为当年价)为 2702.5 亿元,万元 GDP 用水量为 121 m³(以当年价计算值),全市工业用水量为 7.84 亿 m³,万元工业增加值用水量为 81 m³。合肥市现状万元 GDP 用水量低于全省水平,但与国内先进水平相比仍有差距。

（2）用水现状

① 生活用水现状。

生活用水包括城镇生活用水和农村生活用水,2010 年合肥市居民生活用水量为 2.64 亿 m³,其中城镇生活用水量为 2.12 亿 m³,占生活用水总量的 80%;农村生活用水量为 0.52 亿 m³,占生活用水总量的 20%。

2010 年合肥市总人口为 570.8 万人,其中城镇人口 391 万人,农村人口 179.8 万人,根据用水量分析城镇居民生活用水定额为 150.5 L/(人·日),农村居民人均生活用水指标为 71 L/(人·日)。随着经济快速增长,生活用水水平会进一步提高,要不断地加大节水力度。

② 生产用水现状。

a. 农业用水。

农业用水主要由种植业用水（农田灌溉）和林牧渔畜业用水两部分组成，根据水资源开发利用现状调查评价成果，2010 年合肥市全市农业用水总量为 9.69 亿 m^3。

b. 工业用水。

工业用水包括火（核）电和一般工业用水。2010 年合肥市工业用水总量为 7.84 亿 m^3，其中火（核）电用水量 0.36 亿 m^3，一般工业用水量 7.48 亿 m^3，2010 年合肥市万元工业增加值用水量 81 m^3。

2. 节水潜力分析及节水指标

（1）节水潜力分析

根据合肥市用水现状水平分析，合肥市现状用水效率与国内先进水平相比还有较大差距，各行业还有较大的节水潜力可挖。

① 生活。

城镇生活节水潜力主要包括供水管网节水和节水器具两个部分，供水管网节水根据城市管网漏损率和城镇生活用水量计算，节水器具节水根据城镇人口及节水器具普及率计算。通过计算得到 2020 年城镇生活的节水潜力为 2416 万 m^3/年。

② 农业。

考虑随着节水器具的推广，水田、水浇地、菜田等作物灌溉定额逐渐减少，同时加大对现有灌溉渠系的修葺与维护，至 2020 年灌溉水利用系数由现状年的 0.5 提高至 0.55。在各类农田灌溉面积采用现状（2010 年）有效灌溉面积的情况下，多年平均条件下，2020 年农业节水潜力为 8809 万 m^3/年。

③ 工业。

现状年合肥市工业用水重复利用率为 65%，2020 年达到 72%。按 2010 年工业经济指标计算，至 2020 年合肥工业节水潜力为 7622 万 m^3/年。如表 4.28 所示。

表 4.28　　　不同行业节水潜力表　　　单位：万 m^3

水平年	生活	农业	工业	合计
2020	2416	8809	7622	18847

（2）节水标准与指标

① 总体目标。

至 2020 年，万元 GDP 用水量控制在 164 m^3。

② 主要行业节水指标。

a. 农业节水目标。

i. 合肥市灌溉水有效利用系数由现状的 0.55，2010 年提高至 0.57，2020 年提高至 0.60。

ii. 基本方案,节水灌溉面积与有效灌溉面积比值(即节灌率)由 2010 年的 37.8%,2020 年提高至 56.1%。

iii. 基本方案,全市在中等干旱年(P = 75%)条件下,平均综合毛灌溉用水量,由 2010 年(基准年)346.3 m³/亩,考虑节水后 2020 年降至 324.4 m³/亩。

iv. 林果地灌溉用水定额由 2010 年 55.6 m³/亩,2020 年降至 52.8 m³/亩;鱼塘补水定额由 2010 年(基准年)296.2 m³/亩,2020 年降至 219 m³/亩。

全市农业用水量呈下降趋势,抑制全市农业用水量总量增长。

b. 工业节水目标。

i. 工业取水年增长率:在工业增加值增长 10% 左右,取水增长率控制在 1.2%。

ii. 重复利用率:从目前的 65% 左右,2010 年达 72%。

iii. 万元工业增长值取水量:从目前 120 m³,2020 年下降至 70 m³,即下降 42% 左右。

c. 生活节水目标。

根据《城市居民生活用水量标准》(GB/T50331‒2002),合肥市城市居民用水定额为每人每天 120～180 L,重点是推广节水器具和减少自来水输配水、用水环节的跑冒滴漏。至 2020 年,合肥市城镇居民生活用水(不含公共用水)控制在每人每天 180 L 以内。力争在 2020 年前对浪费水严重的用水器具(包括民用住宅)基本改造完毕,重点推广生活节水器具,至 2020 年基本方案控制在 100 L 以内(含农村公共用水)。

d. 非常规水资源利用目标。

在科学合理利用水资源的同时,加强其他水源利用,编制其他水源利用规划,增加可供水量,缓解水资源瓶颈制约。提高污水处理回用率,新建的规模较大的生活小区、工厂企业和宾馆要设计利用再生水,绿化景观用水优先使用再生水,山区要加大雨水集蓄利用。

4.1.2.2　六安市

1. 现状用水水平分析

(1) 用水综合效率

根据水资源开发利用现状调查分析成果,2010 年六安市实际用水量为 30.89 亿 m³。全市总人口为 705.89 万人,人均综合用水量 438 m³/人;全市 GDP(以下均为当年价)为 563.72 亿元,万元 GDP 用水量为 549 m³(以当年价计算值);全市工业用水量为 3.04 亿 m³,万元工业增加值用水量为 158 m³。六安市现状万元 GDP 用水量高于全省水平,与全国平均水平相差大,但比国内先进水平差距仍然很大。

(2) 用水现状

① 生活用水。

生活用水包括城镇生活用水和农村生活用水,2010 年六安市居民生活用水量为 2.39 亿 m³,其中城镇生活用水量为 1.05 亿 m³,占生活用水总量的 43.9%;农村生活用水量为 1.34 亿 m³,占生活用水总量的 56.1%。

2010 年六安市总人口为 705.89 万人,其中城镇人口 264.6 万人,农村人口 441.29 万人,根据用水量分析城镇居民生活用水定额为 166 L/(人·日),农村居民人均生活用水指标为 83 L/(人·日)。如表 4.29 所示。

表 4.29　人均生活用水量比较表　　　　单位:L/(人·日)

地区	年份	城镇生活	农村生活
六安市	2010	166	83
合肥市	2010	196	93
安徽省	2010	176	83.9

② 工业用水。

工业用水包括火(核)电和一般工业用水。2010 年六安市工业用水总量为 3.04 亿 m³,其中火(核)电用水量 0.05 亿 m³,一般工业用水量 2.99 亿 m³,2010 年六安市万元工业增加值用水量 158 m³。

2. 节水潜力分析及节水指标

(1) 节水潜力分析

① 生活。

通过计算得到 2020 年城镇生活的节水潜力为 964 万 m³/a。

② 农业。

考虑随着节水器具的推广,水田、水浇地、菜田等作物灌溉定额逐渐减少;同时加大对现有灌溉渠系的修葺与维护,至 2020 年灌溉水利用系数由现状年的 0.49 提高至 0.55。在各类农田灌溉面积采用现状(2010 年)有效灌溉面积的情况下,多年平均条件下,2020 年农业节水潜力为 23335 万 m³/a。

③ 工业。

现状年六安市工业用水重复利用率为 55%,至 2020 年达到 80%。按 2010 年工业经济指标计算,至 2020 年六安工业节水潜力为 12150 万 m³/a。

不同行业节水潜力如表 4.30 所示。

表 4.30　不同行业节水潜力表　　　　单位:万 m³

水平年	生活	农业	工业	合计
2020	964	23335	12150	36449

(2) 节水标准与指标

① 总体目标。

至 2020 年,万元 GDP 用水量控制在 164 m³。

② 主要行业节水指标。

a. 农业节水目标。

2020 年灌溉水利用系数提高到 0.55,农业综合灌溉定额减少至 339 m³/亩。

b. 工业节水目标。

2020 年,工业万元增加值用水量控制在 57 m³,工业用水的重复利用率达到 80%。

c. 生活节水目标。

至 2020 年,城市管网漏损率控制在 12%,节水器具的普及率达到 96%,城镇生活用水定额控制在 183 L/(人·日)。

d. 非常规水资源利用目标。

在科学合理利用水资源的同时,加强其他水源利用,编制其他水源利用规划,增加可供水量,缓解水资源瓶颈制约,提高污水处理回用率,新建的规模较大的生活小区、工厂企业和宾馆要设计利用再生水,绿化景观用水优先使用再生水,山区要加大雨水集蓄利用。

③ 与水生态、水环境相关目标。

至 2020 年,全市水功能区划达标率达到 80%、工业废水达标排放率达到 30.8%,生态用水得到基本保障。城镇生活污水集中处理率达到 79%,水生态和水环境进一步提高。

六安市将逐步构建起节水型社会框架,优化产业结构,建立起较先进的节水管理体制,完善节水制度与法规。水资源的利用效率大幅度提高,污水能够及时处理,河湖水质得到改善,生态环境得到有效恢复。

4.1.2.3　滁州市

1. 现状用水水平分析

(1) 农业用水状况

根据滁州市用水现状水平分析,2010 年滁州市农业总播种面积 1291.50 万亩,有效灌溉面积 534 万亩。其中,水田 386.07 万亩,水浇地 95.95 万亩,菜田有51.97 万亩。2010 年滁州市年降水量 1005.50 mm,属丰水年份,用水定额采用指标值如下:水田 295 m³/亩,水浇地 80 m³/亩,菜田 180 m³/亩。

2010 年滁州市林果园地灌溉面积 145.2 万亩,用水定额取 25 m³/亩;渔业补水面积 31.63 万亩,用水定额取 280 m³/亩;大牲畜 17.0 万头,小牲畜 187 万头(只),用水定额分别取 40 L/(头·日)和 20 L/(头·日);家禽 2190 万只,用水定额取 1.5 L/(只·日)。

(2) 工业用水状况

2010 年交通、电器、设备、仪器制造业占规模以上工业增加值的 30.39%,金属冶炼及压加工业和非金属矿制品业占规模以上工业增加值的 14.83%,火电行业现状装机容量 39.08 MW,用水定额为 45 m³/万 kWh。根据滁州市用水现状水平分析,2010 年滁州市工业用水量为 33848 万 m³,用水定额为 113m³/万元。

(3) 生活用水状况

2010 年滁州市总人口 450.8 万人,其中城镇常住人口 187.08 万人,农村人口 263.74 万人。根据调查确定现状城镇居民生活用水定额为 119 L/(人·日),农村生活用水定额为 83 L/(人·日)。计算得生活用水总量为 16100 万 m³,其中城镇生活用水量为 8137 万 m³,农村生活用水量为 7963 万 m³。

(4) 第三产业用水状况

根据滁州市用水现状水平分析,2010 年滁州市第三产业实现增加值 2052168 万元,用水量达到 4706 万 m³,用水定额为 22.9 m³/万元。

(5) 建筑业用水状况

2010 年滁州市建筑业增加值 435000 万元,建筑业企业房屋建筑施工面积 873.8 万 m²。目前单位建筑面积混凝土搅拌用水量约 0.32~0.36 m³/m²、养护用水量约 0.2 m³/m²、职工生活用水量为 0.28 m³/m²、新建楼房框架结构用水水平为 1.75 m³/m²左右、新建楼房砖混结构用水水平为 1.25 m³/m²左右、滁州市 2010 年建筑业用水量约为 1392 万 m³、万元增加值用水量为 32 m³。

2. 节水潜力分析

(1) 农业节水潜力分析

根据滁州市用水现状水平分析,2010 年滁州市农田亩均灌溉用水量($P = 75\%$)为 249 m³,与同期全国平均水平相比,亩均灌溉用水量虽然较低,但还是可以通过提高灌溉水利用系数和调整种植结构,减少无效的蒸发,提高灌溉保证率,减少灌溉用水量,争取农业总体灌溉水利用系数在 0.49 左右。如表 4.31 所示。

表 4.31　现状条件下滁州市农业节水潜力分析

情景	毛定额 (m³/亩)	有效灌溉 面积(万亩)	渠系水 利用系数	田间水 利用系数	灌溉水 利用系数	需水量 (万 m³)	节水潜力 (万 m³)
现状条件	249	534	0.54	0.9	0.49	132853	40555
节水条件	173	534	0.66	0.95	0.62	92298	
现状条件	329	534	0.54	0.9	0.49	175459	59089
节水条件	218	534	0.66	0.95	0.62	116370	
现状条件	399	534	0.54	0.9	0.49	213164	74957
节水条件	259	534	0.66	0.95	0.62	138207	

(2) 工业节水潜力分析

目前一般工业重复利用率 63%,高耗水工业重复利用率 50%,远远低于国内先进节水城市标准,所以工业节水具有很大的潜力可挖。随着工业化的发展和各个县(市、区)工业产业园的发展,2015 年在采取一系列节水措施后一般工业重复利用率可提高到 75%,高耗水工业重复利用率 70%;2020 年在采取一系列节水措施后一般工业重复利用率可提高到 81%,高耗水工业重复利用率 73%。如表 4.32、表 4.33 所示。

表 4.32 现状条件下滁州市工业节水潜力分析

情景	万元产值用水量 (m³/万元)		工业增加值 (亿元)		重复利用率		年需水量 (万 m³)		节水潜力 (万 m³)
	高耗水工业	一般工业	高耗水工业	一般工业	高耗水工业	一般工业	高耗水工业	一般工业	
现状条件	192.00	72.00	101.49	197.02	50.00%	63.00%	19486.73	14185.20	18950.93
节水条件	92.16	27.24	101.49	197.02	76.00%	86.00%	9353.63	5367.37	

表 4.33 滁州市火电工业节水潜力估算表

情景	火电定额 (m³/万 KWh)	火电装机容量 (MW)	重复利用率	年需水量 (万 m³)	节水潜力 (万 m³)
现状条件	45.00	39.08	96.00%	175.86	99.46
节水条件	19.55	39.08	98.30%	76.40	

(3)生活节水潜力分析

就目前用水状况分析,生活用水效率较低,存在很大节水潜力。管网漏失率由现状的 25%降低至 2020 年的 10%。如表 4.34 所示。

表 4.34 现状条件下滁州市居民生活节水潜力估算表

情景	居民生活用水定额(L/人・日)	人口(万人)	供水管网漏失率	节水器具普及率	供水管网节水潜力(万 m³)	节水潜力 (万 m³)
现状条件	119	187.08	25%	60%	1507.82	764.79
节水条件	143	187.08	8%	100%		

(4)第三产业节水潜力分析

① 高耗水行业节水。

洗浴业和洗车业是特殊用水行业,节水措施一直未正式提上日程。如果实行惩罚性节水价格措施,发布法规性文件进行节水,可以真正带动两个行业节水。未安装节水设施、设备的洗浴场和洗车场(点),可责令停业整顿。

② 学校寄宿中存在着较为严重的浪费水现象。

据统计年鉴,2010 年滁州市有 5 所高等院校,在校学生人数为 43757 人,教职工数为 2521 人;中等专业学校 3 所,在校学生人数为 9567 人,教职工数为 486 人;

职业中学 20 所,在校学生数为 43744 人,教职工数为 1218 人,总用水量为 480.64 万 m³,人均日生活用水量为 130L/(人·日)。如表 4.35 所示。

表 4.35　2010 年滁州市学校用水情况统计表

在校人数(人)			年实际用水量		年计划用水量 (万 m³)	年节约水量 (万 m³)
在校生	教职工	合计	合计 (万 m³)	人均 [L/(人·日)]	以 100 L/(人·日)计	
97068	4225	101293	480.64	130.00	369.72	110.92

(5) 生态环境节水潜力分析

2010 年滁州市生态用水量为 2614 万 m³,随着城镇化进程的加快,生态用水量肯定要有较大幅度地提高。按照规范:喷洒道路用水 1~2 L/(m²·次);绿化的用水量为 1~3 L/(m²·次),若其用水以污水处理厂处理后的回用水取而代之,用于城镇绿化、喷洒道路、城镇水环境建设,不仅可以减少排污,而且可节约大量的清洁水资源。

3. 需水预测(推荐方案)

合肥市、六安市和滁州市现状节水水平不高,还有较大的节水潜力可挖。因此,规划期应积极推进节水型社会建设,提高用水效率,为社会经济的发展提供有力保障。水资源配置方案中,把强化节水方案作为需水推荐方案。本次预测方案中,节水主要从居民生活、农业灌溉、林牧渔业和第二、三产业等方面考虑,其他用水户用水同基本方案。在考虑强化节水的情况下,合肥市、六安市和滁州市的需水量汇总(推荐方案)如表 4.36 所示。

表 4.36　皖中各市需水量分区预测汇总表 (推荐方案)　　　　单位:亿 m³

城市		水平年	城镇生活用水	工业	建筑	第三产业	生态	农村生活用水	林牧渔畜	农田灌溉			总需水量		
										P=50%	P=75%	P=95%	P=50%	P=75%	P=95%
皖中	合肥市	2010	2.12	7.84	0.23	1.06	0.76	0.52	1.32	10.60	13.35	15.55	24.46	9.13	29.40
		2020	3.72	18.46	0.51	2.34	0.88	0.82	1.90	18.31	23.28	27.80	46.94	51.91	56.43
	六安市	2010	1.61	3.04	0.07	0.29	0.12	1.34	1.03	23.66	33.49	54.23	31.15	40.99	61.72
		2020	2.65	3.65	0.3	0.72	0.39	1.15	1.1	19.06	28.4	49.01	29.02	38.36	58.97
	滁州市	2010	0.84	3.38	0.14	0.47	0.26	0.8	1.82	12.59	17.55	21.32	20.7	25.25	29.46
		2020	1.26	6.13	0.37	1.41	0.61	0.68	1.86	11.85	15.12	17.97	24.17	27.44	30.29

4.1.3 供水预测

4.1.3.1 合肥市

供水预测以现状水资源开发利用状况为基础,以当地水资源开发利用潜力分析为控制条件,通过技术经济综合分析比较,先制定出多组开发利用方案并进行可供水量预测,提供水资源供需分析与合理配置选用,然后根据计算反馈的缺水程度、缺水类型,以及对合理抑制需求、增加有效供水、保护生态环境的不同要求,调整修改供水方案,再供新一轮水资源供需分析与水资源配置选用。如此,经多次反复的平衡分析,以水资源配置最终选定的供水方案作为推荐方案。

1. 现状可供水量

合肥市现状水平年多年平均供水量为 20.3 亿 m^3,50%、75%、95%保证率的可供水量分别为 29.51 亿 m^3、31.47 亿 m^3 和 26.89 亿 m^3。如表 4.37 所示。

表 4.37 合肥市现状水平年不同保证率可供水量表   单位:万 m^3

年份	保证率	供			水			
		大型水库			中小水库	塘坝	提水	合计
		淠河	董铺、大房郢水库	小计				
全市合计	50%	139500	19950	92515	35463	72692	27504	295109
	75%	173400	14630	78081	23376	61224	42074	314704
	95%	119900	10640	65925	18914	53207	66208	268869

2. 水资源开发利用潜力

水资源开发利用潜力是指通过对现有工程的加固配套和更新改造、新建工程的投入运行和非工程措施实施后,分别以地表水和地下水可供水量以及其他水源可能的供水型式,与现状条件相比所能增加的供水能力。

(1) 加固及更新改造、续建配套工程

合肥市全市共有大中小型水库 554 座,总库容 129202 万 m^3。其中,大型水库 2 座,中型水库 18 座,小型水库 534 座,总库容 129202 万 m^3,兴利库容 58749 万 m^3。近年来随着国家和全省水利投资力度不断加大,已经完成了部分水库除险加固工程,目前仍有病险水库有待除险加固。规划至 2020 年全面完成全市小型水库除险加固任务。

(2) 新建水源工程

龙河口水库位于长江流域、安徽省舒城县境内巢湖水系的杭埠河上游,主坝距舒城县城约 25 km,控制流域面积 1120 km^2,总库容 9.03 亿 m^3。水库以防洪、灌溉为主,并结合发电、水产养殖和旅游开发等,属大(2)型水利工程,为淠史杭工程的组成部分,是杭埠河灌区的水源工程。整个枢纽工程由东西主坝、八座副坝、斗笠冲正常溢洪道、凤凰冲和门坎石非常溢洪道、牛角冲和梅岭进水闸等组成。规划至 2020 年在不同保证率下向合肥市区供水 2 亿 m³。

（3）跨流域调水工程

巢湖是合肥市重要水源地,水资源丰富,巢湖正常蓄水位为 8 m,相应蓄水量为 17.2 亿 m³,若蓄水位低于 7 m 时,则启动凤凰颈大型电力排灌站抽引江水 200 m³/s 济巢,因此引江济巢水源是有保障的。但近几年随着社会经济的快速发展,巢湖富营养化程度日趋严重,尤以塘西湖区的富营养化更为严重。

（4）中水回用工程

合肥市区内有王小郢污水处理厂、十五里河污水处理厂等十座污水处理厂。合肥市区总的处理规模为 191.5 万 m³/日,一年大概处理 69897.5 万 m³。污水处理厂出水水质基本上达到《城镇污水处理厂污染物排放标准》(GB18918‑2002)标准,水质可以满足一些对水质要求不高的工业。这些污水处理厂的建成将使中水回用的中水水源得到保证。中水回用的前景广阔,中水回用在国外发达国家早已开始应用,他们将中水称为"第二水源"或"城市中的水库"。"中水"利用起源于日本,经过 30 多年的开发和应用,日本的中水回用技术和设备已达到世界领先水平。到 1997 年,日本"中水"系统所供应的水量相当于全国生活用水量的 0.8%,国内大连、青岛、太原等太原等缺水城市于 20 世纪 80 年代初修建了中水回用的试点工程并取得了积极成果。例如,青岛市海泊河污水处理厂污水回用工程建成后,每年可为城市提供 1460 万 m³ 回用水用于工业、市政、绿化、冲洗等使用,每年可为青岛创造 7256 万元的收益。根据国内外污水水资源化的经验,结合合肥市的具体情况,合肥市城市污水回用对象确定为工业用水、城市杂用水、生态环境用水等几个方面。根据一些学者的说法,2020 年合肥市对中水的需求达到 1.4 亿 m³,就可以置换出相当一部分原水水源用与其他对水质要求较高的领域,真正达到"优水优用"。

3. 供水预测

本次规划以水资源四级区套县级行政区为计算单元,采用现代水资源模拟技术各分区 1956～2010 系列进行长系列计算,提出各规划水平年可供水量预测成果。合肥市 2020 年多年平均可供水量为 49.76 亿 m³,50%、75%、95% 保证率的可供水量分别为 48.90 亿 m³、53.87 亿 m³ 和 50.67 亿 m³。如表 4.38 所示。

4.1.3.2　六安市

1. 现状可供水量

六安现状水平年多年平均可供水量为 32.84 亿 m³,50%、80%、95% 保证率的可供水量分别为 30.79 亿 m³、37.53 亿 m³ 和 44.00 亿 m³。如表 4.39 所示。

表 4.38　合肥市 2020 水平年不同保证率可供水量表　　　水量单位:万 m³

年份	保证率	供　水							
		大型水库			当地蓄、引、提	引江工程	两湖	中水回用	合计
		淠史杭	董铺、大房郢水库	龙河口水库					
全市合计	50%	147500	19950	12000	258900	45400	11300	14000	489000
	75%	181400	14630	12000	267700	49200	14400	14000	538700
	95%	127900	10640	12000	282900	53100	16800	14000	506700

表 4.39　六安市现状水平年不同保证率可供水量表　　　单位:万 m³

名称	可供水量			
	50%	80%	95%	多年平均
金安区	38452	47297	51752	40464
裕安区	36277	42633	47517	38423
寿县	89724	107964	125962	95689
霍邱县	79238	98512	128768	86880
舒城县	30643	40617	43693	31796
金寨县	12793	14747	17199	13535
霍山县	14922	16462	16047	15262
叶集实验区	5832	7105	9053	6307
合计	307881	375337	439992	328356

2. 水资源开发利用潜力

(1) 加固及更新改造、续建配套工程

① 水库除险加固工程。

六安市建国后共兴建佛子岭、磨子潭、响洪甸、梅山、龙河口、白莲崖 6 座大型水库,总库容 70.87 亿 m³,中型水库 9 座,全市在册小水库 1298 座,其中小(1)型 68 座,小(2)型 1230 座,总蓄水量近 80 亿 m³。近年来,随着国家和全省水利投资力度不断加大,已经完成了部分水库除险加固工程,大中型水库除险加固任务大都完成部分也正在实施过程中,但小型水库还有相当数量除险加固工作有待进行,由于小水库大多建于 20 世纪六七十年代,其中 960 座小(2)型水库大坝经安全鉴定和安全评估均为三类坝,存在严重安全隐患。规划至 2020 年全面完成全市小型水库除险加固任务。

② 水闸除险加固工程。

六安市淮河流域现有大(1)型水闸 1 座,大(2)型水闸 2 座,中型水闸 19 座,小

(1)型水闸 734 座。长江流域现有中型涵闸 10 座,小(1)型涵闸 96 座。六安市大、中型涵闸大部分兴建于 20 世纪 60 年代到 70 年代末,运行时间至少都在 30 年以上,由于建设年代较久远,当时的设计、施工等很多方面都极不规范,给水闸的运行、管理带来了许多弊端。虽然国家在基本建设方面投入了大量的财力,规划、设计和建造了许多中、小型涵闸,但在计划经济年代,涵闸的维修经费却严重不足。预测至 2020 年全面完成全市水闸除险加固任务。

③ 灌溉泵站技改。

六安市固定机电排灌站 1065 座;总装机 137380 kW,共 1949 台,初步形成了以大中型泵站为骨干、大中小型泵站相结合,提排相结合的排灌体系,设计灌溉面积 393.7 万亩,实际达到 329.81 万亩;设计排涝面积 202.46 万亩,实际达到 190.16 万亩;目前已经完成泵站更新改造 10 座,装机 162 台套,共 35959 kW,灌溉排涝总流量 277.95 m³/s,设计灌溉面积 98.54 万亩,设计排涝面积 631.5 km²。至 2020 年全面完成全市大中型泵站更新改造任务。

(2)淠史杭灌区续建配套工程

加强淠史杭灌区续建配套与节水改造,以提高防旱抗旱能力为重点,以解决灌区末梢农田灌溉问题为突破口,通过骨干工程的除险加固和田间工程的配套,对淠史杭灌区 2 条总干渠及 9 条干渠实施节水改造工程,主要建设内容是清淤渠道、加固渠堤、硬化渠道、涵闸建设和维修、量水、排水工程建设、灌区信息化建设等。至 2020 年完成淠史杭灌区续建配套与节水改造工程。

(3)新建水源工程

六安市规划至 2020 年新建凤凰台和张公桥 2 座中型水库,总库容 2850 万 m³,兴利库容 1903 万 m³,设计灌溉面积 6.7 万亩,可解决 5.7 万人安全饮水问题。

(4)跨流域调水工程

六安市跨流域调水工程为引江济淮工程。引江济淮工程建成后,2020 年多年平均可向六安市提供口门水量 1.04 亿 m³,95% 年份可达 5.12 亿 m³。

3. 供水预测

六安市 2020 年多年平均可供水量为 34.61 亿 m³,50%、80%、95% 保证率的可供水量分别为 31.74 亿 m³、41.46 亿 m³ 和 50.97 亿 m³。如表 4.40 所示。

4.1.3.3 滁州市

1. 地表水可供水量

目前滁州市地表水主要用于农业灌溉,根据调查,现状年全市地表水利用量为 18.09 亿 m³/a,开发利用量占地表水资源量的 5.4%,大有潜力可挖。本规划分别在保证率 $P=50\%$、$P=75\%$ 和 $P=95\%$ 来水情况下,计算地表水可供水量。如表 4.41 所示。

表 4.40　六安市 2020 水平年不同保证率可供水量表　　单位:万 m³

名称	可供水量			
	50%	75%	95%	多年平均
金安区	39524	51008	58980	42509
裕安区	38997	49810	57973	42242
寿县	88048	118764	146513	96996
霍邱县	81240	109849	147443	90786
舒城县	31386	40813	47534	33200
金寨县	14254	16697	20166	15203
霍山县	17337	19376	20542	17960
叶集试验区	6603	8310	10587	7164
合计	317389	414627	509738	346060

表 4.41　滁州市地表水可供水量预测成果　　单位:万 m³

分区	保证率	2010 年	2020 年
滁州市区	50%	34763	52620
	75%	26288	41271
	95%	24990	39315
全椒县	50%	36498	47864
	75%	21107	29184
	95%	19936	28069
来安县	50%	34652	42524
	75%	23741	30065
	95%	23247	29766
凤阳县	50%	50655	66738
	75%	35250	49467
	95%	30235	44207
天长市	50%	37616	48558
	75%	24179	31477
	95%	21318	28401
明光市	50%	56922	65489
	75%	45050	52777
	95%	41226	49460
定远县	50%	34202	37159
	75%	26413	28575
	95%	25327	27716
合计	50%	285307	360951
	75%	202027	262817
	95%	186278	246933

2. 地下水可供水量

(1) 浅层地下水供水

浅层地下水有多年调节功能,在偏枯年份可借用地下库容储存水量,到丰水年份,降水入渗可以补给浅层地下水多年看保持动态平衡。参考"调查评价"成果,滁州市浅层地下水多年平均可开采量 9.61 亿 m³/a,可开采模数 7.21 万 m³/(km² · a)。如表 4.42 所示。

表 4.42　滁州市浅层地下水可供水量预测成果　单位:万 m³/a

分区	保证率	2010 年	2020 年
滁州市区	50%	1175	431.48
	75%	940	345.18
	95%	705	258.89
全椒县	50%	1408	517.04
	75%	1126.4	413.63
	95%	844.8	310.22
来安县	50%	1905	699.54
	75%	1524	559.63
	95%	1143	419.72
天长市	50%	3004	1103.11
	75%	2403.2	882.49
	95%	1802.4	661.86
明光市	50%	2415	886.82
	75%	1932	709.46
	95%	1449	532.09
凤阳县	50%	2569	943.37
	75%	2055.2	754.7
	95%	1541.4	566.02
定远县	50%	2777	1019.75
	75%	2221.6	815.8
	95%	1666.2	611.85
合计	50%	15253	5601.1
	75%	12202.4	4480.88
	95%	9151.8	3360.66

(2) 深层地下水供水

由于滁州市地表水资源较为丰富,宜作为城镇生活、生产的主要供水水源。从加强地下水管理思路和当地缺水的实际情况两方面综合考虑,除滁州市区之外,本次规划可供水量在规划水平年将不计入深层地下水可开采量,以起到涵养地下水源,保护生态的目的。城市原有自来水井及企业自备井作为应急水源使用。

滁州市区保留部分企业自备井,规划水平年供水量 128 万 m^3/a,由滁州市水利部门统一管理。

3. 再生水供水

现状滁州市火电工业年用水量约 175.5 万 m^3,仅折合日用水量近 0.48 万 m^3,但随着大唐滁州电厂的建成运行施工以及滁州热电新机组的上马,预计 2015 年,2020 年用水量分别是 7000 万 m^3,9600 万 m^3,考虑到电厂用水可用再生水做水源的仅为冲灰水和冷却水,冷却用水还可循环使用,每日需补充新鲜用水,故考虑电厂每日需求再生水用水量占需水总量的 20%~25%,则滁州火电工业日用再生水量 0.1 万 m^3;其他工业企业再生水的使用量与工业门类和用水工艺有关,不易统计,本次预测采用一般工业总用水量的 9% 计算,城市杂用水按城市生活用水量的 16% 计算,景观绿化用再生水按生态环境用水的 50% 计算。如表 4.43 所示。

表 4.43　滁州市再生水(污水)需水量预测成果表　单位:万 m^3

分区		中期水平年(2020)
行政分区	琅琊区	3558
	南谯区	2026
	来安县	2053
	全椒县	1771
	定远县	2421
	凤阳县	2431
	天长市	4221
	明光市	1977
全市合计		20458

4. 境外引水工程供水

(1) 驷马山灌区调水工程

驷马山引江灌溉工程,现已建成了驷马山引江水道、乌江枢纽、襄河口闸枢纽、汊河集闸枢纽以及滁河一、二、三、四级抽水站等骨干工程。其中乌江枢纽装机 6 台套,容量 9600 kW,现有提水能力 138 m^2/s,滁河一级站装机 2 台套,容量 6000 kW,现有提水能力 48 m^2/s;滁河二级站装机 2 台套,容量 6000 kW,现有提水能力 44 m^2/s;滁河三级站装机 2 台套,容量 6000 kW,现有提水能力 42 m^2/s。现状滁州市驷马山灌区灌溉受益情况,如表 4.44 所示。

(2) 灌区发展规划

根据工程要求,驷马山灌区渠首工程乌江枢纽按照 10 台套,230 m^3/s 的设计流量改扩建,即新增 4 台套几组,容量 3200 kW。

规划内容主要包括:新建滁河四级站,总装机 17500 kW,提水 71.4 m^3/s。滁河一、二、三级站进行维修,一级站进行扩容 3000 kW。驷马山调水工程规划表如表 4.45 所示。

表 4.44　现状滁州市驷马山灌区灌溉受益情况表

县区	灌溉乡镇	现有抽水站			
		座数（座）	装机（台）	总容量（kW）	有效灌溉面积（万亩）
来安	12	63	178	11031	20.4
南谯 琅琊	9	38	118	10481	26.9
全椒	28	98	259	22963	65.7
合计	49	199	555	44475	113

表 4.45　驷马山调水工程规划表

县别	单位名称	站头数	台数（台）	总装机（kW）	原有流量（m^3/s）	改造流量（m^3/s）
市直	芦庄站	5	23	2085	19.06	22.00
	乌衣站	3	13	1950	6.45	12.00
	胜利站	3	9	935	6.60	12.00
	河东高站	2	9	1010	2.80	8.00
来安	三城站	6	31	1885	15.30	18.00
	广大站	3	19	1545	13.70	16.00
	大英站	7	24	1373.5	9.40	14.50
	水口站	7	34	4505	15.00	19.40
	九联站	4	17	1415	10.00	15.00
	烟陈站	4	14	800	3.40	8.00
	独山站	4	19	2660	10.50	15.00
全椒	军民站	3	18	1950	7.40	10.00
	下九连站	3	18	1790	8.00	11.00
	上九连站	8	20	2200	15.30	18.00
	新河站	4	14	1050	5.00	7.00
	卜集站	3	18	3310	7.40	10.00
	汪畈站	3	13	2105	5.00	7.00
	晋集站	2	8	1915	4.30	6.00
定远	滁河四级站	1	4	17500	0.00	71.40
和县	乌江渠首枢纽	1	6	9600	138.00	230.00

（3）调水灌溉范围及线路

该工程近期供水范围为滁州市区、来安县、全椒县以及新增定远县，直接供水目标是以上四县区的工业及灌溉用水。

在和县长江干流乌江枢纽提引长江水,经驷马山引江水道引入滁河,通过沿滁河、清流河、来河泵站灌溉全椒、来安及琅琊南谯等地以外,通过滁河三级翻水灌溉全椒江淮分水岭区域,最后通过新建滁河第四级翻水站调水 45 m³/s 进入规划中江巷水库,解决定远县东部、中部、西部的农业灌溉问题。滁河四级翻水站设计提水净扬程 46.5 m。

(4) 工程规模和调水量

近期工程:抽江水规模增加 46 m³/s,多年平均新增调水量 9936 万 m³,到达滁河四级站 20.4 m³/s,多年平均调水量 4406 万 m³。滁州市区、全椒县、来安县、定远县分配水量依次为 2104 万 m³、2109 万 m³、1316 万 m³ 和 5529 万 m³。

中期工程:抽江水规模增加 70 m³/s,多年平均新增调水量 15120 万 m³,到达滁河四级站 45 m³/s,多年平均调水量 9720 万 m³。滁州市区、全椒县、来安县、定远县分配水量依次为 2712 万 m³、2718 万 m³、1696 万 m³ 和 9720 万 m³。

(5) 境外引水工程可供水量

本次规划境外引水工程仅为驷马山灌区新增调水量,以 97% 设计保证率的调水量作为新增引外水工程可供水量。根据目前工程进展情况,预计 2020 年驷马山灌区达到中期设计调水规模。

5. 高塘湖灌区渠首扩容工程

高塘湖位于安徽省淮河南岸的窑河流域下游,通过窑河闸、窑河与淮河相通。窑河闸以上流域总面积 1500 km²。控制水位 17.5m 时,相应水面面积 46.1 km²,容积 0.793 亿 m³,境内有炉桥、官塘电力灌溉站提引湖水灌溉。其中炉桥灌溉站主要为定远西部岗丘地区提供水源,官塘电灌站主要为凤阳县中西部岗丘区提供水源。

规划主要包括:定远县炉桥灌区配套改造工程,增大炉桥站提水量,由现有的 17.6 m³/s,规划水平年提高至 29.24 m³/s。

凤阳县沿高塘湖灌区的主要泵站天河站、官塘站由目前的 4.8 m³/s,16.75 m³/s,分别扩大到 10.00 m³/s,26.00 m³/s。高塘湖灌区渠首扩容工程规划如表 4.46 所示。

表 4.46　高塘湖灌区渠首扩容工程规划表

县别	单位名称	站头数	台数(台)	总装机(kW)	原有流量(m³/s)	改造流量(m³/s)
定远	炉桥站	1	38	12425	17.60	29.24
凤阳	天河站	2	9	1115	4.80	10.00
	官塘站	2	13	3250	16.75	26.00

6. 女山湖灌区渠首扩容工程

女山湖在明光市境内,位于淮河右岸,湖区南北长约 40 km,宽 1~5 km。当水位 12 m 时,相应水面面积 74 km²,容积 0.43 亿 m³;当水位 14.5 m 时,水面面积为 110.2 km²,容积 2.47 亿 m³。规划主要包括:定远县女山湖池河灌区新建灌区配套工程,规划的四级提水可以到达城北水库,池河闸上游的红心沛一、二级站,规划的天河三级、四级站,置换桑涧水库作为城市水源。新建水源工程主要修建池河胡郢三级枢纽12.1 m³/s。如表4.47所示。

表4.47　女山湖灌区渠首扩容工程规划表

县别	单位名称	站头数	台数(台)	总装机 (kW)	原有流量 (m³/s)	改造流量 (m³/s)
明光	山高站	2	8	580	2.50	4.00
	山头王站	3	10	910	2.61	4.00
	陈郢站	3	14	915	2.10	4.00
	芦嘴站	5	13	1045	1.94	4.00
	紫阳站	3	16	880	3.70	4.00
	李庄站	2	7	625	2.10	4.00
	东西涧站	1	6	930	9.50	13.00
	老窑站	2	5	825	10.55	14.00
	杨洼站	1	5	900	9.25	13.00
	女山湖站	1	10	1800	25.00	30.00
	周岗站	2	6	590	2.22	4.50
	涧东站	3	10	1112	2.81	4.50
	戴巷站	2	10	1120	3.12	6.00
定远	池河胡郢三级枢纽	1			0	12.1

7. 沿淮灌区渠首扩容工程

沿淮主要有凤阳县门台站、霸王城站、马山站以及五里庙引淮河灌溉。其中，霸王城站主要为凤阳板桥硅工业园提供水源，其余主要为凤阳县中北部岗丘区提供水源。

规划主要包括：凤阳县沿淮河的提灌区主要泵站门台站、霸王城站、马山站、五里庙站由目前的12.6 m³/s、9.4 m³/s、5.4 m³/s，分别扩大到24 m³/s、18 m³/s、10 m³/s、4 m³/s。沿淮灌区渠首扩容工程规划如表4.48所示。

表4.48　沿淮灌区渠首扩容工程规划表

县别	单位名称	站头数	台数(台)	总装机(kW)	原有流量 (m³/s)	改造流量 (m³/s)
凤阳	门台站	3	35	5350	12.60	24.00
	霸王城站	2	19	3660	9.40	18.00
	马山站	4	18	2670	5.40	10.00
	五里庙站	2	4	148	0.70	4.00

8. 高邮湖灌区渠首扩容工程

高邮湖是苏、皖两省界湖,西岸为天长市,东岸为高邮县,南岸为仪征县,北岸为金湖县,北与宝应湖相连,南与邵伯湖相通,淮河入江水道。湖区南北长 48 km,东西最大宽度 28 km,湖底高程 3.5 m,湖面 650 km²,其中天长市境内 70 km²。当水位 9.5 m 时,相应水面面积 780 km²,容积 37.8 亿 m³,沿湖各县均提引湖水灌溉,是天长市提引外水灌溉唯一水源,具有蓄洪、灌溉、航运、水产等效益。

规划主要包括:天长市主要渠首泵站二峰站、护桥站、乔田站、铜城站、十八集站、万寿站、河口站、秦栏站、何庄站、上坝站、长兴站由目前的 13.06 m³/s、12.22 m³/s、6.08 m³/s、1.92 m³/s、8.91 m³/s、8.91 m³/s、8.91 m³/s、8.91 m³/s、3.60 m³/s、3.60 m³/s、1.86 m³/s,分别扩大至 20 m³/s、18 m³/s、10 m³/s、4 m³/s、12 m³/s、11 m³/s、4 m³/s、3 m³/s、6 m³/s、6 m³/s、4 m³/s。如表 4.49 所示。

表 4.49　高邮湖灌区渠首扩容工程规划表

县别	单位名称	站头数	台数(台)	总装机(kW)	原有流量(m³/s)	改造流量(m³/s)
天长	二峰站	14	47	6039	13.06	20
	护桥站	4	30	2322	12.22	18
	乔田站	6	17	2147	6.08	10
	铜城站	4	11	909	1.92	4
	十八集站	4	14	1605	8.91	12
	万寿站	7	19	1135	6.73	11
	河口站	2	5	338	1.40	4
	秦栏站	3	7	645	1.08	3
	何庄站	2	11	1110	3.60	6
	上坝站	3	12	1926	3.6	6
	长兴站	2	7	850	1.86	4

4.1.4　供需平衡

4.1.4.1　合肥市

1. 基准年供需分析成果

基准年供需分析是在现状年 2010 年的基础上,对现状供水工程条件下不同供水保证率时(P = 50%、75%、95%)国民经济各部门的用水量与供水量进行供需平衡分析,以行政分区为单元进行水量余缺分析。合肥市基准年水资源供需平衡分析结果如表 4.50 所示。

表 4.50　合肥市基准年水资源供需平衡分析结果　　　　水量单位:亿 m³

计算分区	频率	基准年			
		需水量	供水量	缺水量	缺水率
合肥市	50%	23.87	29.51	0	0
	75%	26.61	31.47	0	0
	95%	28.81	26.87	1.94	6.7%

2. 规划水平年供需平衡分析

(1) 方案 1 供需平衡分析

水资源一次供需平衡分析,是以合肥市现状工程的供水能力,不考虑治污挖潜的增供水量与不考虑新增节水措施的正常增长的需水要求(即基本需水方案)进行水资源供需平衡分析。一次供需平衡分析结果如表 4.51 所示。

表 4.51　方案 1 供需平衡分析结果表(行政分区)　　　　水量单位:亿 m³

分区	频率	2020 年			
		需水量	供水量	缺水量	缺水率
合肥	50%	48.82	29.51	18.89	39%
	75%	53.79	31.47	21.9	41%
	95%	58.31	26.87	31.02	54%

从表 4.51 可知,通过对规划水平年不同来水频率的供水、需水情况进行分析,结果表明:2020 年,合肥市按既定的社会经济发展目标,供需分析中将出现较大的缺口。

由以上分析可知,在保持现有用水水平和没有供水投入的情况下,合肥市在未来发展过程中将出现较为严重的缺水问题,水资源短缺必将成为当地社会和经济发展的主要制约因素。

(2) 方案 2 供需平衡分析

水资源二次供需平衡分析,是在一次供需平衡分析的基础上,在需水端考虑采用先进的节水措施和技术,进一步加大节水力度,即采用强化节水方案,在供水端考虑新增水源工程,包括再生水的利用、中水回用等,增加可供水量,进行水资源供需平衡分析。二次供需平衡分析结果如表 4.52 所示。

表 4.52　方案 2 供需平衡分析结果表(行政分区)　　　　水量单位:亿 m³

分区	频率	2020 年			
		需水量	供水量	缺水量	缺水率
合肥	50%	46.94	50.63	0	0
	75%	51.91	51.38	0.53	1.02%
	95%	56.43	47.38	9.04	16.03%

从表 4.52 可以看出,在方案 2 条件下,由于新增供水工程增加了部分供水量,同时强化节水措施压缩了一定的需水量,与方案 1 相比较缺水量有所减少。

2020 年,50% 频率平水年份不缺水,75% 枯水年份和 95% 特枯水年份缺水量分别为 0.53 亿 m³ 和 9.04 亿 m³。

由以上分析可知,依靠新增供水工程挖掘当地水资源潜力和加大节水力度,压制用水需求的做法,可以明显缓解缺水压力,但未来合肥市用水仍存在紧张的局面。为此,应积极考虑加大境外引水工程建设,同时加强本地供水水源工程的建设,开展节水型社会建设,全面提高用水效率,治污挖潜,开源与节流并举,才能最大限度解决合肥市的缺水问题。

4.1.4.2　六安市

1. 基准年供需分析成果

现状水平年六安市多年平均河道外需水总量为 34.16 亿 m³,可供水量为 32.83 亿 m³,河道外缺水为 1.33 亿 m³。中等干旱年份(75% 保证率)需水总量为 40.62 亿 m³,可供水量为 37.53 亿 m³,河道外缺水为 3.09 亿 m³。特殊干旱年份 (95% 保证率)需水总量为 61.36 亿 m³,可供水量为 44.00 亿 m³,河道外缺水为 17.36 亿 m³。如表 4.53 所示。

表 4.53　六安市基准年多年平均供需分析表

名称	需水量(亿 m³)	供水量(亿 m³)	缺水量(亿 m³)	缺水率
金安区	42125	40464	1661	3.94%
裕安区	40096	38423	1673	4.17%
寿县	100305	95689	4616	4.60%
霍邱县	89975	86880	3095	3.44%
舒城县	32785	31796	989	3.02%
金寨县	13988	13535	453	3.24%
霍山县	15849	15262	587	3.70%
叶集试验区	6515	6307	208	3.20%
合计	341638	328356	13282	3.89%

2. 规划水平年供需平衡分析

(1) 方案 1 供需平衡分析

结果表明:在现状水资源开发利用格局和发挥现有供水工程潜力的情况下,2020 年六安市按既定的社会经济发展目标,供需分析中将出现较大的缺口。如表 4.54 所示。

表 4.54　方案 1 供需平衡分析结果表(行政分区)　　　水量单位:万 m³

分区	频率	2020 年			
		需水量	供水量	缺水量	缺水率
金安区	50%	40271	38452	1819	5%
	75%	52379	47297	5082	10%
	95%	77200	51752	25448	33%
裕安区	50%	38331	36277	2054	5%
	75%	49856	42633	7223	14%
	95%	73482	47517	25965	35%
寿县	50%	95890	89724	6166	6%
	75%	124721	107964	16757	13%
	95%	183823	125962	57861	31%
霍邱县	50%	86015	79238	6777	8%
	75%	111877	98512	13365	12%
	95%	164892	128768	36124	22%
舒城县	50%	31342	30643	699	2%
	75%	40766	40617	149	0
	95%	60083	43693	16390	27%
金寨县	50%	13372	12793	579	4%
	75%	17393	14747	2646	15%
	95%	25635	17199	8436	33%
霍山县	50%	15151	14922	229	−2%
	75%	19707	16462	3245	6%
	95%	29046	16047	12999	45%
叶集试验区	50%	6228	5832	396	6%
	75%	8101	7105	996	12%
	95%	11940	9053	2887	24%
全市合计	50%	326600	307881	18719	6%
	75%	424800	375337	49463	12%
	95%	626100	439991	186109	30%

（2）方案 2 供需平衡分析

2020 年,50% 及 75% 频率平水年份不缺水,95% 特枯年份缺水量为 7.99 亿 m^3,较基本需水方案少 10.62 亿 m^3。由以上分析可知,依靠新增供水工程挖掘当地水资源潜力和加大节水力度,压制用水需求的做法,可以明显缓解缺水压力。因此,应积极加强本地供水水源工程的建设,开展节水型社会建设,全面提高用水效率,治污挖潜,开源与节流并举,才能最大限度解决六安市的缺水问题。如表 4.55 所示。

表 4.55 方案 2 供需平衡分析结果表(行政分区)   水量单位:万 m^3

分区	频率	2020 年			
		需水量	供水量	缺水量	缺水率
金安区	50%	35777	39524	0	0
	75%	47298	51008	0	0
	95%	72706	58980	13726	19%
裕安区	50%	34053	38997	0	0
	75%	45020	49810	0	0
	95%	69204	57973	11231	16%
寿县	50%	85189	88048	0	0
	75%	112623	118764	0	0
	95%	173122	146513	26609	15%
霍邱县	50%	76415	81240	0	0
	75%	101025	109849	0	0
	95%	155293	147443	7850	5%
舒城县	50%	27844	31386	0	0
	75%	36811	40813	0	0
	95%	56585	47534	9051	16%
金寨县	50%	11880	14254	0	0
	75%	15706	16697	0	0
	95%	24143	20166	3977	16%
霍山县	50%	13460	17337	0	0
	75%	17795	19376	0	0
	95%	27355	20542	6813	25%
叶集试验区	50%	5533	6603	0	0
	75%	7315	8310	0	0
	95%	11245	10587	658	6%
全市合计	50%	290151	317389	0	0
	75%	383594	414627	0	0
	95%	589651	509738	79913	14%

4.1.4.3 滁州市

1. 基准年水资源供需平衡分析

(1) 基准年供需分析成果

在现状供水工程条件下,由于基本能够满足各部门的用水需求量,在供需分析中,深层地下水采用实际供水量。滁州市基准年供需平衡分析如表4.56所示。

表4.56 滁州市基准年水资源供需平衡分析结果(行政分区) 水量单位:万 m³

分区	保证率	需水量(万 m³)				供水量(万 m³)				缺水量(万 m³)	缺水率
		生活需水	生产需水	生态需水	合计	地表水	浅层水	深层水	合计		
滁州市区	50%	2218	24716	476	27411	33372	1175	216	34763	0	0
	75%	2218	28694	476	31389	25132	940	216	26288	5101	16.3%
	95%	2218	32420	476	35114	24069	705	216	24990	10125	28.8%
来安县	50%	1729	23751	264	25744	34398	1905	195	36498	0	0
	75%	1729	29727	264	31720	21758	1524	195	23477	8244	26.0%
	95%	1729	35030	264	37023	20056	1143	195	21394	15629	42.2%
全椒县	50%	1645	21330	249	23224	33069	1408	175	34652	0	0
	75%	1645	26730	249	28624	21437	1126	175	22738	5886	20.6%
	95%	1645	31592	249	33486	21028	845	175	22047	11438	34.2%
定远县	50%	3325	36597	510	40432	47590	2777	288	50655	0	0
	75%	3325	46861	510	50697	32741	2222	288	35250	15446	30.5%
	95%	3325	56701	510	60537	30511	1666	288	32465	28072	46.4%
凤阳县	50%	2545	24598	391	27534	34396	2569	247	37616	0	0
	75%	2545	30770	391	33707	22448	2055	247	25068	8639	25.6%
	95%	2545	36372	391	39309	20188	1541	247	22207	17102	43.5%
天长市	50%	2315	38720	358	41392	54271	3004	216	56922	0	0
	75%	2315	47803	358	50475	37769	2403	216	39937	10539	20.9%
	95%	2315	56102	358	58774	37769	1802	216	39454	19321	32.9%
明光市	50%	2323	18563	366	21252	31386	2415	236	34202	0	0
	75%	2323	23235	366	25924	20596	1932	236	22899	3026	11.7%
	95%	2323	27701	366	30390	20596	1449	236	22385	8006	26.3%
全市合计	50%	16100	188275	2614	206990	268481	15253	1573	285307	0	0
	75%	16100	233821	2614	252535	181880	12202	1573	195656	56880	22.5%
	95%	16100	275918	2614	294632	174216	9152	1573	184941	109691	37.2%

(2) 基准年供需分析结论

从表4.56可以看出,通过对各规划分区基准年不同来水频率的供、用水情况进行分析,结果表明:在现状工程供水能力和供水格局的条件下,在50%频率的平水年份,滁州市基本可以维持现有的工农业生产用水需求;而在75%频率的枯水年份,全市缺水5.7亿 m^3,缺水率为22.5%;95%频率特枯年份,将出现较严重缺水,缺水总量达10.9亿 m^3,缺水率达37.2%。

通过基准年供需平衡分析,可得出以下结论:

① 总体缺水严重。

滁州市属于资源型缺水、工程型缺水和水质型缺水共存,水资源供需矛盾突出。从基准年供需平衡成果可以看出,当地水资源条件不佳、经济发展迅猛和以农业生产为主(灌溉面积较大)是造成缺水严重的主要原因。

② 年际、年内缺水量变化大。

由基准年供需平衡分析成果,全市缺水状况与降水量有较大关系,降水量较大的年份一般缺水量较小。由月供水系数以及供水能力可以得出,年内不同月份缺水差别较大,缺水最严重的月份是4月和5月,这个时期也是工农业争水最严重的月份,因此如何保证缺水最严重月份的需水,也是水资源开发利用中迫切需要解决的问题。

③ 部分区域供水结构不甚合理。

如天长市等现状供水结构中地下水占一定比重,市区工业生产用水过于依赖深层地下水。由于深层地下水的开采将可能会带来一系列环境地质问题,近年来国家也越来越重视对地下水的保护,因此可认为天长市现有的供水结构缺乏可持续性,不够合理。

④ 未能实现分质供水、优水优用。

优水优用现实意义上指把水库水、优质水作为城乡生活用水的水源,保障老百姓的用水安全,提引的河道水、湖泊水等作为工业、农田灌溉等水源。目前天长市城市供水抽取高邮湖水源,全椒县城市供水取自襄河,属于污染较重的水体,因此应视天长市、明光市未能实现分质供水、优水优用。

2. 规划水平年供需平衡分析

(1) 方案1供需平衡分析

在现状水资源开发利用格局和发挥现有供水工程潜力的情况下,滁州市按2020年既定的社会经济发展目标,供需分析中将出现较大的缺口。如表4.57所示。

表 4.57　方案 1 供需平衡分析结果表　　　　　　水量单位:万 m^3

分区	频率	2020 年			
		需水量	供水量	缺水量	缺水率
滁州市区	50%	50982	34763	16219	31.8%
	75%	53824	26288	27536	51.2%
	95%	56369	24990	31379	55.7%

分区	频率	2020 年			
		需水量	供水量	缺水量	缺水率
来安县	50%	30619	36498	0	0
	75%	35130	23477	11653	33.2%
	95%	38794	21394	17400	44.9%
全椒县	50%	27518	34652	0	0
	75%	31697	22738	8959	28.3%
	95%	35125	22047	13078	37.2%
定远县	50%	46101	50655	0	0
	75%	54285	35250	19035	35.1%
	95%	61886	32465	29421	47.5%
凤阳县	50%	34027	37616	0	0
	75%	39060	25068	13992	35.8%
	95%	43539	22207	21332	49.0%
天长市	50%	53194	56922	0	0
	75%	59744	39937	19807	33.2%
	95%	64721	39454	25268	39.0%
明光市	50%	26131	34202	0	0
	75%	30076	22899	7177	23.9%
	95%	34027	22385	11642	34.2%
全市合计	50%	268570	285307	0	0
	75%	303816	195656	108160	35.6%
	95%	334461	184941	149519	44.7%

(2) 方案 2 供需平衡分析

2020 年,50%频率平水年份不缺水,75%枯水年份和 95%特枯年份缺水量分别为 2.4 亿 m³ 和 9.0 亿 m³,分别较基本需水方案少 8.4 亿 m³ 和 7.3 亿 m³。如表 4.58 所示。

表 4.58　方案 2 供需平衡分析结果表(行政分区)　　水量单位:万 m³

分区	频率	中期 2020 年			
		需水量	供水量	缺水量	缺水率
滁州市区	50%	40202	53025	0	0
	75%	43038	41609	1429	3.3%
	95%	45427	38606	6821	15.0%
来安县	50%	26742	47003	0	0
	75%	31225	31252	0	0
	95%	34629	28833	5796	16.7%
全椒县	50%	24283	40588	0	0
	75%	28434	27104	1330	4.7%
	95%	31643	26774	4869	15.4%
定远县	50%	41188	59104	0	0
	75%	49001	42297	6704	13.7%
	95%	56026	39541	16485	29.4%
凤阳县	50%	29922	51628	0	0
	75%	34538	35538	0	0
	95%	38597	32461	6136	15.9%
天长市	50%	45229	71738	0	0
	75%	52014	53928	0	0
	95%	56719	53751	2968	5.2%
明光市	50%	23290	41618	0	0
	75%	26771	28501	0	0
	95%	30349	28312	2036	6.7%
全市合计	50%	230856	364705	0	0
	75%	265021	260229	4793	1.8%
	95%	293389	248278	45111	15.4%

(3). 方案 3 供需平衡分析

通过以上两次供需平衡分析可知,滁州市主要属于资源型、工程型缺水共存的局面,即使加大节水力度、增加地表蓄水和河道湖泊提水量等措施后,滁州市未来仍存在较严重的缺水问题。对于局部缺水比较严重的地区,如工业、城市生活用水较集中的滁州市区以及定远县等,仅靠节水和当地水资源仍然不能解决其缺水问题。因此,必须在方案 2 基础上,考虑增大跨区域调水,增加境外引水工程供水量,可以进一步缓解滁州市用水紧张问题。

　　方案 3 就是在前两次供需平衡分析的基础上,把增大驷马山灌区调水量纳入到滁州市供水系统中,通过对当地水和驷马山灌区新增调水量的合理配置,从而实现水资源的三次供需平衡。从表 4.59 可以看出,在方案 3 条件下,由于增加了境外引水,方案 3 与方案 2 相比缺水量又有较大减少。50%平水年份均不缺水。2020 年,各县区缺水均有较大程度改善,75%枯水年份和 95%特枯年份全市缺水量分别较未调入外水前少 1.7 亿 m³,各县区缺水主要体现在农业灌溉水不足。由以上分析可知,通过立足于当地水资源,积极调引外水,开展节水型社会建设,全面提高用水效率,开源与节流措施并举,可以在很大程度上满足滁州市不断增长的用水需求,缓解缺水压力。

表 4.59　方案 3 供需平衡分析结果表(行政分区)　　　　水量单位:万 m³

分区	频率	2020 年			
		需水量	供水量	缺水量	缺水率
滁州市区	50%	40202	55737	0	0
	75%	43038	44321	0	0
	95%	45427	41318	4109	9.0%
来安县	50%	26742	48700	0	0
	75%	31225	32948	0	0
	95%	34629	30530	4099	11.8%
全椒县	50%	24283	43307	0	0
	75%	28434	29823	0	0
	95%	31643	29493	2150	6.8%
定远县	50%	41188	68824	0	0
	75%	49001	52017	0	0
	95%	56026	49261	6765	12.1%
凤阳县	50%	29922	51628	0	0
	75%	34538	35538	0	0
	95%	38597	32461	6136	15.9%
天长市	50%	45229	71738	0	0
	75%	52014	53928	0	0
	95%	56719	53751	2968	5.2%

分区	频率	2020 年			
		需水量	供水量	缺水量	缺水率
明光市	50%	23290	41618	0	0
	75%	26771	28501	0	0
	95%	30349	28312	2036	6.7%
全市合计	50%	230856	381553	0	0
	75%	265021	277077	0	0
	95%	293389	265126	28263	9.6%

4.1.5　皖中地区缺水态势分析

4.1.5.1　合肥市

合肥市为皖中地区缺水较为严重的城市之一,通过对规划水平年不同来水频率的供水、需水情况进行分析,其结果表明:在现状水资源开发利用格局和发挥现有供水工程潜力的情况下,2020 年合肥市按既定的社会经济发展目标,供需分析中将出现较大的缺口,主要为工业缺水和农业缺水,工业缺水的涨幅最大。而在方案 2 条件下,由于新增供水工程增加了部分供水量,同时强化节水措施压缩了一定的需水量,与方案 1 相比较缺水量有所减少。

2020 年,50%频率平水年份不缺水,75%枯水年份和 95%特枯年份缺水量分别为 0.53 亿 m^3 和 9.04 亿 m^3。

由以上分析可知,依靠新增供水工程挖掘当地水资源潜力和加大节水力度,压制用水需求的做法,可以明显缓解缺水压力,但未来合肥市用水仍存在紧张的局面。为此,应积极考虑加大境外引水工程建设,同时加强本地供水水源工程的建设,开展节水型社会建设,全面提高用水效率,治污挖潜,开源与节流并举,才能最大限度解决合肥市的缺水问题。

分析结果表明了合肥市资源型缺水、水质型缺水并存。资源型缺水表现在合肥的水资源时空分布不均匀,供水中较大一部分来源于跨流域调水,且有增长的趋势,这使得合肥市在枯水年的供水量难以得到保证。水质型缺水表现在由于排放大量废污水造成合肥市周边淡水资源受污染而短缺。以巢湖为例,由于工业的发展,废污水无需排放,污水处理工程建设和运行滞后等因素,巢湖湖区整体水质遭到重度污染,水体呈中度富营养状态,水质已不能满足生活需要。因此,需要对水资源进行合理配置、跨流域区域调水、水生态修复与综合治理是支撑合肥市快速平稳发展的必然需求。

4.1.5.2　六安市

通过对六安市规划水平年不同来水频率的供水、需水情况进行分析,结果表明:六安市按 2020 年既定的社会经济发展目标,供需分析中将出现较大的缺口。根据方案 2 的供需平衡可知,2020 年,50% 及 75% 频率平水年份不缺水,95% 特枯年份缺水量为 7.99 亿 m^3,较基本需水方案少 10.62 亿 m^3。

由以上分析可知,六安市为农业大市,虽然水资源相对较为丰富,但农业灌溉需水量要求大,且灌溉水利用系数低,使得六安市用水较为紧张,应采取措施提高灌溉水利用系数,推广节水器具,逐渐减少水田、水浇地、菜田等作物灌溉定额,努力解决农业用水量大这一主要矛盾。此外,依靠新增供水工程挖掘当地水资源潜力和加大节水力度,压制用水需求的做法,可以明显缓解缺水压力。因此,应积极加强本地供水水源工程的建设,开展节水型社会建设,全面提高用水效率,治污挖潜,开源与节流并举,才能最大限度解决六安市的缺水问题。

4.1.5.3　滁州市

通过对规划水平年不同来水频率的供水、需水情况进行分析,结果表明:在现状水资源开发利用格局和发挥现有供水工程潜力的情况下,滁州市按 2020 年既定的社会经济发展目标,供需分析中将出现较大的缺口。根据方案 2,2020 年,50% 频率平水年份不缺水,75% 枯水年份和 95% 特枯年份缺水量分别为 2.4 亿 m^3 和 9.0 亿 m^3,分别较基本需水方案少 8.4 亿 m^3 和 7.3 亿 m^3。根据方案 3,由于增加了境外引水,方案 3 与方案 2 相比缺水量又有较大减少。50% 平水年份均不缺水。2020 年,各县区缺水均有较大程度改善,75% 枯水年份和 95% 特枯年份全市缺水量分别较未调入外水前少 1.7 亿 m^3,各县区缺水主要体现在农业灌溉水不足。

由以上分析可知,滁州市区应采取节水措施提高工业重复利用率,农业方面可以通过提高灌溉水利用系数和调整种植结构,减少无效蒸发,提高灌溉保证率,减少灌溉用水量。还应通过立足于当地水资源,积极调引外水,开展节水型社会建设,全面提高用水效率,开源与节流措施并举,可以在很大程度上满足滁州市不断增长的用水需求,缓解缺水压力。

4.2　皖北地区

4.2.1　需水预测

1. 社会经济发展

需水量的大小取决于社会与经济的发展计划和发展目标。因此,需水预测应在一定时期社会经济发展计划已确定的条件下进行。在对需水量进行预测前,应首先根据社会发展计划的宏观目标对社会经济指标进行分析和预测,一方面为需水量预测提供条件,另一方面为研究水资源合理配置和承载能力评价提供参考依据。

(1) 国民经济发展指标预测

根据皖北各重点市经济总体目标和发展战略、国民经济和社会发展"十二五"规划纲要,以及各行业发展规划,对皖中皖北重点城市国民经济发展趋势进行预测。如表 4.60 所示。

表 4.60　皖北各市年经济发展指标预测表　　单位:亿元

城市	2010 年		2020 年	
	地区生产总值	产业结构比例	地区生产总值	产业结构比例
蚌埠	636.9	18.9∶47.2∶33.9	1802	12∶52∶36
阜阳	721.51	27.4∶39.2∶33.4	2043	12∶48∶40

(2) 人口与城镇化发展预测

截至 2010 年末,蚌埠、阜阳的总人口分别为 362.23 万人、1011.8 万人,城镇化率分别为 45%、31.5%。随着社会经济的发展、城市化进程的推进,各城市未来的城镇规模还将进一步扩大。

采用综合增长法和时间序列相关回归法预测得到未来人口规模。皖北地区各城市人口与城镇化率预测如表 4.61 所示。

表 4.61　皖北地区重点城市人口与城镇化率预测表

城市	水平年	总人口(万人)	城镇人口(万人)	农村人口(万人)	城镇化率
蚌埠市	2010 年	362.23	163	199.2	45%
	2020 年	387.2	250.9	136.3	64.8%
阜阳市	2010 年	1011.8	318.72	693.08	31.5%
	2020 年	1090.3	545.15	545.15	50%

2. 需水量预测(生活、生产、生态)

(1) 生活需水预测

① 城镇居民生活需水预测。

2010 年蚌埠市、阜阳市的城市居民生活实际用水总量分别为 0.51 亿 m³、1.18 亿 m³。城市居民平均生活用水量分别为 102 L/(人·日)、101.43 L/(人·日)。综合考虑目前各市的经济发展速度、生活水平的提高、生活条件的改善等因素,确定蚌埠市、阜阳市 2020 年的城市居民生活用水定额分别为 130 L/(人·日)、120 L/(人·日)。预测结果如表 4.62 所示。

表 4.62　皖北城市居民生活需水量预测成果

水平年	蚌埠市	阜阳市
	需水量(亿 m³)	需水量(亿 m³)
2010	0.51	1.18
2020	1.059	2.163

② 农村居民生活需水预测。

蚌埠市、阜阳市的 2010 年农村居民生活实际用水总量分别为 0.7 亿 m³、1.11 亿 m³;农村居民生活用水定额分别为 68 L/(人·日)、70 L/(人·日)。在综合各种规范的基础上,参考其他地区农村生活用水标准,并结合三个重点城市的农村实际生活水平,预测蚌埠市、阜阳市在 2020 年的农村居民生活需水量。预测结果如表 4.63 所示。

表 4.63　皖北农村居民生活需水量预测成果

水平年	蚌埠市	阜阳市
	需水量(亿 m³)	需水量(亿 m³)
2010	0.700	1.11
2020	0.399	1.567

(2) 生产需水预测

① 农业灌溉需水预测。

截至 2010 年底,蚌埠市、阜阳市的耕地面积分别为 439.947 万亩、861.71 万亩,有效灌溉面积分别为 307.14 万亩、555.27 万亩。农业以种植业为主,主要作物有小麦、大豆、玉米、薯类、水稻等,经济作物有油料、棉花、瓜果蔬菜等。

根据《安徽省行业用水定额》中规定,皖北现有灌区大都属于中小河灌区,灌溉水利用系数在 0.57~0.64,井灌区灌溉水利用系数 0.7,考虑农田水利设施建设的发展和先进灌溉技术的推广,未来皖北农业灌溉水利用系数将有所提高,预计河灌区为 0.60~0.72,井灌区达到 0.75~0.80,灌溉定额总体上也将有所减少。如表 4.64 所示。

表 4.64　不同保证率农田灌溉用水定额　　　　　　　　单位:m³/亩

城市	保证率	水田	水浇地	商品菜地
蚌埠	50%	270	90	170
	75%	350	145	235
	95%	460	220	250

续表

城市	保证率	水田	水浇地	商品菜地
阜阳	50%	190	60	90
	75%	250	90	110
	95%	330	120	140

根据不同类型农业用地面积、用水定额以及灌溉水利用系数,来推求各区农业灌溉需水量。这里需要注意的是,在95%年份供水破坏,实际灌溉水量要小于理论值。如表4.65所示。

表 4.65　皖北农业灌溉需水量预测成果表　　　　单位:万 m³

城市	保证率	基准年(2010)	中期水平年(2020)
蚌埠市	50%	124080	121642
	75%	133253	130911
	95%	149366	149076
阜阳市	50%	119236	114793
	75%	172316	165937
	95%	223909	215617

② 林牧渔畜需水量。

林渔业的灌溉需水量根据面积和用水定额计算。根据现状典型调查和《安徽省用水定额》,分别确定林果地灌溉的灌溉定额,结合林果地发展面积预测指标,计算林果地灌溉需水量。如表4.66所示。

表 4.66　皖北地区重点城市林牧渔畜需水量预测成果　　　　单位:万 m³

城市	水平年	林果需水			鱼塘补水			牲畜需水
		50%	75%	95%	50%	75%	95%	
蚌埠市	2010	721	983	1245	2373	9900	12079	533
	2020	869	1185	1501	8957	11196	13235	2623
阜阳市	2010	168	239	335	2212	2765	3318	4051
	2020	209	298	418	2352	2940	3528	5995

③ 工业需水预测。

以2010年为基础,结合各市国民经济发展预测,以保障经济持续稳定发展为目标,同时考虑工业发展所导致的水需求增长和节水技术的推广应用等因素的综合影响,计算各重点城市规划水平年的工业需水量。需水量预测结果如表4.67

所示。

表 4.67　皖北各市规划水平年工业需水量　　　　单位:亿 m³

城市	2010 年			2020 年		
	一般工业	火电	合计	一般工业	火电	合计
蚌埠市	3.16	0.4	3.56	3.95	0.47	4.42
阜阳市	2.91	0.2	3.11	4.80	0.69	5.49

④ 建筑业与第三产业需水量。

a. 建筑业。

建筑业需水量采用万元增加值取水量定额预测法计算。根据安徽省行业用水定额,并参考相关成果,确定各市建筑业规划水平年年用水定额,计算得到各市规划水平年建筑业需水量。如表 4.68 所示

表 4.68　各重点城市建筑业需水量预测成果表

城市		现状水平年(2010)		中期水平年(2020)	
		增加值 (亿元)	需水量 (万 m³)	增加值 (亿元)	需水量 (万 m³)
皖北	蚌埠市	45	900	77.6	1241
	阜阳市	40.4	1172	87.1	1916

b. 第三产业需水预测。

第三产业用水包括机关用水、学校用水、医院用水、商业用水、餐饮服务业用水等。本次预测采用万元增加值用水量法预测。皖北城市第三产业需水量如表4.69 所示。

表 4.69　皖北城市第三产业需水量　　　　单位:万 m³

城市	基准年(2010)	中期水平年(2020)
蚌埠市	3200	5381
阜阳市	2993	8148

(3) 生态需水预测

根据《全国水资源综合规划技术细则》要求,生态环境需水预测分为河道内生态环境用水与河道外生态环境用水两部分。

① 河道内生态环境需水。

河道内生态环境需水量主要考虑维持河道一定水生生态功能的需水要求,即河道生态基流水量。河道水生生态环境用水预测应根据区域水资源条件,按照逐步提高的原则,因地制宜地制定各规划水平年的控制目标。本次生态环境需水预

测分别采用多种方法计算,用计算结果中的最小值作为河道内生态基流量。未来各河流河道内生态基流经采用几种方法计算,最后采用 Tennant 法的结果,即采用各河流河道断面多年平均天然径流量的 10% 作为各河流河道内生态基流的总需水量。

② 河道外生态环境需水。

河道外生态环境需水量主要考虑城市绿地灌溉用水及城市人工湖泊补水两项。

3. 需水量汇总(基本方案)

综上所述,根据生活、农业、工业和生态环境需水量的预测,需水量预测汇总如表 4.70 所示。

表 4.70　皖北各市需水量分区预测汇总表　　　　　　单位:亿 m³

城市		水平年	城镇生活用水	工业	建筑	第三产业	生态	农村生活用水	林牧渔畜	农田灌溉			总需水量		
										$P=$ 50%	$P=$ 75%	$P=$ 95%	$P=$ 50%	$P=$ 75%	$P=$ 95%
皖北	蚌埠市	2010	0.51	3.56	0.09	0.32	0.24	0.70	1.14	12.41	13.33	14.94	18.97	19.89	21.50
		2020	1.06	4.42	0.12	0.54	0.28	0.40	1.50	12.16	13.09	14.91	20.48	21.41	23.23
	阜阳市	2010	1.18	3.11	0.12	0.45	0.18	1.11	0.71	11.92	17.23	22.39	18.78	24.15	29.38
		2020	2.16	5.49	0.19	0.81	0.36	1.57	0.68	11.71	16.87	21.93	22.97	28.15	33.19

4.2.2　节约用水

4.2.2.1　蚌埠市

1. 节水现状与潜力分析

(1) 生活节水现状与潜力分析

城镇生活用水量直接与城市规模、城市用水设施和发达程度相关,随着蚌埠市经济的发展和城市化进程的不断堆进,城镇生活用水量显著增加。2010 年蚌埠市城镇居民生活用水平均为 102 L/(人•日),用水水平较高,但是水资源浪费现象较为严重。

根据城镇建成区调查资料分析,蚌埠市现状管网漏失率在 10%~15% 之间,部分区域达到 21%,超过国家有关部门考核指标(小于 12%)。节水器具普及率是指使用节水器具的居民户数占城市居民总户数的百分数,根据本次典型调查数据分析,蚌埠市城市的节水器具普及率在 10%~30% 之间。节水器具的推广将降低用水量,供水管网的改造将会减少系统跑、冒、滴、漏的现象,政策引导和合理水价政策将会促进居民节约用水,居民节水意识的增强将会使他们自觉节约用水。蚌埠市城镇供水管网漏失率偏高,节水器具普及率较低,生活节水有一定的潜力。

　　2010年蚌埠市各县市农村生活用水平均为68 L/(人·日),生活用水水平较低,安全保障程度较低,同时也存在浪费现象,需在提高用水水平的基础上减少水资源浪费。

　　(2) 工业节水现状与潜力分析

　　2010年,蚌埠市工业用水占用水总量的24.9%,因此工业节水是蚌埠市节水的重点之一。蚌埠市的主要工业行业有装备制造及汽车零部件、光伏、生物、精细化工、电子信息、新材料和新能源、纺织服装、建材等。2010年蚌埠市的万元工业增加值用水量为157.6 m³,而全国万元增加值用水量平均水平为116.2 m³,其中天津市万元工业增加值用水量最低为11.8 m³。目前,蚌埠市各企业水资源浪费现象比较普遍,大多数生产企业的冷却用水使用后往往直接排放,未进行综合利用,工业用水总效率较低。不同工业行业之间用水量定额差距很大,同一工业行业不同企业之间用水量定额也存在较大差异。与全国先进地区工业用水水平相比,工业节水有较大的潜力。

　　(3) 农业节水现状与潜力分析

　　根据水资源开发利用现状调查评价成果,蚌埠市2010年农业灌溉用水占全市总用水量的60.9%,是蚌埠市第一用水大户,因此农业节水是国民经济节水的重点。2010年蚌埠市总耕地面积为534万亩,当年实灌面积只有271万亩,仅占总耕地面积的50.8%,其中节水灌溉面积54.7万亩,占总灌溉面积的20.7%,而国际上发达国家节水灌溉面积占总灌溉面积的80%以上。蚌埠市农田灌溉水利用系数为0.5左右,与发达国家的0.7～0.8相比明显偏低。由此可见,蚌埠市的农业技术水平还比较低,农业节水潜力巨大。

　　2. 用水效率控制指标

　　通过初步的水资源供需分析发现,按照蚌埠市目前的经济社会发展状况,如果保持现有节水水平,未来的供水水源将难以支撑其用水要求。按照实行最严格的水资源管理制度精神,根据蚌埠市的水资源承载能力状况,结合节水潜力,本次规划在结合现状用水情况的基础上,进一步加大节水力度,确定蚌埠市用水效率各项控制性指标。蚌埠市用水效率控制指标如表4.71所示。2010年蚌埠市城镇居民平均生活用水量为102 L/(人·日),各县市农村生活用水平均为68 L/(人·日)。根据用水效率控制指标确定的定额成果,蚌埠市2015年、2020年和2030年的城镇居民用水定额将分别控制在112 L/(人·日)、116 L/(人·日)和125 L/(人·日),农村居民生活用水定额将分别控制在75 L/(人·日)、80 L/(人·日)和85 L/(人·日)。2010年蚌埠市的万元工业增加值用水量为157.6 m³。根据用水效率控制指标确定的定额成果,蚌埠市2015年和2020年的单位工业增加值用水量将分别控制在71.6 m³/万元、40 m³/万元。

表 4.71　蚌埠市用水效率控制指标

项　　目	2010 年	2020 年
单位工业增加值用水量(m^3/万元)	157.6	40
工业用水重复利用率	51%	71%
农田灌溉亩均用水量(m^3/亩)	242.9	227.5
农业灌溉水利用系数	0.5	0.58
城镇供水管网综合漏失率	15%	11%
城镇居民生活定额[L/(人・日)]	102	116
农村居民生活定额[L/(人・日)]	68	80

2010 年蚌埠市总耕地面积为 534 万亩,当年实灌面积只有 271 万亩,仅占总耕地面积的 50.8%,蚌埠市农田灌溉水利用系数为 0.5 左右。根据用水效率控制指标确定的定额成果,蚌埠市 2020 年的农业灌溉水利用系数控制在 0.58。

4.2.2.2　阜阳市

1. 生活节水

随着生活水平的提高,生活用水定额普遍呈增加趋势,阜阳市城镇居民生活用水定额 2010 年为 135 L/(人・日),农村居民人均生活用水量为 70 L/(人・日)。据调查,2010 年城镇自来水系统管网损失率 15%~30%,节水器具普及率为 15%,城镇居民生活用水的节水意识不强,浪费现象有的还比较严重,农村生活虽然也存在着浪费现象,但农村生活用水因缺乏有效的集中式供水系统,总水平较低,节水潜力不会太大。因此,应主要从城镇的管网损失率、节水器具普及程度的变化等分析节水潜力。

近年来阜阳市和四县一市城区迅速扩大,而现有自来水管网除局部地区采取区域加压外,大部分地区仍是由水厂送水泵房直接至用户为主,由于局部地区供水水压不足,仍有部分居民采用屋顶水箱,特别是老城区,由于管道材质较差,敷设年代久远,存在一定的老化、漏水现象。若加大管道改造力度,降低管网漏失率,估计可节约 5%~10% 的用水量。

2. 农业节水潜力

根据水资源开发利用现状调查评价成果,阜阳市 2010 年农业灌溉用水量占全市总用水量的 66.1%,为第一用水大户。从用水效率来看,现状年农田灌溉水利用系数偏低,为 0.5~0.6,而发达国家为 0.7~0.8;从节水灌溉面积所占比例来看,全市节水灌溉面积约占灌溉面积的 13.9%,而全国为 35%,国际先进水平为 80% 以上。由以上分析可知,阜阳市农业节水潜力还有较大空间。

在现状条件下,中等干旱年份(P = 75%)全市农业灌溉需水量为 17.23 亿 m³,常规灌溉农业水利用系数 0.46,节水灌溉农业水利用系数 0.67。在强化节水条件下,在不增加节水灌溉面积的情况下,使常规灌溉农业水利用系数提高到 0.52,节水灌溉农业水利用系数提高到 0.70,则全市农业灌溉需水量为 16.64 亿 m³,比未节水前少用 0.59 亿 m³。由此可见,农业节水潜力是巨大的。

3. 工业节水潜力

目前,阜阳市各企业之间用水互为独立,水资源浪费现象还比较普遍,大多数生产企业的冷却水使用后往往直接排放,未进行综合利用,工业用水总效率较低。在不同工业行业之间用水量定额差距很大,同一工业行业不同企业之间用水量定额亦参差不齐。同类型企业之间、地区之间单位产品取水量相差也很大。从万元工业增加值用水量指标比较,阜阳市现状工业节水水平高于安徽省,但还低于全国水平,与先进地区相比差距较大;从工业用水重复利用率指标来看,一般工业重复利用率 59%,高耗水工业重复利用率 53%,远远低于国内先进节水城市标准,所以工业节水具有很大的潜力可挖。2020 年在采取一系列节水措施后一般工业重复利用率可提高到78%,高耗水工业重复利用率可提高到 70%。

4. 需水汇总(推荐方案)

通过初步的水资源供需平衡分析发现,按照皖北目前的社会经济发展状况,如果保持现有用水水平,未来的供水水源将难以支撑其用水要求。因此,应根据当地的水资源承载能力和节水潜力,合理制定城镇发展规模、调整产业结构、提高用水效率,缩小供需缺口。因此,必须在需水预测基本方案的基础上,进一步加大节水力度,抑制需水量过快增长,所确定的需水方案即为"强化节水"方案。本次预测方案中,节水主要从居民生活、农业灌溉、林牧渔畜和第二、三产业等方面考虑,其他用水户用水同基本方案。

综上,在考虑强化节水的情况下,皖北各市需水量汇总(推荐方案)如表 4.72 所示。

表 4.72　皖北各市需水量分区预测汇总表(推荐方案)　　　　　　单位:亿 m³

城市		水平年	城镇生活用水	工业	建筑	第三产业	生态	农村生活用水	林牧渔畜	农田灌溉			总需水量		
										$P=$ 50%	$P=$ 75%	$P=$ 95%	$P=$ 50%	$P=$ 75%	$P=$ 95%
皖北	蚌埠市	2010	0.51	3.56	0.09	0.32	0.24	0.70	1.14	12.41	13.33	14.94	18.97	19.89	21.50
		2020	1.06	4.42	0.12	0.54	0.28	0.40	1.50	12.16	13.09	14.91	20.48	21.41	23.23
	阜阳市	2010	1.18	3.11	0.12	0.45	0.18	1.11	0.71	11.92	17.23	22.39	18.78	24.15	29.38
		2020	1.97	5.12	0.17	0.78	0.33	1.57	0.65	11.45	15.77	20.61	22.04	27.03	31.87

4.2.3　供水预测

1. 地表水可供水量预测

本规划分别在保证率 $P = 50\%$、$P = 75\%$ 和 $P = 95\%$ 来水情况下,计算地表水可供水量。如表 4.73 所示。

表 4.73　皖北各市地表水可供水量预测成果　　　　　单位:万 m³

城市	保证率	2010 年	2020 年
蚌埠	50%	137500	134000
	75%	136000	133000
	95%	124000	126000
阜阳	50%	205648	233957
	75%	171290	191678
	95%	116090	116649

2. 地下水可供水量预测

（1）浅层地下水供水

浅层地下水主要用于农业灌溉、农村生活供水以及部分生产用水。如表 4.74 所示。

表 4.74　皖北地区浅层地下水可供水量预测成果　　　　单位:亿 m³/a

城市	保证率	2010 年	2020 年
蚌埠	50%	2.55	2.39
	75%	2.58	2.45
	95%	2.62	2.635
阜阳	50%	5.800	7.733
	75%	5.241	6.840
	95%	4.134	5.315

（2）中深层、深层地下水和裂隙岩溶地下水供水

对于深层承压水能否开采利用,国内外一直存在意见分歧,但实际上世界各地都在不同程度地利用深层承压水。国际经验表明,深层承压水不但可以利用,而且

可以做到有计划、长时期地利用,绝不能因其难以恢复而不主张动用,也不能不顾客观条件而大规模开采。关键是要根据深层承压水的分布、补径排条件等,合理确定可供水量,既不造成严重的环境地质问题,又满足用水需求。从加强地下水管理思路和当地缺水的实际情况两方面综合考虑,本次规划将皖北各市深层地下水现状开采量作为其规划水平年的可供水量。采煤沉陷区年可供水量如表4.75所示。

表 4.75　采煤沉陷区年可供水量统计

单位:万 m³

城市	保证率	2010 年	2020 年
	50%	未沟通	6420
阜阳	75%	未沟通	1200
	95%	未沟通	480

3. 再生水(中水)供水

可回用污水量由城市生活污水和工业废水组成。由于其自身水质的限制,只能用于对水质要求不高的工业、城市杂用和景观用水等方面,因此其可供水量应"以需定供"。

再生水回用于工业可作为冷却用水、洗涤用水和锅炉用水等方面。预测阜阳地区 2020 年再生水可回用量为 18748 万 m³。

4. 外调水供水

根据皖北各市制定的社会经济发展规划,"十二五"乃至未来一段时期,工业快速发展和城镇人口规模扩大,将极大地影响当地水资源的供求关系和需求结构,社会经济的发展也对水资源的开发利用提出了新的要求。通过规划水平年水资源供需平衡分析,皖北地区当地水资源条件无法满足社会经济发展的用水需求,未来将发生严重的缺水,为了维持社会经济可持续发展,需从外区域调水以提高其水资源承载能力。

4.2.4　供需平衡

4.2.4.1　蚌埠市

本规划在蚌埠市经济社会发展需水预测的基础上,结合未来节水潜力和新增供水能力分析,对蚌埠市各分区进行水资源供需分析,主要考虑以下三种情况:一次供需分析,即按照现有供水工程的供水能力,考虑节水措施;二次供需分析,在一次供需分析的基础上,考虑现状供水工程挖潜和规划供水工程建设增加的供水能力;三次供需分析,在前两次供需分析的基础上,考虑跨流域调水(南水北调和引江济淮)。

1. 基准年水资源供需分析

基准年供需分析是在现状 2010 年的基础上,扣除现状供水中不合理开发的水量部分(主要指深层地下水的开采),对现状供水工程条件下不同供水保证率时($P=50\%$、75%、95%)国民经济各部门的用水量与供水量进行供需分析,以行政分区为单元进行水量余缺分析。现状条件下,蚌埠市基准年水资源供需分析如表 4.76 所示。

表 4.76　蚌埠市基准年水资源供需分析　　　　　单位:万 m³

分区		50%				75%				95%			
		需水量	可供水量	缺水量	缺水率	需水量	可供水量	缺水量	缺水率	需水量	可供水量	缺水量	缺水率
行政分区	蚌埠市区	37700	34126	3574	9%	38512	34945	3566	9%	39764	33253	6511	16%
	怀远县	99996	85399	14597	15%	106682	85411	21272	20%	119445	84230	35215	29%
	五河县	32659	25956	6703	21%	35220	25959	9260	26%	39479	24999	14480	37%
	固镇县	14387	11351	3036	21%	15264	11352	3912	26%	16687	11369	5317	32%
蚌埠市		184742	156832	27910	15%	195678	157667	38010	19%	215375	153852	61523	29%

表 4.76 中地下水指浅层地下水,深层地下水不作为供水水源考虑,可以看出,在现状工程供水能力和供水布局的条件下,蚌埠市在 50%、75% 和 95% 保证率的条件下,均有不同程度的缺水,缺水总量分别为 27910 万 m³、38010 万 m³、61523 万 m³。

2. 规划水平年水资源供需分析

(1) 一次供需分析

一次供需分析是考虑人口的自然增长、经济的发展、节水措施的实施、城市化程度和人民生活水平的提高,按照现有供水工程的供水能力,考虑节水措施,进行水资源供需分析。

从表 4.77 可以看出,在保持现有供水工程供水能力的情况下,按照蚌埠市经济社会发展速度,到 2020 年和 2030 年,缺水将进一步加剧,2020 年在 50% 来水频率情况下缺水量为 4.50 亿 m³,在 75% 来水频率条件下缺水量为 5.60 亿 m³,在 95% 来水频率的特枯年份缺水量将达到 8.05 亿 m³。

由此可见,在保持现状水资源开发利用格局和现有供水工程的情况下,蚌埠市在未来发展过程中将出现非常严重的缺水问题,水资源短缺将严重制约当地经济社会的快速发展。

表 4.77　蚌埠市规划水平年一次供需分析　　　单位:万 m³

分区		保证率	2020 年			
			需水量	可供水量	缺水量	缺水率
行政分区	蚌埠市区	50%	40511	34126	6385	15.8%
		75%	41413	34945	6468	15.6%
		95%	42763	33253	9509	22.2%
	怀远县	50%	105242	85399	19843	18.9%
		75%	112389	85411	26979	24.0%
		95%	125708	84230	41478	33.0%
	五河县	28.6%	37284	25956	11328	30.4%
		75%	40092	25959	14132	35.2%
		95%	44624	24999	19625	44.0%
	固镇县	50%	18792	11351	7441	39.6%
		75%	19758	11352	8406	42.5%
		95%	21279	11369	9909	46.6%
蚌埠市		50%	201829	156832	44997	22.3%
		75%	213653	157667	55985	26.2%
		95%	234374	153852	80522	34.4%

(2)二次供需分析

二次供需分析,是在一次供需分析的基础上,考虑现状供水工程挖潜和规划供水工程建设增加的供水能力,进行水资源供需分析。二次供需分析结果如表 4.78 所示。

表 4.78　蚌埠市规划水平年二次供需分析　　　单位:万 m³

分区		保证率	2020 年			
			需水量	可供水量	缺水量	缺水率
行政分区	蚌埠市区	50%	40511	36920	3591	8.9%
		75%	41413	36920	4493	10.8%
		95%	42763	35502	7260	17.0%

续表

分区		保证率	2020 年			
			需水量	可供水量	缺水量	缺水率
行政分区	怀远县	50%	105242	89061	16181	15.4%
		75%	112389	89062	23328	20.8%
		95%	125708	87960	37748	30.0%
	五河县	50%	37284	28029	9255	24.8%
		75%	40092	27885	12207	30.4%
		95%	44624	26357	18267	40.9%
	固镇县	50%	18792	13190	5602	29.8%
		75%	19758	13190	6569	33.2%
		95%	21279	12162	9117	42.8%
蚌埠市		50%	201829	167199	34629	17.2%
		75%	213653	167056	46596	21.8%
		95%	234374	161981	72392	30.9%

　　从表 4.78 可以看出,由于考虑现状供水工程挖潜和规划供水工程建设增加了供水能力,规划年的缺水量与一次平衡相比较有所减少。2020 年在 50% 来水频率情况下缺水量为 3.46 亿 m³,在 75% 来水频率条件下缺水量为 4.66 亿 m³,在 95% 来水频率的特枯年份缺水量将达到 7.24 亿 m³。以 75% 来水频率为例,2020 年的一次平衡缺水量为 5.60 亿 m³,二次平衡缺水量为 4.66 亿 m³,二次平衡缺水量比一次平衡减少 0.94 亿 m³。由此可见,在现状供水工程挖潜和规划供水工程建设的情况下,蚌埠市在未来发展过程中的缺水问题将会有所缓解,但是蚌埠市依然存在较严重的缺水问题。

　　(3) 三次供需分析

　　通过以上两次供需分析可以看出,即使加大节水力度实施和新建供水工程等措施,规划水平年蚌埠市仍存在水资源短缺问题。因此,为了保障经济社会发展的用水安全,需要进行跨流域调水工程,这样才能保证蚌埠市生活、生产和生态对水资源的需求。三次供需分析,就是在前两次供需分析的基础上,考虑规划年引江济淮跨流域调水的情况下,进行水资源供需分析。

　　从表 4.79 可以看出,由于进行引江济淮跨流域调水,蚌埠市在规划水平年经济社会发展过程中的缺水问题将会得到很大改善,在 2020 年 50% 和 75% 来水频率的年份均不存在缺水问题,水资源可以支撑蚌埠市经济社会的快速发展。

表 4.79　蚌埠市规划水平年三次供需分析　　　　单位:万 m³

分区		保证率	2020 年			
			需水量	可供水量	缺水量	缺水率
行政分区	蚌埠市区	50%	40511	40511	0	0
		75%	41413	41413	0	0
		95%	42763	40635	2128	5.0%
行政分区	怀远县	50%	105242	105242	0	0
		75%	112389	112389	0	0
		95%	125708	114902	10805	8.6%
	五河县	50%	37284	37284	0	0
		75%	40092	40092	0	0
		95%	44624	40624	4001	9.0%
	固镇县	50%	18792	18792	0	0
		75%	19758	19758	0	0
		95%	21279	19503	1776	8.3%
蚌埠市		50%	201829	201829	0	0
		75%	213653	213653	0	0
		95%	234374	215664	18710	8.0%

4.2.4.2　阜阳市

1. 基准年供需平衡分析

从表 4.80 可以看出,通过对各规划分区基准年不同来水频率的供水情况进行分析,结果表明:在现状工程供水能力和供水格局的条件下,在 50% 频率的平水年份,阜阳市基本可以维持现有的工农业生产用水需求;而在 75% 频率的枯水年份,全市缺水 0.54 亿 m³,缺水率为 2.3%;95% 频率特枯年份,将出现较严重缺水,缺水总量达 10.7 亿 m³,缺水率达 36.3%。

（1）总体缺水严重

阜阳市属于资源型缺水、工程型缺水和水质型缺水三种情况共存,水资源供需矛盾突出。从基准年供需平衡成果可以看出,当地水资源条件较差、经济发展迅猛和以农业生产为主(灌溉面积较大)是造成缺水严重的主要原因。

表 4.80　阜阳市基准年水资源供需平衡分析结果(行政分区)

分区	频率	需水量(万 m³)				供水量(万 m³)				缺水量 (万 m³)	缺水率
		生活	生产	生态	合计	地表水	浅层水	深层水	合计		
阜阳城区	50%	6347	33606	1130.8	41084	41230	10398	8680	60308	0	0
	75%	6347	44358	1130.8	51836	34358	9384	8680	52422	0	0
	95%	6347	53712	1130.8	61190	23318	7413	8680	39411	21779	35.6%
临泉县	50%	4717	21311	112.8	26140	20615	12492	4620	37727	0	0
	75%	4717	29689	112.8	34519	17179	11269	4620	33068	1451	4.2%
	95%	4717	37491	112.8	42321	11659	8904	4620	25183	17138	40.5%
太和县	50%	3989	22928	155	27072	24738	10974	4060	39772	0	0
	75%	3989	31514	155	35658	20615	9898	4060	34573	1085	3.0%
	95%	3989	38823	155	42968	13991	7826	4060	25877	17091	39.8%
阜南县	50%	3458	26730	84.8	30273	43599	10482	4770	58851	0	0
	75%	3458	35422	84.8	38965	34666	9509	4770	48945	0	0
	95%	3458	45040	84.8	48583	20314	7469	4770	32553	16030	33.0%
颍上县	50%	4218	43728	185.8	48132	63599	9420	5300	78319	0	0
	75%	4218	57275	185.8	61679	54666	8534	5300	68500	0	0
	95%	4218	72145	185.8	76548	40314	6713	5300	52327	24222	31.6%
界首市	50%	2369	12635	109.6	15114	12369	4230	1830	18429	0	0
	75%	2369	16384	109.6	18862	10307	3816	1830	15953	2909	15.4%
	95%	2369	19673	109.6	22151	6995	3017	1830	11842	10309	46.5%
全市合计	50%	25098	160939	1779	187815	206149	57996	29260	293405	0	0
	75%	25098	214643	1779	241520	171791	52410	29260	253461	5445	2.3%
	95%	25098	266885	1779	293761	116591	41342	29260	187193	106568	36.3%

(2) 年际、年内缺水量变化大

由基准年供需平衡分析成果,全市缺水状况与降水量有较大关系,降水量较大的年份一般缺水量较小。由月供水系数以及供水能力可以得出,年内不同月份缺水差别较大,缺水最严重的月份是 4 月和 10 月,这个时期也是工农业争水最严重的月份,因此如何保证缺水最严重月份的需水,也是水资源开发利用中迫切需要解决的问题。

（3）供水结构不甚合理

阜阳市现状供水结构中地下水所占比例较高,特别是生活和工业生产用水过于依赖深层地下水。由于超采深层地下水已经带来一系列环境地质问题,因此可以认为阜阳市现有的供水结构是缺乏可持续性的,是不合理的。

2. 规划水平年供需平衡分析

（1）方案1供需平衡分析

从表4.81可知,通过对规划水平年不同来水频率的供水、需水情况进行分析,结果表明:在现状水资源开发利用格局和发挥现有供水工程潜力的情况下,2020年,阜阳市按既定的社会经济发展目标,供需分析中将出现较大的缺口。

由以上分析可知,在保持现有用水水平和没有供水投入的情况下,阜阳市在未来发展过程中将出现较为严重的缺水问题,水资源短缺必将成为当地社会和经济发展的主要制约因素。

表4.81　方案1供需平衡分析结果表（行政分区）　　　水量单位:万 m³

分区	保证率	中期水平年（2020 年）			
		需水量	供水量	缺水量	缺水率
阜阳城区	50%	56426	64228	0	0
	75%	66822	54154	12668	19.0%
	95%	75869	36433	39436	52.0%
临泉县	50%	33000	40950	0	0
	75%	41088	34772	6316	15.4%
	95%	48619	26511	22108	45.5%
太和县	50%	31457	43391	0	0
	75%	39749	36603	3147	7.9%
	95%	46810	24744	22066	47.1%
阜南县	50%	35796	66843	0	0
	75%	44169	54284	0	0
	95%	53427	31970	21457	40.2%
颍上县	50%	54155	85139	0	0
	75%	67201	72724	0	0
	95%	81512	51210	30302	37.2%

续表

分区	保证率	中期水平年(2020 年)			
		需水量	供水量	缺水量	缺水率
界首市	50%	18891	22440	0	0
	75%	22516	19242	3274	14.5%
	95%	25696	12640	13056	50.8%
阜阳市	50%	229724	322990	0	0
	75%	281544	271779	25404	9.0%
	95%	331932	183508	148424	44.7%

(2) 方案 2 供需平衡分析

2020 年,50%频率平水年份不缺水,75%枯水年份和 95%特枯水年份缺水量分别为 0.63 亿 m³ 和 11.65 亿 m³,75%年份和 95%年份分别较基本需水方案少1.91 亿 m³ 和 3.19 亿 m³。如表 4.82 所示。

表 4.82 方案 2 供需平衡分析结果表(行政分区)　水量单位:万 m³

分区	保证率	中期水平年(2020 年)			
		需水量	供水量	缺水量	缺水率
阜阳城区	50%	53911	71030	0	0.0%
	75%	63957	60957	3000	4.7%
	95%	72693	43236	29458	40.5%
临泉县	50%	31888	42884	0	0
	75%	39696	36706	2990	7.5%
	95%	46958	28445	18513	39.4%
太和县	50%	30282	45722	0	0
	75%	38291	38933	0	0
	95%	45107	27075	18032	40.0%
阜南县	50%	34365	68806	0	0
	75%	42406	56247	0	0
	95%	51284	33932	17352	33.8%
颍上县	50%	51782	88761	0	0
	75%	64298	76346	0	0
	95%	78003	54832	23171	29.7%

续表

分区	保证率	中期水平年(2020 年)			
		需水量	供水量	缺水量	缺水率
界首市	50%	18130	24536	0	0
	75%	21632	21338	293	1.4%
	95%	24701	14736	9964	40.3%
阜阳市	50%	220359	341739	0	0
	75%	270280	290527	6284	2.3%
	95%	318745	202256	116489	36.5%

(3) 方案 3 供需平衡分析

通过以上两次供需平衡分析可知,阜阳市主要属于资源型缺水,即使加大节水力度、增加地表蓄水和地下水开采量等措施后,阜阳市未来仍存在较严重的缺水问题。对于局部缺水比较严重的地区,如工业、城市生活用水较集中的颍州区,仅靠节水和当地水资源仍然不能解决其缺水问题。因此,必须在方案 2 的基础上,考虑跨区域调水,增加外流域供水量,才能从根本上解决阜阳市的缺水问题。方案 3 就是在前两次供需平衡分析的基础上,把"引淮济阜"工程规划引水纳入到阜阳市供水系统中,通过对当地水和"引淮济阜"外来水的合理配置,从而实现水资源的三次供需平衡。从表 4.83 可以看出,在方案 3 条件下,由于增加了外调水补给,方案 3 与方案 2 相比缺水量有较大减少。2020 年,各县区缺水均有较大程度改善,75% 枯水年份由原来的缺水 0.63 亿 m^3 变为不缺水,95% 特枯水年份全市缺水量分别较未调入外水前少 5.02 亿 m^3,各县区缺水主要体现在农业灌溉水不足。由以上分析可知,通过立足于当地水资源,积极调引外水,开展节水型社会建设,全面提高用水效率,开源与节流措施并举,可以在很大程度上满足阜阳市不断增长的用水需求,缓解缺水压力。

表 4.83　方案 3 供需平衡分析结果表(行政分区)　　　水量单位:万 m^3

分区	保证率	中期水平年(2020 年)			
		需水量	供水量	缺水量	缺水率
阜阳城区	50%	53911	76324	0	0
	75%	63957	69424	0	0
	95%	72693	62803	9890	13.6%
临泉县	50%	31888	44105	0	0
	75%	39696	39609	0	0
	95%	46958	33462	13495	28.7%

续表

分区	保证率	中期水平年(2020 年)			
		需水量	供水量	缺水量	缺水率
太和县	50%	30282	47079	0	0
	75%	38291	43288	0	0
	95%	45107	34099	11008	24.4%
阜南县	50%	34365	70434	0	0
	75%	42406	57456	0	0
	95%	51284	37946	13338	26.0%
颍上县	50%	51782	92019	0	0.0%
	75%	64298	79733	0	0
	95%	78003	66874	11129	14.3%
界首市	50%	18130	25350	0	0
	75%	21632	25209	0	0
	95%	24701	17245	7456	30.2%
阜阳市	50%	220359	355312	0	0
	75%	270280	314720	0	0
	95%	318745	252429	66316	20.8%

4.2.5　皖北地区缺水态势分析

安徽省皖北地区人均水资源量为 460 m³,仅占全省人均水资源量的 1/3 和全国的 1/5,小于国际公认的人均 500 m³ 的严重缺水线。该区资源型缺水、工程型缺水和水质型缺水并存,城市缺水和工农业生产缺水严重。由于水资源不足,时空分布不均,旱涝灾害频发,农业生产安全受到一定程度的影响,同时水资源短缺也影响到许多重大工业项目的引进和实施,已成为制约该地区经济和社会发展的重要因素。相对于皖中皖北地区亳州、淮北、宿州和阜阳等城市由于缺乏地表水源,因而将中、深层地下水作为主要供水水源,地下水超采已引发了降落漏斗和地面沉降等环境地质灾害。

为了保障皖北地区社会经济可持续发展,维持区域生态环境和地质环境安全,挖掘当地水资源潜力和利用过境雨洪水资源都是积极有效的手段。但从长远来看,为确保蚌埠、淮南、阜阳、亳州、淮北、宿州等重要城市的供水安全,只有改善生态环境,解决好城市区因地下水超采引发的地质环境问题,实现区内水资源的可持续利用,尽早实施引江济淮和淮水北调、淮水西调等调水工程,方能从根本上解决水资源日益短缺问题。这不仅是解决该区日益复杂的水资源问题的迫切需要,也是事关区域经济社会可持续发展全局的重大战略问题。

第5章 水资源开发潜力与承载力研究

水资源与水环境承载能力是从传统水利向现代水利转变过程中提出的新课题,是从水资源的可持续利用向支持经济社会可持续发展的研究领域的新突破。水资源承载能力与社会、经济、人口、资源密切相关,是典型的多目标问题。设计未来的不同发展情景,综合比较不同的方案,可以有效地获得不同地区在不同社会发展状况下的水资源的承载能力。随着安徽省皖中皖北地区社会经济活动强度加剧,水文循环和水资源转变与演化会发生显著变化,在深入分析重点区域和重点流域水资源的特性,研究变化条件下水资源的开发利用潜力和承载能力,为水资源开发利用总量控制管理和区域水资源可持续开发利用提供技术支撑。

5.1 水资源开发潜力研究

本节依据前面章节水资源演变情况和社会经济发展状况,结合本区域水资源可利用量在引入负载指数之后分析了安徽省江淮分水岭地区和安徽境内淮河流域各个地级市水资源三级区的水资源开发潜力,由于安徽省淮河流域大部分属于沿淮和淮北平原区,地下水资源开采严重,而皖中的江淮分水岭缺水区域,蓄水条件差,地下水开采难度大,投入成本高,地下水资源仅仅作为局部地区的临时水源补充,目前皖中的江淮丘陵缺水地区处于地下水无系统的开采模式和开采技术。根据现有勘探成果,江淮丘陵缺水地区地下水资源规模数约 5 万～8 万 $m^3/(km^2 \cdot$年$)$,天然资源总量 10.8 亿 m^3(范围包括江淮分水岭地区 7 个县市,面积 1.8 万平方千米)。然而,目前该地区地下水仅零星开采,井型以压水井和大口径土井为主,开采井数 2～13 眼/km^2,总开采量约 1.12 亿 km^3/a,仅占天然资源的 10%。地下水资源尚有较大潜力,随着江淮分水岭地区经济社会的快速发展,地下水将会被合理开发利用。故本项目对皖中江淮丘陵缺水区域地下水分布规律和开采方法进行了初步研究,旨在为皖中江淮丘陵缺水地区今后地下水开发利用提供参考依据。

5.1.1 负载指数的引入

水资源负载指数的研究在干旱和半干旱地区多利用区域降水、人口和农业灌溉面积这 3 个数据与水资源量值间的关系,反映水资源的利用程度及判断今后水

资源开发的难易程度。其计算公式为

$$C = K \sqrt{P \sqrt{GS}} / W \tag{5.1}$$

式中：C 为水资源负载指数；P 为人口数量（万人）；G 为 GDP 国内生产总值（亿元）；S 为有效灌溉面积（平方千米）；W 为水资源量（亿 m^3）；R 为降水量（mm）；K 为与降水有关的系数。

$$K = \begin{cases} 1.0 & R \leqslant 200 \\ 1.0 - 0.1(R - 200)/200 & 200 < R \leqslant 400 \\ 0.9 - 0.2(R - 400)/400 & 400 < R \leqslant 800 \\ 0.7 - 0.2(R - 800)/800 & 800 < R \leqslant 1600 \\ 0.5 & R > 1600 \end{cases} \tag{5.2}$$

全国水资源负载指数分级评价标准如表 5.1 所示。

表 5.1　全国水资源负载指数分级评价标准

级别	C 值	水资源利用程度及开发潜力	今后水资源进一步开发评价
Ⅰ	>10	很高,潜力很小	艰巨、有条件时需要外流域调水
Ⅱ	5～10	高,潜力小	开发条件很困难
Ⅲ	2～5	中等,潜力较大	开发条件中等
Ⅳ	1～2	较低,潜力大	开发条件较容易
Ⅴ	<1	低,潜力很大	兴修中小工程,开发容易

5.1.2　安徽省淮河流域水资源开发潜力

查阅安徽省水资源公报、安徽省水资源规划报告、安徽省统计年鉴等获得安徽省各个地级市和安徽省淮河流域三级区的水文条件、社会经济状况所需数据,用上述水资源负载指数模型进行计算分析。

水文条件:降雨和地区水资源量用的均是 1956～2010 年的多年平均值。社会经济条件:现状年份的 GDP、人口、灌溉面积均是 2010 年安徽省统计年鉴数据,未来年份是安徽省水资源规划报告上面的未来规划年份的社会经济指标数据。安徽省淮河流域各地级市行政分区和三级区的水资源负载指数和等级分别如表 5.2 和表 5.3 所示。按各地级市行政分区来讲,各地级市现状年和未来年份的水资源负载指数均属于 Ⅰ 级,开发利用程度很高,开发潜力很小,开发条件很艰巨,有条件时需要从外流域调水。在 C 值变化上看,淮南市水资源负载指数跟其他地级市相比,要比其他地市的数值大得多,说明淮南市水资源已经过度开发,开发潜力极小,属于最严重的缺水地区,以上结果没有考虑到淮南市对淮河干流水资源的开发利用,如果加上对淮干过境水量的考虑,淮南市水资源尚有一定的开发潜力。

表 5.2　安徽省淮河流域各地市水资源负载指数及等级(无量纲)

分区	现状年 C 值	预测年 C 值	现状年等级	预测年等级
	2010 年	2020 年	2010 年	2020 年
淮北市	28.1	49.6	I	I
亳州市	20.2	35.1	I	I
宿州市	19.8	32.8	I	I
蚌埠市	18.3	33.1	I	I
阜阳市	21.6	36.5	I	I
淮南市	41.7	71.8	I	I

　　按照安徽省淮河流域水资源三级分区来看,淮北地区的各个三级区不论是现状年还是未来预测年份,其水资源负载指数均处于 I 级,水资源开发利用程度很高,开发潜力很小,开发条件很艰巨,这个级别有条件时需要从外流域调水;淮南地区的高天区和王蚌区间南岸现状年的水资源开发程度处于 II 级,开发潜力小,开发条件很困难,但有一定的开发潜力,未来年份处于 I 级,开发潜力很小的级别;蚌洪区间南岸则在现状年和未来年均处于 I 级,开发潜力很小的级别。

表 5.3　安徽省淮河流域三级区水资源负载指数及等级(无量纲)

分区	现状年 C 值	预测年 C 值	现状年等级	预测年等级
	2010 年	2020 年	2010 年	2020 年
湖西区	29.9	52.4	I	I
蚌洪区间北岸	19	33	I	I
王蚌区间北岸	21.7	37.3	I	I
王家坝以上北岸	13.8	21.4	I	I
淮北小计	20.5	35.2	I	I
高天区	10	16.7	II	I
蚌洪区间南岸	13.5	24.4	I	I
王蚌区间南岸	8.3	14.2	II	I
淮南小计	9.2	16	II	I
淮河流域合计	14.7	25.5	I	I

5.1.3　安徽省江淮分水岭地区水资源开发潜力

　　安徽省江淮分水岭地区各地级市行政分区的水资源负载指数和等级如表 5.4 所示。按各地级市行政分区来讲,除了位于淮河南岸的六安市在现状年以及未来规划年水资源负载指数在Ⅱ级,水资源利用程度高,开发潜力小,开发条件很艰巨,其他地级市现状年和未来年份的水资源负载指数均属于Ⅰ级,开发利用程度很高,开发潜力很小,开发条件很艰巨,有条件时需要从外流域调水。在 C 值变化上看,六安市 2010 年现状年在Ⅱ级附近。滁州市 2010 年现状年在Ⅰ级,2020 年也在Ⅰ级。合肥市水资源负载指数跟其他地级市相比,要比其他地市的数值大得多,说明合肥市水资源已经过度开发,开发潜力极小,属于最严重的缺水地区,以上结果没有考虑到"引江济淮"工程对合肥市的影响,如果加上对过境水量的考虑,合肥市水资源尚有一定的开发潜力。

表 5.4 　安徽省长江分水岭地区水资源负载指数及等级(无量纲)

分区	现状年 C 值	预测年 C 值	现状年等级	预测年等级
	2010 年	2020 年	2010 年	2020 年
合肥市	43	73.7	Ⅰ	Ⅰ
滁州市	14.7	20.9	Ⅰ	Ⅰ
六安市	5.5	7.7	Ⅱ	Ⅱ

5.2　基于模糊综合评价的水资源承载力研究

水资源承载力是对水资源安全的一个基本度量,研究水资源承载力对于认识和建设水资源安全保障体系具有重要意义。本节在水资源开发潜力的基础上重点分析了合肥市、淮北市的水资源综合承载能力和淠史杭灌区的水环境承载力,为后面章节的供水安全提供参考依据。

5.2.1　相关理论与评价模型

5.2.1.1　水资源承载能力评价指标体系

水资源承载能力评价指标体系是一个统一的整体,既有上下的层次关系,又有指标间的平行关系,不同的指标由于所反映水资源承载能力的不同侧面,又分属于不同的类别。

依据水资源承载能力指标体系建立的原则,一般选取以下四类指标进行评价:① 可比性指标;② 均衡性指标;③ 效率性指标;④ 极限性指标。

根据水资源承载能力的内涵和特性以及指标体系的构建原则,参照可持续发展指标体系以及其他体系的构建方法,将水资源承载力评价指标体系分成三层结构:① 目标层,水资源承载力处于整个评价指标体系的最高层;② 准则层,准则层反映了影响水资源承载力的主要因素;③ 指标层,即每个准则所包括的具体指标。

根据水资源承载力指标体系的主要功能、构建原则和指标初选的逻辑框架,在充分考虑水资源承载力的影响因素的基础上,建立具有多层递阶结构的水资源承载力评价指标体系。如图 5.1 所示。

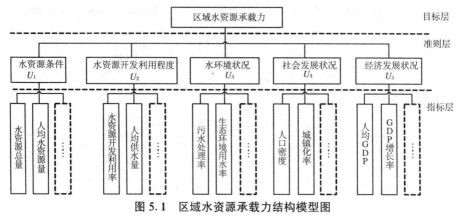

图 5.1 区域水资源承载力结构模型图

5.2.1.2 基于 AHP 构权的多层次模糊综合评价模型

1. 层次分析法(简称 AHP)

层次分析法是一种能将定性分析与定量分析相结合的系统分析方法,本质上是一种决策思维方式,体现了人们决策思维"分解—判断—综合"的基本特征。层次分析法的基本步骤如下:

① 分析系统中各因素之间的关系,建立系统的递阶层次结构,按照目标的不同、实现功能的差异,将包含的因素分组,每组作为一个层次,分为几个等级层次。从上至下依次为目标层(最高层)、准则层(中间层)和指标层(底层)。

② 对同一层次的各元素关于上一层次中某一准则的重要性进行两两比较,构造两两比较判断矩阵:

$$R = (r_{ij})_{n \times n} \qquad (5.3)$$

式中,R 为判断矩阵;n 为两两比较的因素数目;r_{ij} 是判断矩阵 R 的元素,表示 i 因素与 j 因素相对于某一准则 C 相对重要性的标度,采用 $1 \sim 9$ 标度法表示。如表 5.5所示。

表 5.5 指标两两对比重要性等级及赋值($1 \sim 9$ 标度法)

标度	定义
1	i 因素与 j 因素同等重要
3	i 因素比 j 因素略微重要
5	i 因素比 j 因素明显重要
7	i 因素比 j 因素绝对重要
9	i 因素比 j 因素极端重要
2,4,6,8	介于以上两种标度之间状态的标度

③ 根据判断矩阵 R,计算判断矩阵 R 的最大特征值 λ_{max} 及对应的特征向量 ω,表达式为

$$R_\omega = \lambda_{max}\omega \qquad (5.4)$$

特征向量 ω 可采用方根法或者和法求得。

④ 进行一致性检验。求得 λ 和 $max\omega$ 后,要对判断矩阵进行一致性检验,公式为

$$CR = \frac{CI}{RI} \qquad (5.5)$$

其中,$CI = \frac{\lambda_{max} - n}{n - 1}$,$RI$ 为随机一致性指标均值,与矩阵的阶数有关,其取值如表 5.6 所示。

表 5.6　随机一致性指标 RI

矩阵阶数	1	2	3	4	5	6	7	8
RI	0	0	0.58	0.9	1.12	1.24	1.32	1.41

当 $CI \leqslant 0.1$ 时,矩阵具有满意的一致性,判断矩阵一致性可以接受,否则必须对判断矩阵进行某些修改,再重新进行计算,直至满足 $CI \leqslant 0.1$ 为止。

⑤ 计算各层元素对系统目标的合成权重,并进行层次总排序。

模糊综合评价的基本思想是利用模糊线性变换原理和最大隶属度原则,考虑与被评价事物相关的各个因素,对其作出合理的综合评价。建立多层次模糊综合评价数学模型的一般步骤为:

a. 设因素集 $U = \{u_1, u_2, \cdots, u_m\}$ 和评语集 $V = \{v_1, v_2, \cdots, v_n\}$。将因素集 U 按属性不同划分为 S 个子集,记作 $U_1, U_2, \cdots, U_i, \cdots, U_S$。

b. 对于每一个因素子集 U_i 进行一级综合评价。模糊评判为

$$B_i = A_i \cdot R_i = (b_{i1}, b_{i2}, \cdots, b_{im}) \qquad (i = 1, 2, \cdots, s) \qquad (5.6)$$

c. 将每一个 U_i 作为一个元素,用 B_i 作为它的单因素评估又可构成评价矩阵 R。

$$R = \begin{bmatrix} B_1 \\ B_2 \\ \vdots \\ B_S \end{bmatrix} = \begin{bmatrix} b_{11}, b_{12}, \cdots, b_{1m} \\ b_{21}, b_{22}, \cdots, b_{2m} \\ \vdots \\ b_{S1}, b_{S2}, \cdots, b_{Sm} \end{bmatrix} \qquad (5.7)$$

它是 $\{U_1, U_2, \cdots, U\}$ 的单因素评价矩阵,每个 U_i 作为 U 的一部分,反映了 U 的某类属性,可以按它们的重要程度给出权重分配,于是有了第二级评价。

d. 依此类推,更高级的综合评价可将 S 再细分,得到更高一级的因素集,然后再按第二、三步的方法依次进行,直至得到最终的综合评价。

基于 AHP 构权的多层次模糊综合评价模型是在多层次模糊综合评价模型的基础上,运用 AHP 对影响水资源承载力的各个因素按层次赋权。模糊综合评价的

各个因素集就是 AHP 的准则层及各准则下的指标层。

本研究借鉴已有研究成果和一些专家建议,将上述因素对水资源承载能力影响程度划分为 3 个等级,每个因素各等级的数量指标如表 5.7 所示。

表 5.7 水资源承载力评价指标分级

目标层 U	指标层 C	V_1	V_2	V_3	单位
水资源条件 U_1	人均水资源量 C_{11}	>1700	1700~500	<500	m³/人
	单位面积水资源量 C_{12}	>45	45~20	<20	万 m³/km²
水资源开发利用程度 U_2	水资源开发利用率 C_{21}	<10	10~40	>40	%
	人均供水量 C_{22}	>330	330~240	<240	m³/(人·a)
	供水模数 C_{23}	<10	10~60	>60	万 m³/km²
	工业用水重复利用率 C_{24}	>80	80~30	<30	%
	耗水率 C_{25}	<10	10~50	>50	%
水环境状况 U_3	污水处理率 C_{31}	>70	70~45	<45	%
	生态环境用水率 C_{32}	>5	5~2	<2	%
	污径比 C_{33}	<2	2~10	>10	%
社会发展状况 U_4	人口密度 C_{41}	<25	25~100	>100	人/km³
	人口增长率 C_{42}	<0.8	0.8~1.6	>1.6	%
	城镇化率 C_{43}	>80	80~40	<40	%
经济发展状况 U_5	人均 GDP C_{51}	>24000	24000~8000	<8000	元
	万元 GDP 用水量 C_{52}	<100	100~400	>400	m³
	GDP 增长率 C_{53}	>8	8~2	<2	%
评分值		0.95	0.5	0.05	

其中,V_3 级表示状况较差,水资源承载能力已接近饱和值,进一步开发潜力较小,如果按照原定社会经济发展方案继续发展将会发生水资源短缺现象,水资源将成为国民经济发展的瓶颈因素,应采取相应的对策和措施;V_1 级属情况较好级别,表示本区水资源仍有较大的承载能力,水资源利用程度、发展规模都较小,水资源能够满足研究区社会经济发展对水资源的需求;V_2 级介于 V_3 级和 V_1 级之间,这一级别表明研究区水资源供给、开发、利用已有相当规模,但仍有一定的开发利用

潜力,如果对水资源加以合理利用,注重节约保护,研究区内水资源在一定程度上可以满足国民经济发展的需求。

为了定量地反映各级因素对水资源承载能力的影响程度,对 V_1、V_2、V_3 进行 $0\sim1$ 间评分,参照全国水资源评价及供需分析的有关标准,取 $\alpha_1 = 0.95$,$\alpha_2 = 0.50$,$\alpha_3 = 0.05$,数值越高,表明水资源的开发潜力越大。综合评定时,按上述 α_i 的值以及 B 矩阵中各等级隶属度 b_i 的值,按下式计算得水资源承载能力的综合评分值,即为基于综合评价结果矩阵 B 的水资源承载能力的综合评分值。可见,最后计算的 α 值越高,水资源承载能力的潜力就越大。

$$\alpha = \frac{\sum\limits_{i=1}^{3} b_i \alpha_i}{\sum\limits_{i=1}^{3} b_i} \tag{5.8}$$

式中:α 为水资源承载力的综合评分值。

2. 用 AHP 法确定水资源承载力评价指标权重

根据选取的指标体系,采用 AHP 方法,建立各指标相应的判断矩阵如表 5.8 所示。

表 5.8 判断矩阵

U	U_1	U_2	U_3	U_4	U_5
U_1	1	r_{12}	r_{13}	r_{14}	r_{15}
U_2	r_{21}	1	r_{23}	r_{24}	r_{25}
U_3	r_{31}	r_{32}	1	r_{34}	r_{35}
U_4	r_{41}	r_{42}	r_{43}	1	r_{45}
U_5	r_{51}	r_{52}	r_{53}	r_{54}	1

同理,可以建立各级指标的判断矩阵,求得相应单排序向量,并对各判断矩阵进行一致性检验,如果不满足一致性要求,则重新建立判断矩阵直到满足检验,最后得到承载力评价指标的最终权重,即总排序。

3. 隶属函数的建立

隶属函数的建立必须考虑各单项指标的变化规律。由于指标数量多,因此对指标进行分类。在分类中,定义单项指标与上一层指标变化趋势一致的指标为"正指标",不一致的为"负指标"。各指标对应各论域的值可以根据该指标的实际值对照各评价因素的分级值获得。为了消除各等级之间数值相差不大,而评价等级相差一级的跳跃现象,必须对其进行模糊化处理,使隶属函数在各级之间平滑过渡。对于 V_2 级,令其落在区间中点的隶属度为 1,两侧边缘点的隶属度为 0.5,中间向两侧按线性递减。对于 V_1 和 V_3 两侧区间,则令距临界值越远两侧区间的隶属度越大,在临界值上则属于两侧等级的隶属度各为 0.5,按照上述设想,根据相对隶

属度的定义,构造了各评价等级相对隶属度的计算式。V_1 和 V_2 级的临界值为 k_1,
V_2 和 V_3 级的临界值为 k_3,V_2 等级区间中点值为 k_2,且有

$$k_2 = \frac{k_1 + k_3}{2} \tag{5.9}$$

对于"负指标",C_{21},C_{23},C_{25},C_{33},C_{41},C_{42},C_{52} 各评语级相对隶属度函数计算公式
如下:

$$u_{v_1} = \begin{cases} 0.5\left(1 + \dfrac{k_1 - u_i}{k_2 - u_i}\right) & u_i < k_1 \\ 0.5\left(1 - \dfrac{u_i - k_1}{k_2 - k_1}\right) & k_1 \leqslant u_i < k_2 \\ 0 & u_i \geqslant k_2 \end{cases} \tag{5.10}$$

$$u_{v_2} = \begin{cases} 0.5\left(1 - \dfrac{k_1 - u_i}{k_2 - u_i}\right) & u_i < k_1 \\ 0.5\left(1 + \dfrac{u_i - k_1}{k_2 - k_1}\right) & k_1 \leqslant u_i < k_2 \\ 0.5\left(1 + \dfrac{k_3 - u_i}{k_3 - k_2}\right) & k_2 \leqslant u_i < k_3 \\ 0.5\left(1 - \dfrac{k_3 - u_i}{k_2 - u_i}\right) & u_i \geqslant k_3 \end{cases} \tag{5.11}$$

$$u_{v_3} = \begin{cases} 0.5\left(1 + \dfrac{k_3 - u_i}{k_2 - u_i}\right) & u_i \geqslant k_3 \\ 0.5\left(1 - \dfrac{u_i - k_3}{k_2 - k_3}\right) & k_2 \leqslant u_i < k_3 \\ 0 & u_i \leqslant k_2 \end{cases} \tag{5.12}$$

对于"正指标"C_{11}、C_{12}、C_{22}、C_{24}、C_{31}、C_{32}、C_{43}、C_{51}、C_{53} 来说,各评语集相对隶
属函数计算式与上式相同,只需把自变量 u_i 取值区间"$\leqslant$"改为"$\geqslant$","$<$"改为
"$>$"即可。

5.2.1.3　长江分水岭地区水资源条件与承载力分析研究

长江分水岭地区多年平均降水量 411.68 亿 m³,多年平均地表水资源量
143.56 亿 m³,地下水资源量 31.86 亿 m³,其中地下水资源量与地表水资源重复量
3.8 亿 m³,水资源总量 148.67 亿 m³,亩均水资源量 1077.3 m³/亩。多年平均地
表水可利用量 79.68 亿 m³。

现状年供水量 89.49 亿 m³,其中地表水供水量 62.56 亿 m³,地下水供水量
0.73 亿 m³,其他水源供水量 0.32 亿 m³;现状年用水量 65.28 亿 m³,其中农业
47.86 亿 m³,工业 10.46 亿 m³,生活 6.96 亿 m³。年污水入河排放量 5.26 亿吨,
其中达标排放 2.90 亿 m³。区内地表水体水质一般,全境合肥市的河段水质常年
处于Ⅱ~Ⅲ类地表水体,六安市的河段水质常年处于Ⅰ~Ⅱ类地表水体,滁州市的
河段水质常年处于Ⅲ~Ⅳ类地表水体。

1. 水资源条件

长江分水岭地区水资源条件可概括为以下特点：① 天然水资源总量基本稳定，过境水资源量较丰富；② 水资源地区分布不均，人均水资源占有量呈减少趋势；③ 来水丰枯变幅加大，干旱几率增加；④ 地下水可开采量减少，城市附近超采严重；⑤ 水污染仍制约水资源的有效利用；⑥ 需水总量呈持续增长趋势；⑦ 工农业用水效率明显提高；⑧ 水源工程建设滞后，开发难度大；⑨ 水资源配置能力低，当地可供水量有条件进一步增加。

2. 水资源承载力

目前国内对水资源承载能力评价指标体系的研究主要有两类：一是从传统的水资源供需平衡基础发展起来的评价体系；另一类是选择反映区域水资源承载能力的主要影响因素指标进行综合评价，来反映区域水资源承载能力。本次分析采用第二种方法进行评价，评价区域水资源承载能力的有关相对指标，其指标体系既不能反映区域水资源供需状况，也不能反映区域水资源承载能力大小的绝对指标。

水资源承载能力评价主要选择基于居住人口的水资源负载指数、水资源承载指数进行分析评价。水资源负载指数是水资源开发利用潜力评价的主要指标，可用区域水资源所能负载的人口和经济规模来表达，反映的是一定区域内的水资源与区域人口和经济发展之间的关系，计算公式在前面有所介绍。根据水资源负载指数高低，可将皖中皖北不同地区水资源开发利用潜力划分为五级，即"很高，潜力很小"、"高，潜力小"、"中等，潜力不大"、"较低，潜力大"和"低，潜力很大"。

水资源承载指数是指区域人口规模与水资源承载力之比，反映区域水资源与人口之间关系。其计算公式为

$$[水资源承载指数] = [现实人口数量]/[水资源承载力]$$

其中：

$$[水资源承载力] = [水资源可利用量]/[人均综合用水量]$$

根据水资源承载关系和人水平衡关系，可以将皖中皖北地区划分为水量盈余（盈余、富裕、富富有余）、人水平衡地区（平衡有余、临界超载）和人口超载地区（超载、过载、严重超载）地区等三种类型。如表 5.9 所示。

表 5.9　基于水资源承载指数（WCCI）的水资源承载力评价

类型	水资源承载状况	水资源承载力评价指标		
		WCCI	人口超载率	水资源盈余率
水资源盈余率	富富有余	<0.33		$R_w \geqslant 67\%$
	富裕	0.33～0.50		$50\% \leqslant R_w < 67\%$
	盈余	0.50～0.67		$33\% \leqslant R_w < 50\%$

类型	水资源承载状况	水资源承载力评价指标		
		WCCI	人口超载率	水资源盈余率
人水平衡	平衡有余	0.67~1.00		$0 \leqslant R_W < 33\%$
	临界超载	1.00~1.33	$0 \leqslant R_P < 33\%$	
水资源超载	超载	1.33~2.00	$33\% < R_P \leqslant 100\%$	
	过载	2.00~5.00	$100\% < R_P \leqslant 400\%$	
	严重超载	>5.00	$R_P > 400\%$	

表 5.10 安徽省江淮分水岭地区水资源承载能力评价

行政分区	水资源负载指数	水资源承载力(无量纲)	水资源承载力指数(无量纲)	水资源超载率	水资源盈余率	按水资源负载指数分类	按水资源承载力指数分类
合肥市（含三县）	43	5647718	0.88	12.36%		很高,潜力很小	平衡有余
六安市区（包括金安、裕安区）	8.16	2488058	1.50		49.92%	高,潜力小	超载
霍山	1.28	1789264	0.20	79.60%		较低,潜力大	富富有余
舒城	3.09	1549249	0.64	35.78%		中等,潜力不大	盈余
滁州市区（包括琅琊、南谯）	5.22	747895	0.52	48.12%		高,潜力小	盈余
定远	5.20	841416	0.33	66.72%		高,潜力小	富裕
全椒	2.65	695144	0.23	76.70%		中等,潜力不大	富富有余
来安	2.80	751274	0.21	78.57%		中等,潜力不大	富富有余
明光	3.41	956070	0.22	77.72%		中等,潜力不大	富富有余

从评价成果来看江淮分水岭地区水资源承载能力差异较大,总体处于盈余状

态。由于在进行水资源承载能力评价时,主要考虑当地水资源量的利用,未充分考虑供水水质要求和过境水的利用量。

5.2.1.4　淮北平原区水资源条件与承载力分析研究

淮北平原多年平均降水量 320.82 亿 m^3,多年平均地表水资源量 65.85 亿 m^3,地下水资源量 65.15 亿 m^3,其中地下水资源量与地表水资源不重复量 46.63 亿 m^3,水资源总量 112.48 亿 m^3,亩均水资源量 376 m^3/亩。多年平均地表水可利用量 22.34 亿 m^3,多年平均浅层地下水可开采量 37.31 亿 m^3,其中重复计算量 3.42 亿 m^3,多年平均水资源可利用总量 56.23 亿 m^3,水资源可利用率 50%。

现状年供水量 64.03 亿 m^3,其中地表水供水量 43.97 亿 m^3,地下水供水量 20.03 亿 m^3,其他水源供水 0.03 亿 m^3;现状年用水量 64.03 亿 m^3,其中农业 37.58 亿 m^3,工业 18.05 亿 m^3,生活 8.40 亿 m^3。年污水入河排放量 3.99 亿 m^3,其中达标排放 2.90 亿 m^3。区内地表水体污染严重,全境 70% 的河段水质常年劣于 Ⅲ 类地表水体,多为 Ⅴ 类。

1. 水资源条件

皖北地区水资源条件可概括为以下特点:① 水资源地区分布不均,人均水资源占有量呈减少趋势;② 来水丰枯变幅加大,干旱几率增加;③ 地下水可开采量减少,城市附近超采严重;④ 水污染仍制约了水资源的有效利用;⑤ 需水总量呈持续增长趋势。

2. 水资源承载力

安徽省皖北地区分县水资源承载能力评价如表 5.11 所示。

表 5.11　安徽省皖北地区分县水资源承载能力评价

行政分区	水资源负载指数	水资源承载力（无量纲）	水资源承载指数（无量纲）	水资源超载率	水资源盈余率	按水资源负载指数分类	按水资源承载力指数分类
蚌埠市区	57.42	153436	5.44	444.39%		很高,潜力很小	严重超载
固镇县	7.82	600522	0.92		7.99%	高,潜力小	平衡有余
怀远县	8.88	1034312	1.14	13.79%		高,潜力小	临界超载
五河县	8.24	596864	1.1	9.77%		高,潜力小	临界超载
亳州市区	16.7	1787474	0.75		24.95%	很高,潜力很小	平衡有余
利辛县	11.44	2829908	0.47		52.74%	很高,潜力很小	富裕

续表

行政分区	水资源负载指数	水资源承载力（无量纲）	水资源承载指数（无量纲）	水资源超载率	水资源盈余率	按水资源负载指数分类	按水资源承载力指数分类
蒙城县	10.81	1915524	0.59		40.7%	很高，潜力很小	盈余
涡阳县	12.7	2123678	0.61		38.54%	很高，潜力很小	盈余
阜阳市区	20.46	1320448	1.3	30.07%		很高，潜力很小	临界超载
界首市	18.54	584267	1.14	13.99%		很高，潜力很小	临界超载
临泉县	14.74	2020143	0.89		10.54%	很高，潜力很小	平衡有余
太和县	14.19	1611816	0.89		11.06%	很高，潜力很小	平衡有余
颍上县	10.88	1287440	1.1	10.08%		很高，潜力很小	临界超载
阜南县	10.28	1733903	0.79		21.08%	很高，潜力很小	临界超载
淮北市区	98.99	150843	6.79	579.32%		很高，潜力很小	严重超载
濉溪县	8.11	1568977	0.65		35.29%	高，潜力小	盈余
淮南市区	42.96	203233	7.78	677.91%		很高，潜力很小	严重超载
凤台县	17.3	200894	3.48	247.96%		很高，潜力很小	严重超载
宿州市区	13.59	1881155	0.88		11.94%	很高，潜力很小	平衡有余
砀山县	15.45	1129063	0.78		22.2%	很高，潜力很小	平衡有余
灵璧县	9.16	2254907	0.49		51.18%	高，潜力小	富裕
泗县	8.86	1539076	0.54		46.42%	高，潜力小	盈余
萧县	13.2	1442013	0.87		12.65%	很高，潜力很小	平衡有余

5.2.2　主要城市水资源承载力研究

水资源承载力是指在一定的时期内,在可以预见的科学技术、经济和社会发展水平下,以可持续发展为原则,以维护生态环境良性发展为前提,当地广义水资源系统自身所能承载的人口、经济及社会效用,是研究区域自然水资源水量、水质、水资源开发利用与人类社会经济相互作用的综合反映。

分配水量按效益最大化原则。社会经济部门供水效率中以服务业用水效益最高,工业用水效益次之,农业用水效益最低。生态环境用水由于没有直接的经济效益,主要是社会效益,在实现可持续发展原则的基础上,应保证生态环境用水的需求。人口是水资源承载能力研究的最主要目标,在进行有限水资源分配的时候,生活用水应首先得到保证。这样,有限水资源分配的先后次序为:首先保证生活用水,尽量保证生态环境用水,协调经济用水。在经济用水分配中按效益最大化原则进行,当水资源不足时,应优先工业用水,其次农业用水。

5.2.2.1　合肥市水资源承载力

水资源承载力指标体系的选择及其确定关系到综合评价的精度。本次规划在借鉴已有成果的基础上,根据合肥市社会经济状况和水资源的特点以及指标数据的可获性,选取了 16 个指标构成水资源承载力评价指标体系。如表 5.12 所示。

表 5.12　合肥市水资源承载力评价指标体系

目标层 U	指标层 C	指标含义	单位
水资源条件 U_1	人均水资源量 C_{11}	水资源总量/总人口	m^3/人
	单位面积水资源量 C_{12}	水资源总量/总面积	万 m^3/km^2
水资源开发利用程度 U_2	水资源开发利用率 C_{21}	总供水量/水资源总量	%
	人均供水量 C_{22}	总供水量/总人口	m^3/(人•年)
	供水模数 C_{23}	供水量/土地面积	万 m^3/km^2
	工业用水重复利用率 C_{24}	工业重复利用水量/工业用水总量	%
	耗水率 C_{25}	耗水量/用水量	%
水环境状况 U_3	污水处理率 C_{31}	污水处理量/污水总量	%
	生态环境用水率 C_{32}	生态环境用水量/总用水量	%
	污径比 C_{33}	污水总量/径流总量	%
社会发展状况 U_4	人口密度 C_{41}	人口/土地面积	人/km^2
	人口增长率 C_{42}	多年平均人口增长率	%
	城镇化率 C_{43}	城镇人口/总人口	%

目标层 U	指标层 C	指标含义	单位
经济发展状况 U_5	人均 GDPC_{51}	GDP/总人口	元
	万元 GDP 用水量 C_{52}	总用水量/GDP 总量	m^3
	GDP 增长率 C_{53}	多年平均 GDP 增长率	%

　　综合本次规划合肥市的社会经济和水资源调查评价、预测成果,确定合肥市水资源承载力评价指标体系中各指标实际值,资料不足部分采用全国相同指标的平均值,如表 5.13 所示。采用 AHP 法,建立各层次判断矩阵,然后进行单排序、一致性检验及总排序。各层间排序、单层排序和层次总排序依次如表 5.14～5.20所示。

表 5.13　合肥市水资源承载力评价指标值

评价指标		2010 年	2020 年
水资源条件 U_1	人均水资源量 C_{11}	611.4	579.4
	单位面积水资源量 C_{12}	42.9	42.9
水资源开发利用程度 U_2	水资源开发利 C_{21}	0.72	0.9
	人均供水量 C_{22}	441.9	510.9
	供水模数 C_{23}	31	37
	工业用水重复利用率 C_{24}	65	75
	耗水率 C_{25}	33	37.6
水环境状况 U_3	污水处理率 C_{31}	96.3	98.6
	生态环境用水率 C_{32}	3.5	4.0
	污径比 C_{33}	10.4	15.3
社会发展状况 U_4	人口密度 C_{41}	7015	7073.4
	人口增长率 C_{42}	0.48	0.2
	城镇化率 C_{43}	79	89
经济发展状况 U_5	人均 GDPC_{51}	54601.5	98768.6
	万元 GDP 用水量 C_{52}	158.8	80.5
	GDP 增长率 C_{53}	17.8	10

表 5.14　U 的判断矩阵

U	U_1	U_2	U_3	U_4	U_5	W_0
U_1	1	3	3	5	7	0.465
U_2	1/3	1	1	3	5	0.203
U_3	1/3	1	1	3	5	0.203
U_4	1/7	1/3	1/3	1	5	0.089
U_5	1/5	1/5	1/5	1/5	1	0.041

表 5.15　$U_1 - C$ 的判断矩阵

U_1	C_{11}	C_{12}	W_1
C_{11}	1	3	0.75
C_{12}	1/3	1	0.25

表 5.16　$U_2 - C$ 的判断矩阵

U_2	C_{21}	C_{22}	C_{23}	C_{24}	C_{25}	W_2
C_{21}	1	4	3	7	5	0.47
C_{22}	1/4	1	3	3	5	0.233
C_{23}	1/3	1/3	1	3	3	0.146
C_{24}	1/7	1/3	1/3	1	5	0.102
C_{25}	1/5	1/5	1/3	1/5	1	0.05

表 5.17　$U_3 - C$ 的判断矩阵

U_3	C_{31}	C_{32}	C_{33}	W_3
C_{31}	1	3	3	0.56
C_{32}	1/3	1	1/4	0.128
C_{33}	1/3	4	1	0.312

表 5.18　$U_4 - C$ 的判断矩阵

U_4	C_{41}	C_{42}	C_{43}	W_4
C_{41}	1	3	3	0.54
C_{42}	1/3	1	5	0.341
C_{43}	1/3	1/5	1	0.12

表 5.19 U_5 - C 的判断矩阵

U_5	C_{51}	C_{52}	C_{53}	W_5
C_{51}	1	2	2	0.483
C_{52}	1/2	1	3	0.333
C_{53}	1/2	1/3	1	0.184

表 5.20 层次总排序

	U_1	U_2	U_3	U_4	U_5	W
C_{11}	0.75					0.349
C_{12}	0.25					0.116
C_{21}		0.47				0.095
C_{22}		0.233				0.047
C_{23}		0.146				0.03
C_{24}		0.102				0.021
C_{25}		0.05				0.01
C_{31}			0.56			0.114
C_{32}			0.128			0.063
C_{33}			0.312			0.026
C_{41}				0.54		0.048
C_{42}				0.341		0.03
C_{43}				0.12		0.011
C_{51}					0.483	0.02
C_{52}					0.333	0.014
C_{53}					0.184	0.007

得权重矩阵 $A = (0.465, 0.203, 0.203, 0.089, 0.041)$。

根据隶属度计算式(5.9)~式(5.12),求得各指标因素在不同年份关于 V_1、V_2、V_3 的隶属度。如表 5.21 所示。

表 5.21　各指标对应于各等级的隶属度值

现状 2010 年			近期 2015 年			远期 2020 年		
r_{i1}	r_{i2}	r_{i3}	r_{i1}	r_{i2}	r_{i3}	r_{i1}	r_{i2}	r_{i3}
0.407	0.593	0	0.425	0.575	0	0.434	0.566	0
0	0.584	0.416	0	0.584	0.416	0	0.584	0.416
0	0.16	0.84	0	0.115	0.885	0	0.115	0.885
0	0.143	0.857	0	0.11	0.89	0	0.1	0.9
0.08	0.92	0	0	1	0	0	0.96	0.04
0	0.8	0.2	0	0.66	0.34	0	0.6	0.4
0	0.925	0.075	0	0.8825	0.1175	0	0.81	0.19
0	0.161	0.839	0	0.152	0.848	0	0.152	0.848
0	1	0	0	0.9	0.1	0	0.833	0.167
0	0.455	0.545	0	0.225	0.775	0	0.215	0.785
0	0.029	0.971	0	0.028	0.972	0	0.027	0.973
0.722	0.278	0	0.778	0.222	0	0.8	0.2	0
0	0.525	0.475	0	0.417	0.583	0	0.345	0.655
0	0.104	0.896	0	0.052	0.948	0	0.048	0.952
0.305	0.695	0	0.497	0.503	0	0.558	0.442	0
0	0.117	0.883	0	0.136	0.864	0	0.3	0.7

下面以 2010 年为例,简单说明综合评判结果计算过程。2010 年的评判矩阵为

$$B_1 = A_1 \cdot R_1 = (0.75 \quad 0.25) \cdot \begin{pmatrix} 0.407 & 0.593 & 0.000 \\ 0.000 & 0.584 & 0.416 \end{pmatrix}$$

$$= (0.305 \quad 0.591 \quad 0.104)$$

$$B_2 = A_2 \cdot R_2 = (0.470 \quad 0.233 \quad 0.146 \quad 0.102 \quad 0.050)$$

$$\cdot \begin{pmatrix} 0.000 & 0.160 & 0.840 \\ 0.000 & 0.143 & 0.857 \\ 0.080 & 0.920 & 0.000 \\ 0.000 & 0.800 & 0.200 \\ 0.000 & 0.925 & 0.075 \end{pmatrix} = (0.012 \quad 0.371 \quad 0.619)$$

$$B_3 = A_3 \cdot R_3 = (0.560 \quad 0.128 \quad 0.312) \cdot \begin{pmatrix} 0.000 & 0.161 & 0.839 \\ 0.000 & 1.000 & 0.000 \\ 0.000 & 0.455 & 0.545 \end{pmatrix}$$

$$= (0.000 \quad 0.360 \quad 0.640)$$

$$B_4 = A_4 \cdot R_4 = (0.540 \quad 0.341 \quad 0.120) \cdot \begin{pmatrix} 0.000 & 0.029 & 0.971 \\ 0.722 & 0.278 & 0.000 \\ 0.000 & 0.525 & 0.475 \end{pmatrix}$$

$$= (0.246 \quad 0.173 \quad 0.581)$$

$$B_5 = A_5 \cdot R_5 = (0.483 \quad 0.333 \quad 0.184) \cdot \begin{pmatrix} 0.000 & 0.104 & 0.896 \\ 0.305 & 0.695 & 0.000 \\ 0.000 & 0.117 & 0.883 \end{pmatrix}$$

$$= (0.102 \quad 0.303 \quad 0.595)$$

$$B = A \cdot R_{2008} = A \cdot \begin{pmatrix} B_1 \\ B_2 \\ B_3 \\ B_4 \\ B_5 \end{pmatrix}$$

$$= (0.465 \quad 0.203 \quad 0.203 \quad 0.089 \quad 0.041) \cdot \begin{pmatrix} 0.305 & 0.591 & 0.104 \\ 0.012 & 0.371 & 0.619 \\ 0.000 & 0.360 & 0.640 \\ 0.246 & 0.173 & 0.571 \\ 0.102 & 0.303 & 0.595 \end{pmatrix}$$

$$= (0.170 \quad 0.451 \quad 0.380)$$

$$\alpha = \frac{\sum\limits_{j=1}^{3} b_j \cdot a_j}{\sum\limits_{j=1}^{3} b_j} = \frac{0.170 \times 0.95 + 0.451 \times 0.5 + 0.380 \times 0.05}{0.170 + 0.451 + 0.380} = 0.406$$

按同样的方法可以计算出合肥市各年份水资源承载能力多因素综合评价结果 B 的数值,然后再根据与 B 中各位对应"b_j"值即可求出对应的水资源承载能力的综合评分值。如表 5.22 所示。

表 5.22　合肥市水资源承载力综合评价表

年份	V_1	V_2	V_3	综合评分值
2010	0.107	0.451	0.38	0.406
2015	0.179	0.416	0.409	0.397
2020	0.183	0.407	0.415	0.396

① 现状基准年(2010 年),合肥市水资源开发利用已经达到一定规模,水资源承载力总体情况一般。水资源承载能力综合评价结果 b_j 对 V_2 的隶属度最大,隶属度值为 0.451,对 V_1 和 V_3 的隶属度分别是 0.107 和 0.380,而综合评分值为 0.406,这说明在现有的经济技术条件下,合肥市的水资源还有一定的开发利用潜

力,如果注重节约保护,可以维持社会经济进一步发展的用水需求。

社会发展状况对 V_3 隶属度较大,为 0.581,说明合肥市人口密度较大,城镇化发展水平较低,对水资源造成一定的压力;水资源条件状况对 V_2 隶属度较大为 0.591;水环境状况和水资源开发利用程度况对 V_3 隶属度较大,分别为 0.64 和 0.619,说明合肥市水资源条件状况较弱,应该采取一些措施提高污水处理程度和中水回用;经济发展状况对 V_3 隶属度较大,说明合肥的经济总量虽然大,但总体质量还不高,应该从民生角度加强人均水资源拥有量。

② 规划水平年,与现状年相比,合肥市水资源承载力总评分值略有下降,而且 2020 年水资源承载能力综合评价结果 b_j 对 V_3 的隶属度最大,隶属度值为 0.396。分析其原因是因为人口的高速增长以及经济的飞速发展等制约水资源承载力的因素,在一定程度上降低了水资源的承载力。

总之,在充分考虑未来大力节水和广泛开源的条件下,虽然需水量发展趋缓,供水量也有所增加,但是总体分析结果依然是合肥市水资源承载力较危险,形势依然不容乐观。如果按照原定的社会经济目标发展,将会发生水资源不足现象,水资源因素将严重制约合肥市未来社会经济的可持续发展,对生态环境的稳定性也构成威胁,应采取相应的对策和措施。

5.2.2.2　淮北市水资源承载力

淮北市多年平均水资源可利用量为 4.082 亿 m³,水资源可利用率为 48.9%。其中地表水可利用量为 1.304 亿 m³,占水资源可利用量的 31.9%,水资源可利用率为 33.0%;浅层地下水可开采量为 2.878 亿 m³,占水资源可利用量的 70.5%,水资源可开采率为 56.5%;岩溶裂隙水资源可开采量为 0.828 亿 m³,占水资源可利用量的 20.3%,水资源可开采率为 71.7%;重复计算量为 0.928 亿 m³,占水资源可利用量的 22.7%。结合淮北市的水资源特点和社会经济发展水平,选取下列六个指标评价淮北市的水资源承载能力。

1. 水资源承载能力分析的社会经济条件

进行水资源承载能力分析首先应进行承载主体和承载体的现状和发展趋势分析预测,也就是人口、社会经济、生态环境和水资源开发利用现状和发展趋势分析预测,确定水资源承载能力边界条件,为水资源承载能力基础指标量化和分类指标体系评价打下基础。

淮北市 2010 年国内生产总值(GDP)179.1 亿元,其中第一产业增加值 24.04 亿元,第二产业增加值 92.76 亿元,第三产业增加值 62.03 亿元。按户籍人口计算,人均生产总值 8845 元,比上年增加 1994 元。在淮北市国民经济和社会发展规划目标下,预测满足国民经济和社会发展规划的供需水量。通过分析淮北市水资源量、可利用量及人类生存发展对水资源的需求,计算出不同水平年预测水资源可利用量下的水资源可承载的人口,进而判断水资源人口载量与预测值之间的关系,得出不同水平年淮北市各地区超载人口的具体数量,从而依据水资源承载能力的分类系统对淮北市水资源承载能力给出判断。如表 5.23 所示。

表 5.23　淮北市社会经济指标预测表

年份	经济指标	单位	北区	中区	南区	合计
2010	总人口	万人	86.3	24.7	98.4	209.4
	城镇人口	万人	65.8	5.9	11.2	82.9
	农村人口	万人	20.5	18.8	87.2	126.5
	地区生产总值	亿元	99.9	29.0	50.2	179.1
	工业生产总值	亿元	52.5	9.9	19.7	82.1
	农业生产总值	亿元	6.5	6.0	11.5	24.0
	第三产业和建筑业生产总值	亿元	40.9	13.1	19.0	73.0
	有效灌溉面积	万亩	28.2	31.8	60.5	120.6
2020	总人口	万人	129.2	25.6	111.1	266.0
	城镇人口	万人	112.7	10.3	29.9	153.0
	农村人口	万人	16.5	15.3	81.2	113
	地区生产总值	亿元	469.3	238.4	17199.6	1140.5
	工业生产总值	亿元	195.6	135.7	239.5	570.3
	农业生产总值	亿元	17.1	15.4	24.5	57.0
	第三产业和建筑业生产总值	亿元	256.6	87.2	16935.6	513.2
	有效灌溉面积	万亩	52.1	46.7	80.9	179.7

　　至 2020 年,GDP 年均增长 10% 左右,全市 GDP 达到 1500 亿元,人均 GDP 达到 5 万元,三产结构达到 5∶50∶45,超过国家平均水平,实现全面建设小康社会目标,基本实现现代化。

2. 水资源承载能力计算和综合评价

(1)水资源承载能力计算

对于一定的水资源可利用量,拟定用水效率参数 $Q(Q_p,Q_i,Q_a)$ 和福利水平参数 $PC(PCGDP,PCGDP_a)$。其中,2010 年的福利水平、用水效率水平及第三产业所占比例取用现状值,2020 规划水平年参数取值依照淮北市制定的有关社会经济发展目标和国际上认可且可行的相关标准指标确定。2020 年工业用水定额和农业用水定额在 2015 年现状水平年的基础上以每年降低 3% 和 6% 取值。淮北市水资源承载能力计算成果如表 5.24 所示。

表 5.24 淮北市水资源承载能力计算成果表

年份	分区	人口承载能力 (万人)	GDP 最低 (亿元)	农业 GDP 最低 (亿元)	生活用水 (亿 m³)	工业用水 (亿 m³)	农业用水 (亿 m³)	生态用水 (亿 m³)	用水总计 (亿 m³)
2010	北区	70.4	59.4	7.7	0.254	0.324	0.678	0.125	1.382
	中区	48.4	40.9	5.3	0.175	0.223	0.466	0.070	0.934
	南区	133.0	112.4	14.6	0.481	0.613	1.282	0.225	2.601
	全市	251.8	212.7	27.7	0.910	1.161	2.426	0.419	4.916
2020	北区	83.6	208.9	25.1	0.366	0.557	0.717	0.160	1.800
	中区	56.2	140.5	16.9	0.246	0.374	0.482	0.074	1.177
	南区	134.9	337.2	40.5	0.591	0.898	1.158	0.232	2.879
	全市	274.7	686.7	82.4	1.203	1.524	2.357	0.466	5.551

按照预测值与水资源载量分别计算出 RCI, 根据水资源承载能力分类系统及划分标准, 对相应的水资源承载能力类型进行划分, 划分结果如表 5.25 所示。

(2) 淮北市水资源承载能力综合评价

根据淮北市水资源承载能力量化计算和承载类型评价, 可以得出以下结论:

① 淮北市水资源承载能力较低。2010 现状水平年人口承载类型为盈余, 工业承载类型为过载, 农业承载类型为盈余。说明现状年水资源对人口和农业的承载能力尚可, 但对工业发展的承载能力出现问题。

现状年水量承载类型为超载, 说明仅当地的水资源已不能承载人口、社会经济和生态环境的发展, 属于资源型缺水。

② 从淮北市水资源承载能力动态性分析来看, 2010 年和 2020 年人口承载类型变化依次为盈余—盈余, 工业承载类型依次为过载—严重超载—严重超载, 农业承载类型依次为盈余—超载—超载。说明随着淮北市社会经济的发展, 虽然节水技术水平有所提高, 但总体上淮北市水资源承载能力变差, 未来淮北市必须依靠提高当地水资源可利用量, 开辟新的供水水源(淮水北调水源), 同时依靠技术革新提高水资源利用率, 降低用水定额, 建设节水型社会来支撑社会经济的可持续发展。

③ 从淮北市水资源承载能力的分区差异看, 北区水资源承载能力最低, 现状年人口、工业、农业承载类型分别为超载、严重超载、盈余; 南区水资源承载能力较高, 现状年人口、工业、农业承载类型分别为盈余、富裕、富裕。说明淮北市水资源的地区分布不均, 相应的产业布局应该在考虑水资源的分布的基础上进行适当调整和转移, 北区在现状基础上, 主要考虑产业结构调整, 提高节水水平, 未来工业发展和工业园区的规划建设应向南区转移。

表 5.25　淮北市水资源承载能力指数分析表

指数分类		2010 年				2020 年			
		北区	中区	南区	全市	北区	中区	南区	全市
水量	可利用量（万 m³）	11270	7590	21196	40056	15667	10200	25020	50887
	需水量（万 m³）	17030	8460	18750	44240	29140	15270	35130	79540
	I_W	1.51	1.11	0.88	1.1	1.86	1.5	1.4	1.56
	承载类型	超载	临界超载	平衡有余	临界超载	超载	超载	超载	超载
人口	预测人口（万人）	86.3	24.7	98.4	209.4	129.2	25.6	111.1	265.9
	可承载人口（万人）	70.4	48.4	133	251.8	83.6	56.2	134.9	274.7
	I_P	1.23	0.51	0.74	0.83	1.55	0.46	0.82	0.97
	承载类型	临界超载	盈余	平衡有余	平衡有余	超载	富裕	平衡有余	平衡有余
工业	预测工业需水量（万 m³）	11286	1695	2857	15837	18123	5213	5821	29157
	可承载工业水量（万 m³）	2498	1703	4932	9133	3061	2093	5977	10818
	I_1	4.52	1	0.58	1.73	5.92	2.49	0.97	2.7
	承载类型	过载	临界超载	盈余	超载	超载	过载	平衡有余	过载
农业	预测农业需水量（万 m³）	5879	7288	7895	21062	7805	8165	9220	25190
	可承载农业水量（万 m³）	6267	4273	12375	22914	5161	3609	10538	19515
	I_A	0.94	1.71	0.64	0.92	1.51	2.26	0.87	1.29
	承载类型	平衡有余	超载	盈余	平衡有余	超载	过载	平衡有余	临界超载

5.3　皖中江淮分水岭区域水环境承载能力初步研究

5.3.1　皖中江淮分水岭重点地区水功能区划

5.3.1.1　六安市

六安市主要河流、湖库共划分 162 个一级水功能区,其中,34 个保护区,3 个缓冲区,保留区 6 个,119 个开发利用区。二级功能区在 119 个开发利用区中进行,共划分 126 个二级功能区,包括河流 63 个,湖库 63 个。在 63 个河流二级功能区中,划分了饮用水源区 5 个(其中以主导功能单独划分了 4 个)、农业用水区 52 个、工业用水区 4 个、景观娱乐用水区 1 个、过渡区 1 个。以主导功能和第二功能共同命名的有 12 个。在 63 个湖库二级功能区中,划分了饮用水源区 1 个、农业用水区 62 个。全市河流农业用水区占河流开发利用区总长的 90.1%,湖库农业用水区占湖库开发利用区面积的 99.1%。各类水功能区划分情况如表5.26、表 5.27 所示。

表 5.26　六安市水功能一级区划统计表

河流湖库	一级功能区名称	一级功能区个数	长度(km)	面积(km²)	占河流长度(或湖库面积)比例
河流	保护区	16	558.15		17.4%
	保留区	6	248.4		7.8%
	缓冲区	3	45.3		1.4%
	开发利用区	56	2348.6		73.4%
	合计	81	3200.4		100%
湖库	保护区	18		572.37	86.9%
	开发利用区	63		86.65	13.1%
	合计	81		659.02	100%

表 5.27　六安市水功能二级区划统计表

河湖库	二级功能区名称		二级功能区个数	长度（km）	面积（km²）	占河流长度（或湖库面积）比例
河流	饮用水源区	饮用水源区	4	40.1		1.7%
		饮用水源农业用水区	1	56.8		2.4%
	工业用水区	工业农业用水区	4	97		4.1%
	农业用水区	农业用水区	46	1828		77.9%
		农业工业用水区	2	114.9		4.9%
		农业景观娱乐用水区	2	89.3		3.8%
		农业渔业用水区	2	81.7		3.5%
	景观娱乐用水区	景观娱乐农业用水区	1	16.54		0.7%
	过渡区		1	22		0.9%
	合计		63	2347		100%
湖库	饮用水源区		1		0.78	0.9%
	农业用水区	农业用水区	5		1.974	2.3%
		农业工业用水区	1		12.65	14.6%
		农业景观娱乐用水区	5		37.693	43.5%
		农业渔业用水区	51		33.548	38.7%
	合计		63		86.645	100%

5.3.1.2　合肥市

合肥市水功能区划共划分一级水功能区 116 个,其中保护区 8 个、保留区 7 个、开发利用区 96 个,以及 5 个小(一)水库群开发利用区,如表 5.28 所示。二级水功能区在 96 个开发利用区中进行划分,共划分二级水功能区 102 个。按主导功能统计含饮用水源区 41 个、农业用水区 30 个、工业用水区 15 个、过渡区 2 个、景观娱乐用水区 13 个、渔业用水区无、排污控制区 1 个。以主导功能和第二功能共同命名的二级水功能区有 63 个,占二级水功能区总数的 61.8%;饮用水源区(含第二功能)共有 42 个,占二级水功能区总数的 41.2%。如表 5.29 所示。

表 5.28　合肥市水功能一级区划统计表

河渠湖库	一级功能区名称	一级功能区个数	长度(km)	面积(km²)	占河流长度(或湖库面积)比例
河渠	保护区	3	133.1		6.6%
	保留区	7	133.6		6.6%
	开发利用区	47	1762.2		86.9%
	合计	57	2028.9		100.0%
湖库	保护区	5		668.9	76.4%
	开发利用区	49		206.4	23.6%
	合计	54		875.3	100.0%

注:水库面积不含 5 个小(一)型水库群。

表 5.29　合肥市水功能二级区划统计表

河渠湖库	二级功能区名称		二级功能区个数	长度(km)	面积(km²)	占河流长度(湖库面积)比例
河渠	工业用水区	工业用水区	1	40		2.3%
		工业用水过渡区	1	9		0.5%
		工业农业用水区	7	203.8		11.5%
		工业农业用水过渡区	5	113.2		6.4%
		工业用水景观娱乐用水区	1	33		1.9%
		共计	15	399		22.6%
	农业用水区	农业用水区	17	664.2		37.7%
		农业用水饮用水源区	1	68.2		3.9%
		农业用水过渡区	6	233.5		13.2%
		农业工业用水区	1	8.6		0.5%
		共计	25	974.5		55.3%
河渠	景观娱乐用水区	景观娱乐用水区	3	48.2		2.7%
		景观娱乐用水过渡区	2	38.7		2.2%
		共计	5	86.9		4.9%
	饮用水源区(饮用水源农业用水区)		5	267.1		15.2%
	过渡区		2	19.7		1.1%
	排污控制区		1	15		0.9%
	合计		53	1762.2		100%

续表

河渠湖库	二级功能区名称		二级功能区个数	长度 (km)	面积 (km²)	占河流长度（湖库面积）比例
湖库	饮用水源区	饮用水源区	3		2.6	1.3%
		饮用水源农业用水区	26		42	20.2%
		饮用水源景观娱乐用水区	7		103.3	50.1%
		共计	36		147.9	71.6%
	景观娱乐用水区	景观娱乐用水区	7		5.7	2.8%
		景观娱乐渔业用水区	1		15.0	7.3%
		共计	8		20.7	10.1%
	农业用水区		5		37.9	18.3%
	合计		49		206.4	100%

注:水库面积不含 5 个小(一)型水库群。

5.3.1.3 滁州市

滁州市在 28 条河流中共划分出水功能一级区 32 个,区划总河长 1495 km,其中缓冲区 3 个,河长 113.9 km,开发利用区 27 个,河长 1328.6 km。湖泊和大中型水库 55 个,总水面面积 608.3 km²。如表 5.30 所示。滁州市共划定 85 个二级功能区,饮用水源区 37 个,工业用水区 5 个,农业用水区 38 个,景观娱乐用水区 2 个,过渡区 3 个。如表 5.31 所示。

表 5.30　滁州市一级水功能区划分成果统计表

一级水功能区	河流			湖库		
	个数	河道长度(km)	河道长度比例	个数	湖库面积(km²)	占湖库面积比例
保护区	1	29.5	2.0%	4	142.1	23.4%
保留区	1	23	1.5%	1	13.7	2.2%
缓冲区	3	113.9	7.6%	/	/	/
开发利用区	27	1328.6	88.9%	50	452.5	74.4%
合计	32	1495	100%	55	608.3	100%

表 5.31　滁州市二级水功能区划分成果统计表

一级水功能区	河流			湖库		
	个数	河道长度（km）	占河道长度比例	个数	湖库面积（km²）	占湖库面积比例
饮用水源区	7	285.1	21.5%	30	146.59	32.4%
工业用水区	3	139.5	10.5%	2	49.64	11.0%
农业用水区	22	876.7	66.0%	16	206.76	45.7%
景观娱乐用水区	1	6.3	0.5%	1	1.53	0.3%
过渡区	2	21	1.6%	1	48.00	10.6%
合　计	35	1328.6	100.0%	50	52.52	100.0%

5.3.2　水环境现状及污染分析

5.3.2.1　六安市

1. 现状水质评价

2010 年在六安市境内主要河流和渠道上共设置 23 个重点水质监测断面，即淮河的润河集水文站断面，淠河的横排头闸、淠河六安市区、大店岗、两河口以及其他 4 个断面、史河的陈村、红石嘴断面，沣河霍邱断面，汲河的汲河入城东湖口断面，杭埠河马河口镇断面，丰乐河的桃溪水文站断面，淠河灌区总干渠的罗管闸断面，淠东干渠安丰塘断面，瓦西干渠百家堰断面，沣东干渠五里拐断面，沣西干渠三元闸上断面，汲东干渠看花楼断面，杭淠干渠谢家庄断面，杭北干渠舒城断面，舒庐干渠军埠断面。

依据国家《地表水环境质量标准》（GB3838－2002），2010 年对六安市主要河流取样监测 180 次，其中Ⅰ类水占 6.0%，Ⅱ类水占 42.9%，Ⅲ类水占 30.2%，Ⅳ类水占 13.7%，Ⅴ类水占 3.8%，劣Ⅴ类水占 3.3%。

六安市境内的大型水库主要为梅山水库、白莲崖水库、佛子岭水库、磨子潭水库、响洪甸水库和龙河口水库 6 个，共设监测断面 11 个，依据国家《地表水环境质量标准》（GB3838－2002），对各大水库水质进行评价，其中梅山水库、白莲崖水库、佛子岭水库、磨子潭水库、响洪甸水库、龙河口水库水质较好，全年水质维持在Ⅰ类水，白莲崖水库水质良好，全年维持在Ⅱ类水。

六安市境内的大型湖泊为霍邱的城东湖、城西湖和寿县的瓦埠湖，共设 8 个监测断面。依据国家《地表水环境质量标准》（GB3838－2002）对各湖泊水质进行评价。瓦埠湖水质Ⅲ～Ⅳ类，主要污染物为化学需氧量；城东湖水质Ⅲ～Ⅳ类水，污染物化学需氧量、五日生化需氧量、溶解氧；城西湖水质全年维持在Ⅲ类水。

根据《六安市水功能区划》，在六安市范围内水域共划分 140 个水功能区。

2010年全市共监测水功能区27个,达标率85.2%。其中,河流水功能区20个,达标率85.0%;湖库水功能区7个,达标率为85.7%。

2. 污染物入河总量

2010年,六安市全市点、面源污染物入河总量如表5.32所示,全年化学需氧量入河量为25252 t,氨氮入河量为1869 t。

表5.32　六安市点、面源污染物入河总量统计表

县级行政区/水资源四级区	点污染源入河量(t/a)		面污染源入河量(t/a)		入河污染物总量(t/a)	
	CODCr	氨氮	CODCr	氨氮	CODCr	氨氮
六安市辖区	6860	140	2523	264	9383	404
寿县	2157	47	1755	496	3911	543
霍邱县	1631	237	2221	255	3851	492
舒城县	175	24	1128	83	1302	107
金寨县	226	26	1996	113	2222	139
霍山县	2146	57	1111	29	3257	85
叶集试验区	1115	47	210	52	1325	98
淠史河上游区	2372	83	3168	156	5540	239
王蚌南岸沿淮区	11762	471	6053	996	17815	1467
杭埠河区	175	24	1723	139	1897	163
淮河流域	14134	554	9221	1152	23355	1706
长江流域	175	24	1723	139	1897	163
六安市	14308	578	10944	1291	25252	1869

根据《六安市水功能区划》,在六安市范围内水域共划分140个水功能区。2010年全市共监测水功能区27个,达标率85.2%。其中,河流水功能区20个,达标率85.0%;湖库水功能区7个,达标率为85.7%。六安市水环境状况较上年有一定的改善,总体呈现向好趋势。

5.3.2.2　合肥市

1. 现状水质评价

合肥市境内主要有南淝河、店埠河、板桥河、二十埠河、派河、十五里河、丰乐河、杭埠河等河流以及潜南干渠、瓦东干渠、滁河干渠。2010年安徽省水环境监测中心在上述河流和干渠重点断面上进行了111次水质监测。根据国家《地表水环境质量标准》(GB3838-2002)和水利行业标准《地表水水资源质量评价技术规程》(SL395-2007)的要求评价,丰乐河桃溪段水质全年、汛期和非汛期均值为Ⅲ类,

水质较好。店埠河大李湾橡皮坝上段全年、汛期和非汛期Ⅲ类,水质较去年好转;撮镇合裕路桥段全年和非汛期为劣Ⅴ类水,汛期为Ⅴ类水,汛期水质稍好转;南淝河、板桥河、二十埠河、派河、十五里河水质不理想,南淝河当涂路桥段、施口段、合肥新港段、板桥河口段、二十埠河龙塘桥段、十五里河大板桥段的汛期、非汛期、全年指标平均值均为劣Ⅴ类水,主要超标项目为氨氮、总磷、COD 和 BOD5,派河肥西青龙桥段全年和非汛期为劣Ⅴ类水,汛期为Ⅴ类水,滁河干渠南淝河闸上段全年和非汛期为Ⅱ类,汛期为Ⅲ类,水质较好,合白路三十头桥段全年为Ⅳ类,瓦东干渠高刘镇段全年、汛期和非汛期为Ⅲ类,四棵树段全年和非汛期为劣Ⅴ类,非汛期为Ⅳ类,潜南干渠官亭段全年和汛期为Ⅳ类,非汛期为Ⅴ类。水质状况如表5.33、表5.34、表 5.35 所示。

表 5.33　2010 年六安市主要河流水质状况

河流名称	监测断面	各月水质类别(类)												类别统计(次)						全年水质
		1	2	3	4	5	6	7	8	9	10	11	12	I	II	III	IV	V	劣V	
淮河	润河集水文站	IV	IV	III	III	III	III	IV	III	III	IV	III	III	0	0	8	4	0	0	III
史河	陈村			V			III			II		IV			1	1	1	1		III
史河	红石嘴	I	II	III	I	I	I	I	I	II	II	II	II	6	5	1	0	0	0	II
淠河	横排头闸	II	II	III		I	III		II	II		II	II	2	9	1	0	0	0	II
淠河	淠河六安市区	III	III	III		III	III	II	IV	III	III	III	V	0	4	6	1	1	0	III
淠河	大店岗	III	II	III		III	III	II	III	III	III	III	IV	0	5	6	1	0	0	III
东淠河	两河口	IV	III	III	III	II	II	III	III	II	II	II	II	1	7	2	2	0	0	III
东淠河	新天河口	劣V	III	IV		III	II	II	III	III	II	III	V	2	7	1	1	0	1	III
沣河	霍邱	V	V	III	IV	IV	III	III	IV	III	III	IV	V	0	0	5	4	3	0	III
汲河	固镇西汲河公路桥			II			V			II		III			2	1		1		III
汲河	汲河入城东湖口			III			劣V			III		III				3			1	III
杭埠河	马河口镇			II			II			II		IV			3		1			III

续表

河流名称	监测断面	各月水质类别(类)												类别统计(次)						全年水质
		1	2	3	4	5	6	7	8	9	10	11	12	I	II	III	IV	V	劣V	
丰乐河	桃溪水文站	II	II	III	III	III	IV	IV	III	III	III	IV	III	0	2	7	5	0	0	III
淠河总干渠	罗管闸	II	II	II	II	II	IV	II	IV	II	II	II	II	0	10	0	2	0	0	II
淠河总干渠	六安	II	II	II	II	II	II	II	II	II	II	II	II	0	12	0	0	0	0	II
淠东干渠	安丰塘			II			II			III			III		2	2				II
汲东干渠	看花楼			III			IV			III			II		1	2	1			III
瓦西干渠	百家堰			V			II			III			III		2	1		1		III
沣东干渠	五里拐			劣V			劣V			II		IV			1		1		2	劣V
沣西干渠	三元闸上			III			III			III		劣V				3			1	劣V
淠杭干渠	谢家庄			III			IV			III		IV				3			1	III
杭北干渠	舒城			I			II			II		IV		1	2		1			II
舒庐干渠	军埠			II			II			II		II			4					II

表 5.34　2010 年六安市主要湖库水质状况

湖库名称	监测断面	各月水质类别(类)												类别统计(次)						全年水质	营养化程度
		1	2	3	4	5	6	7	8	9	10	11	12	I	II	III	IV	V	劣V		
梅山水库	梅山水库坝前	I	I	I	I	I	I	I	I	II	II	I	II	9	3					I	中营养化
梅山水库	梅山水库库心	I	I	I	I	I	I	I	I	II	I	II	II	9	3					I	中营养化

续表

湖库名称	监测断面	各月水质类别(类)												类别统计(次)						全年水质	营养化程度
		1	2	3	4	5	6	7	8	9	10	11	12	I	II	III	IV	V	劣V		
白莲崖水库	白莲崖水库坝前			I			IV			II		II		1	2		1			II	中营养化
佛子岭水库	佛子岭水库坝前	I	I	II	I	I	I	I	II	II	II	I	II	7	5					I	中营养化
佛子岭水库	佛子岭水库库心	I	I	II	I	I	I	I	I	II	II	I	II	8	4					I	中营养化
磨子潭水库	磨子潭水库坝前	I	I	I	I	I	I	I	I	II	II	I	II	9	3					I	中营养化
磨子潭水库	磨子潭水库库心	I	I	I	II	I	I	I	I	II	II	I	II	8	4					I	中营养化
响洪甸水库	响洪甸水库坝前	I	I	I	I	I	I	I	II	II	I	II	I	9	3					I	中营养化
响洪甸水库	响洪甸水库库心	I	I	I	I	I	I	I	I	I	I	II	II	10	2					I	中营养化
龙河口水库	龙河口水库坝前	I	I	II	I	I	I	I	I	II	II	II	II	7	5					I	中营养化
龙河口水库	龙河口水库库心				I	I	II	I	I	II	II	II	II	4	5					I	中营养化
瓦埠湖	瓦埠湖	劣V	II	III	III	III	III	II	III	III	III	IV	III		2	8	1		1	III	中营养化
瓦埠湖	瓦埠湖南湖区			II			劣V			III		III			1	2			1	IV	中营养化

续表

湖库名称	监测断面	各月水质类别(类)												类别统计(次)						全年水质	营养化程度
		1	2	3	4	5	6	7	8	9	10	11	12	I	II	III	IV	V	劣V		
城东湖	城东湖南			II			IV			IV		III			1	1	2			III	轻度富营养化
城东湖	城东湖黄泊渡嘴子			IV			V			IV		III				1	1	2		IV	轻度富营养化
城东湖	城东湖区			III			II			IV		III			1	2	1			III	轻度富营养化
城西湖	城西湖南			IV			II			IV		IV			1		3			III	轻度富营养化
城西湖	城西湖中			II			III			V		IV			1	1	1	1		III	轻度富营养化
城西湖	城西湖北			II			III			II		IV			2	1	1			III	轻度富营养化

表5.35 合肥市主要河渠水质评价基本情况统计表

评价范围	评价河段数量	II类		III类		IV类		V类		劣V类	
		河段	比例	河段	比例	河段	比例	河段	比例	河段	比例
浍河水系	6	2	8.4%	2	4.3%	1	2.4%	1	4.4%		
瓦埠湖水系	6			3	4.6%	3	6.7%				
高塘湖水系	3			1	1.6%	2	2.3%				
池河水系	3			3	2.6%						
滁河水系	3			2	2.1%	1	4.0%				
巢湖水系	41			16	25.9%	11	14.2%	2	1.5%	12	11.4%
白荡湖水系	2			1	1.0%	1	1.2%				
菜子湖水系	1			1	1.4%						
全市	65	2	8.4%	29	43.5%	19	30.8%	3	5.9%	12	11.4%

　　合肥市境内大型湖泊主要是巢湖(西半湖),共设水质监测点4个,分别为派河湖区、施口湖区、十五里河湖区和塘西湖区。4个湖区全年、汛期、非汛期水质项目指标中除派河湖区汛期为V类外,其他平均值均为劣V类。4个监测点全年56个

测次中,Ⅲ类为 2 次,占 3.6%;Ⅴ类为 12 次,占 21.4%;劣Ⅴ类为 42 次,占 75.0%,劣Ⅴ类比例较上年下降 7.1%。

合肥市境内大型水库为董铺水库和大房郢水库。董铺水库设坝前、库心、桥西 3 个监测点,每旬监测 1 次。全年、汛期、非汛期均值均为Ⅱ类,水质良好,全年 102 个测次中Ⅱ类为 89 次,占 87.3%;Ⅲ类为 13 次,占 12.7%。大房郢水库设坝前、岗集、库心、三岔河桥、四里河徐桥 5 个监测点,每旬监测 1 次。大房郢水库库心全年、汛期、非汛期水质为Ⅱ类;坝前全年和汛期为Ⅲ类,非汛期为Ⅱ类;岗集全年和汛期为Ⅱ类,非汛期为Ⅲ类;三岔河桥和四里河徐桥 2 个监测点全年、汛期、非汛期水质均为Ⅲ类。水质状况详如表 5.36 所示。

表 5.36　合肥市主要湖泊水库水质评价基本情况统计表

评价范围	评价段面段数量	Ⅱ类		Ⅲ类		Ⅳ类		Ⅴ类	
		段面	比例	段面	比例	段面	比例	段面	比例
瓦埠湖	1			1	0.3%				
巢湖	4			3	76.1%	1	8%		
黄陂湖	1					1	3.4%		
小型湖泊	10			3	0.8%	6	0.5%	1	0.2%
大中型水库	17	3	4.4%	6	1.9%	8	2.4%		
小(一)型水库(不包含库群)	21	1	0.2%	17	1.6%	3	0.2%		
全市	54	4	4.6%	30	80.7%	19	14.5%	1	0.2%

2. 污染物入河总量

合肥市污水排放量分为集中排污量(即污水处理厂排放量)和分散式排放量。截至 2010 年底,合肥市共有城镇污水处理厂 18 座,较 2010 年增加 2 座(为巢湖市污水处理厂、庐江污水处理厂)。2011 年污水处理厂实际处理水量 31864 万 m³/a,其中市区实际处理水量 26968 万 m³/a,四县一市处理水量 4896 万 m³/a。2010 年安徽省水环境监测中心共监测合肥市境内主要入河排污口 83 个,其中市区 45 个、肥东县 8 个、肥西县 4 个、长丰县 4 个、庐江县 8 个、巢湖市 14 个。2010 年全市入河污水排放量为 37832 万 m³/a,其中市区 29654 万 m³/a。主要污染物年入河量分别为:化学需氧量 65298 t/日、氨氮 3197 t/日、挥发酚 65.6 kg/日、五日生化需氧量 11642 kg/日、总氮 19917 kg/日、总磷 1664 kg/日。

5.3.2.3　滁州市

1. 现状水质评价

对全市主要河流 5 个重要监测河段 6 个监测断面 72 次采样监测,按照国家《地表水环境质量标准》(GB3838 – 2002),单测次单因子进行评价,2010 年没有符合 Ⅰ 类水的水体,Ⅱ 类水占 1.7%,Ⅲ 类水占 13.3%,Ⅳ 类水占 45.0%,Ⅴ 类水占 15.0%,劣 Ⅴ 类水占 25.0%。从以上监测结果看,劣 Ⅴ 类水质比去年减少 26.6%,指标超标的有溶解氧、总磷、氨氮、五日生化需氧量等。

淮河浮柳段:Ⅱ 类水占 8.3%、Ⅲ 类水占 16.7%、Ⅳ 类水占 58.3%、Ⅴ 类水占 16.7%,水质比上年好转,超指标的有溶解氧。

池河明光段:Ⅳ 类水占 66.6%、Ⅴ 类水占 16.7%、劣 Ⅴ 类水占 16.7%,超指标的有总磷。

滁河汊河集段:Ⅲ 类水占 16.7%、Ⅳ 类水占 50.0%、Ⅴ 类水占 8.3%、劣 Ⅴ 类占 25%,水质比上年好转,超指标的有总磷、氨氮、五日生化需氧量。

清流河滁城段:Ⅲ 类水占 8.3%、Ⅳ 类水占 16.7%、Ⅴ 类水占 16.7%、劣 Ⅴ 水占 58.3%,水质比上年好转,超指标的有总磷、氨氮、五日生化需氧量。

白塔河城区段:Ⅲ 类水占 25%、Ⅳ 类水占 33.3%、Ⅴ 类水占 16.7%、劣 Ⅴ 类水占 25.0%,水质比上年好转,超指标的有溶解氧。

对黄栗树、沙河集、城西、釜山 4 个重点水库 8 个监测点位共进行 42 次采样监测,按照国家《地表水环境质量标准》(GB3838 – 2002),单测次单因子进行评价,黄栗树、釜山水库水质全年为 Ⅰ～Ⅲ 类水,城西、沙河集水库水质全年绝大部分时间为 Ⅱ～Ⅲ 类水,城西 3 月份和沙河集 3 月份采样监测中,水质短期内(3～4 天)出现 Ⅳ 类水,主要超指标的是总磷。

饮用水源保护区(只对有水源保护区规划的水库阐述):滁州市主要饮用水源地黄栗树水库水质全年为 Ⅱ～Ⅲ 类水,沙河集水库、城西水库水质全年绝大部分时间为 Ⅱ～Ⅲ 类水。

清流河滁州农业用水区:Ⅲ 类水占 8.3%、Ⅳ 类水占 16.7%、Ⅴ 类水占 16.7%、劣 Ⅴ 类水占 58.3%,超指标的有总磷、氨氮、五日生化需氧量,水质比上年好转。

池河定远明光农业用水区:Ⅳ 类水占 66.6%、Ⅴ 类水占 16.7%、劣 Ⅴ 类水占 16.7%,超指标的有总磷。

2. 污染物入河总量

滁州市境内共监测较大入河排污口 75 个。其中,南谯区 12 个、来安县 5 个、全椒县 9 个、定远县 16 个、凤阳县 16 个、明光市 8 个、天长市 9 个。

滁州市废水排放总量为 15565 万 t。其中,工业废水 5128.1 万 t,生活污水排放量为 10436.9 万 t。化学需氧量排放总量 32684.1 t,氨氮排放总量为 4023.7 t。入河排污量分布如表 5.37 所示。

表 5.37　滁州市入河排污量分布表

行政分区	污水量（万 t/a）	CODcr（t/a）	BOD₅（t/a）	氨氮（t/a）	挥发酚（t/a）	总磷（t/a）	总氮（t/a）
定远县	1644.75	3317.08	378.44	812.69	0.21	26.30	981.44
凤阳县	2575.80	3888.45	679.67	474.52	1.37	48.51	596.23
来安县	2011.50	7310.51	1151.73	1357.82	0.51	53.05	1636.54
琅琊区	5588.55	6629.86	1296.08	912.76	0.37	71.98	1048.06
明光市	1333.35	5317.53	1162.96	274.71	0.34	34.76	380.38
全椒县	370.71	471.25	80.85	55.18	0.09	5.78	71.38
天长市	2040.30	5749.43	232.84	136.02	0.14	23.37	497.85
合计	15564.96	32684.11	4982.55	4023.70	3.04	263.75	5211.89

5.3.3　水环境承载能力计算

5.3.1.1　水质计算模型

根据《水域纳污能力计算规程》（GB/T25173－2010）相关规定，皖中江淮分水岭地区境内河流均为中小型河流，采用河流零维或一维模型计算纳污能力；境内湖库均归入大、中、小型湖库范畴，采用湖库均匀混合模型。

1. 河流零维模型

中小河流，污染物在河段内均匀混合，采用河流零维模型计算水域纳污能力。计算时，根据污染源分布和河道变化情况，确定计算河长。

$$M = Q(c_s - c_0) + KVc_s + q(c_s - c_q) \qquad (5.13)$$

式中：M 为水域纳污能力，g/s；Q 为起始断面的入流流量，m^3/s；c_0 为起始断面的水质浓度，mg/L；q 为旁侧入流量，m^3/s；c_q 为旁侧入流的水质浓度，mg/L；c_s 为水体的水质控制目标，mg/L；V 为计算水域的水体体积，m^3；K 为污染物综合降解系数，1/s。

2. 河流一维模型

中小河流污染物在较短河段内能在河流横断面均匀混合，采用河流一维模型计算水域纳污能力。当计算水域有多个入河排污口，可将相对集中的排污口概化为一个排污口，排污量为各排污口排污量之和，位置用各排污口的排污量加权确定。

$$M(x) = \left[c_s - \frac{Q}{Q+q}c_0 \exp\left(-\frac{KL}{u}\right) \right] \exp\left(\frac{k(L-x)}{u}\right) \times (Q+q) \qquad (5.14)$$

式中：x 为排污口距起始断面的距离，m；u 为设计流量下河流断面的平均流速，

m/s；L 为计算河段长度，m；其余符号意义同上。

当 $x = \dfrac{L}{2}$ 时，即排污口位于计算河段的中部时：

$$M\left(\frac{L}{2}\right) = \left[C_s - \frac{Q}{Q+q}C_0\exp\left(-\frac{KL}{u}\right)\right]\exp\left(\frac{kL}{2u}\right) \times (Q+q) \quad (5.15)$$

3. 湖(库)均匀混合模型

不存在大面积回流区和死水区，且流速较快、水体交换时间较短的狭长湖(库)按河流计算纳污能力。对于小型湖(库)，污染物充分混合，采用均匀混合衰减模型，其纳污能力计算公式为

$$M = (C_s - C_{(t)})Q \quad (5.16)$$

式中：$C_{(t)}$ 为计算时段 t 内的污染物浓度，mg/L；其余符号意义同上。

其中：

$$C_{(t)} = \frac{m+m_0}{K_h V} + \left(C_0 - \frac{m+m_0}{K_h V}\right)\exp(-K_h t) \quad (5.17)$$

式中：$K_h = (Q/V + K)$，为中间变量，1/s；m 为排污口污染物入湖(库)速率，g/s；$m_0 = C_0 Q$，为湖(库)现有污染物排放速率，g/s；V 为湖(库)容积，m³；Q 为湖(库)入流量，m³/s；t 为计算时段长，s；其余符号意义同上。

4. 湖(库)非均匀混合模型

对于水域宽阔的大中型湖(库)，入湖(库)污染物造成的污染仅出现在其入湖(库)口附近水域，采用非均匀混合模型，计算水域内有多个入湖(库)排污口，且位置比较集中，可概化为一个排污口，其排污量为各排污口排污量之和。非均匀混合模型纳污能力计算公式为

$$M = (C_s - C_0)Q_p\exp\left(\frac{K\Phi hr^2}{2Q_p}\right) \quad (5.18)$$

式中：Φ 为扩散角，由排污口附近地形决定，排污口在开阔的岸边垂直排放时，$\Phi = \pi$；当在湖(库)中排放时，$\Phi = 2\pi$；h 为扩散区域湖(库)平均水深，m；r 为计算水域外边界到排污口的距离，m；其余符号意义同上。

5.3.1.2 水质模型计算参数

1. 污染物综合降解系数 K

污染物综合降解系数 K 是反映污染物沿程变化的综合系数，是计算水体纳污能力重要参数，与河段水力条件及污染物本身特性密切相关，不同河段、不同流速、不同水温等条件下降解系数值是不同的。

为获取各河段 K 值，省水环境监测中心通过在本次区划的各河流的适宜河段进行了水质采样化验，用二断面法推求相应 K 值，并结合河段历史资料进行了验证、调整。

河流二断面法计算公式：

$$K = \frac{u}{x}\ln\left(\frac{c_1}{c_2}\right) \tag{5.19}$$

式中：c_1 为河段上断面污染物浓度，mg/L；c_2 为河段下断面污染物浓度，mg/L；x 为河段长度，m；u 为河段流速，m/s。

湖库二断面法计算公式：

$$K = \frac{2Q_p}{\Phi H(r_B^2 - r_A^2)}\ln\frac{c_A}{c_B} \tag{5.20}$$

式中：r_A、r_B 分别为远近两测点距排放点的距离，m；Φ 为扩散角，由排放口附近地形决定，排放口在开阔的岸边垂直排放时，$\Phi = \pi$；湖库中排放时，$\Phi = 2\pi$；其余符号意义同上。

2. 河段平均流速的确定

根据水文断面实测资料，建立断面流量流速关系式。河段平均流速，取该河段上下游水文站同一保证率流速的平均值，考虑到受河道地形环境差异与人为活动等影响，在进行纳污能力计算时，根据计算河段具体情况对流速值进行适当调整，使河段平均流速更接近实际状况。

$$u = \frac{Q}{A} \tag{5.21}$$

$$u = \alpha Q^\beta \tag{5.22}$$

式中：α、β 为经验系数，其他符号意义同上。

3. 设计流量的确定

设计保证率的取值直接影响计算结果的保证程度，保证率越高越安全，付出的代价就越大。为此，本次计算过程中，采用不同保证率最枯月平均流量作为设计流量，计算不同保证率下的水域纳污能力。

① 有长系列水文资料设计流量的确定。采用经验频率公式计算：

$$P(\%) = \frac{m}{n+1} \times 100 \tag{5.23}$$

式中：n 为水文资料系列长度；m 为水文资料系列的排列序号，$m \leqslant n$。

频率曲线的线型一般采用皮尔Ⅲ型。经分析论证，也可采用其他线型。频率曲线的统计参数，采用均值，变差系数 C_V 和偏态系数 C_s 表示。统计参数可用矩法初估。适线时，在拟合点群趋势的基础上侧重考虑平、枯水年的点据，具有短期年、月径流资料设计流量的确定。参照《水利水电工程水文计算规范》(SL278－2002)规定，当实测年、月径流资料不足 30 年，或虽有 30 年实测资料但系列不连续或代表性不足时，进行插补延长。采用下列计算方法：

a. 参证站长系列径流资料插补延长；

b. 利用本区域内降雨径流相关图进行展延；

c. 经验公式法。

② 无实测资料设计流量的计算。主要采用下列方法：

　　a. 内插法；

　　b. 水文比拟法；

　　c. 参证流域月降雨径流相关法；

　　d. 等值线图法；

　　e. 经验公式法或流域水文模型法；

　　f. 水利水电工程调控河段的流量采用最小下泄流量。

　　本次计算过程中,设计流量流速的几点说明:

　　a. 本次计算过程中,选用近 20 年资料。流量资料来自水文年鉴,水文信息数据库、防汛抗旱数据库等。闸坝特征资料来源于防汛抗旱手册、有关水库闸坝设计、调度运行原则等方面资料,为本次计算在有关无资料的部分河段实测了流量、流速及断面资料。

　　b. 无资料河段,采用流域下垫面情况基本接近的代表站进行比拟计算,流量根据面积比进行缩放;流速同样采用比拟站流量~流速关系进行推求。

　　c. 对于上游有控制站而本功能段缺乏相应资料的情况,根据多年各分支河段的分流比对上游控制站流量分流比进行分配,流速同样采用上游控制站流量~流速关系进行推求。

　　d. 人工干渠主要利用灌水资料推求各月平均灌水流量。由于干渠过水受人为控制,一年中在农业灌溉期渠道有水通过,非灌溉期基本无水。本次采用过水期最小月平均流量进行频率计算,推求各保证率过水流量,采用年平均流量进行校核,从分析结果看,采用过水期月平均最小流量比年平均流量更为安全。

　　4. 起始断面的水质浓度 c_0

　　起始断面的水质浓度是指水功能区入口断面污染物浓度。一般采用枯水期平均值或上游相邻水功能区的水质目标值;水功能区是河流源头时,取枯水期平均值。

　　5. 水体的水质控制目标 c_s

　　功能区水质目标值的确定,是纳污能力计算的基本依据,其取值的大小直接影响纳污能力的大小。确定水质目标值时,以水功能区水质管理目标的类别为基本依据,在水功能区类别相应的取值范围内,综合考虑与其相邻的上、下游功能区的相互关系,保护其主导功能要求必须满足的水质质量。通常以水中所含主要物质的浓度限值表示。

5.3.1.3　水域的纳污能力计算结果

1. 六安市

六安市水功能区不同水量条件下纳污能力如表 5.38 所示。

主要污染物化学需氧量最枯月平均流量 90% 保证率、最枯月月平均流量、枯水期月平均流量及多年平均流量下的纳污能力分别为:1.28 万 t/a、3.66 万 t/a、11.66 万 t/a、22.21 万 t/a。主要污染物氨氮最枯月平均流量 90% 保证率、最枯月月平均流量、枯水期月平均流量及多年平均流量下的纳污能力分别为:1270 t/a、

3174 t/a、7408 t/a、14288 t/a。

　　六安市境内湖泊、水库划分了 81 个一级功能区,并在其中 56 个开发利用区中划分了 63 个二级功能区。六安市境内湖泊及大型水库共划分了 7 个一级水功能区,均为保护区。各类湖库水功能区不同水量条件下主要污染物化学需氧量、氨氮的纳污能力统计结果如表 5.38 所示。

表 5.38　六安市水功能区不同水量条件下纳污能力成果表

一级区	二级区	水域类型	化学需氧量纳污能力(t/a)				氨氮纳污能力(t/a)			
			最枯月90%保证率	最枯月均	枯水期月平均	多年平均	最枯月90%保证率	最枯月均	枯水期月平均	多年平均
保护区		河流	364.2	622.7	1745.0	2952.0	11.0	24.2	60.0	100.7
		湖库	367.3	723.1		1208.2	48.7	91.0		142.9
保留区		河流	73.6	264.5	1373.4	1723.2	5.4	23.1	70.7	75.4
缓冲区		河流	1639	2948	5392	9241	183.9	166.2	302.5	518.6
开发利用区	饮用水源区	河流	1826	2866	11800	15803	111.5	138.6	515.1	894.7
	农业用水区	河流	5937	22191	74372	140110	647.9	2207	4815	8558
	工业用水区	河流	2253	6098	19522	48324	211.1	507.7	1518	3961
	景观娱乐用水区	河流	125.5	469.4	1154.5	2249.6	2.6	7.1	16.4	31.4
	过渡区	河流	602.5	1149.3	1268.7	1725.9	96.9	99.3	109.5	148.9
	小计	河流	10744	32774	108117	208211	1070	2960	6975	13594
总计		河流	12821	36609	116628	222127	1270	3174	7408	14288
		湖库	367.3	723.1	0.0	1208.2	48.7	91.0	0.0	142.9
		合计	13188	37333	116628	223336	1319	3265	7408	14431

2. 合肥市

　　本次水域纳污能力计算以本次划分的水功能区划为基础,对除 5 个小一型水库群功能区外划定的 117 个一、二级水功能区全部进行纳污能力计算。根据区域水功能区现状水质和点源排污状况,纳污能力计算所选用的控制指标为化学需氧量(COD)和氨氮(NH_3-N)。

　　《安徽省水功能区划》涉及水功能区的纳污能力,沿用《安徽省水功能区纳污能力及限制排污总量意见》成果,其中市界水功能区合肥市境内水域的纳污能力重新计算。

　　针对水功能区水文水资源状况、城镇点污染源分布及入河排污量状况,依据水功能区的水质目标和不同保证率水文设计条件下的流量(水量)以及功能区长度等特征资料,应用水质模型分析计算水域的纳污能力。

在计算过程中,选用最枯月平均流量90%保证率(相对最严格)、最枯月平均流量90%保证率及75%保证率两种不同保证率的水文设计条件,分别计算了主要污染物纳污能力,作为提出可操作性强的分阶段入河污染物排放总量控制计划的依据。全市水功能区主要污染物纳污能力如表5.39所示。

表5.39 合肥市水功能区不同水量条件下纳污能力成果表

序号	一级功能区名称	二级功能区名称	长度(km)	现状水质	水质目标2020	化学需氧量纳污能力(t/a)		氨氮纳污能力(t/a)	
						90%	75%	90%	75%
1	东淝河肥西河流源头保护区		22	Ⅲ	Ⅱ～Ⅲ	23.1	85.6	1.3	4.9
2	天河肥西调水水源保护区		40.1	Ⅲ	Ⅱ～Ⅲ	21.0	77.9	1.3	4.7
3	王桥小河肥西开发利用区	王桥小河肥西农业工业用水过渡区	32	Ⅲ	Ⅲ	57.7	95.6	3.7	6.1
4	庄墓河长丰开发利用区	庄墓河长丰农业用水饮用水源区	68.2	Ⅲ～Ⅳ	Ⅱ～Ⅲ	59.7	96.5	3.9	6.2
5	庄墓河二源长丰开发利用区	庄墓河二源长丰工业农业用水区	41	Ⅲ～Ⅳ	Ⅲ	16.7	26.9	0.1	0.2
6	庄墓河一源长丰开发利用区	庄墓河一源长丰工业农业用水区	28.3	Ⅲ～Ⅳ	Ⅲ	11.1	18.0	0.1	0.1
7	窑河高塘湖长丰开发利用区	窑河高塘湖长丰工业农业用水区	33.5	窑河Ⅳ,湖区劣Ⅴ	Ⅱ～Ⅲ	6.4	71.5	2.3	4.5
8	古洛河长丰开发利用区	古洛河长丰工业农业用水区	33	劣Ⅴ	Ⅳ	3.6	112.1	1.3	7.1
9	马厂河淮南合肥保留区		12.6	Ⅳ	Ⅲ	19.1	76.6	1.4	5.4
10	池河长丰肥东保留区		21	Ⅲ	Ⅲ	30.9	99.0	0.8	2.4

序号	一级功能区名称	二级功能区名称	长度(km)	现状水质	水质目标2020	化学需氧量纳污能力(t/a)		氨氮纳污能力(t/a)	
						90%	75%	90%	75%
11	池河滁州合肥开发利用区	池河定远肥东农业用水区	17.7	Ⅲ	Ⅲ	195.2	548.6	11.9	33.3
12	宁庙河肥东保留区		15	Ⅲ	Ⅲ	19.5	146.4	1.3	9.9
13	滁河合肥滁州开发利用区	滁河合肥滁州农业用水过渡区	80.3	Ⅳ	Ⅲ	64.8	324.1	2.5	12.5
14	王子城河肥东开发利用区	王子城河肥东农业用水区	24.7	Ⅲ	Ⅲ	78.1	205.0	4.0	10.6
15	小马厂河肥东保留区		18.2	Ⅲ	Ⅲ	41.3	137.8	1.8	6.1
16	南淝河合肥开发利用区	南淝河合肥景观娱乐用水区	17	劣Ⅴ	Ⅳ	3843.0	3867.0	381.0	382.0
17	南淝河合肥开发利用区	南淝河合肥排污控制区	15	劣Ⅴ	暂不执行	403.0	672.0	54.9	91.5
18	南淝河合肥开发利用区	南淝河包河肥东过渡区	9.4	劣Ⅴ	Ⅳ	394.0	657.0	53.4	89.0
19	板桥河合肥开发利用区	板桥河合肥景观娱乐用水区	23	劣Ⅴ	Ⅴ	127.9	422.0	18.6	61.5
20	二十埠河瑶海肥东开发利用区	二十埠河瑶海肥东工业用水景观娱乐用水区	33	劣Ⅴ	Ⅴ	243.0	295.7	35.4	43.1
21	店埠河肥东开发利用区	店埠河肥东饮用水源农业用水区	25.4	Ⅲ	Ⅱ	30.3	50.4	0.6	1.1

序号	一级功能区名称	二级功能区名称	长度（km）	现状水质	水质目标2020	化学需氧量纳污能力（t/a）		氨氮纳污能力（t/a）	
						90%	75%	90%	75%
22	店埠河肥东开发利用区	店埠河肥东景观娱乐用水区	8.2	劣Ⅴ	Ⅳ	1549.0	1560.0	183.0	175.0
23	店埠河肥东开发利用区	店埠河肥东农业工业用水区	8.6	劣Ⅴ	Ⅳ	1695.0	1642.0	227.0	206.0
24	马桥河肥东开发利用区	马桥河肥东工业农业用水区	35	Ⅳ	Ⅳ	35.6	106.2	2.5	7.5
25	长乐河肥东开发利用区	长乐河肥东农业用水区	20	Ⅴ	Ⅳ	31.5	161.6	2.2	11.4
26	十五里河蜀山包河开发利用区	十五里河蜀山包河景观娱乐用水过渡区	26	劣Ⅴ	Ⅲ	730.0	758.0	100.0	104.0
27	塘西河蜀山包河开发利用区	塘西河蜀山包河景观娱乐用水过渡区	12.7	劣Ⅴ	Ⅴ	750.7	779.6	83.1	86.3
28	派河合肥调水水源保护区		71	上段Ⅳ，下段劣Ⅴ	Ⅲ	739.0	862.0	101.0	118.0
29	蒋口河肥西开发利用区	蒋口河肥西农业用水过渡区	20	Ⅲ	Ⅲ	27.0	138.1	1.9	9.9
30	杭埠河庐江肥西开发利用区	杭埠河庐江肥西农业用水区	13.6	Ⅲ～Ⅳ	Ⅲ	119.0	229.0	8.1	10.1
31	杭埠河庐江肥西开发利用区	杭埠河庐江肥西过渡区	10.3	Ⅲ～Ⅳ	Ⅲ	170.0	224.0	7.6	8.9

续表

序号	一级功能区名称	二级功能区名称	长度（km）	现状水质	水质目标2020	化学需氧量纳污能力(t/a)		氨氮纳污能力(t/a)	
						90%	75%	90%	75%
32	丰乐河六安合肥开发利用区	丰乐河肥西舒城农业用水区	63.4	Ⅲ～Ⅳ	Ⅲ	301.0	502.0	50.0	83.3
33	杨湾河肥西开发利用区	杨湾河肥西农业用水区	26	Ⅲ	Ⅲ	35.6	111.5	2.6	8.0
34	龙潭河肥西开发利用区	龙潭河肥西农业用水区	30.7	Ⅲ	Ⅲ	37.4	117.1	2.7	8.4
35	肖小河肥西开发利用区	肖小河肥西农业用水区	21.2	Ⅲ	Ⅲ	30.0	153.5	2.2	11.0
36	马槽河庐江开发利用区	马槽河庐江农业用水区	24.8	Ⅲ	Ⅲ	49.4	106.6	2.5	5.3
37	白石天河庐江开发利用区	白石天河庐江农业用水过渡区	47	Ⅲ～Ⅳ	Ⅲ	0	148.0	0	168.0
38	金牛河庐江开发利用区	金牛河庐江农业用水区	27	Ⅲ	Ⅲ	53.8	116.0	2.7	5.8
39	罗埠河庐江开发利用区	罗埠河庐江农业用水区	35	Ⅳ	Ⅲ	69.8	150.4	3.5	7.5
40	裕溪河合肥马鞍山开发利用区	裕溪河巢湖含山工业农业用水过渡区	17.6	Ⅳ	Ⅲ	1145.9	3599.5	187.6	589.3
41	清溪河合肥马鞍山开发利用区	清溪河含山巢湖农业用水区	7.4	Ⅳ	Ⅲ	35.6	160.1	2.6	11.5
42	西河（县河）庐江开发利用区	西河（县河）庐江工业农业用水区	11.2	劣Ⅴ	Ⅴ	391.1	821.3	37.8	79.4

序号	一级功能区名称	二级功能区名称	长度（km）	现状水质	水质目标2020	化学需氧量纳污能力（t/a）		氨氮纳污能力（t/a）	
						90%	75%	90%	75%
43	西河庐江开发利用区	西河庐江工业农业用水过渡区	13.6	Ⅳ	Ⅲ	30.1	316.2	3.6	37.6
44	兆河庐江巢湖开发利用区	兆河庐江巢湖农业用水过渡区	34	Ⅳ	Ⅲ	28.8	139.0	4.0	19.4
45	盛桥河庐江开发利用区	盛桥河庐江农业用水过渡区	30	Ⅲ～Ⅳ	Ⅲ	47.5	168.5	3.4	12.1
46	东新河巢湖庐江开发利用区	东新河巢湖庐江农业用水过渡区	24	Ⅲ	Ⅲ	45.1	155.4	3.2	11.2
47	黄泥河庐江开发利用区	黄泥河庐江工业用水区	40	上段Ⅲ,下段Ⅳ～Ⅴ	Ⅲ	61.8	207.6	4.2	14.0
48	瓦洋河庐江开发利用区	瓦洋河庐江饮用水源农业用水区	37	Ⅲ	Ⅲ	35.6	132.9	2.4	9.0
49	双桥河巢湖开发利用区	双桥河巢湖工业用水过渡区	9	劣Ⅴ	Ⅲ	14.4	49.9	1.4	5.1
50	柘皋河巢湖开发利用区	柘皋河巢湖工业农业用水过渡区	37	Ⅲ	Ⅲ	25.1	87.9	1.1	3.7
51	夏阁河巢湖开发利用区	夏阁河巢湖工业农业用水区	21.8	Ⅲ	Ⅲ	35.6	152.6	2.6	10.9
52	鸡裕河巢湖保留区		23	Ⅲ	Ⅲ	25.7	105.3	1.3	5.2
53	焗炀河巢湖开发利用区	焗炀河巢湖工业农业用水过渡区	13	Ⅲ	Ⅲ	17.8	80.7	1.3	5.8

续表

序号	一级功能区名称	二级功能区名称	长度(km)	现状水质	水质目标2020	化学需氧量纳污能力(t/a)		氨氮纳污能力(t/a)	
						90%	75%	90%	75%
54	罗昌河庐江开发利用区	罗昌河庐江农业用水过渡区	28.6	Ⅲ	Ⅲ	35.6	160.1	2.6	11.5
55	柯坦河庐江开发利用区	柯坦河庐江农业用水过渡区	23.6	Ⅳ	Ⅳ	48	188.1	3.4	13.5
56	界河合肥安庆保留区		19	Ⅲ	Ⅲ	21.6	100.8	1.5	7.2
57	淠河灌区总干渠肥西开发利用区	淠河灌区总干渠肥西饮用水源农业用水区	78	Ⅱ～Ⅲ	Ⅱ～Ⅲ	1343	1439	40.2	42.1
58	潜南干渠肥西开发利用区	潜南干渠肥西农业用水区	49	Ⅳ	Ⅱ～Ⅲ	108	126	6.68	7.78
59	瓦东干渠肥西开发利用区	瓦东干渠肥西饮用水源农业用水区	18.1	Ⅲ	Ⅱ～Ⅲ	197.5	230.1	14.9	17.3
60	瓦东干渠长丰开发利用区	瓦东干渠长丰农业用水区	88.1	Ⅳ～Ⅴ	Ⅱ～Ⅲ	198.9	231.6	15.2	17.7
61	滁河干渠合肥开发利用区	滁河干渠合肥饮用水源农业用水区	91.8	Ⅱ～Ⅲ	Ⅱ～Ⅲ	183.1	300.5	5.95	9.77
62	滁河干渠合肥开发利用区	滁河干渠肥东农业用水区	68.5	Ⅲ～Ⅳ	Ⅱ～Ⅲ	75.9	124.5	3.03	4.96
63	舒庐干渠庐江开发利用区	舒庐干渠庐江农业用水区	116.9	Ⅲ	Ⅱ～Ⅲ	1876.3	2117.5	12.35	12.87
合计						18141.2	27146.4	1726.6	2775.8

3. 滁州市

滁州市水功能区不同水量条件下纳污能力如表 5.40 所示。

表 5.40　滁州市水功能区不同水量条件下纳污能力成果表

水系	河流	功能区名称		纳污能力(t/a)	
		一级功能区	二级功能区	COD	NH_3-N
滁河	滁河	滁河全椒开发利用区	滁河全椒饮用水源农业用水区	102.9	4.6
滁河	滁河	滁河全椒开发利用区	滁河全椒农业工业用水区	29.2	1.2
滁河	滁河	滁河皖苏缓冲区		19.4	1.2
滁河	清流河	清流河明光南谯琅琊来安开发利用区	清流河明光来安南谯琅琊农业工业用水区	2.9	0.2
滁河	清流河	清流河明光南谯琅琊来安开发利用区	清流河琅琊南谯景观娱乐用水区	1.0	0.1
滁河	清流河	清流河明光南谯琅琊来安开发利用区	清流河南谯来安农业工业用水区	9.7	0.6
滁河	清流河	清流河皖苏缓冲区		2.0	0.5
滁河	大沙河	大沙河南谯河流源头自然保护区		6.6	0.4
滁河	嘉山百道河	嘉山百道河明光南谯开发利用区	嘉山百道河明光南谯饮用水源农业用水区	0.1	0.1
滁河	襄河	襄河全椒开发利用区	襄河全椒工业农业用水区	33.7	2.0
滁河	马厂河	马厂河全椒开发利用区	马厂河全椒饮用水源区	8.6	0.5
滁河	马厂河	马厂河全椒开发利用区	马厂河全椒农业用水区	12.9	0.8
滁河	小马厂河	小马厂河南谯全椒开发利用区	小马厂河全椒农业用水区	17.3	1.2
滁河	来安河	来安河明光来安开发利用区	来安河明光来安饮用水源农业用水区	29.9	1.8
滁河	来安河	来安河明光来安开发利用区	来安河来安农业工业用水区	29.9	1.8
滁河	施河	施河来安开发利用区	施河来安农业用水区	14.8	1.1
滁河	皂河	皂河来安开发利用区	皂河来安农业渔业用水区	14.9	1.5
淮河	淮河	淮河凤阳开发利用区	淮河凤阳农业工业用水区	20690	1052

续表

水系	河流	功能区名称		纳污能力(t/a)	
		一级功能区	二级功能区	COD	NH₃-N
淮河	淮河	淮河皖苏缓冲区		22935	1268
淮河	窑河	窑河定远开发利用区	窑河沛河定远农业工业用水区	10.6	0.6
淮河	洛河	洛河定远开发利用区	洛河定远农业工业用水区	2.0	0.1
淮河	濠河	濠河凤阳开发利用区	濠河凤阳农业工业用水区	4.6	0.3
淮河	天河	天河凤阳开发利用区	天河凤阳农业工业用水区	1.6	0.1
淮河	板桥河	板桥河凤阳开发利用区	板桥河凤阳农业工业用水区	2.4	0.2
淮河	小溪河	小溪河凤阳开发利用区	小溪河凤阳农业用水区	2.3	0.2
淮河	池河	池河定远明光开发利用区	池河定远明光农业工业用水区	50.0	3.0
淮河	池河	池河定远明光开发利用区	池河明光过渡区	52.0	3.2
淮河	马桥河	马桥河定远开发利用区	马桥河城河定远饮用水源区	3.7	0.2
淮河	马桥河	马桥河定远开发利用区	马桥河定远农业工业用水区	5.4	0.4
淮河	南沙河	南沙河明光开发利用区	南沙河明光饮用水源区	2.3	0.2
淮河	石坝河	石坝河明光开发利用区	石坝河明光饮用水源农业用水区	1.1	0.1
淮河	涧溪河	涧溪河明光开发利用区	涧溪河明光农业用水区	8.5	0.5
淮河	白塔河	白塔河天长保留区		5.2	0.5
淮河	白塔河	白塔河天长开发利用区	白塔河天长工业农业用水区	32.0	2.0
淮河	白塔河	白塔河天长开发利用区	白塔河天长过渡区	5.2	0.5
淮河	老白塔河	老白塔河天长开发利用区	老白塔河天长农业工业用水区	32.0	2.0
淮河	铜龙河	铜龙河天长开发利用区	铜龙河天长农业工业用水区	4.8	0.5
淮河	秦栏河	秦栏河天长开发利用区	秦栏河天长工业农业用水区	21.9	1.1

水系	河流	功能区名称		纳污能力（t/a）	
		一级功能区	二级功能区	COD	NH₃－N
淮河	杨村河	杨村河天长开发利用区	杨村河农业工业用水区	8.1	0.4
淮河	川桥河	川桥河天长开发利用区	川桥河天长农业用水区	8.5	0.5
合　计				44225	2356.2

5.3.4　水环境承载能力分析

① 六安市现状年 2010 年入河排污量全年化学需氧量入河量为 25252 t,氨氮入河量为 1869 t,经水质模型计算现状年水体纳污能力化学需氧量允许入河量为 223336 t,氨氮允许入河量为 14431 t。从比较情况看,六安市目前的水环境状况正日趋见好,能够保证生活、生产、生态的要求,但局部地区水环境形势不容乐观。随着六安市社会经济的快速发展,排污量的不断增加,仍需采取控制措施,提高水环境承载力。

② 合肥市现状年 2010 年入河排污量全年化学需氧量 65298 t/日,氨氮 3197 t/日,经水质模型计算现状年水体平均纳污能力化学需氧量允许入河量为 32465 t,氨氮允许入河量 3327 t。从比较情况看,合肥市目前的水环境状况已超载,形势较为严峻,对生活、生产、生态的用水要求构成威胁。随着合肥市社会经济的快速发展,排污量的不断增加,需采取有效控制措施,提高水环境承载力。

③ 滁州市现状年 2010 年入河排污量全年化学需氧量 32684.1 t/日,氨氮 4023.7 t/日,经水质模型计算现状年水体平均纳污能力化学需氧量允许入河量为 44225 t,氨氮允许入河量 2356.2 t。从比较情况看,滁州市目前的水环境状况已局部超载,形势不容乐观,对生活、生产、生态的用水要求构成威胁。随着滁州市社会经济的快速发展,排污量的不断增加,需采取有效控制措施,提高水环境承载力。

5.3.5　水污染控制措施

5.3.5.1　六安市

1. 入河污染物控制总量

六安市境内主要河流、湖库主要污染物化学需氧量最枯月平均流量 90% 保证率、最枯月月平均流量、枯水期月平均流量及多年平均流量下的入河控制量分别为 10684 t/a、33195 t/a、103082 t/a、203480 t/a;氨氮最枯月平均流量 90% 保证率、最枯月月平均流量、枯水期月平均流量及多年平均流量下的入河控制量分别为 1161 t/a、3028 t/a、6833 t/a、13318 t/a。六安市水功能区不同水量条件下入河控制量统计如表 5.41 所示。

表 5.41　六安市水功能区不同水量条件下入河控制量统计表

一级区	二级区	水域类型	化学需氧量入河控制(t/a)				氨氮入河控制量(t/a)			
			最枯月90%保证率	最枯月均	枯水期月平均	多年平均	最枯月90%保证率	最枯月均	枯水期月平均	多年平均
保护区		河流	0	0	0	0	0	0	0	0
		湖库	55.3	73.5		107	12.9	17.2		25
保留区		河流	73.6	264.5	1373.4	1723.2	5	23	71	75
缓冲区		河流	1639.2	2948.2	5392.1	9241.2	184	166	303	519
开发利用区	饮用水源区	河流	0	0	0	0	0	0	0	0
	农业用水区	河流	5935	22191	74372	140110	648	2207	4815	8558
	工业用水区	河流	2253	6098	19522	48324	211	508	1518	3961
	景观娱乐用水区	河流	125.4	469.4	1154.5	2249.6	3	7	16	31
	过渡区	河流	602.5	1149.3	1268.7	1725.9	96.9	99.3	109.5	148.9
	小计	河流	8916	29908	96317	192409	959	2821	6460	12699
总计		河流	10629	33121	103082	203373	1148	3011	6833	13293
		湖库	55.3	73.5	0	107	12.9	17.2	0	25
		合计	10684	33195	103082	203480	1161	3028	6833	13318

（1）河流水功能区污染物入河控制总量

六安市河流水功能区主要污染物化学需氧量最枯月平均流量 90%保证率、最枯月月平均流量、枯水期月平均流量及多年平均流量下的入河控制量分别为 10629 t/a、33121 t/a、103082 t/a、203373 t/a;氨氮最枯月平均流量 90%保证率、最枯月月平均流量、枯水期月平均流量及多年平均流量下的入河控制量分别为 1148 t/a、3011 t/a、6833 t/a、1329 t/a。

（2）湖库水功能区污染物入河控制总量

六安市境内湖泊及大型水库共划分了 7 个一级水功能区,均为保护区。除瓦埠湖外,其污染物入河控制总量均为零。主要污染物化学需氧量最枯月平均流量 90%保证率、最枯月平均流量、枯水期月平均流量及多年平均流量下的入河控制量分别为 55.3 t/a、73.5 t/a、0 t/a、107 t/a;主要污染物氨氮最枯月平均流量 90%保证率、最枯月月平均流量、枯水期月平均流量及多年平均流量下的入河控制量分别为 12.9 t/a、17.2 t/a、0 t/a、25.0 t/a。

2. 污染物控制措施

地表水水资源保护涉及水量水质两个方面的保护,在全面加强点源和城市污水治理,确保入河(湖库)污水达标排放的同时,维持河流、湖库一定的生态水量也是水资源保护中的重要环节。

(1) 工程措施

① 工业污染控制措施。六安市是重要水源地,开展工业污染控制措施,对于保障六安市和下游用水安全,具有重要的意义。应该调整工业布局和产业结构,大力推行清洁生产、达标排放,加大工业废水处理,关停污染严重企业,加快工业污染防治从以末端治理为主向生产全过程控制的转变。

② 城市污水处理措施。六安市已建污水处理厂6座,市区、寿县、霍邱、霍山、舒城、金寨各一座,日处理污染能力为16.5万t。随着六安经济的发展,市区排污量在逐年上升,为了满足当前废污水处理要求,六安市区在建污水处理厂2座,设计日废污水处理能力11.5万t,拟建污水处理厂1座。建成以后,六安市将有9座污水处理厂,总的处理能力为30万t/日,城市污水处理率将进一步提高,有效地保障了六安市的水环境质量。

③ 入河排污口整治。全市境内现有较大入河排污口47个,规划对这些入河排污口进行综合治理。六安市是重要饮用水水源地,肩负着六安市和合肥城区居民生活用水的重任,水源地的水质直接影响居民生活用水安全。废污水进入饮用水源区的排污口,是六安市城镇居民生活用水安全的不稳定因素,必须实现截污改造,污染接入污水处理厂,达标排放。

④ 建设一部分截流控制工程,提高水环境纳污量和水体自净能力工程措施,研究制定洪水水资源化方案,在一些地势低、容易形成内涝点修建洪水拦截工程,发挥水利工程作用,合理调蓄径流,提高洪水利用率。在枯水季节,放水冲污,改善河道径流,维护河流生态。同时,在部分污染较重河段,在地势较低的洼地,退耕还林,退耕还草,建立一定数量的湿地林区、种植芦苇等,通过生物降解污染物。

⑤ 地表水质监测。加强保障水功能区水质监测,加强污染事故处理系统及信息能力建设完善六安市水环境监控体系,实现站网优化布局,加强能力建设,在完善常规水质监测的基础上,大力提高水质监控系统的机动、快速反应能力建设和自动测报能力,实现重点地区、重点水域和供水水源地的水质自动监测,建立基于公用数据交换系统和卫星通讯系统的水质信息网络,能快速地完成各类水质信息的处理与查询等服务,实时、客观、科学地发布水质信息与评价结果。应加强污染事故处理系统及信息能力建设,有针对性地开展一些操作性强的应用性研究。

(2) 非工程措施

① 加强对水资源开发利用的统一规划、管理和保护。全面落实《六安市水功能区划》,对水资源开发利用进行统一规划、管理和保护,充分发挥水利工程措施和非工程措施的积极作用,最大限度地改善生态环境和河流湖泊对污染物的稀释自

净能力。

② 加强水资源分级管理。各级水行政主管部门应处理好整体和局部的关系，在水资源开发利用的规划和管理方面要考虑水资源保护，水资源保护要考虑水资源开发利用，建立和理顺相协调的工作机制，将取水许可管理、河道建设项目审批管理及气体水行政管理中水资源保护职责落到实处。

③ 大力宣传、广造舆论，全面提高人民的环境意识。保护好水源是造福子孙后代的大事，是刻不容缓的当务之急，要充分利用各种场合进行宣传，以增强广大干群的环境意识，形成人人关心、各级政府齐抓共管的合作局面，树立"治理污染光荣、污染水源可耻"的思想。

④ 狠抓污染源的治理政策的落实和实施。当前水环境污染的主要原因是工矿企业大量排放污水造成的。因此，应按照有关法规，本着谁污染谁治理的原则，首先从各主要工矿企业着手治理污染源。

污染源分布面广，治理难度大，必须根据具体情况做出治理规划，分期分批进行，做到集中治理与分散治理相结合，坚持长期治理同短期突击治理相结合。

⑤ 实行计划用水、节约用水。目前在工农业生产中，浪费水资源现象比较严重。主要改进措施：在农业方面要加强灌溉用水的管理，完善工程配套，大力发展节水型灌溉技术；在工业方面要积极推行技术改造与进步，推广不用或少用水的先进生产工艺，发展循环用水，实行一水多用和废水水资源化等技术，降低单位产品的用水量和污水排放量，鼓励节约用水。

⑥ 实行污染总量控制和水质水量统一管理。水体的污染是由量变到质变的过程，应该防患于未然，做到控制总量、统一管理。根据水体环境纳污量的大小分配各种污染物质的允许排放量，确保水体各项污染物含量不超标。对被保护水体水质、水量以及各排污口所进入的污水量和污染物含量，要进行统一监测。

⑦ 开展水环境保护的科学研究。要开发、引进和推广先进的治理污染技术，开展水质预报，实行科学管理，加强水质污染防治方面的技术研究工作。

⑧ 加强水功能区开发利用管理。按功能区分类原则监督检查功能区开发利用执行情况。保护区不应有破坏水质的开发活动，饮用水源区的保护区内禁止进行各项开发建设活动、禁止一切排污行为，保留区内进行大规模的开发利用活动，应经有关行政主管部门批准。按功能区水质目标评价功能区水质，定期发布，让政府和社会知道功能区水质目标达到情况，并自觉监督实施水资源保护规划措施，按照水利部要求，20 万人口以上城市建立供水水源地水质旬报制度。按照功能区水质目标要求，采取有效措施，保障功能区水质达标。

⑨ 取水许可审查。强化取水许可及排污许可制度，建立并落实建设项目水资源论证制度和用水、节水评估制度。各地要求加强取水许可监督管理和年审工作，严格取水许可审批，需要办理取水许可的建设项目都必须进行水资源论证。城市新建和扩建的工程项目，在项目可行性研究报告中，应有用水、节水评估内容。通

过取水许可管理,严格审查取水、排水对河流生态及排污对水质的影响。

⑩ 制定功能区划监督管理办法或实施细则。水功能区管理是一项新工作,需要研究制定监督管理办法,使《六安市水功能区划》真正落到实处,做到有效管理。

认真履行实施入河排污口监督管理。入河排污口设置实行统一规划、统一管理。功能区内的已设入河排污口要登记注册,纳入功能区管理。入河排污口的变迁新设,必须经过功能区主管机关批准,根据规划需要迁往其他功能区的,要做好协调工作。掌握入河排污口设置的动态变化情况。

定期监测、定期发布入河排污量监测评价报告,对严重超过功能区入河排污控制量的功能区,提请政府查明原因,采取措施,制定入河排污口监督管理办法或实施细则。

5.3.5.2 合肥市

1. 入河污染物控制总量

合肥市现状污染物入河控制量以功能区为分析计算单元,采取自上而下的次序进行计算。

根据安徽省《水功能区划分技术规范》,结合合肥市区域实际情况,确定合肥市水域污染物入河控制量原则:① 以保护区水质不得恶化为原则,保护区污染物入河控制量取纳污能力与现状污染物入河量中较小者;② 以饮用水源区不得排污为原则,在该类功能区内污染物入河控制量取零值;③ 其他功能区的污染物入河控制量按该功能区的纳污能力确定;④《安徽省水功能区划》涉及水功能区的入河控制量沿用《安徽省水功能区纳污能力及限制排污总量意见》成果,其中市界水功能区合肥市境内水域的入河控制量按以上原则确定。合肥市主要河流水功能区主要污染入河控制量如表 5.42 所示。

表 5.42 合肥市主要河流水功能区主要污染物入河控制量

序号	一级功能区名称	二级功能区名称	长度(km)	现状水质	水质目标2020	化学需氧量入河(渠)控制量(t/a)		氨氮入河(渠)控制量(t/a)	
						90%	75%	90%	75%
1	东淝河肥西河流源头保护区		22	Ⅲ	Ⅱ~Ⅲ	0	0	0	0
2	天河肥西调水水源保护区		40.1	Ⅲ	Ⅱ~Ⅲ	0	0	0	0
3	王桥小河肥西开发利用区	王桥小河肥西农业工业用水过渡区	32	Ⅲ	Ⅲ	57.7	95.6	3.7	6.1

续表

序号	一级功能区名称	二级功能区名称	长度(km)	现状水质	水质目标2020	化学需氧量入河(渠)控制量(t/a)		氨氮入河(渠)控制量(t/a)	
						90%	75%	90%	75%
4	庄墓河长丰开发利用区	庄墓河长丰农业用水饮用水源区	68.2	Ⅲ~Ⅳ	Ⅱ~Ⅲ	59.7	96.5	3.9	6.2
5	庄墓河二源长丰开发利用区	庄墓河二源长丰工业农业用水区	41	Ⅲ~Ⅳ	Ⅲ	16.7	26.9	0.1	0.2
6	庄墓河一源长丰开发利用区	庄墓河一源长丰工业农业用水区	28.3	Ⅲ~Ⅳ	Ⅲ	11.1	18.0	0.1	0.1
7	窑河高塘湖长丰开发利用区	窑河高塘湖长丰工业农业用水区	33.5	窑河Ⅳ,湖区劣Ⅴ	Ⅱ~Ⅲ	6.4	71.5	2.3	4.5
8	古洛河长丰开发利用区	古洛河长丰工业农业用水区	33	劣Ⅴ	Ⅳ	3.6	112.1	1.3	7.1
9	马厂河淮南合肥保留区		12.6	Ⅳ	Ⅲ	19.1	76.6	1.4	5.4
10	池河长丰肥东保留区		21	Ⅲ	Ⅲ	30.9	99.0	0.8	2.4
11	池河滁州合肥开发利用区	池河定远肥东农业用水区	17.7	Ⅲ	Ⅲ	195.2	548.6	11.9	33.3
12	宁庙河肥东保留区		15	Ⅲ	Ⅲ	19.5	146.4	1.3	9.9
13	滁河合肥滁州开发利用区	滁河合肥滁州农业用水过渡区	80.3	Ⅳ	Ⅲ	64.8	324.1	2.5	12.5
14	王子城河肥东开发利用区	王子城河肥东农业用水区	24.7	Ⅲ	Ⅲ	78.1	205.0	4.0	10.6

序号	一级功能区名称	二级功能区名称	长度（km）	现状水质	水质目标 2020	化学需氧量入河（渠）控制量(t/a)		氨氮入河（渠）控制量(t/a)	
						90%	75%	90%	75%
15	小马厂河肥东保留区		18.2	Ⅲ	Ⅲ	41.3	137.8	1.8	6.1
16	南淝河合肥开发利用区	南淝河合肥景观娱乐用水区	17	劣Ⅴ	Ⅳ	3843.0	3867.0	381.0	382.0
17	南淝河合肥开发利用区	南淝河合肥排污控制区	15	劣Ⅴ	暂不执行	403.0	672.0	54.9	91.5
18	南淝河合肥开发利用区	南淝河包河肥东过渡区	9.4	劣Ⅴ	Ⅳ	394.0	657.0	53.4	89.0
19	板桥河合肥开发利用区	板桥河合肥景观娱乐用水区	23	劣Ⅴ	Ⅴ	127.9	422.0	18.6	61.5
20	二十埠河瑶海肥东开发利用区	二十埠河瑶海肥东工业用水景观娱乐用水区	33	劣Ⅴ	Ⅴ	243.0	295.7	35.4	43.1
21	店埠河肥东开发利用区	店埠河肥东饮用水源农业用水区	25.4	Ⅲ	Ⅱ	0	0	0	0
22	店埠河肥东开发利用区	店埠河肥东景观娱乐用水区	8.2	劣Ⅴ	Ⅳ	1549.0	1560.0	183.0	175.0
23	店埠河肥东开发利用区	店埠河肥东农业工业用水区	8.6	劣Ⅴ	Ⅳ	1695.0	1642.0	227.0	206.0
24	马桥河肥东开发利用区	马桥河肥东工业农业用水区	35	Ⅳ	Ⅳ	35.6	106.2	2.5	7.5
25	长乐河肥东开发利用区	长乐河肥东农业用水区	20	Ⅴ	Ⅳ	31.5	161.6	2.2	11.4

续表

序号	一级功能区名称	二级功能区名称	长度(km)	现状水质	水质目标2020	化学需氧量入河（渠）控制量(t/a)		氨氮入河（渠）控制量(t/a)	
						90%	75%	90%	75%
26	十五里河蜀山包河开发利用区	十五里河蜀山包河景观娱乐用水过渡区	26	劣Ⅴ	Ⅲ	730.0	758.0	100.0	104.0
27	塘西河蜀山包河开发利用区	塘西河蜀山包河景观娱乐用水过渡区	12.7	劣Ⅴ	Ⅴ	750.7	779.6	83.1	86.3
28	派河合肥调水水源保护区		71	上段Ⅳ,下段劣Ⅴ	Ⅲ	739.0	862.0	101.0	118.0
29	蒋口河肥西开发利用区	蒋口河肥西农业用水过渡区	20	Ⅲ	Ⅲ	27.0	138.1	1.9	9.9
30	杭埠河庐江肥西开发利用区	杭埠河庐江肥西农业用水区	13.6	Ⅲ～Ⅳ	Ⅲ	119.0	229.0	8.1	10.1
31	杭埠河庐江肥西开发利用区	杭埠河庐江肥西过渡区	10.3	Ⅲ～Ⅳ	Ⅲ	170.0	224.0	7.6	8.9
32	丰乐河六安合肥开发利用区	丰乐河肥西舒城农业用水区	63.4	Ⅲ～Ⅳ	Ⅲ	301.0	502.0	50.0	83.3
33	杨湾河肥西开发利用区	杨湾河肥西农业用水区	26	Ⅲ	Ⅲ	35.6	111.5	2.6	8.0
34	龙潭河肥西开发利用区	龙潭河肥西农业用水区	30.7	Ⅲ	Ⅲ	37.4	117.1	2.7	8.4
35	肖小河肥西开发利用区	肖小河肥西农业用水区	21.2	Ⅲ	Ⅲ	30.0	153.5	2.2	11.0

序号	一级功能区名称	二级功能区名称	长度(km)	现状水质	水质目标2020	化学需氧量入河(渠)控制量(t/a)		氨氮入河(渠)控制量(t/a)	
						90%	75%	90%	75%
36	马槽河庐江开发利用区	马槽河庐江农业用水区	24.8	Ⅲ	Ⅲ	49.4	106.6	2.5	5.3
37	白石天河庐江开发利用区	白石天河庐江农业用水过渡区	47	Ⅲ~Ⅳ	Ⅲ	0	148.0	0	168.0
38	金牛河庐江开发利用区	金牛河庐江农业用水区	27	Ⅲ	Ⅲ	53.8	116.0	2.7	5.8
39	罗埠河庐江开发利用区	罗埠河庐江农业用水区	35	Ⅳ	Ⅲ	69.8	150.4	3.5	7.5
40	裕溪河合肥马鞍山开发利用区	裕溪河巢湖含山工业农业用水过渡区	17.6	Ⅳ	Ⅲ	1145.9	3599.5	187.6	589.3
41	清溪河合肥马鞍山开发利用区	清溪河含山巢湖农业用水区	7.4	Ⅳ	Ⅲ	35.6	160.1	2.6	11.5
42	西河(县河)庐江开发利用区	西河(县河)庐江工业农业用水区	11.2	劣Ⅴ	Ⅴ	391.1	821.3	37.8	79.4
43	西河庐江开发利用区	西河庐江工业农业用水过渡区	13.6	Ⅳ	Ⅲ	30.1	316.2	3.6	37.6
44	兆河庐江巢湖开发利用区	兆河庐江巢湖农业用水过渡区	34	Ⅳ	Ⅲ	28.8	139.0	4.0	19.4

序号	一级功能区名称	二级功能区名称	长度 (km)	现状水质	水质目标 2020	化学需氧量入河(渠)控制量(t/a)		氨氮入河(渠)控制量(t/a)	
						90%	75%	90%	75%
45	盛桥河庐江开发利用区	盛桥河庐江农业用水过渡区	30	Ⅲ~Ⅳ	Ⅲ	47.5	168.5	3.4	12.1
46	东新河巢湖庐江开发利用区	东新河巢湖庐江农业用水过渡区	24	Ⅲ	Ⅲ	45.1	155.4	3.2	11.2
47	黄泥河庐江开发利用区	黄泥河庐江工业用水区	40	上段Ⅲ,下段Ⅳ~Ⅴ	Ⅲ	61.8	207.6	4.2	14.0
48	瓦洋河庐江开发利用区	瓦洋河庐江饮用水源农业用水区	37	Ⅲ	Ⅲ	0	0	0	0
49	双桥河巢湖开发利用区	双桥河巢湖工业用水过渡区	9	劣Ⅴ	Ⅲ	14.4	49.9	1.4	5.1
50	柘皋河巢湖开发利用区	柘皋河巢湖工业农业用水过渡区	37	Ⅲ	Ⅲ	25.1	87.9	1.1	3.7
51	夏阁河巢湖开发利用区	夏阁河巢湖工业农业用水区	21.8	Ⅲ	Ⅲ	35.6	152.6	2.6	10.9
52	鸡裕河巢湖保留区		23	Ⅲ	Ⅲ	25.7	105.3	1.3	5.2
53	焖炀河巢湖开发利用区	焖炀河巢湖工业农业用水过渡区	13	Ⅲ	Ⅲ	17.8	80.7	1.3	5.8
54	罗昌河庐江开发利用区	罗昌河庐江农业用水过渡区	28.6	Ⅲ	Ⅲ	35.6	160.1	2.6	11.5

续表

序号	一级功能区名称	二级功能区名称	长度(km)	现状水质	水质目标2020	化学需氧量入河(渠)控制量(t/a)		氨氮入河(渠)控制量(t/a)	
						90%	75%	90%	75%
55	柯坦河庐江开发利用区	柯坦河庐江农业用水过渡区	23.6	Ⅳ	Ⅳ	48	188.1	3.4	13.5
56	界河合肥安庆保留区		19	Ⅲ	Ⅲ	21.6	100.8	1.5	7.2
57	淠河灌区总干渠肥西开发利用区	淠河灌区总干渠肥西饮用水源农业用水区	78	Ⅱ～Ⅲ	Ⅱ～Ⅲ	0	0	0	0
58	潜南干渠肥西开发利用区	潜南干渠肥西农业用水区	49	Ⅳ	Ⅱ～Ⅲ	108	126	6.68	7.78
59	瓦东干渠肥西开发利用区	瓦东干渠肥西饮用水源农业用水区	18.1	Ⅲ	Ⅱ～Ⅲ	0	0	0	0
60	瓦东干渠长丰开发利用区	瓦东干渠长丰农业用水区	88.1	Ⅳ～Ⅴ	Ⅱ～Ⅲ	198.9	231.6	15.2	17.7
61	滁河干渠合肥开发利用区	滁河干渠合肥饮用水源农业用水区	91.8	Ⅱ～Ⅲ	Ⅱ～Ⅲ	0	0	0	0
62	滁河干渠合肥开发利用区	滁河干渠肥东农业用水区	68.5	Ⅲ～Ⅳ	Ⅱ～Ⅲ	75.9	124.5	3.03	4.96
63	舒庐干渠庐江开发利用区	舒庐干渠庐江农业用水区	116.9	Ⅲ	Ⅱ～Ⅲ	1876.3	2117.5	12.35	12.87
合　计						16307.6	24830.0	1659.9	2686.6

2. 污染物控制措施

① 水功能区划是水资源和水环境保护中的一项重要基础工作,经批准的水功能区划是水资源开发、利用和保护的依据。《合肥市水功能区划》经市人民政府批准后,市水行政主管部门、环境保护行政主管部门和其他有关部门及各县、区人民政府应根据各自组织职责,严格按照水功能区管理目标,加强监督管理。

② 经批准的水功能区划应当向社会公告,并对水功能区划进行确界立碑,加强水资源保护的宣传教育。

③ 建立健全取水许可制度、建设项目水资源论证制度,全面推行污染物总量控制、重点水污染物排放许可与建设项目环境影响评价制度;严格实施饮用水水源保护制度。

④ 加强水功能区水质水量监测,提高水质监测的机动能力、快速反应能力、自动测报能力。定期开展水质水量评价,及时准确地向社会发布水功能区水质水量信息和评价结果。发现重点污染物排放总量超过控制指标的或水功能区水质未达到水域使用功能对水质要求的,水行政主管部门应当及时报告有关人民政府采取治理措施,并向环境保护主管部门通报。

⑤ 加强入河排污口的管理,完善入河排污口登记制度。需要新建、改建或扩大排污口的,应当经过有管辖权的水行政主管部门同意,由市水行政主管部门审批。

⑥ 严禁在湖泊水库周边进行集约化、规模化的禽畜养殖,限制围网养鱼规模,禁止在湖泊、水库周边设置工业与生活排污口。

5.3.5.3　滁州市

1. 入河污染物控制总量

滁州市水功能区污染物入河控制量根据安徽省地方标准《水功能区划分技术规范》(DB34/T732‐2007),并结合滁州市区域实际情况进行确定,确定的基本原则包括:① 综合考虑水功能区类型、污染物现状入河量、纳污能力,确定相应的水功能区限制排污总量;② 河流源头保护区、二级区中的饮用水源区均不得排入污染物,污染物排入控制量为零;③ 水库不得排入污染物,污染物入库控制量为零;④ 以水质不得恶化为原则,其他功能区的污染物入河控制量按该功能区的纳污能力与污染物现状入河量中较小者确定。滁州市地表水功能区纳污能力总量河流COD 为 44225 t/a,NH_3-N 为 2356.2 t/a。湖库 COD 为 4236.4 t/a,NH_3-N 为 988.2 t/a。滁州市入河控制量河流 COD 为 44069.9 t/a,NH_3-N 为 2348.3 t/a,湖库 COD 为 2927 t/a,NH_3-N 为 682.7 t/a。

2. 污染物控制措施

滁州市水资源保护与水环境治理工程包括污水处理厂及中水回用工程、环境水利工程、农村环保卫生工程、农林整治工程四个方面,分别从污水截留和处理点污染源、增大纳污水体的水环境容量、减少农村面源污染的入河量,以及通过水土保持减少面源污染的入河量四种途径改善滁州市的水环境状况。

① 处理规模不能满足污水排放的要求。目前的污水处理厂没有配套中水回用措施。

② 城市河道是城市重要的资源和环境载体,兼有防洪、供水、排污、休闲、景观、生态、娱乐等多种功能。随着滁州市城市化进程的加快,河道治理面临的问题越来越严重。主要表现在:城市挤占河道现象十分严重,造成河道空间减小,水面缩窄,河道行洪能力降低;部分河道被填埋覆盖,造成河道水面减少;工业污水和生活污水处理设施建设滞后,大量污废水进入城区河道。这些现象严重影响了河流的水质;河流生态系统遭到严重破坏,人为干预严重,导致天然河道大量丧失,生物的多样性条件被破坏,天然食物链脱节,导致河流生态系统严重退化;城市化水平的提高,城市内地表面被大量的混凝土、沥青等硬质铺装,导致不透水地面增加,地表径流增加,增加了河道的防洪压力。

滁州市境内河流水功能区允许纳污能力及入河控制量如表 5.43 所示,滁州市境内湖泊与大中型水库水功能区允许纳污能力及入河控制量如表 5.44 所示。

表 5.43　滁州市境内河流水功能区允许纳污能力及入河控制量

水系	河流	功能区名称		入河控制量(t/a)	
		一级功能区	二级功能区	COD	NH$_3$-N
滁河	滁河	滁河全椒开发利用区	滁河全椒饮用水源农业用水区	0	0
滁河	滁河	滁河全椒开发利用区	滁河全椒农业工业用水区	29.2	1.2
滁河	滁河	滁河皖苏缓冲区		19.4	1.2
滁河	清流河	清流河明光南谯琅琊来安开发利用区	清流河明光来安南谯琅琊农业工业用水区	2.9	0.2
滁河	清流河	清流河明光南谯琅琊来安开发利用区	清流河琅琊南谯景观娱乐用水区	1.0	0.1
滁河	清流河	清流河明光南谯琅琊来安开发利用区	清流河南谯来安农业工业用水区	9.7	0.6
滁河	清流河	清流河皖苏缓冲区		2.0	0.5
滁河	大沙河	大沙河南谯河流源头自然保护区		0	0
滁河	嘉山百道河	嘉山百道河明光南谯开发利用区	嘉山百道河明光南谯饮用水源农业用水区	0	0
滁河	襄河	襄河全椒开发利用区	襄河全椒工业农业用水区	33.7	2.0
滁河	马厂河	马厂河全椒开发利用区	马厂河全椒饮用水源区	0	0

续表

水系	河流	功能区名称		入河控制量(t/a)	
		一级功能区	二级功能区	COD	NH₃-N
滁河	马厂河	马厂河全椒开发利用区	马厂河全椒农业用水区	12.9	0.8
滁河	小马厂河	小马厂河南谯全椒开发利用区	小马厂河全椒农业用水区	17.3	1.2
滁河	来安河	来安河明光来安开发利用区	来安河明光来安饮用水源农业用水区	0	0
滁河	来安河	来安河明光来安开发利用区	来安河来安农业工业用水区	29.9	1.8
滁河	施河	施河来安开发利用区	施河来安农业用水区	14.8	1.1
滁河	皂河	皂河来安开发利用区	皂河来安农业渔业用水区	14.9	1.5
淮河	淮河	淮河凤阳开发利用区	淮河凤阳农业工业用水区	20690	1052
淮河	淮河	淮河皖苏缓冲区		22935	1268
淮河	窑河	窑河定远开发利用区	窑河沛河定远农业工业用水区	10.6	0.6
淮河	洛河	洛河定远开发利用区	洛河定远农业工业用水区	2.0	0.1
淮河	濠河	濠河凤阳开发利用区	濠河凤阳农业工业用水区	4.6	0.3
淮河	天河	天河凤阳开发利用区	天河凤阳农业工业用水区	1.6	0.1
淮河	板桥河	板桥河凤阳开发利用区	板桥河凤阳农业工业用水区	2.4	0.2
淮河	小溪河	小溪河凤阳开发利用区	小溪河凤阳农业用水区	2.3	0.2
淮河	池河	池河定远明光开发利用区	池河定远明光农业工业用水区	50.0	3.0
淮河	池河	池河定远明光开发利用区	池河明光过渡区	52.0	3.2
淮河	马桥河	马桥河定远开发利用区	马桥河城河定远饮用水源区	0	0
淮河	马桥河	马桥河定远开发利用区	马桥河定远农业工业用水区	5.4	0.4

水系	河流	功能区名称		入河控制量(t/a)	
		一级功能区	二级功能区	COD	NH₃-N
淮河	南沙河	南沙河明光开发利用区	南沙河明光饮用水源区	0	0
淮河	石坝河	石坝河明光开发利用区	石坝河明光饮用水源农业用水区	0	0
淮河	涧溪河	涧溪河明光开发利用区	涧溪河明光农业用水区	8.5	0.5
淮河	白塔河	白塔河天长保留区		5.2	0.5
淮河	白塔河	白塔河天长开发利用区	白塔河天长工业农业用水区	32.0	2.0
淮河	白塔河	白塔河天长开发利用区	白塔河天长过渡区	5.2	0.5
淮河	老白塔河	老白塔河天长开发利用区	老白塔河天长农业工业用水区	32.0	2.0
淮河	铜龙河	铜龙河天长开发利用区	铜龙河天长农业工业用水区	4.8	0.5
淮河	秦栏河	秦栏河天长开发利用区	秦栏河天长工业农业用水区	21.9	1.1
淮河	杨村河	杨村河天长开发利用区	杨村河农业工业用水区	8.1	0.4
淮河	川桥河	川桥河天长开发利用区	川桥河天长农业用水区	8.5	0.5
合　计				44069.8	2348.3

表 5.44　滁州市境内湖泊与大中型水库水功能区允许纳污能力及入河控制量

水系	湖(库)	功能区名称		入河控制量(t/a))	
		一级功能区	二级功能区	COD	NH₃-N
淮河	高塘湖	高塘湖凤阳定远开发利用区	高塘湖凤阳定远工业农业用水区	208.9	48.7

续表

水系	湖(库)	功能区名称		入河控制量 (t/a)	
		一级功能区	二级功能区	COD	NH$_3$-N
淮河	花园湖	花园湖凤阳明光开发利用区	花园湖凤阳明光农业用水区	78.5	18.3
淮河	女山湖	女山湖明光湿地自然保护区		0	0
淮河	七里湖	七里湖明光开发利用区	七里湖明光渔业农业用水区	24.1	5.6
高邮湖	高邮湖	高邮湖天长开发利用区	高邮湖天长农业工业用水区	2409.0	562.1
高邮湖	沂湖	沂湖天长开发利用区	沂湖天长农业渔业用水区	45.3	10.6
高邮湖	洋湖	洋湖天长开发利用区	洋湖天长农业渔业用水区	31.9	7.4
滁河	沙河集	沙河集水库南谯河流源头自然保护区		0	0
滁河	黄栗树水库	黄栗树水库全椒河流源头保护区		0	0
滁河	城西水库	城西水库南谯琅琊开发利用区	城西水库南谯琅琊饮用水源区	0	0
滁河	独山水库	独山水库南谯开发利用区	独山水库南谯饮用水源农业用水区	0	0
滁河	马厂水库	马厂水库全椒开发利用区	马厂水库全椒饮用水源区	0	0
滁河	三湾水库	三湾水库全椒开发利用区	三湾水库全椒饮用水源农业用水区	0	0
滁河	赵店水库	赵店水库全椒开发利用区	赵店水库全椒饮用水源农业用水区	0	0
滁河	土桥水库	土桥水库全椒开发利用区	土桥水库全椒饮用水源农业用水区	0	0

水系	湖(库)	功能区名称		入河控制量 (t/a)	
		一级功能区	二级功能区	COD	NH$_3$-N
滁河	屯仓水库	屯仓水库来安开发利用区	屯仓水库来安饮用水源区	0	0
滁河	平阳水库	平阳水库来安开发利用区	平阳水库来安饮用水源农业用水区	0	0
高邮湖	车冲水库	车冲水库来安开发利用区	车冲水库来安农业用水区	6.6	1.5
滁河	练子山水库	练子山水库来安开发利用区	练子山水库来安景观娱乐农业用水区	6.0	1.4
滁河	红丰水库	红丰水库来安开发利用区	红丰水库来安饮用水源农业用水区	0	0
高邮湖	釜山水库	釜山水库天长保留区		65.7	15.3
高邮湖	时湾水库	时湾水库天长开发利用区	时湾水库天长农业用水饮用水源区	4.4	1.0
高邮湖	川桥水库	川桥水库天长开发利用区	川桥水库天长饮用水源农业用水区	0	0
高邮湖	高峰水库	高峰水库天长开发利用区	高峰水库天长农业用水区	2.2	0.5
高邮湖	大通水库	大通水库天长开发利用区	大通水库天长农业用水饮用水源区	5.5	1.3
高邮湖	跃进水库	跃进水库天长开发利用区	跃进水库天长农业用水区	2.7	0.6
高邮湖	安乐水库	安乐水库天长开发利用区	安乐水库天长农业用水区	3.8	0.9
高邮湖	焦涧水库	焦涧水库天长开发利用区	焦涧水库天长饮用水源农业用水区	6.6	1.5
高邮湖	大涧口水库	大涧口水库天长开发利用区	大涧口水库天长农业用水区	4.4	1.0

水系	湖(库)	功能区名称		入河控制量 (t/a)	
		一级功能区	二级功能区	COD	NH$_3$-N
淮河	林东水库	林东水库明光开发利用区	林东水库明光饮用水源农业用水区	0	0
淮河	分水岭水库	分水岭水库明光开发利用区	分水岭水库明光饮用水源农业用水区	0	0
淮河	石坝水库	石坝水库明光开发利用区	石坝水库明光饮用水源农业用水区	0	0
滁河	燕子湾水库	燕子湾水库明光开发利用区	燕子湾水库明光饮用水源农业用水区	0	0
淮河	蔡桥水库	蔡桥水库定远开发利用区	蔡桥水库定远饮用水源农业用水区	0	0
淮河	桑涧水库	桑涧水库定远开发利用区	桑涧水库定远饮用水源农业用水区	0	0
淮河	岱山水库	岱山水库定远开发利用区	岱山水库定远饮用水源农业用水区	0	0
淮河	新集水库	新集水库定远开发利用区	新集水库定远饮用水源农业用水区	0	0
淮河	南店水库	南店水库定远开发利用区	南店水库定远农业用水饮用水源区	2.2	0.5
淮河	解放水库	解放水库定远开发利用区	解放水库定远饮用水源农业用水区	0	0
淮河	墩子王水库	墩子王水库定远开发利用区	墩子王水库定远饮用水源农业用水区	0	0
淮河	黄山水库	黄山水库定远开发利用区	黄山水库定远饮用水源农业用水区	0	0
淮河	城北水库	城北水库定远开发利用区	城北水库定远饮用水源区	0	0
淮河	仓东水库	仓东水库开发利用区	仓东水库饮用水源农业用水区	0	0

水系	湖(库)	功能区名称		入河控制量 (t/a)	
		一级功能区	二级功能区	COD	NH₃ - N
淮河	齐顾郑水库	齐顾郑水库定远开发利用区	齐顾郑水库定远农业工业用水区	10.4	2.4
淮河	芝麻水库	芝麻水库定远开发利用区	芝麻水库定远工业农业用水区	0	0
淮河	小李水库	小李水库开发利用区	小李水库定远农业用水饮用水源水区	3.3	0.8
淮河	黄桥水库	黄桥水库定远开发利用区	黄桥水库定远农业用水饮用水源区	3.3	0.8
淮河	青春水库	青春水库定远开发利用区	青春水库定远饮用水源农业用水区	0	0
淮河	双河水库	双河水库定远开发利用区	双河水库定远饮用水源农业用水区	0	0
淮河	岗王水库	岗王水库定远开发利用区	岗王水库定远农业用水饮用水源区	2.2	0.5
淮河	大余水库	大余水库定远开发利用区	大余水库定远饮用水源农业用水区	0	0
淮河	官沟水库	官沟水库凤阳开发利用区	官沟水库凤阳饮用水源农业用水区	0	0
淮河	凤阳山水库	凤阳山水库凤阳河流源头保护区		0	0
淮河	燃灯寺水库	燃灯寺水库凤阳开发利用区	燃灯寺水库凤阳饮用水源农业用水区	0	0

③ 滁州市中小型湖库较多,由于生活废污水排放、人工养殖业和农业面源污染的影响,富营养化的趋势日趋明显。生态修复技术作为一种高效生物修复途径在水环境整治中得到广泛的应用。植物修复技术对水环境的净化机理主要是:在适宜的生长条件下,与水中微生物、藻类等生物共同作用的水生植物,根据其自身特点,将水中的营养化物质如 N、P 重金属污染物等在根、茎等不同部位吸收,既满足了自身的营养需求,又达到净化水质的作用。

④ 村容整洁、环境友好是滁州市社会主义新农村建设的重要内容之一。长期以来政府着重发展农村经济,农民物质生活条件有了较大改善,农村综合生产能力有了显著提高,但忽视了农村环境卫生的管理,大气、水体、土壤、噪音等污染不断加剧,"白色垃圾"、"黑色污秽"、"隐身杀手"成为农村地区久治不愈的"肿瘤",在当前农村经济积累较为缺乏、发展较为滞后、资源十分有限的客观条件下,探索积极有效的方式改善农村的环境卫生状况具有积极的现实意义。

第6章　供水安全评价方法与方案研究

6.1　评价指标体系的建立

6.1.1　建立原则

供水安全评价的基本途径是构建评价模型,而构建评价模型的最重要工作是确定评价指标函数,其次是确定指标权重函数,再次是确定评价指标集生成函数。建立供水安全评价指标体系的目的在于通过构建指标体系,构建评估信息系统,为区域的供水安全情况做出评价,并及时监测该区域经济社会发展过程中水资源利用中的矛盾,并分析这种矛盾的原因,提出对策,为管理者决策提供依据,进而促进该区域的发展。供水安全指标体系不仅是供水安全评价的主要依据,同时又是供水安全决策的重要支撑部分,它们既可以直观地反映某供水安全在某一个领域的安全级别,通过赋权后又可以综合地反映供水安全的总体水平。

选择的指标体系应当可以反映任一时点(或时期)上供水安全各方面水平或状况,评价和检测一定时期内各方面的发展趋势和速度,综合评价可持续发展整体的各个领域之间的协调程度。

6.1.2　建立方法

水资源系统是很复杂的,想要建立一个具有科学性、全面性及目的性的层次综合评价指标体系是复杂而又困难的。一般而言,建立一个合理的、科学的指标体系,应当经历两个阶段:从分析各种因素指标体系入手,对评价方案做出条理清晰、层次分明的系统分析,从整体最优原则出发,考虑局部服从整体、宏观结合微观、长期结合近期,并综合多种因素确定评价方案的总目标。然后对目标按其构成要素之间的逻辑关系进行分解,形成系统完整的综合评价指标体系。为了使评价指标能够满足指标体系建立的原则,还需要做进一步的筛选工作。筛选工作一般分为前期"一般性指标"的筛选和后期"具体指标"的筛选。筛选指标时选择那些可能受到配置措施直接或间接影响的指标,以及那些具有时间性和空间性的指标。指标筛选的方法有:频度统计法、理论分析法、专家咨询法、主成分分析法等。在确立评价指标体系时,可以综合运用以上各种方法。水资源评价指标的选取是进行水资源承载力评价中的关键问题。进行区域水资源承载力评价指标的选取,关键在于选择合理的指标来综合反映区域"社会—经济—环境"的发展规模和质量。影响水资源承载力的因素很多,涉及水资源系统的各个组成部分,具体涉及供水安全方面,主要考虑以下三个方面:

1. 水量

水量保证是供水安全的基本前提。淮河区人均占有水资源量 457 m³,为全国人均的 21%;亩均占有水资源量 405 m³,为全国亩均的 24%,水资源总量不足和水资源短缺将是长期面临的形势。淮河区南靠长江、北临黄河,具有跨流域调水的区位优势,目前已具备跨流域调配水资源的工程措施,对淮河区水资源配置及解决干旱年份水资源短缺问题起到了十分重要的作用。对淮河流域水资源量以及供水潜力等指标进行综合评价,有助于全面了解淮河流域目前面临的水量供需矛盾,保证区域内社会经济全面可持续发展不会受到资源型缺水和工程型缺水的影响,为水资源合理调度提供重要参考依据。

2. 水质

淮河区是我国水污染防治的重点,经过十多年的治理,污染物排放量也有所减少,但距离淮河水体"变清"的目标还有一定的差距。尤其是在当前饮用水水源地事故频发、农村安全饮水工程加速建设的关键时期,水质评价是供水安全一个极其重要的方面。

除了考虑供水水源的水质安全,大规模供水工程建设可能还会引起一系列的环境生态问题,如不合理的供水规划通常会挤占河道内正常的生态安全用水量,大规模集中供水后所产生的工业和污水排放可能会直接影响下游供水水质的安全等,因此必须选取一定的指标来评价水环境在供水需求下所能承受的极限,也即水环境承载力。

3. 抗风险能力

供水安全评价中必须考虑系统的抗风险能力,这里所指的抗风险能力主要是遇到降水偏少的特枯年份区域供水能力的保证程度。淮河流域历年来水旱频发,同时总的水资源变化也波动剧烈:在 20 世纪 80 年代至 90 年代末,黄淮地区平均降水量减少 10%,径流减少 18%。与 1956~1979 年多年平均径流量相比(第一次水资源评价),淮河流域 1980~1999 年的年平均径流量由 621 亿 m³ 减少至 476 亿 m³,减少了 28%。在可以预见的未来,全球气候变暖必然会带来极端事件的频发。研究表明,流域内淮北地区在今年来年内降水分配面临着枯季更枯、干季更干的趋势。因此对供水体系抵御极端干旱等情况下保障能力的评价也至关重要。

综合以上因素考虑,结合淮河流域工农业供水现状等运用频度分析法、专家咨询法等筛选出区域水资源承载力评价的指标体系如表 6.1 所示。该指标体系包括三个层次,即目标层、准则层和指标层。

表 6.1　淮河流域供水安全综合评价指标

目标层	准则层	指标层
供水安全	A 供水条件及潜力	A1 人均水资源量
		A2 年降水量
		A3 水资源开发利用程度
		A4 地下水开采潜力指数
	B 实际供水保障	B1 实际供水能力
		B2 人均用水量
		B3 实际灌溉面积保证率
		B4 万元 GDP 用水
		B5 经济增长率
	C 生态环境保障	C1 水环境综合承载能力
		C2 平均地表水质
		C3 地下水水质
	D 抗风险能力	D1 特枯年份缺水率(基准年)
		D2 干旱指数

其中目标层即评价目标为保证供水安全,准则层指评价的准则或者角度,这里从供水条件及潜力、实际供水保障、生态环境保障和抗风险能力四个方面来综合评价供水安全。

其中,A 供水条件及潜力,指区域内供水的禀赋,包括:

A1 为人均水资源量,即地区水资源总量/人口总数,m^3。

A2 为年降水量,通常较大的年降水量意味着较多的水资源量,mm。

A3 为水资源开发利用程度,即供水量/水资源总量,在一定的限度内,开发利用程度越低意味着域内可供开发的潜力愈大。

A4 为地下水开采潜力指数,无量纲数。按如下公式计算:

$$P = Q_可 / Q_采 \tag{6.1}$$

式中:P 为地下水开采潜力指数;$Q_可$ 为地下水可开采资源量,m^3/a;$Q_采$为地下水实际开采量,m^3/a。淮河流域对地下水水源的依赖程度较高,因此有必要专门对地下水开采潜力进行评估。

B 实际供水保障,指当前情况下实际的供水能力,包括:

B1 为实际供水能力,即实际供水量/设计供水量。

B2 为人均用水量,在当前供水能力条件下所能保证的人均年用水量,m^3。

B3 为实际灌溉面积保证率,即实际灌溉面积/有效灌溉面积,反映在实际情况下有效灌溉面积中真正可以满足灌溉需求的比例。

B4 为万元 GDP 用水,反映当前经济发展水平下供水的利用效率,值愈大说明用水方式越粗放、越不可持续,同时当前的供水安全越难以得到保证,m³。

B5 为经济增长率,指近年人均 GDP 年均增长率,在当前要维护社会的稳定必须有一定的经济发展率来作为保障,而经济的快速发展又会给供水带来巨大压力,选择这个指标重在考虑供水安全的社会属性。

A 和 B 侧重水量的保障,而 C 生态环境保障则侧重水质的保障,具体包括:

C1 为水环境综合承载能力,无量纲数。有别于单纯的水质指标或者水量指标,水环境综合承载能力(Water Environment Carrying Capacity)虽然是环境承载能力的一个重要方面,但是它既考虑水量又考虑水质。按照夏军等的定义,水环境综合承载能力是指:在一定区域内,一定时期,维系良好水环境最基本需求的下限目标,水环境系统(包括水量和水质)支撑经济社会发展的最大规模。值越大说明水环境所承受的压力越大,从而越难以保证正常的供水安全。

C2 为平均地表水质,即生活、工业和农业地表用水合格率的平均值。

C3 为地下水水质,按水质优劣依次分Ⅰ、Ⅱ、Ⅲ、Ⅳ、Ⅴ五类表示,相应地在评价向量 V 中的隶属度均为 1。

D 抗风险能力,反映供水系统在非常规情况下的保障能力,主要包括:

D1 为特枯年份缺水率,指基准年标准下特枯干旱年缺水率。资料显示,当遭遇特枯干旱年份时,整个淮河区需水 853.5 亿 m³,可供水量 667.8 亿 m³,供需缺口达到 185.6 亿 m³,缺水率达到 21.8%,供需缺口急速放大,供需矛盾突出,生活、生产和生态用水安全将受到严重威胁。缺水率既是供需平衡的体现,又是系统抵抗枯水风险能力的体现。

D2 为干旱指数,即多年平均蒸发能力/多年平均年降水量,无量纲数。经验表明,越是干旱的地区在特枯年份出现供水危机的风险往往越大。设置该指标可以便于对各个分区之间供水安全风险进行横向比较。面上的干旱指数可以通过对干旱指数等值线图的综合研判确定。

6.2　水资源安全综合评价模型

考虑到水资源系统是一个复杂的多目标系统,其评价方法宜采用模糊综合评价;另一方面层次分析法是定量分析指标权重的较理想方法。因此,本次评价将两者结合,采用基于 AHP 构权的多层次综合模糊评价模型。

6.2.1　层次分析法

层次分析法(Analytic Hierarchy Process,简称 AHP)是将决策总是有关的元素分解成目标、准则、方案等层次,在此基础之上进行定性和定量分析的决策方法。AHP 是一种能将定性分析与定量分析相结合的系统分析方法,本质上是一种决策思维方式,体现了人们决策思维"分解—判断—综合"的基本特征。它把复杂的问题分解为各个组成因素,将这些因素按支配关系分组形成有序的递阶层次结构,通过两两比较的方式确定层次中诸因素的相对重要性,然后综合人的判断来确定诸因素相对重要性的总排序。层次分析法是将决策问题按总目标、各层子目标、评价准则直至具体的备投方案的顺序分解为不同的层次结构,然后用求解判断矩阵特征向量的办法,求得每一层次的各元素对上一层次某元素的优先权重,最后再用加权和的方法递阶归并各备择方案对总目标的最终权重,此最终权重最大者即为最优方案。这里所谓"优先权重"是一种相对的量度,它表明各备择方案在某一特点的评价准则或子目标,标下优越程度的相对量度,以及各子目标对上一层目标而言重要程度的相对量度。层次分析法比较适合于具有分层交错评价指标的目标系统,而且目标值又难于定量描述的决策问题。其用法是构造判断矩阵,求出其最大特征值及其所对应的特征向量 W,归一化后,即为某一层次指标对于上一层次某相关指标的相对重要性权值。

6.2.2　多层次模糊综合评价模型

模糊综合评价的基本思想是利用模糊线性变换原理和最大隶属度原则,考虑与被评价事物相关的各个因素,对其作出合理的综合评价。当影响因素集合 U 的元素较多时,每个因素的重要程度系数也就相应的减小,这时系统中事物之间的优劣次序往往难以分开,仅由一级模型进行评价往往显得比较粗糙,不能很好地反映事物的本质,从而无法得出有意义的评价结果。对于这种情形,可以把因素集合 U 中的元素按某些属性分成几个子系统,先对每一个子系统作综合评价,然后对评价结果进行"类"元素的高层次的综合评价。建立多层次模糊综合评价数学模型的一般步骤如下:

① 设因素集 $U = \{u_1, u_2, \cdots, u_m\}$ 和评语集 $V = \{v_1, v_2, \cdots, v_n\}$。将因素集 U 按属性不同划分为 S 个子集,记作 $U_1, U_2, \cdots, U_i, \cdots, U_S$。

② 对于每一个因素子集 U_i 进行一级综合评价。模糊评判为

$$B_i = A_i \cdot R_i = (b_{i1}, b_{i2}, \cdots, b_{im}) \qquad (i = 1, 2, \cdots, S) \qquad (6.2)$$

其中: A_i 为权重向量, R 为模糊隶属度矩阵。

③ 将每一个 U_i 作为一个元素,用 B_i 作为它的单因素评估又可构成评价矩阵 R。

$$R = \begin{bmatrix} B_1 \\ B_2 \\ \vdots \\ B_S \end{bmatrix} = \begin{bmatrix} b_{11}, b_{12}, \cdots, b_{1m} \\ b_{21}, b_{22}, \cdots, b_{2m} \\ \vdots \\ b_{S1}, b_{S2}, \cdots, b_{Sm} \end{bmatrix} \qquad (6.3)$$

它是 $\{U_1, U_2, \cdots, U_S\}$ 的单因素评价矩阵,每个 U_i 作为 U 的一部分,反映了 U 的某类属性,可以按它们的重要程度给出权重分配,于是有了第二级评价。

④ 依此类推,更高级的综合评价可将 S 个子集再细分,得到更高一级的因素集,然后再按第二、三步的方法依次进行,直至得到最终的综合评价。

基于 AHP 构权的多层次模糊综合评价模型是在多层次模糊综合评价模型的基础上,运用 AHP 对影响水资源承载力的各个因素按层次赋权。模糊综合评价的各个因素集就是 AHP 的准则层及各准则下的指标层。

多层次模糊综合评价法在本次供水安全评价中具体操作如下:

(1) 因素集的划分及评语集的建立

在综合分析水资源承载力系统及其影响因素后,根据前面选取的指标体系,将因素集划分为:

$$U = \begin{bmatrix} U_1 供水条件及潜力 \\ U_2 实际供水保障 \\ U_3 生态环境保障 \\ U_4 抗风险能力 \end{bmatrix}$$

其中:

$$U_1 = \begin{bmatrix} A_1 人均水资源量 \\ A_2 年降水量 \\ A_3 水资源开发利用程度 \\ A_4 地下水开采潜力 \end{bmatrix} \quad U_2 = \begin{bmatrix} B_1 现状供水能力 \\ B_2 人均用水量 \\ B_3 实际灌溉面积保证率 \\ B_4 万元 GDP 用水 \\ B_5 经济增长率 \end{bmatrix}$$

$$U_3 = \begin{bmatrix} C_1 水环境综合承载能力 \\ C_2 平均地表水质 \\ C_3 地下水水质 \end{bmatrix} \quad U_4 = \begin{bmatrix} D_1 特枯年份缺水率 \\ D_2 干旱指数 \end{bmatrix}$$

本研究借鉴已有研究成果和一些专家建议,将上述因素对供水安全影响程度划分为 5 个等级,每个因素各等级的数量指标如表 6.2 所示。

表 6.2 指标等级分类标准

指标层	V_1	V_2	V_3	V_4	V_5
人均水资源占有量(m³)	<250	250~500	500~1000	1000~1700	>1700
年降水量(mm)	<600	600~700	700~800	800~1000	>1000
水资源开利用率	>65%	40%~65%	25%~40%	10%~25%	<10%
地下水安全开采潜力指数	<0.5	0.5~0.8	0.8~1.2	1.2~2	>2
现状供水能力	<60%	60%~70%	70%~80%	80%~90%	>90%
人均用水量 m³/a	<50	50~100	100~200	200~250	>250

指标层	V_1	V_2	V_3	V_4	V_5
实际灌溉面积	<60%	60%~70%	70%~80%	80%~90%	>90%
万元 GDP 用水（m^3）	>100	50~100	20~50	10~20	<10
经济增长率	<7%	7%~8%	8%~9%	9%~10%	>10%
水环境综合承载能力	>2	1.5~2	1~1.5	0.6~1	<0.6
平均地表水质	<60%	60%~70%	70%~90%	90%~95%	>95%
地下水水质	V	Ⅳ	Ⅲ	Ⅱ	Ⅰ
特枯年份缺水率(基准年)	>20%	10%~20%	5%~10%	3%~5%	<3%
干旱指数	>7	3~7	1~3	0.5~1	<0.5

其中，V_1级表示状况很差，供水现状极不安全，进一步开发潜力较小，如果按照原定社会经济发展方案继续发展将会发生水资源短缺现象，水资源将成为国民经济发展的瓶颈因素，应采取相应的对策和措施；V_5级属情况很好级别，表示本区供水现状极安全，水资源仍有较大的承载能力，水资源利用程度、发展规模都较小，水资源能够满足研究区社会经济发展对水资源的需求；V_3级介于 V_1 级和 V_5 级之间，这一级别表明研究区供水安全级别一般，介于安全与不安全的临界状态，水资源供给、开发、利用已有相当规模，但仍有一定的开发利用潜力，如果对水资源加以合理利用，注重节约保护，研究区内水资源在一定程度上可以满足国民经济发展的需求。V_2 和 V_4 分别介于 V_1 与 V_3、V_3 与 V_5 之间，表示供水不安全和安全的状态。

为了定量地反映各级因素对水资源承载能力的影响程度，对 V_1、V_2、V_3、V_4、V_5 进行 -2 到 2 间评分，值越大表示越安全。其中 $V_1 = -2$ 表示极不安全状态；$V_2 = -1$ 表示不安全状态；$V_3 = 0$ 表示介于安全和不安全之间的临界状态；$V_4 = 1$ 表示安全状态；$V_5 = 2$ 表示极安全状态。

（2）用 AHP 法确定水资源承载力评价指标权重

根据选取的指标体系，采用 AHP 方法，建立各指标相应的判断矩阵。其中目标层的总判断矩阵如表 6.3 所示。

表 6.3　判断矩阵

U	U_1	U_2	U_3	U_4
U_1	1	r_{12}	r_{13}	r_{14}
U_2	r_{21}	1	r_{23}	r_{24}
U_3	r_{31}	r_{32}	1	r_{34}
U_4	r_{41}	r_{42}	r_{43}	1

同理可以建立各级准则层指标的判断矩阵,求得相应单排序向量,并对各判断矩阵进行一致性检验,如果不满足一致性要求,则重新建立判断矩阵直到满足检验,最后得到承载力评价指标的最终权重,即总排序。

(3) 隶属函数的建立

隶属函数的建立必须考虑各单项指标的变化规律。由于指标数量多,因此对指标进行分类。在分类中,定义单项指标与上一层指标变化趋势一致的指标为"正指标",不一致的为"负指标"。各个指标的正负如表 6.4 所示。

表 6.4 指标的正负性

指标	正负	指标	正负
A1 人均水资源量	正	B4 万元 GDP 用水	负
A2 年降水量	正	B5 经济增长率	正
A3 水资源开发利用程度	负	C1 水环境综合承载能力	负
A4 地下水开采潜力指数	正	C2 平均地表水质	正
B1 实际供水能力	正	C3 地下水水质	正
B2 人均用水量	正	D1 特枯年份缺水率(基准年)	负
B3 实际灌溉面积保证率	正	D2 干旱指数	负

$$u_{v_1} = \begin{cases} 0.5(1 + \dfrac{k_1 - u_i}{k_2 - u_i}) & u_i < k_1 \\ 0.5(1 - \dfrac{u_i - k_1}{k_2 - k_1}) & k_1 \leqslant u_i < k_2 \\ 0 & u_i \geqslant k_2 \end{cases} \tag{6.4}$$

$$u_{v_2} = \begin{cases} 0.5\left(1 - \dfrac{k_1 - u_i}{k_2 - u_i}\right) & u_i < k_1 \\ 0.5\left(1 + \dfrac{k_1 - u_i}{k_1 - k_2}\right) & k_1 \leqslant u_i < k_2 \\ 0.5\left(1 + \dfrac{k_3 - u_i}{k_3 - k_2}\right) & k_2 \leqslant u_i < k_3 \\ 0.5\left(1 - \dfrac{k_3 - u_i}{k_3 - k_4}\right) & k_3 \leqslant u_i < k_4 \\ 0 & u_i \geqslant k_4 \end{cases} \tag{6.5}$$

$$u_{v_3} = \begin{cases} 0 & u_i \leqslant k_2 \\ 0.5\left(1 - \dfrac{k_3 - u_i}{k_3 - k_2}\right) & k_2 \leqslant u_i < k_3 \\ 0.5\left(1 + \dfrac{k_3 - u_i}{k_3 - k_4}\right) & k_3 \leqslant u_i < k_4 \\ 0.5\left(1 - \dfrac{k_5 - u_i}{k_5 - k_4}\right) & k_4 \leqslant u_i < k_5 \\ 0.5\left(1 - \dfrac{k_5 - u_i}{k_5 - k_6}\right) & k_5 \leqslant u_i < k_6 \\ 0 & u_i \geqslant k_6 \end{cases} \tag{6.6}$$

$$u_{v_4} = \begin{cases} 0 & u_i \leqslant k_4 \\ 0.5\left(1 - \dfrac{k_5 - u_i}{k_5 - k_4}\right) & k_4 \leqslant u_i < k_5 \\ 0.5\left(1 + \dfrac{k_5 - u_i}{k_5 - k_6}\right) & k_5 \leqslant u_i < k_6 \\ 0.5\left(1 - \dfrac{k_7 - u_i}{k_7 - k_6}\right) & k_6 \leqslant u_i < k_7 \\ 0.5\left(1 - \dfrac{k_7 - u_i}{k_6 - u_i}\right) & u_i \geqslant k_7 \end{cases} \tag{6.7}$$

$$u_{v_4} = \begin{cases} 0 & u_i \leqslant k_6 \\ 0.5\left(1 - \dfrac{k_7 - u_i}{k_6 - k_7}\right) & k_6 \leqslant u_i < k_7 \\ 0.5\left(1 + \dfrac{k_7 - u_i}{k_6 - u_i}\right) & u_i \geqslant k_7 \end{cases} \tag{6.8}$$

(4) 计算最终评价结果

① 模糊加权变换：

$$B = \omega R \tag{6.9}$$

其中：B 为模糊综合评价向量，ω 为权重向量，R 为隶属度矩阵。

② 按照①步骤分别计算出一、二级隶属度加权矩阵后，分别计算相应的安全等级。

$$L = VB \tag{6.10}$$

其中：L 为最终安全得分，以 $-2\sim2$ 表示，值越大表示越安全。$V = [-2\ -1\ 0\ 1\ 2]$为评价向量。

6.3　皖中地区供水安全评价

皖中地区,尤其是江淮分水岭缺水地区地处皖中腹地,省会周围,耕地面积1648 万亩,乡村人口 1377.5 万,分别占全省的 26.7%、26.2%。人均耕地资源 1.2亩、水资源 471 m³,分别为全省平均水平的 66.7%、42%,是全省重要的粮、油、棉、肉、蛋、奶、菜的主要产区之一,区内丘陵起伏,岗冲相间,地形破碎,气候多变,年内年际降水分配不均,6～8 月雨量占全年的 50% 以上,汛期雨量占全年的 60% 以上。

由于气候、地质条件特殊,干旱缺水一直是该地区的突出气象特征,也是制约该地区农业生产发展、农民生活改善的主要矛盾,水资源环境是安徽省江淮分水岭地区经济滞后的主导因素。根据调查分析,现状 2010 年皖中地区(主要为江淮分水岭区域)1980 年至现状年,区内供水量由 1980 年的 59.5 亿 m³ 增加到 2010 年的98.9 亿 m³,年均递增 2%。其中供水增长最快的为合肥市,年均增幅 2.3%。现状年供水工程中,蓄水工程供水量 55.00 亿 m³,占区域总供水量的 56.0%;引水工程供水量 12.20 亿 m³,占区域总供水量的 12.42%;提水工程供水量 24.46 亿 m³,占区域总供水量的 24.90%;跨流域调水工程供水量 3.16 亿 m³,占区域总供水量的3.22%。其中六安市供水量最大为 29.66 亿 m³,主要是淠史杭灌区从大别山水库群引水并承担着跨流域调水任务,其他依次为巢湖市 26.26 亿 m³、合肥市 21.86亿 m³、滁州市 20.49 亿 m³。

1. 计算隶属度

安徽皖中地区各市现状年各隶属度矩阵如表 6.5 至表 6.7 所示。

表 6.5　六安市隶属度矩阵

六安市	V_1	V_2	V_3	V_4	V_5
A1 人均水资源量	0	0	0.843	0.157	0
A2 年降水	0	0	0	0.0579	0.9421
A3 水资源开发利用程度	0	0	0	0.4435	0.5565
A4 地下水开采潜力指数	0	0.106	0.894	0	0
B1 实际供水能力	0	0.2424	0.7576	0	0
B2 人均用水量	0	0	0	0.0288	0.9712
B3 实际灌溉面积保证率	0.8888	0.1112	0	0	0
B4 万元 GDP 用水	0.118	0.882	0	0	0

六安市	V_1	V_2	V_3	V_4	V_5
B5 经济增长率	0	0	0	0.05	0.95

六安市	V_1	V_2	V_3	V_4	V_5
C1 水环境综合承载能力	0.85	0.15	0	0	0
C2 平均地表水质	0	0	0	0.0067	0.9933
C3 地下水水质分类	0	0	0	1	0
D1 特枯年份缺水率	0	0	0	0.5	0.5
D2 干旱指数	0.9814	0.0186	0	0	0

表 6.6　合肥市隶属度矩阵

合肥市	V_1	V_2	V_3	V_4	V_5
A1 人均水资源量	0	0.3266	0.6734	0	0
A2 年降水	0	0	0	0.1661	0.8339
A3 水资源开发利用程度	0	0	0	0.6718	0.3282
A4 地下水开采潜力指数	0.0702	0.9298	0	0	0
B1 实际供水能力	0.8861	0.1139	0	0	0
B2 人均用水量	0	0	0	0.0416	0.9584
B3 实际灌溉面积保证率	0.9223	0.0777	0	0	0
B4 万元 GDP 用水	0.868	0.132	0	0	0
B5 经济增长率	0	0	0.3	0.7	0
C1 水环境综合承载能力	0.75	0.25	0	0	0
C2 平均地表水质	0	0	0	0.0111	0.9889
C3 地下水水质分类	0	0	1	0	0
D1 特枯年份缺水率	0	0	0.7	0.3	0
D2 干旱指数	0.9842	0.0158	0	0	0

表 6.7 滁州市隶属度矩阵

滁州市	V_1	V_2	V_3	V_4	V_5
A1 人均水资源量	0	0.128	0.872	0	0
A2 年降水	0	0	0	0.0804	0.9196
A3 水资源开发利用程度	0	0	0	0.5828	0.4172
A4 地下水开采潜力指数	0	0.4033	0.5967	0	0
B1 实际供水能力	0	0.9758	0.0242	0	0
B2 人均用水量	0	0	0	0.0373	0.9627
B3 实际灌溉面积保证率	0.9022	0.0978	0	0	0
B4 万元 GDP 用水	0.801	0.199	0	0	0
B5 经济增长率	0	0	0	0.1136	0.8864
C1 水环境综合承载能力	0.75	0.25	0	0	0
C2 平均地表水质	0	0	0	0.0085	0.9915
C3 地下水水质分类	0	0	1	0	0
D1 特枯年份缺水率	0	0	0	1	0
D2 干旱指数	0.9821	0.0179	0	0	0

2. 综合评价结果分析

经过计算,皖中地区平均供水安全得分为 0.161,介于一般和安全之间。其中合肥市供水安全总评得分为 -0.117,介于一般和不安全之间,但是更接近一般水平;六安和滁州的总安全评价结果分别为 0.436 和 0.163,均介于一般和安全之间,且六安的安全评价结果大于滁州的总安全评价结果。六安、合肥和滁州三市供水安全程度排序从优到劣依次为六安>滁州>合肥,六安供水最为安全,合肥的供水安全情况最差。将权重与隶属度矩阵相乘后得到各层的最终评价得分,如表 6.8、图 6.1 和图 6.2 所示。

表 6.8 安徽省皖中地区各市供水安全综合评价结果

评价准则	六安	合肥	滁州	平均
A 供水条件及潜力	0.690	0.266	0.477	0.478
B 实际供水保障	0.184	-0.580	-0.167	-0.188
C 生态环境保障	-0.177	-0.378	-0.377	-0.311

评价准则	六安	合肥	滁州	平均
D 抗风险能力	0.804	− 0.157	0.404	0.350
总评结果	0.436	− 0.117	0.163	0.161

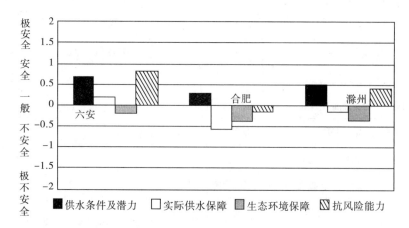

图 6.1　安徽皖中地区各市供水安全准则层评价结果

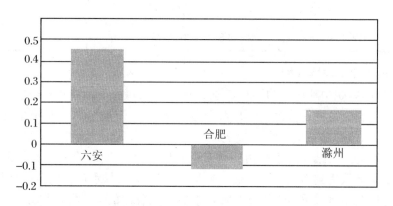

图 6.2　安徽皖中地区各行政区供水安全总评结果

　　纵向来看,参与评价的四个准则层供水条件及潜力、实际供水保障、生态环境保障和抗风险能力的得分别为 0.478、−0.188、−0.311 和 0.350,实际供水保障和生态环境保障均介于一般和不安全之间,且生态环境保障的安全指数更低;供水条件潜力和抗风险能力均介于一般和安全之间,并且供水条件及潜力的安全指数比抗风险能力更好。从供水条件及潜力看,参与评价的皖中三市得分均大于 0 且小于 1,说明皖中地区总体的水资源较为安全。皖中地区人口密集,有限的水资源承受的人口、社会和经济发展压力较大。而从生态环境保障看,六安、合肥和滁州三市均小于 0,说明随着社会经济的发展,这三个地区的生态环境均受到不同程度的破坏,已经处于不安全状态。因此,这三个市均在生态环境改善方面存在较大的改进空间。

皖中三市实际供水保障能力除六安外,其他两市均不容乐观,其安全评价得分分别为 -0.580 和 -0.167,其最终得分均小于 0 的警戒线,介于一般和不安全之间。因此,滁州和合肥两市应当在加强供水保障能力方面加大力度,在开源的同时更要注意节流。可以通过工程或者非工程措施开源节流,在积极进行跨区域水资源综合配置调度以满足日常供水需求的同时,还需建立必要的应急水源地以应对特殊情况下的供水需求。

皖中地区抗风险能力得分为 0.350,处于一般和安全之间,但是合肥地区的抗风险能力却远低于 0 这个警戒线,已经处于一般和不安全之间。合肥市除了抗风险能力之外,其他三项指标也均低于整体,其整体四个指标均介于一般和不安全之间,说明合肥市经济发展方式较为粗放,现有水平无法满足长期可持续发展的需求,应该进行相应的调整,一方面增强供水能力,并且降低耗水水平,同时加强供水安全对应干旱突发情况的应急能力,还要兼顾生态环境的保护。

6.4　皖北地区供水安全评价

皖北地处我国东部,介于黄河流域和长江流域江淮分水岭之间,其中淮河流域西起桐柏山、伏牛山,东临黄河,南以大别山和皖山余脉、通扬运河、如泰运河与长江流域毗邻,北以黄河南堤和沂蒙山脉为界;东西长约 700 km,南北宽约 400 km,面积约 27 万 km²,包括湖北、河南、安徽、江苏、山东五省的 47 个地市。总的地形为由西北向东南倾斜,淮南山丘区、沂沭泗山丘区分别向北和向南倾斜。流域西、南、东北部为山区,约占流域总面积的 1/3;其余为平原、湖泊和洼地,约占 2/3。

1. 计算隶属度

经过计算,淮北地区平均供水安全得分为 -0.256,介于一般和不安全之间,但是较不安全。其中蚌埠市供水安全总评得分为 0.086,介于一般和安全之间,但是更接近一般水平;亳州、阜阳、淮北和宿州最终得分分别为 -0.367、-0.493、-0.469、-0.424,均介于一般和不安全之间,且偏不安全。6 市供水安全程度排序从优到劣依次为:淮南>蚌埠>亳州>宿州>淮北>阜阳,其中阜阳市为供水最不安全地区。

纵向来看,参与评价的四个准则层供水条件及潜力、实际供水保障、生态环境保障和抗风险能力的得分分别为 -0.400、0.276、-0.318 和 -1.287,除实际供水保障外,其他三项均介于一般和不安全之间,其中又以抗风险能力最为薄弱,为极不安全状态;其次是供水条件及潜力,然后是生态环境保障能力,这两项均较不安全。

各市隶属度矩阵如表 6.9 至表 6.14 所示。

表 6.9　蚌埠市隶属度矩阵

蚌埠市	V_1	V_2	V_3	V_4	V_5
A1 人均水资源量	0	0.3712	0.6288	0	0
A2 年降水	0	0	0.14	0.86	0
A3 水资源开发利用程度	0.8134	0.1866	0	0	0
A4 地下水开采潜力指数	0	0	0	0.5537	0.4463
B1 实际供水能力	0	0.3	0.7	0	0
B2 人均用水量	0	0	0	0.0475	0.9525
B3 实际灌溉面积保证率	0	0	0.6	0.4	0
B4 万元 GDP 用水	0.9198	0.0802	0	0	0
B5 经济增长率	0	0	0	0.0217	0.9783
C1 水环境综合承载能力	0	0	0	0.4167	0.5833
C2 平均地表水质	0	0	0	0.9	0.1
C3 地下水水质分类	0	0	1	0	0
D1 特枯年份缺水率	0.75	0.25	0	0	0
D2 干旱指数	0	0	0.1	0.9	0

表 6.10　亳州市隶属度矩阵

亳州市	V_1	V_2	V_3	V_4	V_5
A1 人均水资源量	0	0.742	0.258	0	0
A2 年降水	0	0	0.375	0.625	0
A3 水资源开发利用程度	0.1	0.9	0	0	0
A4 地下水开采潜力指数	0	0.2625	0.7375	0	0
B1 实际供水能力	0	0.3	0.7	0	0
B2 人均用水量	0	0	0.158	0.842	0
B3 实际灌溉面积保证率	0	0	0.2	0.8	0
B4 万元 GDP 用水	0.9094	0.0906	0	0	0
B5 经济增长率	0	0	0	0.0263	0.9737
C1 水环境综合承载能力	0	0	0.9	0.1	0
C2 平均地表水质	0.7917	0.2083	0	0	0
C3 地下水水质分类	0	1	0	0	0
D1 特枯年份缺水率	0.75	0.25	0	0	0
D2 干旱指数	0	0	0.6	0.4	0

表 6.11　阜阳市隶属度矩阵

阜阳市	V_1	V_2	V_3	V_4	V_5
A1 人均水资源量	0.1136	0.8864	0	0	0
A2 年降水	0	0	0.08	0.92	0
A3 水资源开发利用程度	0.18	0.82	0	0	0
A4 地下水开采潜力指数	0	0.5933	0.4067	0	0
B1 实际供水能力	0	0.3	0.7	0	0
B2 人均用水量	0	0	0	0.966	0.034
B3 实际灌溉面积保证率	0	0.7	0.3	0	0
B4 万元 GDP 用水	0.936	0.064	0	0	0
B5 经济增长率	0	0	0	0.0217	0.9783
C1 水环境综合承载能力	0	0	0.425	0.575	0
C2 平均地表水质	0.9597	0.0403	0	0	0
C3 地下水水质分类	0	1	0	0	0
D1 特枯年份缺水率	0.75	0.25	0	0	0
D2 干旱指数	0	0	0.5	0.5	0

表 6.12　淮北市隶属度矩阵

淮北市	V_1	V_2	V_3	V_4	V_5
A1 人均水资源量	0	0.966	0.034	0	0
A2 年降水	0	0	0.27	0.73	0
A3 水资源开发利用程度	0.6951	0.3049	0	0	0
A4 地下水开采潜力指数	0	0	0	0.62	0.38
B1 实际供水能力	0	0.3	0.7	0	0
B2 人均用水量	0	0	0	0.86	0.14
B3 实际灌溉面积保证率	0	0	0.9	0.1	0
B4 万元 GDP 用水	0.8137	0.1863	0	0	0
B5 经济增长率	0	0	0	0.0185	0.9815
C1 水环境综合承载能力	0	0.86	0.14	0	0
C2 平均地表水质	0.875	0.125	0	0	0
C3 地下水水质分类	1	0	0	0	0
D1 特枯年份缺水率	0.75	0.25	0	0	0
D2 干旱指数	0	0	0.6	0.4	0

表 6.13　宿州市隶属度矩阵

宿州市	V_1	V_2	V_3	V_4	V_5
A1 人均水资源量	0	0.483	0.517	0	0
A2 年降水	0	0	0.23	0.77	0
A3 水资源开发利用程度	0.06	0.94	0	0	0
A4 地下水开采潜力指数	0	0.47	0.53	0	0
B1 实际供水能力	0	0.3	0.7	0	0
B2 人均用水量	0	0	0.719	0.281	0
B3 实际灌溉面积保证率	0.9405	0.0595	0	0	0
B4 万元 GDP 用水	0.7568	0.2432	0	0	0
B5 经济增长率	0	0	0	0.0225	0.9775
C1 水环境综合承载能力	0	0	0.3	0.7	0
C2 平均地表水质	0.9219	0.0781	0	0	0
C3 地下水水质分类	0	0	1	0	0
D1 特枯年份缺水率	0.75	0.25	0	0	0
D2 干旱指数	0	0	0.65	0.35	0

表 6.14　淮南市隶属度矩阵

淮南市	V_1	V_2	V_3	V_4	V_5
A1 人均水资源量	0	0.3018	0.6982	0	0
A2 年降水	0	0	0.045	0.955	0
A3 水资源开发利用程度	0.9823	0.0177	0	0	0
A4 地下水开采潜力指数	0	0.04	0.96	0	0
B1 实际供水能力	0	0	0	0.5	0.5
B2 人均用水量	0	0	0	0.0192	0.9808
B3 实际灌溉面积保证率	0	0	0	0.2778	0.7222
B4 万元 GDP 用水	0.9533	0.0467	0	0	0
B5 经济增长率	0	0	0	0.0217	0.9783
C1 水环境综合承载能力	0.8547	0.1453	0	0	0
C2 平均地表水质	0	0	0.5	0.5	0
C3 地下水水质分类	0	0	0	0.1667	0.8333
D1 特枯年份缺水率	0.75	0.25	0	0	0
D2 干旱指数	0	0	0	1	0

2. 综合评价结果分析

将权重与隶属度矩阵相乘后得到各层的最终评价得分,如表 6.15 和图 6.3、图 6.4 所示。

表 6.15　安徽省淮北地区各市供水安全综合评价结果

评价准则	蚌埠	亳州	阜阳	淮北	宿州	淮南	平均
A 供水条件及潜力	−0.153	−0.478	−0.670	−0.491	−0.325	−0.285	−0.400
B 实际供水保障	0.443	0.177	−0.015	0.163	−0.424	1.314	0.276
C 生态环境保障	1.067	−0.648	−0.452	−1.399	−0.130	−0.344	−0.318
D 抗风险能力	−1.22	−1.32	−1.3	−1.32	−1.33	−1.2	−1.282
总评结果	0.086	−0.367	−0.493	−0.469	−0.424	0.131	−0.256

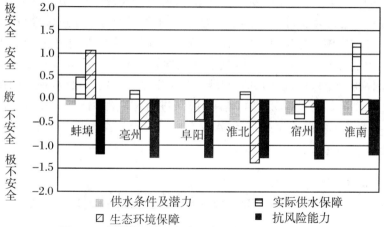

图 6.3　安徽淮北地区各市供水安全准则层评价结果

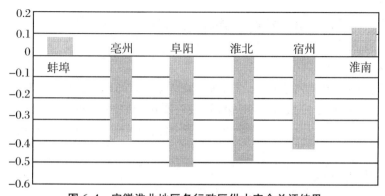

图 6.4　安徽淮北地区各行政区供水安全总评结果

　　从供水条件及潜力看,参与评价的淮北地区6市得分均小于0,说明淮北地区总体的水资源禀赋并不优越。淮河流域是全国七大流域中人口最为密集的流域之一,有限的水资源承受的人口、社会和经济发展压力较大。而从实际供水保障能力看,淮南和蚌埠保障能力相对较强,亳州和淮北的较为一般,而阜阳和宿州的则较不安全,因此这两个市尤其是阜阳在供水工程的执行力方面仍存在较大的改进空间。

　　淮北地区6市供水系统抗风险能力除淮南、蚌埠外其他4市均不容乐观,其最终得分均小于-1较不安全的警戒线,介于较不安全和不安全之间。当然这里所指的抗风险能力,实际上更多地考虑水量而非水质突发情况。抗风险能力评价选取了特枯年份缺水率和干旱指数两个指标,分别对应着可人工干预项和非人工干预项。干旱指数作为区域的自然属性,在一定时间范围内会保持相对稳定,不易受外界因素干扰,但特枯年份缺水率却是一个可以进行人为干扰的指标:可以通过工程或者非工程措施开源节流,在积极进行跨区域水资源综合配置调度以满足日常供水需求的同时,还需建立必要的应急水源地以应对特殊情况下的供水需求。

　　淮北市生态环境保障能力得分仅为-1.3987,已经远远超过较警戒范围,应该立即采取补救措施。亳州市和阜阳市也存在同样的问题。阜阳市和淮北市除了实际供水保障能力处于一般状态外,其他三项均处于不安全甚至极不安全,因此,这两个市整体得分也最低,说明阜阳和淮北经济发展方式较为粗放,现有的供水水平几乎无法长期满足可持续发展的需求,应该进行相应的调整,一方面增强供水能力,并且降低耗水水平,同时加强供水安全对应干旱等突发情况的应急能力,还要兼顾生态环境的保护。

6.5　重点区域及重点城市

6.5.1　江淮分水岭易旱地区

1. 区域概况

　　江淮分水岭,又称江淮丘陵,为秦岭、大别山向东的延伸部分,长江流域与淮河流域的分界线。地处安徽省中部,包括舒城、霍山、金安区、裕安区、寿县、肥西、长丰、肥东、定远、全椒、滁州、来安等市县。区内人口密度大,其中农业人口占75%以上。

2. 计算隶属度

　　各地区隶属度矩阵如表6.16至表6.27所示。

表 6.16　霍山地区隶属度矩阵

霍山	V_1	V_2	V_3	V_4	V_5
A1 人均水资源量	0	0	0	0.047	0.953
A2 年降水	0	0	0	0.0602	0.9398
A3 水资源开发利用程度	0	0	0	0.7281	0.2719
A4 地下水开采潜力指数	0	0.5	0.5	0	0
B1 实际供水能力	0	0.7	0.3	0	0
B2 人均用水量	0	0	0	0.0274	0.9726
B3 实际灌溉面积保证率	0	0.6333	0.3667	0	0
B4 万元 GDP 用水	0.8821	0.1179	0	0	0
B5 经济增长率	0	0	0	0.1	0.9
C1 水环境综合承载能力	0.75	0.25	0	0	0
C2 平均地表水质	0	0	0	0.1667	0.8333
C3 地下水水质分类	0	0	1	0	0
D1 特枯年份缺水率	0	0	0	1	0
D2 干旱指数	0.9769	0.0231	0	0	0

表 6.17　舒城地区隶属度矩阵

舒城	V_1	V_2	V_3	V_4	V_5
A1 人均水资源量	0	0	0	0.2443	0.7557
A2 年降水	0	0	0	0.0668	0.9332
A3 水资源开发利用程度	0	0	0	0.6873	0.3127
A4 地下水开采潜力指数	0	0.25	0.75	0	0
B1 实际供水能力	0	0.1	0.9	0	0
B2 人均用水量	0	0	0	0.3151	0.6849
B3 实际灌溉面积保证率	0	0	0.6609	0.3391	0
B4 万元 GDP 用水	0.9676	0.0324	0	0	0
B5 经济增长率	0	0	0	0.1667	0.8333
C1 水环境综合承载能力	0.8125	0.1875	0	0	0
C2 平均地表水质	0	0	0	0.1667	0.8333
C3 地下水水质分类	0	0	1	0	0
D1 特枯年份缺水率	0	0	0	0.25	0.75
D2 干旱指数	0.9786	0.0214	0	0	0

表 6.18　金安区隶属度矩阵

金安区	V_1	V_2	V_3	V_4	V_5
A1 人均水资源量	0	0	0.6952	0.3048	0
A2 年降水	0	0	0	0.0668	0.9332
A3 水资源开发利用程度	0	0	0.371	0.629	0
A4 地下水开采潜力指数	0	0	0.5	0.5	0
B1 实际供水能力	0	1	0	0	0
B2 人均用水量	0	0	0.3372	0.6628	0
B3 实际灌溉面积保证率	0	0.7746	0.2254	0	0
B4 万元 GDP 用水	0.9723	0.0277	0	0	0
B5 经济增长率	0	0	0.5	0.5	0
C1 水环境综合承载能力	0.75	0.25	0	0	0
C2 平均地表水质	0	0	0	0.1667	0.8333
C3 地下水水质分类	0	0	1	0	0
D1 特枯年份缺水率	0	0	0	0.1667	0.8333
D2 干旱指数	0.9824	0.0176	0	0	0

表 6.19　裕安区隶属度矩阵

裕安区	V_1	V_2	V_3	V_4	V_5
A1 人均水资源量	0	0	0.9492	0.0508	0
A2 年降水	0	0	0	0.0871	0.9129
A3 水资源开发利用程度	0	0	0.8688	0.1312	0
A4 地下水开采潜力指数	0	0.8333	0.1667	0	0
B1 实际供水能力	0	0	0.7	0.3	0
B2 人均用水量	0	0	0	0.0044	0.9956
B3 实际灌溉面积保证率	0.5832	0.4168	0	0	0
B4 万元 Gop 用水	0.9708	0.0292	0	0	0
B5 经济增长率	0	0	0	0.0455	0.9545
C1 水环境综合承载能力	0.85	0.15	0	0	0
C2 平均地表水质	0	0	0	0.1667	0.8333
C3 地下水水质分类	0	0	1	0	0
D1 特枯年份缺水率	0	0	0	0.5	0.5
D2 干旱指数	0.9822	0.0178	0	0	0

表 6.20　肥东地区隶属度矩阵

肥东	V_1	V_2	V_3	V_4	V_5
A1 人均水资源量	0	0.6089	0.3911	0	0
A2 年降水	0	0	0	0.765	0.235
A3 水资源开发利用程度	0.7762	0.2238	0	0	0
A4 地下水开采潜力指数	0.2333	0.7667	0	0	0
B1 实际供水能力	0	0	0.4578	0.5422	0
B2 人均用水量	0	0	0	0.0805	0.9195
B3 实际灌溉面积保证率	0.8722	0.1278	0	0	0
B4 万元 GDP 用水	0.9627	0.0373	0	0	0
B5 经济增长率	0	0	0.8	0.2	0
C1 水环境综合承载能力	0.8125	0.1875	0	0	0
C2 平均地表水质	0	0	0	0.5	0.5
C3 地下水水质分类	0	0	1	0	0
D1 特枯年份缺水率	0	0	0.7	0.3	0
D2 干旱指数	0.9844	0.0156	0	0	0

表 6.21　肥西地区隶属度矩阵

肥西	V_1	V_2	V_3	V_4	V_5
A1 人均水资源量	0	0.1428	0.8572	0	0
A2 年降水	0	0	0	0.4322	0.5678
A3 水资源开发利用程度	0	0.7971	0.2029	0	0
A4 地下水开采潜力指数	0	0.9667	0.0333	0	0
B1 实际供水能力	0.8577	0.1423	0	0	0
B2 人均用水量	0	0	0	0.1291	0.8709
B3 实际灌溉面积保证率	0.8109	0.1891	0	0	0
B4 万元 GDP 用水	0.9914	0.0086	0	0	0
B5 经济增长率	0	0	0.4	0.6	0
C1 水环境综合承载能力	0.75	0.25	0	0	0
C2 平均地表水质	0	0	0	0.2273	0.7727
C3 地下水水质分类	0	0	1	0	0
D1 特枯年份缺水率	0	0	0	1	0
D2 干旱指数	0.9833	0.0167	0	0	0

表 6.22　长丰地区隶属度矩阵

长丰	V_1	V_2	V_3	V_4	V_5
A1 人均水资源量	0	0.3752	0.6248	0	0
A2 年降水	0	0	0	0.8605	0.1395
A3 水资源开发利用程度	0.5209	0.4791	0	0	0
A4 地下水开采潜力指数	0.2667	0.7333	0	0	0
B1 实际供水能力	0	0.9455	0.0545	0	0
B2 人均用水量	0	0	0	0.087	0.913
B3 实际灌溉面积保证率	0.9166	0.0834	0	0	0
B4 万元 GDP 用水	0.9921	0.0079	0	0	0
B5 经济增长率	0	0	0	0.7	0.3
C1 水环境综合承载能力	0.75	0.25	0	0	0
C2 平均地表水质	0	0	0.1	0.9	0
C3 地下水水质分类	0	0	1	0	0
D1 特枯年份缺水率	0	0	0.9	0.1	0
D2 干旱指数	0.9838	0.0162	0	0	0

表 6.23　定远地区隶属度矩阵

定远	V_1	V_2	V_3	V_4	V_5
A1 人均水资源量	0	0.2617	0.7383	0	0
A2 年降水	0	0	0	0.6705	0.3295
A3 水资源开发利用程度	0.4722	0.5278	0	0	0
A4 地下水开采潜力指数	0.717	0.283	0	0	0
B1 实际供水能力	0.0694	0.9306	0	0	0
B2 人均用水量	0	0	0	0.0722	0.9278
B3 实际灌溉面积保证率	0	0	0.8126	0.1874	0
B4 万元 GDP 用水	0.7881	0.2119	0	0	0
B5 经济增长率	0	0	0	0.2137	0.7863
C1 水环境综合承载能力	0.75	0.25	0	0	0
C2 平均地表水质	0	0	0	0.2577	0.7423
C3 地下水水质分类	0	0	1	0	0
D1 特枯年份缺水率	0	0	0	1	0
D2 干旱指数	0.9829	0.0171	0	0	0

表 6.24　全椒地区隶属度矩阵

全椒	V₁	V₂	V₃	V₄	V₅
A1 人均水资源量	0	0	0	0.7836	0.2164
A2 年降水	0	0	0	0.1406	0.8594
A3 水资源开发利用程度	0	0.3336	0.6664	0	0
A4 地下水开采潜力指数	0.6212	0.3788	0	0	0
B1 实际供水能力	0.9091	0.0909	0	0	0
B2 人均用水量	0	0	0	0.037	0.963
B3 实际灌溉面积保证率	0	0	0	0.2016	0.7984
B4 万元 GDP 用水	0.8239	0.1761	0	0	0
B5 经济增长率	0	0	0	0.0676	0.9324
C1 水环境综合承载能力	0.75	0.25	0	0	0
C2 平均地表水质	0	0	0	0.764	0.236
C3 地下水水质分类	0	0	1	0	0
D1 特枯年份缺水率	0	0	0	0.25	0.75
D2 干旱指数	0.9812	0.0188	0	0	0

表 6.25　琅琊、南谯地区隶属度矩阵

琅琊、南谯	V₁	V₂	V₃	V₄	V₅
A1 人均水资源量	0	0	0.2355	0.7645	0
A2 年降水	0	0	0	0.1797	0.8203
A3 水资源开发利用程度	0	0.511	0.489	0	0
A4 地下水开采潜力指数	0.6305	0.3695	0	0	0
B1 实际供水能力	0.8989	0.1011	0	0	0
B2 人均用水量	0	0	0	0.0495	0.9505
B3 实际灌溉面积保证率	0	0	0	0.1809	0.8191
B4 万元 GDP 用水	0.7807	0.2193	0	0	0
B5 经济增长率	0	0	0.42	0.58	0
C1 水环境综合承载能力	0.85	0.15	0	0	0
C2 平均地表水质	0	0	0.5005	0.4995	0
C3 地下水水质分类	0	0	1	0	0
D1 特枯年份缺水率	0	0	0	0.5	0.5
D2 干旱指数	0.9817	0.0183	0	0	0

表 6.26　来安地区隶属度矩阵

来安	V_1	V_2	V_3	V_4	V_5
A1 人均水资源量	0	0	0	0.973	0.027
A2 年降水	0	0	0	0.2254	0.7746
A3 水资源开发利用程度	0	0.331	0.669	0	0
A4 地下水开采潜力指数	0.6359	0.3641	0	0	0
B1 实际供水能力	0.9092	0.0908	0	0	0
B2 人均用水量	0	0	0	0.0434	0.9566
B3 实际灌溉面积保证率	0	0	0	0.3357	0.6643
B4 万元 GDP 用水	0.7685	0.2315	0	0	0
B5 经济增长率	0	0	0	0.0796	0.9204
C1 水环境综合承载能力	0.8125	0.1875	0	0	0
C2 平均地表水质	0	0	0	0.2155	0.7845
C3 地下水水质分类	0	0	1	0	0
D1 特枯年份缺水率	0	0	0	0.5	0.5
D2 干旱指数	0.9818	0.0182	0	0	0

表 6.27　明光地区隶属度矩阵

明光	V_1	V_2	V_3	V_4	V_5
A1 人均水资源量	0	0	0.4937	0.5063	0
A2 年降水	0	0	0	0.967	0.033
A3 水资源开发利用程度	0	0.384	0.616	0	0
A4 地下水开采潜力指数	0.6875	0.3125	0	0	0
B1 实际供水能力	0.9065	0.0935	0	0	0
B2 人均用水量	0	0	0	0.0785	0.9215
B3 实际灌溉面积保证率	0.7049	0.2951	0	0	0
B4 万元 GDP 用水	0.8162	0.1838	0	0	0
B5 经济增长率	0	0	0	0.1055	0.8945
C1 水环境综合承载能力	0.75	0.25	0	0	0
C2 平均地表水质	0	0	0	0.964	0.036
C3 地下水水质分类	0	0	1	0	0
D1 特枯年份缺水率	0	0	0	1	0
D2 干旱指数	0.9822	0.0178	0	0	0

3. 综合评价结果分析

将权重与隶属度矩阵相乘后得到各层的最终评价得分,如表 6.28 所示。

表 6.28　江淮分水岭地区各市供水安全综合评价结果

评价准则	霍山	舒城	金安区	裕安区	肥东	肥西	长丰
A 供水条件及潜力	1.579	1.504	0.693	0.330	-0.495	0.001	-0.352
B 实际供水保障	0.135	0.411	-0.485	0.339	0.250	-0.598	-0.231
C 生态环境保障	-0.417	-0.448	-0.417	-0.467	-0.531	-0.432	-0.650
D 抗风险能力	0.405	1.004	1.070	0.804	-0.157	0.403	-0.317
总评结果	0.775	0.877	0.220	0.279	-0.233	-0.204	-0.347

评价准则	定远	全椒	琅琊、南谯	来安	明光	平均
A 供水条件及潜力	-0.295	0.796	0.515	0.675	0.234	0.432
B 实际供水保障	0.127	0.105	0.030	0.086	-0.484	-0.026
C 生态环境保障	-0.439	-0.566	-0.800	-0.460	-0.616	-0.520
D 抗风险能力	0.403	1.004	0.804	0.804	0.404	0.553
总评结果	-0.116	0.431	0.229	0.363	-0.080	0.183

经过计算,江淮分水岭地区平均供水安全得分为 0.183,介于一般和安全之间。其中肥东、肥西、长丰、定远和明光的供水安全得分均小于 0,分别为 -0.233、-0.204、-0.346、-0.116 和 -0.080,均介于一般与不安全之间,合肥三县肥东、肥西和长丰的安全评价得分最低,最不安全。江淮分水岭地区除了这五个地区之外的其他地区安全评价得分均大于 0,处于一般和安全之间,其中以舒城县和霍山县的安全评价得分最高,分别为 0.877 和 0.775,最接近于安全水平。如图 6.5 所示。

纵向来看,参与评价的四个准则层供水条件及潜力、实际供水保障、生态环境保障和抗风险能力的得分分别为 0.432、-0.026、-0.520 和 0.552,实际供水保障和生态环境保障均介于一般和不安全之间,且生态环境保障的安全指数更低;供水条件潜力和抗风险能力均介于一般和安全之间,并且抗风险能力更好,更接近于安全水平。

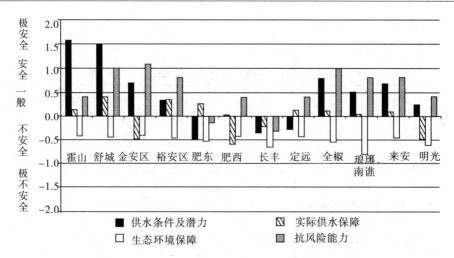

图6.5　江淮分水岭地区各市供水安全准则层评价结果

　　从供水条件及潜力看,参与评价的江淮分水岭地区除肥东、长丰和定远三个地区之外均大于 0,且以霍山和舒城的得分均高于 1.5,处于极安全状态,说明江淮分水岭地区总体水资源除合肥地区外多处于安全状态,这与其毗邻长江和淮河的地理位置有着密不可分的联系。而从生态环境保障看,江淮分水岭地区的所有县得分均小于 0,说明随着社会经济的发展,人类的不合理开发利用水资源,使该地区的生态环境受到了不同程度的破坏,已经处于不安全状态。因此,在合理开发利用水资源的同时,要加大对生态环境的治理。如图 6.6 所示。

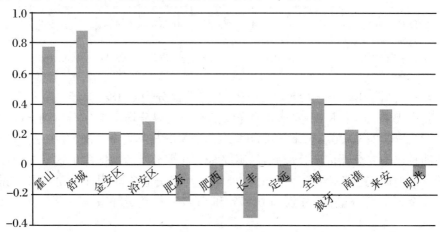

图6.6　江淮分水岭地区各市供水安全评价结果

　　皖中 3 市实际供水保障能力除金安、肥西、长丰和明光外均大于 0,介于一般和安全之间,但是均偏向于一般水平,而这四个区域的得分分别为 -0.485、-0.598、-0.231 和 -0.484,均介于一般和不安全之间,并且除长丰外其他地区均更偏向于不安全状态。因此,位于合肥市的肥西以及位于滁州市的明光需要加大力度提高本地区的供水保障能力,在开源的同时更要注意节流。可以通过工程或者非工程措施开源节流,在积极进行跨区域水资源综合配置调度以满足日常供水需求的同时,还需建立必要的应急水源地以应对特殊情况下的供水需求。

江淮分水岭地区的抗风险能力得分为 0.552,处于一般和安全之间且偏向于安全水平,该地区除肥东和长丰的抗风险能力得分分别为 -0.157 和 -0.317 均小于 0 之外,其他地区的抗风险能力均大于 0,更有金安、舒城和全椒的抗风险能力得分分别为 1.070、1.004 和 1.004,处于安全和极安全之间,但是偏向于安全状态,说明江淮分水岭地区在特殊年份、特殊条件下的抗风险能力比较好,能够在一定条件下独立解决困难情况。

6.5.2 蚌埠闸以上地区

1. 区域概况

淮河蚌埠闸上区域是淮河流域地表水用水集中的地区之一,是淮南煤矿和火力发电基地,淮南和蚌埠两市城镇生活、工业生产以及沿淮农业灌溉的主要取水水源,闸上供水对安徽沿淮淮北地区的社会、经济发展具有巨大作用。据调查,目前该河段主要城市取水口有 22 个(淮南 17 个,蚌埠 5 个),取水能力 163.3 万 m^3/日;农业灌溉抽水泵站较大的有 62 处,总装机 4.2 万 kW,设计抽水能力 371.2 m^3/s。

近年来,随着淮河蚌埠闸上区域经济社会的快速发展,人口增加、城市化加快,以及淮南煤电一体化基地的建设,扩建、新建的电力项目、煤化工项目不断增加,从该河段取用水户不断增多,河道外用水户的用水量不断增加。尤其是干旱年、连续干旱年等特殊枯水期,该河段的淮南、蚌埠市等地区间争水矛盾,河道外各用水户争水、河道外用水户与河道内用户争水矛盾以及河道生态环境问题更加突出,主要表现在:① 水资源的供给能力相对不足;② 工业用水与城市生活用水、农业用水等河道外用水与水运、河道生态环境、污染防治等河道内用水之间的争水现象越来越普遍,且越来越严重;③ 水污染现象较为严重,水质较差;④ 近几年来淮河断流次数有增加趋势,蚌埠闸 1999 年 1~9 月累计断流 107 天,出现了汛期超低水位和断航现象;2001 年,淮河水位持续下降,蚌埠、淮南市出现供水紧张局面,蚌埠闸自 5 月 23 日到 7 月 31 日连续关闭,在死水位运行 10 天,最低水位达到 15.28 m,闸下河道的生态环境遭到一定程度的威胁;2005 年 6 月,为了保证蚌埠闸上城市、工业用水,不能持续开闸放水,闸下水位又低,蚌埠闸一度断航,致使闸上船只滞留严重,滞留船只达 300 艘之多,滞留时间近 2 个月,再次暴露了河道外用水与航运用水的矛盾。

针对该区段水资源的天然时空分布、用水竞争以及水资源不合理开发利用引起的生态环境问题,有必要对该地区进行供水安全综合评价,为保障特枯水期淮南市、蚌埠市的城市生活用水和重要工业用水的安全,同时兼顾河道内用水,为该河段特枯水期的水资源调度与管理提供决策依据。

2. 计算隶属度

蚌埠闸以上地区隶属度矩阵如表 6.29 所示。

表 6.29　蚌埠闸以上地区隶属度矩阵

蚌埠闸以上	V_1	V_2	V_3	V_4	V_5
A1 人均水资源量	0	0.5509	0.4491	0	0
A2 年降水	0	0	0	0.9945	0.0055
A3 水资源开发利用程度	0.2252	0.7748	0	0	0
A4 地下水开采潜力指数	0	0	0	0.0826	0.9174
B1 实际供水能力	0	0.4035	0.5965	0	0
B2 人均用水量	0	0	0	0.036	0.964
B3 实际灌溉面积保证率	0	0	0.443	0.557	0
B4 万元 GDP 用水	0.9435	0.0565	0	0	0
B5 经济增长率	0	0	0	0.0725	0.9275
C1 水环境综合承载能力	0.9651	0.0349	0	0	0
C2 平均地表水质	0	0	0.7258	0.2742	0
C3 地下水水质分类	0	1	0	0	0
D1 特枯年份缺水率	0.9309	0.0691	0	0	0
D2 干旱指数	0	0	0.3	0.7	0

3. 综合评价结果分析

由表 6.30、图 6.7 可以看出,蚌埠闸以上地区供水安全综合评价得分为 -0.17 分,略低于一般水平,总体来看,水资源状况良好。在四个准则层中,实际供水保障得分最高,为 0.429 分,超过一般水平;而生态环境保障及抗风险能力得分都低于 -1 分,处于不安全与极不安全之间,其中抗风险能力得分最低,接近 -1.5 分。综合以上得分结果,可以看出,蚌埠闸以上地区供水充足,水资源总量及过境水量充足,但是由于水资源时空分配不均,所以在特枯年缺水情势严峻,抗风险能力不足,同时存着在对生态环境保障措施不足的问题,影响地区供水安全及水资源的可持续利用。

表 6.30　蚌埠闸以上地区供水安全综合评价结果

评价准则	A 供水条件及潜力	B 实际供水保障	C 生态环境保障	D 抗风险能力	总评结果
评价结果	-0.081	0.429	-1.164	-1.405	-0.17

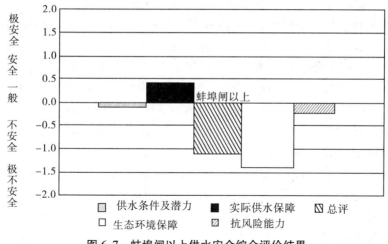

图 6.7　蚌埠闸以上供水安全综合评价结果

6.5.3　合肥市(建城区)

1. 区域概况

合肥市位于安徽省中部,跨长江、淮河两大流域,主要利用地表水,淮河流域地表水资源可利用量为 3.04 亿 m³,长江流域地表水资源可利用量 6.10 亿 m³。合肥市水资源并不丰富,人均水资源占有量少。全市人均水资源占有量 405 m³,大约相当于全国人均水资源占有量的 1/5,世界人均水资源占有量的 1/18。水利部《全国主要缺水城市供水水资源规划报告》将合肥市列为全国重点缺水城市之一。

① 农业用水大幅度减少,工业用水和生活用水快速增长。分析合肥市近年来用水结构变化趋势,有 3 个方面的明显特征:一是工业用水快速增长。1980 年以来,工业用水量年均递增 4.37%,工业用水量占总用水量的比重提高了 19.8 个百分点。二是农田灌溉用水受降水量影响波动较大,总体呈下降趋势。1980~1995年农田灌溉用水年均递增 2.25%。1995 年以来,随着灌溉面积缩减和节水灌溉发展,农田灌溉用水量出现负增长,年均缩减 3.68%。三是生活用水持续增长。1980 年以来,城镇生活用水年均递增 7.2%,生活用水量占总用水量的比重提高了11.6 个百分点。

综合治理力度不够,水环境污染比较严重。董铺、大房郢水库是合肥市城市饮用水水源地,均位于市区,周边人口稠密,经济发达,人为活动频繁,面源污染大,点源污染多。尤其是双凤、岗集、大杨三个工业园区均位于水库二级保护区范围内,园区内工业企业密集,治污设施不配套,造成工业污染。两大水库上游农田大量施用化肥农药,村镇生产生活污水得不到处理,形成了面源污染。巢湖水面辽阔,水源充足,但受到严重污染,水质长期处于Ⅴ类或劣Ⅴ类,暂不能作为城市用水。巢湖水源的被迫弃用,加剧了合肥市水资源短缺的矛盾。

②水资源利用效率偏低,用水浪费现象普遍。据调查,全市农业灌溉水的利用系数在0.4~0.5之间,仅为用水先进国家的一半左右。大多数地区农田灌溉方式落后,配套不全,管理不善,跑水率达10%~15%。城镇节水工作同样薄弱,自来水系统存在跑、冒、滴、漏现象,节水、污水处理回用设施推广缓慢。2003年全市平均万元GDP、万元工业产值、万元工业增加值用水量分别为317 m³、60 m³、178 m³,均高于全国42个大城市的平均用水量,与全国用水指标先进城市北京、天津、上海、杭州相比差距十分明显。

针对该区段水资源的天然时空分布、用水竞争以及水资源不合理开发利用引起的生态环境问题,有必要对该地区进行供水安全综合评价,为保障特枯水期该市的城市生活用水和重要工业用水的安全,同时兼顾河道内用水,为该河段特枯水期的水资源调度与管理提供决策依据。

2. 计算隶属度

合肥地区隶属度矩阵如表6.31所示。

表 6.31　合肥地区隶属度矩阵

合肥	V_1	V_2	V_3	V_4	V_5
A1 人均水资源量	0	0.242	0.758	0	0
A2 年降水	0	0	0	0.106	0.894
A3 水资源开发利用程度	0	0.9	0.1	0	0
A4 地下水开采潜力指数	0	0	0	0.0889	0.9111
B1 实际供水能力	0.9612	0.0388	0	0	0
B2 人均用水量	0	0	0	0.1374	0.8626
B3 实际灌溉面积保证率	0.9611	0.0389	0	0	0
B4 万元GDP用水	0.118	0.882	0	0	0
B5 经济增长率	0	0	0	0.0595	0.9405
C1 水环境综合承载能力	0.9651	0.0349	0	0	0
C2 平均地表水质	0	0	0	0.4464	0.5536
C3 地下水水质分类	0	1	0	0	0
D1 特枯年份缺水率	0	0	0	0.1333	0.8667
D2 干旱指数	0	0	0.14	0.86	0

3. 综合评价结果分析

由表6.32、图6.8可以看出,合肥地区供水安全综合评价得分为0.042分,略高于一般水平,总体来看,水资源状况良好。在四个准则层中,供水条件及潜力和抗风险能力均高于一般水平,其中抗风险能力得分最高,为1.665分,超过安全水平,属于极安全状态,而生态环境保障及实际供水保障得分都低于 0 分,处于一般与不安全之间,其中生态环境保障得分最低,接近 -1.0 分。综合以上得分结果可以看出,合肥地区具有一定的供水潜力,并且在特枯年缺水情势严峻时具有较强的抗风险能力,但是由于不合理开发利用水资源,导致该地区实际供水保障较低,并对生态环境造成了不可忽视的影响,影响地区供水安全及水资源的可持续利用。

表 6.32　合肥地区供水安全综合评价结果

评价准则	A 供水条件及潜力	B 实际供水保障	C 生态环境保障	D 抗风险能力	总评结果
评价结果	0.309	-0.480	-0.844	1.665	0.042

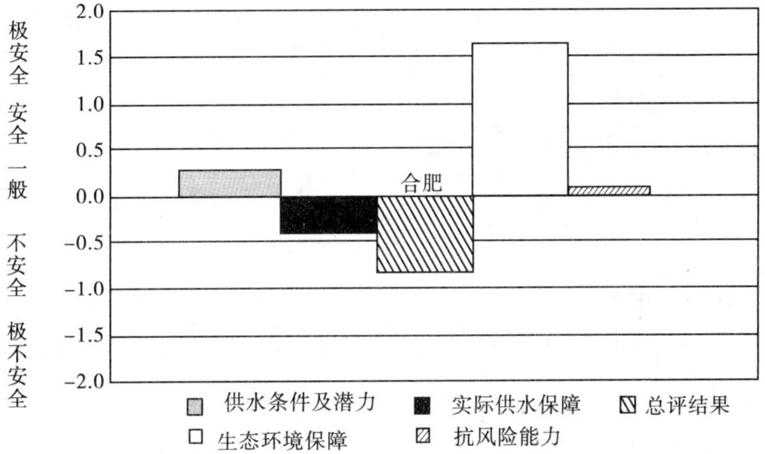

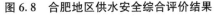

图 6.8　合肥地区供水安全综合评价结果

6.5.4　阜阳市(建城区)

1. 区域概况

阜阳地区地处黄淮海平原的南端、安徽省西北部,坐落在颍、泉河交汇处,年平均降水量约 900 mm,年水资源总量约 35.64 亿 m³,其中地表水资源量 21.05 亿 m³,地下水资源量 19.93 亿 m³,重复计算水量 5.34 亿 m³,阜阳人均水资源占有量约 400 m³,为全省人均占有量的三分之一,全国人均占有量的五分之一。但长期以来,城区工业用水和居民生活用水都以开采中深层地下水为主,日开采量 10 万 m³ 左右,是允许开采量 6.8 万 m³ 的 1.5 倍。由于长期超量开采中深层地下水,形成了以阜阳城区为中心达 1200 平方千米的水位降落漏斗区,地面沉降范围超过 410 平方千米,最大地面沉降量达 1508 mm。长期以来,由于"水取之不尽,用之不竭"的观念根深蒂固,用水浪费现象并没有彻底杜绝。阜阳是农业城市,许多地方的农田灌溉仍然存在大水漫灌现象。有些地方城市生活用水浪费惊人,一是供水跑、冒、滴、漏现象仍然存在;二是节水器具的推广使用率较低,用水效率低。并且,由于上游污染等问题,阜阳地表水污染严重,资源型缺水、水质型缺水和工程型缺水并存。

　　针对该区段水资源的天然时空分布、用水竞争以及水资源不合理开发利用引起的生态环境问题,有必要对该地区进行供水安全综合评价,为保障特枯水期淮南市、蚌埠市的城市生活用水和重要工业用水的安全,同时兼顾河道内用水,为该河段特枯水期的水资源调度与管理提供决策依据。

2. 计算隶属度

　　阜阳地区隶属度矩阵如表 6.33 所示。

表 6.33　阜阳地区隶属度矩阵

	V_1	V_2	V_3	V_4	V_5
A1 人均水资源量	0	0.3756	0.6244	0	0
A2 年降水	0	0	0.183	0.817	0
A3 水资源开发利用程度	0.5458	0.4542	0	0	0
A4 地下水开采潜力指数	0	0	0	0.0772	0.9228
B1 实际供水能力	0	0.307	0.693	0	0
B2 人均用水量	0	0	0	0.0871	0.9129
B3 实际灌溉面积保证率	0	0	0	0.988	0.012
B4 万元 GDP 用水	0.9283	0.0717	0	0	0
B5 经济增长率	0	0	0	0.0926	0.9074
C1 水环境综合承载能力	0.915	0.085	0	0	0
C2 平均地表水质	0	0	0.85	0.15	0
C3 地下水水质分类	0	1	0	0	0
D1 特枯年份缺水率	0.8333	0.1667	0	0	0
D2 干旱指数	0	0	0.3	0.7	0

3. 综合评价结果分析

　　由表 6.34、图 6.9 可以看出,蚌埠闸以上地区供水安全综合评价得分为 -0.129 分,略低于一般水平,总体来看,水资源状况良好。在四个准则层中,实际供水保障得分最高,为 0.524 分,超过一般水平,而生态环境保障及抗风险能力得分都低于-1 分,处于不安全与极不安全之间,其中抗风险能力得分最低,接近 -1.5 分。综合以上得分结果可以看出,阜阳地区供水充足,水资源总量及过境水量充足,但是由于水资源时空分配不均,所以在特枯年缺水情势严峻,抗风险能力不足,同时存在着对生态环境保障措施不足的问题,影响地区供水安全及水资源的可持续利用。

表 6.34 阜阳地区供水安全综合评价结果

评价准则	A 供水条件及潜力	B 实际供水保障	C 生态环境保障	D 抗风险能力	总评结果
评价结果	−0.071	0.524	−1.17	−1.327	−0.129

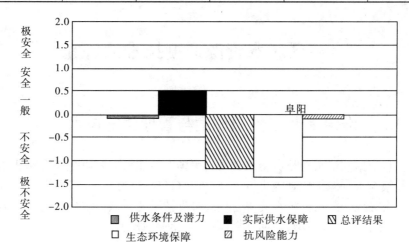

图 6.9 阜阳地区供水安全综合评价结果

第7章 供水保障关键技术研究

7.1 区域水资源调度技术的研究

7.1.1 淮河上游水资源调度与管理关键技术

本项目依据淮河水利委员会水文局与美国乔治亚水资源研究所合作研制的集成水文预报与水资源优化管理决策支持系统(GTDSS)为基础,根据淮河流域的实际情况开发完成的淮河上游水资源管理决策支持系统。该系统包含电厂出力和发电函数、长期径流预报模型、长期计划模型、多年评估模型。

7.1.1.1 系统基本参数

1. 系统简介

淮河干流在蚌埠闸与鲁台子间形成河道水库,是蚌埠市区城市居民、工业以及周边地区用水的主要供水源。淮河北岸支流洪河和颍河上游均有水库和闸门调节控制入淮的水量,枯水期北部支流进入干流的水量很少。淮河南岸支流淠河、史河和淠河上游有大型调节水库,可以对淮河干流水量和蚌埠闸以上水量进行调节。本项目主要研究蚌埠闸地区枯水期供水与上游调节水库调度关系。由于资料缺乏,为计算方便,本系统将不考虑干流北面的水库调度问题,将干流北面支流视为可控的已知入流。简化后的系统将淮河干流分为两段:鲁台子至蚌埠闸间的河道水库部分和鲁台子以上部分。

鲁台子以上部分来水有三个变量:① 北岸支流颍河和洪河视为有闸门控制的输入变量;② 南岸支流淠河、史河和淠河上游的六座大型水库(南湾、鲇鱼山、梅山、响洪甸、磨子潭、佛子岭)的下泄流量视为鲁台子以上部分的输入变量;③ 鲁台子以上其他支流和水库下游的区间入流用综合变量"鲁台子以上自然径流"来表示。鲁台子以上部分用水(鲁台子以上至水库下游之间)用综合变量"鲁台子以上取水"来表示。由于没有详细的"鲁台子以上取水"数据,所以"鲁台子以上自然径流"无法推求,经沟通后决定,在模型中将"鲁台子以上取水"和"鲁台子以上天然径流"合成一个变量,称为"鲁台子净径流"。

鲁台子至蚌埠闸间的河道水库部分(下称蚌埠闸区间)来水有三个变量:① 上游鲁台子站的来水作为一个输入变量;② 在鲁台子至蚌埠闸的区间内的茨淮新河、涡河、西淝河(凤台)和东淝河四条主要支流有闸门控制,视为有闸门控制的输入变量;③ 鲁台子至蚌埠闸区间其他支流及区间来水用综合的变量"蚌埠闸区间自然径流"来表示。在系统实际输入中,由于西淝河(凤台)和东淝河无水文监测资料,来水按零处理,其实际的来水量作为区间入流并入"蚌埠闸区间自然径流"变量中。蚌埠闸区间用水量用综合变量"蚌埠闸区间取水"表示。

2. 水库及参数

本系统包括蚌埠闸区间在内共 7 个水库,它们分别是南湾、鲇鱼山、梅山、响洪甸、磨子潭、佛子岭、蚌埠闸区间。水库的主要目标是防洪、发电和供水。水库的有关参数如表 7.1 所示。

表 7.1　水库参数表

序号	水库名称	所在河流	集水面积(km²)	兴利水位(m)	死水位(m)	防洪限制水位(m)
1	南湾	浉河	1100.00	103.50	88.00	103.50
2	鲇鱼山	灌河	924.00	107.00	84.00	106.00
3	梅山	史河	1970.00	126.00	107.10	125.27
4	响洪甸	淠河西源	1400.00	128.00	108.00	125.00
5	磨子潭	淠河东源	570.00	187.00	163.00	177.00
6	佛子岭	淠河东源	1840.00	125.56	108.76	117.56
7	蚌埠闸	淮河	121330	17.50	15.50	

3. 水电站机组参数

系统所有水库均建有水电站。发电效益是水资源管理中的重要目标之一。为了准确地估计发电效益,必须获得各电站的装机台数、型号、机组特征曲线,以及电站尾水曲线等基本信息。由于这些资料收集困难,尽管设计的模型和软件中包括了发电效益计算和统计的功能,但没有具体的资料,本报告最终无法对发电效益进行评估和分析。

4. 其他数据

本系统仅包括长期计划模型,故系统的其他数据包括水库的泄洪闸能力、河道传递参数等在建模中均没有用到。但有关资料都已存入决策支持系统软件的数据库中,可以查询显示。

7.1.1.2　电厂出力和发电函数

1. 机组最优负荷分配

机组的最优负荷分配就是求解以下问题:给定电站总流量 Q^* 和对应的上游水位 H,确定每台机组的流量 q_j 和弃水 s,在满足 $\Sigma q_j + s = Q^*$ 的条件下,使电站总出力 P 最大。

为求解以上问题,首先定义以下符号:

q_j　　　　　　　　　机组 j 的流量,$j=1,\cdots,n$,n 为机组台数;

$[q_j{}^{min}, q_j{}^{max}]$　　　机组 j 的流量区间;

p_j	机组 j 的出力;
$[p_j{}^{\min}, p_j{}^{\max}]$	机组 j 的出力范围;
Q^*	总下泄流量;
s	弃水量;
$p_j = g_j(H_n, q_j)$	机组出力(p_j),流量(q_j),净水头(H_n)关系曲线;
$H = f(S)$	水库水位(H)和库容(S)关系曲线;
$H_{ls}(Q)$	水头损失曲线;
$t = r(Q)$	尾水水位(t)和流量(Q)关系曲线;
H_n	净水头。

一组最优分配问题就是寻找一组流量和出力组合 $\{q_j$ 和 p_j, $j = 1, \cdots, n\}$,在满足

$$Q^* = \sum_{j=1}^{n} q_j + s \tag{7.1}$$

$$H_n = f(S) - r(Q) - H_{1s}(Q) \tag{7.2}$$

$$p_j = g_j(H_n, q_j) \tag{7.3}$$

$$p_j^{\min} \leqslant p_j \leqslant p_j^{\max} \quad \text{or} \quad p_j = 0 \tag{7.4}$$

$$q_j^{\min} \leqslant q_j \leqslant q_j^{\max} \quad \text{or} \quad q_j = 0 \tag{7.5}$$

条件下,使得电站出力总和达到最大。

$$P = \sum_{j=1}^{n} p_j \tag{7.6}$$

以上问题是一个典型的资源优化分配问题,可以转化为多阶段一维优化问题,然后利用动态规划求解。其多阶段优化问题的形式为

$$\text{Maximize} \quad J = \sum_{j=1}^{n} p_j(q_j, H_n) \tag{7.7}$$

约束条件包括:

$$X_{j+1} = X_j + q_j, \qquad j = 1, \cdots, n \tag{7.8}$$

$$X_1 = 0, \quad X_{n+1} = Q * \tag{7.9}$$

$$H_n = f(S) - r(Q *) - H_{ls}(Q *) \tag{7.10}$$

$$p_j^{\min} \leqslant p_j \leqslant p_j^{\max} \quad \text{or} \quad p_j = 0 \tag{7.11}$$

$$q_j^{\min} \leqslant q_j \leqslant q_j^{\max} \quad \text{or} \quad q_j = 0 \tag{7.12}$$

很显然,如果总流量 $Q *$ 大于 $\sum q_j^{\max}$,本问题的最优解就是所有机组满负荷发电,多余的流量由泄洪道或其他设施下泄。在上面的数学模型中,单个机组的流量(q_j)为控制变量,累积总流量(X_j)为状态变量,阶段变量 j 代表不同的机组,目标函数为总出力最大。这是一个典型的一维动态规划模型,可以用传统的 DP 算法求解。以上问题的等同问题是:给定电站总出力 P^* 和对应的上游水位 H,确定每台机组的出力 p_j,在满足 $\sum p_j = P^*$ 的条件下,使总流量 Q 最小。此问题也可以用动态规划求解。

2. 电厂出力函数

机组最优负荷分配模型主要用来指导实时运行。此模型还有一个附加的功能,就是可以生成电厂的最优出力函数。电厂的出力函数是指在不同的上游水位或毛水头和总下泄流量给定条件下电厂的总出力。最优出力函数指在不同的上游水位或毛水头和总下泄流量给定条件下电厂的最大的总出力。最优出力函数的生成过程很简单,对各种不同的总流量(Q)和水库水位(H)值,利用机组最优负荷分配模型求出对应的最优出力值 $P(Q,H)$。注意总流量(Q)和水库水位(H)的取值范围应该覆盖其运行区间。以上计算可以离线进行。一旦完成,只要机组特性不变,其最优解将是有效的。

3. 发电函数

出力函数是电站在任意时刻的平均出力。但是,在长期计划模型中,需要的往往是发电量指标。发电量函数是水库调度模型与机组最优负荷分配模型的连接纽带。在一定时段内,给定的水库水位 H 和总下泄水量 R,发电函数,$E(R,H)$,可以通过求解以下最优问题来获得:在满足 $R = \sum_{i=1}^{n} Q_i \Delta t$ 的条件下,寻找一组流量系列$\{Q_i, i = 1, \cdots, n\}$,使得总发电量

$$E(R,H) = \sum_{i=1}^{n} P(Q_iH)$$

最大。式中:n 是时段小时数(24/天,或 168/周),Δt 是流量到水量的转换系数,P 是已经求得的最优出力函数。在给定的日或周下泄水量 R 和水位 H 条件下,以上问题的解将产生对应的日或周最优发电函数。类似地将以上问题转换成多阶段一维优化问题,可以用动态规划算法求解。优化发电函数的求解也可以离线进行。一旦产生,只要机组特性不变,函数将保持有效。

7.1.1.3　长期径流预报模型

鲁台子区间历史径流系列为月系列,系列长度从 1960 年至今,降雨系列从 1956 年至今,海温系列从 1965 年至今。为便于比较,选择 1966 年至 2003 年的数据建立回归模型。经过演算,发现以下回归模型具有较好的统计值:

$$W = \alpha_1 W_{-1} + \alpha_2 W_{-2} + \alpha_3 W_{-3} + \beta_1 R_{-1} + \chi_1 T_{-7} + \chi_2 T_{-8} + c \qquad (7.13)$$

其中:W 为当月预报径流值;W_{-1}、W_{-2}、W_{-3} 为当月的前 1 月、前 2 月、前 3 月径流值;R_{-1} 为当月的前 1 月降雨值;T_{-7}、T_{-8} 为当月的前 7 月、前 8 月所选区域的海温值;α、β、χ、c 为回归系数。

式(7.13)对所有月都适用。各月的系数已存入到系统数据库。由于数据太多,不在此列出。经对几个典型的预报因子组合的回归模型进行了比较,生成的相关系数曲线如图 7.1 所示。图中横轴为预报提前时段数(月),纵轴为预报均值与实际值的相关系数。图中的三条线分别代表只有径流为预报因子、"径流 + 降雨"、"径流 + 降雨 + 海温"的三个模型的结果。结果表明,加入海温后的模型,预报提前

量为 4 个月时仍有改进的作用。图 7.2 显示了最优回归模型的三条统计曲线：相关系数、可靠性、不确定性比率。图 7.3 显示了利用回归模型预报 2008 年 6 月开始的今后 5 个月的径流集合的一个算例。与历史平均值相比，预报结果表明来水偏大。此算例并不代表实际的预报结果，仅说明预报模型的输出结果的形式。预报模型的实时运行需要有实时的观测数据，包括模型中预报因子的所有项（径流、降雨、海温）。如果这些参数的观测值没有及时更新，则无法使用本预报模型。本章介绍了淮河上游鲁台子以上区间径流的长期预报模型的基本原理和评估原则。长期预报模型的建立在世界上也是一个热门的研究课题。目前还没有一个统一的方法和评判标准。本决策支持系统采用的是预报与管理调度模型相结合的集成方法，根据长期模拟演算的统计结果来做评估。

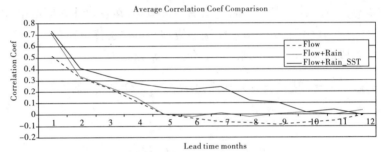

图 7.1　鲁台子区间径流不同回归模型相关系数比较图

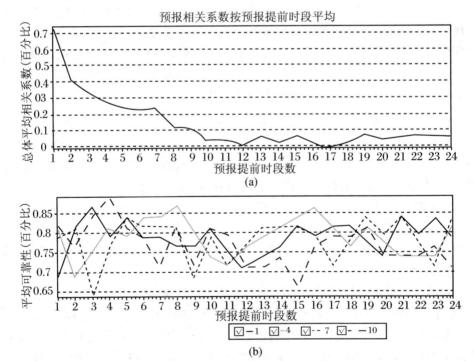

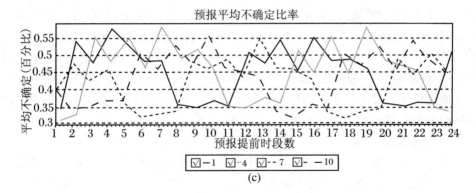

图 7.2 鲁台子区间径流预报回归模型的统计结果

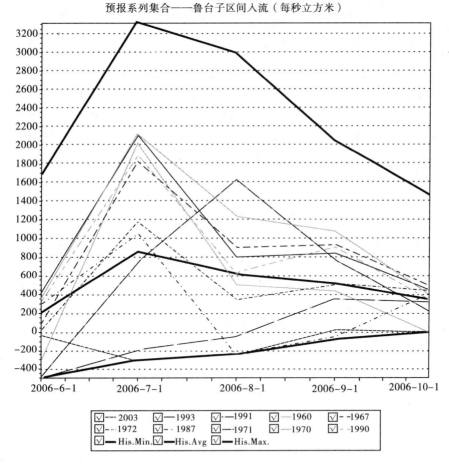

图 7.3 回归模型预报实例

7.1.1.4 长期计划模型

淮河上游水资源管理长期计划模型的重要目标之一就是根据预报结果确定枯水年份蚌埠闸的供水能力。以下的算例介绍了长期控制模型在枯水年份的应用。

据资料统计,淮河流域自 1949 年以来,特旱年份有 1959 年、1966 年、1978 年、1994 年、2000 年、2001 年。本模型从中选出最具有代表性的两个典型年份作为演算示例:1978 年 10 月至 1979 年 9 月(97%保证率)和 1966 年 10 月至 1967 年 9 月(95%保证率)。同时选取 2004 年作为现状基准年,2010 及 2020 年作为规划水平年。通过模型演算特枯年份的各水平年在上游水库不同调度方式的情况下对蚌埠闸区间供水的保证程度。

1. 计算方案设置

方案主要依据 3 个方面的条件来设置:一是蚌埠闸上的来水条件;二是蚌埠闸上的用水条件;三是蚌埠闸的控制条件,包括蚌埠闸的正常蓄水位和起调水位。上述三类措施共同组成方案生成的条件因子集,根据流域水资源配置现状,结合不同水平年的相关规划,对上述主要影响因子进行可能的组合,得到不同水资源配置方案。

(1) 蚌埠闸上来水方案

根据系统的设定,蚌埠闸上的来水主要包括两部分的水量:鲁台子以上来水及鲁台子至蚌埠区间来水。

根据前述的系统设置介绍,鲁台子以上来水有三个部分:北部有闸门控制的两条支流颍河和洪河的下泄量;南部六个水库(南湾,鲇鱼山,梅山,响洪甸,磨子潭,佛子岭)的下泄量;其他支流和水库下游的区间入流用综合的变量鲁台子以上净径流(由于缺乏详细的用水资料及其过程,该项为考虑区间天然径流扣除用水后的项)来表示。鲁台子至蚌埠闸区间的径流分为两部分:有闸门控制并具有下泄量资料的支流茨淮新河及涡河的下泄量及其他支流和区间的天然径流量。

来水量中仅有六个水库的下泄流量是可以控制的,其他来水量除鲁台子以上净径流(由于规划水平年区间用水量变化,规划年考虑设置用水增量)均视为不变项。因此,来水方案的设置主要从上游水库的调度来考虑:方案一考虑上游水库不支持下游蚌埠闸区间供水;方案二考虑上游水库支持下游蚌埠闸区间供水,其中各水库的初始蓄水位为近十年来的平均汛末蓄水位,如表 7.2 所示。来水方案设置如表 7.3 所示。

表 7.2　各水库 1996～2005 年汛末蓄水位

年份	1996～2005 年汛末蓄水位(m)					
	南湾	鲇鱼山	梅山	响洪甸	磨子潭	佛子岭
1996 年	103.63	103.48	122.4	116.06	172.32	103.84
1997 年	100.19	100.18	105.47	105.82	175.88	106.05
1998 年	103.2	104.21	111.45	113.59	168.95	109.51
1999 年	96.18	91.63	101.95	110.7	168.83	114.05

续表

年份	1996～2005 年汛末蓄水位（m）					
	南湾	鲇鱼山	梅山	响洪甸	磨子潭	佛子岭
2000 年	102.11	95.99	104.34	102.64	177.41	114.09
2001 年	96.54	88.46	98.52	101.41	163.26	104.73
2002 年	101.98	104.1	120.84	119.67	168.51	111.61
2003 年	102.39	104.68	123.96	124.19	170.34	99.56
2004 年	103.63	105.71	124.1	124.45	170.57	110.18
2005 年	104.02	106.37	125.88	126.36	181.59	116.92
平均	101.39	100.48	113.89	114.49	171.77	109.05

表 7.3　蚌埠闸上来水方案设置

序号	方案	备注
1	上游水库不支持下游蚌埠闸区间供水	水库支持下游蚌埠闸区间供水的方案下考虑所有的水库同时供水，各水库初始水位设为近十年来各水库汛末的平均蓄水位
2	上游水库支持下游蚌埠闸区间供水	

（2）用水方案

根据模型设置，蚌埠闸以上用水分为两部分：鲁台子以上水库下游及部分支流至鲁台子区间用水和鲁台子至蚌埠闸区间用水。

鲁台子以上部分由于缺乏详细的用水资料，在系统创建时并未对其单独处理，而是将其区间天然径流和用水合在一起考虑作为净径流，因此规划水平年只需考虑区间用水增量。据调查，该区间的主要用水户为农业灌溉用水，规划年根据《全国节约用水规划纲要》和相关的节水政策，农业灌溉新增水量主要在节水和挖潜中解决，农业扩大灌溉面积的新增水量主要通过节约用水、种植结构调整或者用浅层地下水水源来解决。因此，2010 年、2020 年农业灌溉用水量按维持现状用水量不变进行处理。该区间的生活和工业用水量很小，大部分采用地下水，现状 2004 年约 1930 万 m³，根据水资源综合规划的指标，工业和生活需水增长率 2.0% 的年递增率增加。2010 年、2020 年区间生活和工业需水量分别为 2173 万 m³、2649 万 m³，相应的用水增量为 243 万 m³ 和 719 万 m³。

鲁台子至蚌埠闸区间规划水平年的用水是根据已有的相关规划的预测成果，此外考虑了蚌埠闸区间河道内最小生态基流量 2.58 亿 m³。

（3）蚌埠闸的控制条件

① 蚌埠闸上正常蓄水位。

现状水平年（2004 年）蚌埠闸上正常蓄水位为 17.5 m；规划水平年（2010 年、

2020 年)正常蓄水位分别按 17.5 m、18.0 m 两种情况考虑。

② 蚌埠闸上起调水位。

现状水平年和规划水平年的起调水位均按照各个典型年份汛末实测水位（1966 年汛末水位 16.34 m、1978 年汛末水位 16.65 m）和多年平均汛末水位 17.21 m 两种情况考虑。

（4）方案组合

根据以上内容，按照蚌埠闸上不同来水情况，不同起调水位，以及蚌埠闸正常蓄水位的调整，对各种情况进行组合形成不同的方案。现状水平年（2004 年）有 4 个方案，规划水平年 2010 年和 2020 年均为 8 个方案，具体方案设置如表 7.4 所示。

表 7.4 模拟计算方案设置

水平年	方案代码	正常蓄水位		备注
		17.50 m (C_1)	18.00 m (C_2)	
现状水平年（2004 年）	$A_{00}B_0$	√		A_{00} 为现状年上游水库不支持蚌埠闸区间供水情况下蚌埠闸的来水情况；A_{01} 为上现状年上游水库支持蚌埠闸区间供水情况下蚌埠闸的来水情况；B_0 为按典型年实测汛末水位起调；B_1 为按多年平均汛末水位起调
	$A_{00}B_1$	√		
	$A_{01}B_0$	√		
	$A_{01}B_1$	√		
远期规划水平年（2020 年）	$A_{20}B_0$	√	√	A_{20} 为 2020 年上游水库不支持蚌埠闸区间供水情况下蚌埠闸的来水情况；A_{21} 为上 2020 年上游水库支持蚌埠闸区间供水情况下蚌埠闸的来水情况；B_0 为按典型年实测汛末水位起调；B_1 为按多年平均汛末水位起调
	$A_{20}B_1$	√	√	
	$A_{21}B_0$	√	√	
	$A_{21}B_1$	√	√	

2. 供需平衡分析

以计划模型对不同典型年进行供需平衡模拟计算，对现状水平年（2004 年）、远期规划水平年（2020 年）进行分析，得出各种不同方案下蚌埠闸区间的供需平衡情况。

（1）现状水平年（2004 年）

① 方案 $A_{00}B_0C_1$：在现状上游水库不支持下游蚌埠闸区间供水的来水情况下（A_{00}），以典型年汛末实测水位起调（B_0），蚌埠闸上正常蓄水位为 17.5 m（C_1）。97% 典型年份（1978～1979 年），在上游水库完全不供水的情况下，蚌埠闸区间的可供水量为 11.46 亿 m^3，缺水量为 1.54 亿 m^3，用水缺口主要出现在 1978 年 12 月至 1979 年 3 月，缺水月份达 4 个月，供水保证程度为 88%。95% 典型年份（1966～

1967 年),在上游水库完全不供水的情况下,蚌埠闸区间的可供水量为 12.26 亿 m^3,缺水量为 0.74 亿 m^3,用水缺口主要出现在 1978 年 11 月至 1979 年 1 月,缺水月份达 3 个月,供水保证程度为 94%。

② 方案 $A_{00}B_1C_1$:在现状上游水库不支持下游蚌埠闸区间供水的来水情况下(A_{00}),蚌埠闸以多年平均汛末蓄水位起调(B_1),蚌埠闸上正常蓄水位 17.5 m(C_1)。97%典型年份(1978~1979 年),在上游水库完全不供水的情况下,蚌埠闸区间的可供水量为 11.55 亿 m^3,缺水量为 1.45 亿 m^3,用水缺口主要出现在 1979 年 1 月至 3 月,缺水月份达 3 个月,供水保证程度为 89%。95%典型年份(1966~1967 年),在上游水库完全不供水的情况下,蚌埠闸区间的可供水量为 12.54 亿 m^3,缺水量为 0.46 亿 m^3,用水缺口主要出现在 1978 年 12 月至 1979 年 1 月,缺水月份达 2 个月,供水保证程度为 96%。

③ 方案 $A_{01}B_0C_1$:在现状上游水库支持下游蚌埠闸区间供水的来水情况下(A_{01}),以典型年汛末实测水位起调(B_0),蚌埠闸上正常蓄水位为 17.5 m(C_1)。97%典型年份(1978~1979 年),在上游水库支持下游供水的情况下,蚌埠闸区间的可供水量为 13.00 亿 m^3,完全能保证蚌埠闸区间的现状供水,供水保证程度为 100%。95%典型年份(1966~1967 年),在上游水库支持下游供水的情况下,蚌埠闸区间的可供水量为 13.00 亿 m^3,完全能保证蚌埠闸区间的现状供水,供水保证程度为 100%。

④ 方案 $A_{01}B_1C_1$:在现状上游水库不支持下游蚌埠闸区间供水的来水情况下(A_{00}),以多年平均汛末水位起调(B_1),蚌埠闸上正常蓄水位为 17.5 m(C_1)。97%典型年份(1978~1979 年),在上游水库支持下游供水的情况下,蚌埠闸区间的可供水量为 13.00 亿 m^3,完全能保证蚌埠闸区间的现状供水,供水保证程度为 100%。95%典型年份(1966~1967 年),在上游水库支持下游供水的情况下,蚌埠闸区间的可供水量为 13.00 亿 m^3,完全能保证蚌埠闸区间的现状供水,供水保证程度为 100%。

(2) 远期规划水平年(2020 年)

① 方案 $A_{20}B_0C_1$:2020 年上游水库不支持下游蚌埠闸区间供水的来水情况下(A_{20}),以典型年汛末实测水位起调(B_0),蚌埠闸上正常蓄水位为 17.5 m(C_1)。97%典型年份(1978~1979 年),在上游水库完全不供水的情况下,蚌埠闸区间的可供水量为 14.48 亿 m^3,缺水量为 3.20 亿 m^3,用水缺口主要出现在 1978 年 10 月至 1979 年 4 月,缺水月份达 7 个月,供水保证程度为 82%。95%典型年份(1966~1967 年),在上游水库完全不供水的情况下,蚌埠闸区间的可供水量为 15.61 亿 m^3,缺水量为 2.07 亿 m^3,用水缺口主要出现在 1966 年 10 月至 1967 年 1 月,缺水月份达 4 个月,供水保证程度为 88%。

② 方案 $A_{20}B_0C_2$:2020 年上游水库不支持下游蚌埠闸区间供水的来水情况下(A_{20}),以典型年汛末实测水位起调(B_0),蚌埠闸上正常蓄水位 18.0 m(C_2)。97%

典型年份(1978~1979 年),在上游水库完全不供水的情况下,蚌埠闸区间的可供水量为 14.99 亿 m³,缺水量为 2.69 亿 m³,用水缺口主要出现在 1978 年 10 月至 1979 年 4 月,缺水月份达 7 个月,供水保证程度为 85%。95% 典型年份(1966~1967 年),在上游水库完全不供水的情况下,蚌埠闸区间的可供水量为 16.09 亿 m³,缺水量为 1.59 亿 m³,用水缺口主要出现在 1966 年 10 月至 1967 年 2 月,缺水月份达 5 个月,供水保证程度为 91%。

③ 方案 $A_{20}B_1C_1$:2020 年上游水库不支持下游蚌埠闸区间供水的来水情况下 (A_{20}),以多年平均汛末水位起调(B_1),蚌埠闸上正常蓄水位为 17.5 m(C_1)。97% 典型年份(1978~1979 年),在上游水库完全不供水的情况下,蚌埠闸区间的可供水量为 14.66 亿 m³,缺水量为 3.02 亿 m³,用水缺口主要出现在 1978 年 12 月至 1979 年 4 月,缺水月份达 5 个月,供水保证程度为 83%。95% 典型年份(1966~1967 年),在上游水库完全不供水的情况下,蚌埠闸区间的可供水量为 15.98 亿 m³,缺水量为 1.70 亿 m³,用水缺口主要出现在 1966 年 11 月至 1967 年 2 月,缺水月份达 4 个月,供水保证程度为 90%。

④ 方案 $A_{20}B_1C_2$:2020 年上游水库不支持下游蚌埠闸区间供水的来水情况下 (A_{20}),以多年平均汛末水位起调(B_1),蚌埠闸上正常蓄水位 18.0 m(C_2)。97% 典型年份(1978~1979 年),在上游水库完全不供水的情况下,蚌埠闸区间的可供水量为 15.17 亿 m³,缺水量为 2.51 亿 m³,用水缺口主要出现在 1978 年 12 月份至 1979 年 4 月,缺水月份达 5 个月,供水保证程度为 86%。95% 典型年份(1966~1967 年),在上游水库完全不供水的情况下,蚌埠闸区间的可供水量为 16.50 亿 m³,缺水量为 1.18 亿 m³,用水缺口主要出现在 1966 年 11 月份至 1967 年 2 月,缺水月份达 4 个月,供水保证程度为 93%。

⑤ 方案 $A_{21}B_0C_1$、$A_{21}B_0C_2$、$A_{21}B_1C_1$ 及 $A_{21}B_1C_2$:2020 年上游水库支持下游蚌埠闸区间供水的来水情况(A_{11})。在上游水库支持下游蚌埠闸区间供水的情况下,各方案下的 97% 典型年份(1978~1979 年)及 95% 典型年份(1966~1967 年)的蚌埠闸区间用水能够完全满足,供水保证程度达到 100%。远期规划水平年(2020 年)各方案下蚌埠闸上可供水量分配成果如表 7.5 所示。

表 7.5　2020 年各方案下蚌埠闸上水资源供需平衡分析表

方案名称	典型年	需水量(亿 m³)	供水量(亿 m³)	缺水量(亿 m³)	供水保证程度	蚌埠闸上出现最低水位(m)
$A_{20}B_0C_1$	97%(1978~1979 年)	17.68	14.48	3.20	82%	15.5
	95%(1966~1967 年)	17.68	15.61	2.07	88%	15.5
$A_{20}B_0C_2$	97%(1978~1979 年)	17.68	14.99	2.69	85%	15.5
	95%(1966~1967 年)	17.68	16.09	1.59	91%	15.5

方案名称	典型年	需水量(亿 m^3)	供水量(亿 m^3)	缺水量(亿 m^3)	供水保证程度	蚌埠闸上出现最低水位(m)
$A_{20}B_1C_1$	97%(1978~1979 年)	17.68	14.66	3.02	83%	15.5
	95%(1966~1967 年)	17.68	15.98	1.70	90%	15.5
$A_{20}B_1C_2$	97%(1978~1979 年)	17.68	15.17	2.51	86%	15.5
	95%(1966~1967 年)	17.68	16.50	1.18	93%	15.5
$A_{21}B_0C_1$	97%(1978~1979 年)	17.68	17.68	0	100%	16.65
	95%(1966~1967 年)	17.68	17.68	0	100%	16.34
$A_{21}B_0C_2$	97%(1978~1979 年)	17.68	17.68	0	100%	16.65
	95%(1966~1967 年)	17.68	17.68	0	100%	16.34
$A_{21}B_1C_1$	97%(1978~1979 年)	17.68	17.68	0	100%	16.91
	95%(1966~1967 年)	17.68	17.68	0	100%	16.75
$A_{21}B_1C_2$	97%(1978~1979 年)	17.68	17.68	0	100%	17.03
	95%(1966~1967 年)	17.68	17.68	0	100%	16.76

注:表中各方案均考虑了蚌埠闸区间的最小生态基流量 2.58 亿 m^3。

以上举例说明上游水库调度对下游供水需求的影响,究竟选择何种方案实施是管理人员的职责。计划模型的作用是对不同方案的目标值进行计算和评估,为管理人员提供技术支持。

7.1.1.5　多年评估模型

以上游水库联合供水条件下蚌埠闸区间供水能力为例。

此算例的目的是确定在上游水库联合供水的条件下蚌埠闸区间的供水能力。模拟演算中假定,如果蚌埠闸区间出现供水赤字,而上游水库水位在最小(死)水位以上时,上游水库必须增加下泄流量以满足下游供水需求。所需增加的下泄流量在上游水库群之间按照各水库当时的有效库容占总有效库容的比例分配。同样,为了确定最大供水能力,取不同的供水需求值进行模拟演算,直到出现供水赤字为止。所有计算中,最小下泄流量设定为 45 m^3/s。演算表明,蚌埠闸区间年供水最大能力为 90 亿 m^3。如图 7.4~图 7.7 所示水库水位、下泄流量过程线比较。

如果上游水库全力支持下游的供水需求,下游的供水能力可以从原来的 10 亿 m^3 增加到 90 亿 m^3。在实际运行中,这也许是一种不现实的运行方案,因为这样的运行方式将会使所有上游水库在枯水年份同时放空,水库水位下降的幅度和频率对系统有破坏性的影响。但是,图 7.5 表明,下游供水量为 25 亿 m^3(即没有上游水库支持时的 2.5 倍)时,上游水库的水位与不考虑供水时相比下降幅度很小,甚至在下游供水量为 50 亿 m^3(即没有上游水库支持时的 5 倍)时,上游水库的水位下降幅度也不是很大。从满足供水需求的角度来说,这两种方案都是值得推荐的方案。

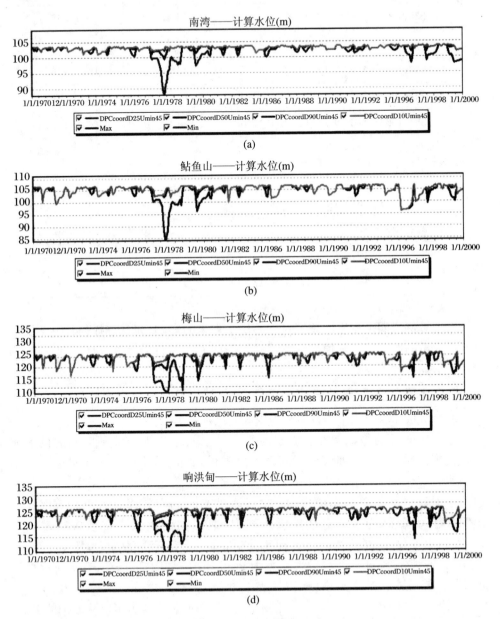

图 7.4　水库水位过程线比较图

多年评估模型的主要作用就是比较分析各种方案间的利弊关系,找出各用水部门可以共同接受的管理方案。以上的分析仅仅考虑了供水和水库水位的关系。其他的目标比如电量、弃水等,在选择最终方案时也应该一起考虑。

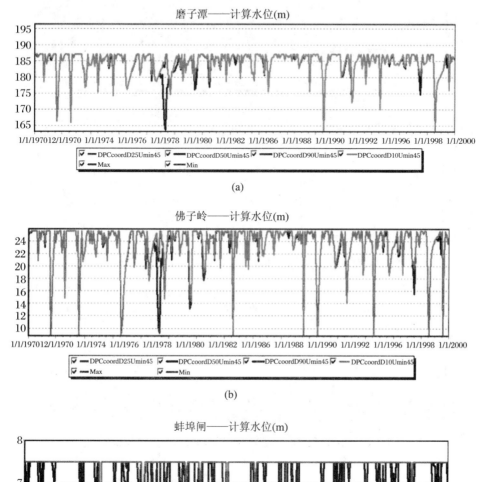

图 7.5　水库水位过程线比较图

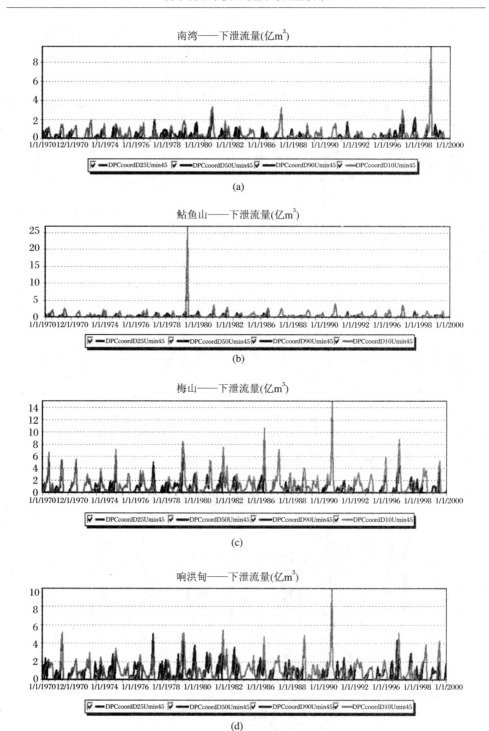

图 7.6　水库下泄流量过程线比较图

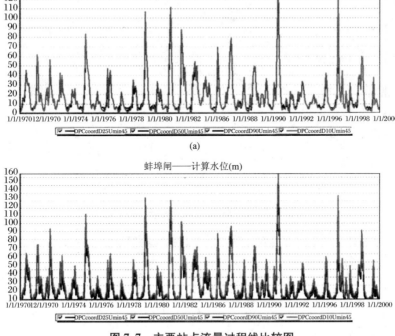

图 7.7　主要站点流量过程线比较图

7.1.2　蚌埠闸与怀洪新河联合调度利用

怀洪新河是为淮河分洪,并结合澥潼河水系排水而开挖的河道。如图 7.8 所示。整个河段中,除符怀新河下段、浍沱河段、香沱引河及新开沱河是新开河段外,其余均利用原有河道并加以疏挖。怀洪新河上起安徽省怀远县何巷分洪闸与涡河相接,向北沿符怀新河至固镇胡洼村北,经湖洼闸循浍河洼东行,至九湾纳浍河来水,再顺香涧湖东行,至五河县山西庄分为两支:主流经新浍河至五河县城西北过西坝口闸入澥潼河;另一支经香沱引河,穿山西庄闸入沱湖,纳北沱河、沱河、唐河来水,经新开沱河,穿新开沱河闸,至五河县城北十字岗与澥潼河相合,东行至杨庵村东纳天井湖来水入江苏省泗洪县境,再东行至侯嘴入峰山切岭段。继续东行至双沟镇南又分为两支:一支向东经双沟引河入洪泽湖溧河洼;一支向南经老淮河,折东由下草湾引河入洪泽湖溧河洼。

为适应蚌埠闸上游日益增加的水资源需求,蚌埠闸上各年代间日平均水位呈缓慢上升趋势,60 年代平均水位为 16.38 m;70 年代平均水位为 16.77 m,上升 0.39 m;80 年代平均水位为 17.35 m,较 70 代年上升 0.58 m;90 年代平均水位为 17.64 m,较 80 年代上升 0.29 m;2000～2006 年平均水位为 17.71 m,与 90 年代相比,又上升了 0.07 m;自 60 年代以来,年代平均水位累计抬升了

1.33 m,如表 7.6 所示。

图 7.8　怀洪新河河段示意图

表 7.6　蚌埠闸上水位年代变化情况

年　　　代	1960～1969 年	1970～1979 年	1980～1989 年	1990～1999 年	2000～2006 年
平均水位	16.38	16.77	17.35	17.64	17.71
最高日均水位	21.45	21.34	21.55	22.27	22.26
最低日均水位	12.57	14.87	15.97	15.49	15.15

2000 年蚌埠闸进行了扩建,根据工程初步设计,非汛期正常蓄水位将由 17.37 m 抬高至 17.87 m(相当于废黄高程 18.0 m),因此蚌埠闸上年代平均水位还有进一步抬升的空间。根据蚌埠闸上近 10 年日平均水位资料统计,每年闸上日平均水位高于 17.87 m,平均是 104 天,最少的是 2001 年 20 天,最多的是 2002 年,达 175 天。大约 80%的年份均能在汛后 10～12 月份通过何巷闸将怀洪新河中符怀新河段水位蓄至 17.37 m。

根据《安徽省怀洪新河调度运用办法》的规定,当蚌埠闸闸上水位高于 17.37 m,且符合引水条件时,由蚌埠市防指提出用水计划,省怀管局负责引水调度工作;当蚌埠闸闸上水位在 16.87～17.37 m 之间时,符合引水条件时,由蚌埠市防指提出引水要求,省怀管局提出引水意见,报省防指批准后实施。根据对近 10 年日平均水位统计资料分析,蚌埠闸上水位平均每年有 333 天位于 16.87 m 以上,因此怀洪新河平均有 32 天不能从淮河蚌埠闸上自流调水。

通过对蚌埠闸上水位系统分析,可以看出,怀洪新河引淮入怀的时段较长,但水量的大小则主要取决于蚌埠闸下泄水量,而蚌埠闸下泄的水量是与吴家渡的实测下泄流量基本一致的。吴家渡(蚌埠)水文站 1950～2006 年流量特征值如表 7.7、表 7.8 所示。

表 7.7　吴家渡(蚌埠)站历年日平均流量特征值统计表

年份	1950	1951	1952	1953	1954	1955	1956	1957	1958	1959
年平均流量	1473	543	1078	572	2016	1036	2003	831	545	458
日最大流量	8900	2421	3910	2790	11600	3860	6840	5080	2810	2350
日最小流量	204	143	152	78	138	108	95	102	100	0
年份	1960	1961	1962	1963	1964	1965	1966	1967	1968	1969
年平均流量	745	301	775	1788	1633	917	117	457	964	1198
日最大流量	4420	838	3010	6490	5000	5400	891	2450	6720	6280
日最小流量	0	0	4	0	163	11	0	0	0	134
年份	1970	1971	1972	1973	1974	1975	1976	1977	1978	1979
年平均流量	757	825	992	741	517	1465	405	906	128	575
日最大流量	3130	4450	5320	3500	2690	6800	2950	3410	1010	4190
日最小流量	0	31	0	0	0	0	0	0	0	0
年份	1980	1981	1982	1983	1984	1985	1986	1987	1988	1989
年平均流量	1216	389	1304	1259	1581	1026	444	1161	375	970
日最大流量	5100	2290	7020	5230	6040	3390	3760	4610	2380	4420
日最小流量	0	0	0	0	0	0	0	45	0	0
年份	1990	1991	1992	1993	1994	1995	1996	1997	1998	1999
年平均流量	689	1696	265	503	210	344	970	324	1301	209
日最大流量	2920	7750	1690	2240	1500	2910	6180	2590	6740	2320
日最小流量	100	0	0	58	0	0	0	0	25	0
年份	2000	2001	2002	2003	2004	2005	2006			
年平均流量	1166	242	714	2034	677	1405	743			
日最大流量	6200	1320	5700	8370	3810	6350	3890			
日最小流量	0	0	0	125	43	0	0			

表 7.8　吴家渡(蚌埠)站历年月平均流量特征值统计表

年份	1950	1951	1952	1953	1954	1955	1956	1957	1958	1959
年平均流量	1473	543	1078	572	2016	1036	2003	831	545	458
月最大流量	5062	1755	3400	2048	8693	2532	5648	3008	1582	1214
月最小流量	263	157	184	157	291	162	163	154	127	0
年份	1960	1961	1962	1963	1964	1965	1966	1967	1968	1969
年平均流量	745	301	775	1788	1633	917	117	457	964	1198

年份	1950	1951	1952	1953	1954	1955	1956	1957	1958	1959
月最大流量	2899	452	1974	5317	3695	3706	353	1470	3964	3171
月最小流量	140	124	80	239	277	96	0	2	47	242
年份	1970	1971	1972	1973	1974	1975	1976	1977	1978	1979
年平均流量	757	825	992	741	517	1465	405	906	128	575
月最大流量	1643	2684	3882	2248	1387	4475	1028	1949	350	2700
月最小流量	84	113	158	33	0	67	17	0	0	0
年份	1980	1981	1982	1983	1984	1985	1986	1987	1988	1989
年平均流量	1216	389	1304	1259	1581	1026	444	1161	375	970
月最大流量	4146	1169	6127	3214	3799	1933	1928	2854	1650	3177
月最小流量	86	31	30	129	103	422	89	153	33	77
年份	1990	1991	1992	1993	1994	1995	1996	1997	1998	1999
年平均流量	689	1696	265	503	210	344	970	324	1301	209
月最大流量	1552	5867	665	1161	420	1345	4327	1116	3975	824
月最小流量	167	46	24	121	27	31	37	19	116	45
年份	2000	2001	2002	2003	2004	2005	2006			
年平均流量	1166	242	714	2034	677	1405	743			
月最大流量	4156	1110	2771	6850	2477	4258	2555			
月最小流量	0	0	37	198	114	173	77			

　　1950～2006 年的 57 年中,吴家渡(蚌埠)水文站多年平均流量为 867 m^3/s,有 37 年出现最小日平均流量为零的情况,说明淮干水资源形势还是非常严峻的。有 17 年存在怀洪新河不能蓄淮水的月份,大部分年份均有 1～2 个月不能蓄淮水,但 从整个非汛期来看,仍可在其他月份蓄水,但其中有三年难以满足蓄水要求。例如 1966～1967 年、1976～1977 年,都是从当年 10 月开始一直到次年 3 月,长达半年 时间无水可蓄,最严重的是 1978～1979 年,该年从当年 10 月开始一直到次年 4 月,长达 7 个月无水可蓄。

7.2　特殊水资源利用技术的研究

7.2.1　雨洪资源安全利用技术研究

7.2.1.1　皖中皖北地区沿淮湖洼区雨洪资源安全利用研究

淮河中游洪水资源利用的设想是利用沿淮湖洼抬高蓄水位和扩大蓄水面积,提高对淮干水量的调节能力,增加供水,缓解沿淮淮北地区缺水情势。其实施的可行性、作用,取决于本区水资源特性、沿淮湖洼蓄水条件、湖洼同淮干水量交换条件以及需水情况等。

由自然条件、水工程布局等,按水资源分区,省境淮河流域分为蚌埠闸上和蚌(埠闸)～洪(泽湖)区间两个三级区。蚌～洪区间属洪泽湖补水区,再加上该区缺乏河道控制工程,难以利用,洪水资源利用的潜力主要在淮河蚌埠闸上。

1. 沿淮行蓄洪区、湖洼概况

省境淮河湖泊洼地众多,行蓄洪区就有 21 处,蓄洪区有蒙洼、城西湖、城东湖、瓦埠湖等 4 个。城东湖、瓦埠湖分布在蚌埠闸～临淮岗坝区间,蒙洼、城西湖位于临淮岗坝上。蓄洪区总面积 1949.4 km²,耕地 153.1 万亩,人口 77.1 万;行洪区有南润段、邱家湖、姜家湖、唐垛湖、寿西湖、东风湖、上六坊堤、下六坊堤、石姚段、洛河洼、汤渔湖、荆山湖、方邱湖、临北段、花园湖、香浮段、潘村洼等 17个,行洪区总面积1098.9 km²,耕地111.2 万亩,人口46.8 万。其中位于蚌埠闸以上的行洪区有 12 处。另有高塘湖、焦岗湖、八里河、天河、芡河、架河、泥黑河洼等湖泊洼地。

沿淮湖洼与淮干水量交换条件,与湖洼设计蓄水位和干流水位特征有关。如蚌埠闸～临淮岗区间沿淮洼地蓄水位分别为:城东湖21.0 m,瓦埠湖18.5 m,天河洼17.8 m,其他洼地均为 18.5 m。除城东湖外,洼地蓄水位等于或低于蚌埠闸上蓄水位;城西湖初拟蓄水位21.0 m,低于临淮岗坝上蓄水位。由 80 年代以来水文资料分析:汛期(5～9月),当蚌埠闸上蓄水位在 17.5～18.0 m 时,淮干正阳关水位一般在 21.0 m 以上。经选择淮干若干典型洪水实测水位比降分析可知:各洪水流量级情况下,当蚌埠闸水位在 17.50 m 左右时,正阳关水位最低为 20.38 m,可认为汛期湖洼由淮干进水条件基本满足。非汛期(10月～次年4月),由于上游来水少,除蚌埠闸发电和航运用水外,蚌埠闸基本无下泄。因此,从以上蓄水位来看,沿淮洼地同淮干水量交换条件基本满足。

2. 淮河中游洪水资源利用途径

沿淮淮北地区因缺乏建库条件,现状条件下,地表水主要靠淮河干支流建闸控制,利用河道、洼地蓄水,为沿河建站提水提供水源。闸坝和洼地蓄水,对水量调节起到重要作用,增加了可供水量,提高了地表水利用程度,是本区水资源开发利用的主要工程措施。近年来,为提高淮河干流河道、沿淮洼地调蓄能力,实行就地挖潜,蚌埠闸、瓦埠湖、高塘湖、天河洼等闸坝、洼地蓄水位有逐步抬高趋势。

利用蚌埠闸上沿淮洼地蓄水,增加蓄水库容,有多种途径和方案,需从沿淮湖洼、行蓄洪区自然条件、社会经济状况、防洪要求、洼地同淮干水量交换方式、条件等多方面比较确定。主要有以下三种途径:① 通过扩大淮干洼地蓄水面积,增加调蓄能力和可供水量;② 进一步抬高淮干洼地蓄水位,增加调蓄能力和可供水量;③ 为减少洼地蓄水对淮干防洪的影响,可考虑采取汛后抬高淮干洼地蓄水位,新辟蓄水区域,增加调蓄能力和可供水量。经初步分析,淮河流域降雨主要集中在汛期,汛期(5～9月)降雨约占全年的65%,另据蚌埠闸历年下泄水量统计成果:蚌埠闸多年平均下泄水量240亿 m³ 左右,其中汛期约占75%。如采取汛后抬高沿淮洼地蓄水位,由于非汛期上游来量较少,增加的调节库容复蓄系数和库容的有效性将大大降低。因此,应主要考虑扩大沿淮洼地蓄水面积和抬高洼地蓄水位来增加淮河干流调节能力。

7.2.1.2　淮北矿区沉陷区雨洪资源利用技术研究

采用 GPS 方法,于2008年3月对淮北市100 m×100 m以上的沉陷区范围进行水下地形测量,现有采煤沉陷区110多平方千米,水面面积近31 km²,有效库容6996万 m³,平均水深为3～5.5 m,最深达到6～12 m。且在近15～20年内,平均每年以3%～5%的速度增加。沉陷区涉及十四个矿区,以市区为中心,将采煤沉陷区分成东湖、南湖、西湖、临海童湖和朔里湖五大块。其中,东湖水面面积为8.0 km²,蓄水容积为1784万 m³;南湖水面面积为5.4 km²,蓄水容积为1610万 m³;西湖水面面积为4.04 km²,蓄水容积为682万 m³;临海童湖水面面积为7.76 km²,蓄水容积为2432万 m³。根据沉陷区规划和预测成果,2010年和2020年有效库容分别达到0.92亿 m³ 和1.32亿 m³(含自然沉陷和人工开挖)。

1. 沉陷区稳定程度及空间分布类型

煤田开采沉陷区按沉陷地稳定程度分为三种类型:稳定沉陷区,动态沉陷区,待沉陷区。对于动态沉陷区域,预测沉陷深度为0.70～0.75 m的采煤层厚度。淮北市采煤沉陷区的空间分布呈现出多种类型,主要有以下三种类型:单一型深度沉陷区,水深一般在2～4 m以上,局部地带达到6～11 m以上,如杨庄矿沉陷区;深浅结合型沉陷区,在局部地区由于下沉程度不一,形成条带状的塌陷区,由季节性积水区和常年积水区组成,积水深度由深到浅和深浅相间分布,如东湖和西湖沉陷区;中心区深度型沉陷区,周围有中度沉陷区和轻度沉陷区包围,有季节性积水区和坡地组成。其中,深度沉陷区和中度沉陷区平均下沉 2.5～3.5 m,常年积水或季节性积水较深,不宜复垦,适宜改造成平原人工湖泊,如东湖和南湖的部分沉陷区。上述第二、三种类型,可结合挖深垫浅方案,深者作为蓄水湖泊,浅者开发为湿地或耕地复垦。

2. 采煤沉陷区功能研究

基于循环经济理论,采煤沉陷区主要按与河道串通作为平原湖泊的调蓄供水功能、土地复垦作为生态农业的种植养殖功能和湿地、旅游资源开发作为水生态旅游的水景观娱乐功能三大功能开发建设。

(1) 采煤沉陷区功能划分依据

据实地调查研究,提出按以下三种情况划分采煤沉陷区的功能:① 根据采煤沉陷区的类型、沉降深度、容积大小、空间位置划定功能;② 根据区域水文及水系特征,包括与附近主要河流及地下水体的补排关系、集水面积划定功能;③ 根据作用和效益分析,包括滞蓄洪涝效益、调蓄当地水资源发挥供水效益等划定功能。

(2) 采煤沉陷区功能区划分

综合考虑以上划分依据,淮北市采煤沉陷区功能划分为以下四种类型:

① Ⅰ类区:一般 3～4 m 以上的深度沉陷区,蓄水库容较大,距离城市或工业园区较近,一般为 2～3 km,可开发建成平原湖泊,调蓄当地雨洪资源和"淮水北调"水源,主要承担蓄水和供水功能,本市主要分布在南湖、东湖和临海童湖一带。

② Ⅱ类区:一般深度沉陷区或经自然沉陷及挖深垫浅整治后,蓄水库容较大,并靠近年均径流量较大的河流旁边或本身集水面积较大,可建成人工平原湖泊,拦蓄引当地地表雨洪资源及过境地表径流。蓄水以农灌为主,兼顾附近工业区供水。同时按蓄排兼筹的方针,发挥其蓄洪、错峰、防洪除涝的功能。

淮北市属南北过渡地带,洪涝干旱灾害交替频繁发生。因此,必须按蓄泄兼筹的方针,在兴建蓄水供水工程的同时,同时配套防洪、除涝工程设施。所以,在上述Ⅰ、Ⅱ类区湖泊中,要考虑一部分库容作为防洪、除涝库容。因此,采煤沉陷区经挖深垫浅整治之后,在Ⅰ、Ⅱ类区较大库容的沉陷区,还要发挥其防洪除涝的功能。

③ Ⅲ类区:一般 1～3 m 以下的中～浅度沉陷区,距离城市区较远,一般在 6～8 km 以外,经挖深垫浅整治后的中～浅～斜坡地带,可进行生态农业开发建设。Ⅲ-1 模式:在中～浅度沉陷区,经挖深垫浅整治后的中～浅水区域,建立立体水产养殖及其深加工基地。Ⅲ-2 模式:在浅度沉陷区或经挖深垫浅整治后以恢复耕地为主,建立现代生态农业模式,本市主要分布在西湖、东湖和临海童湖部分沉陷区。

④ Ⅳ类区:作为生态湿地及水景观加以开发利用。

沉陷区在进行挖深垫浅整治的过程中,结合整治弃土条件,在沉陷区中部堆土,建成"生态绿岛",种植植被,成为鸟类的栖息地。有的可在周边建成湿地,按生物多样性及其有关生物习性,进行整治和配套建设。有的靠近城市或工业园区,根据沉陷区的特点或经整治后的空间分布及交通情况,可建水上休闲娱乐设施。对于较深的沉陷区,可在水上建设生态浮岛(或生态浮床),达到提高观赏性和净化水体的目的。这一类型主要分布在西湖、南湖和东湖部分沉陷区。

根据上述分析,南湖和临海童湖近期的主体功能为蓄水和供水,南湖向市区供水用于置换工业企业所用的优质岩溶水,临海童湖蓄水向临涣工业园区供水,东湖、朔里湖和西湖近期的主体功能为湿地、水景观及渔业养殖。

3. 采煤沉陷区与河流的沟通连接及蓄引水条件分析研究

以淮北市南湖和临海童湖为例研究提出采煤沉陷区与河流的沟通连接方式,对沉陷区的特征蓄水位进行研究,提出沉陷区的可引水量和可供水量。

(1) 采煤沉陷区之间及其与河道的沟通连接

采煤沉陷区之间的连接形式:① 对于相临近的沉陷区,有条件的可以通过把沉陷区之间的土地整体下挖1~3 m直接串通连接,扩大蓄水库容,或修建明渠或暗渠串通连接,若沉陷区之间高差较大,则修建节制闸、滚水坝等梯级控制工程,如南湖和东湖诸多采煤沉陷区之间的沟通连接。② 对于相距较远的沉陷区(包括矿内和矿外沉陷区之间),沉陷区之间的土地整体下挖工程量较大,通过修建沟渠或暗渠串通连接,高差较悬殊的沉陷区之间修建梯级控制工程,如临涣、海孜、童亭采煤沉陷区,通过香顺沟和孟沟沟通连接,如图 7.9 所示。沉陷区与河道及淮水北调工程的串通连接可以采用直接修建明渠引水工程的方式,把地表径流和外调水引入沉陷区,在渠首修建节制闸等控制工程。作为供水功能为主的南湖沉陷区与萧濉新河相对位置关系如图 7.10 所示。

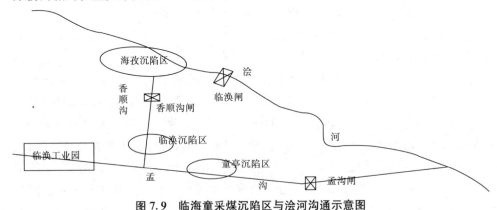

图 7.9　临海童采煤沉陷区与浍河沟通示意图

(2) 采煤沉陷区特征蓄水位的确定

特征水位的合理确定对于提高沉陷区的可供水量和防洪排涝安全具有重要作用。淮北地区 50 年一遇最大三日暴雨量为 280~300 mm,根据水文计算,南湖的汛期最高蓄水位为 29.3 mm,非汛期最高蓄水位为 29.5 mm。如表 7.9 所示。

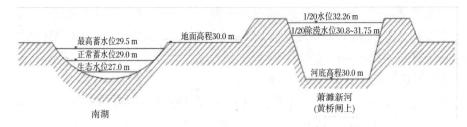

图 7.10　南湖与萧濉新河相对位置关系示意图

表 7.9　南湖特征蓄水位指标

湖名	正常蓄水位(m)	最高限制水位(m)	生态蓄水位(m)	总库容(万 m^3)
南湖	29.0	汛期 29.3 非汛期 29.5	27.0	1905

4. 采煤沉陷区可引水量和可供水量估算

采煤沉陷区共分为东湖、朔里湖、南湖、西湖、临海童湖五大片,其来水量包括沉陷区因降水自产水量、煤矿疏干排水量、周边地下水补给量。沉陷区可引水量是河道径流在满足现状开发利用的基础上,并通过河道本身闸坝调蓄后仍有的余水量,但需满足沉陷区与河道之间水量交换的水位及能力条件。河道可引水量和可供水量需要对来水量、来水过程、用水量、河道上节制闸本身可调蓄水量等进行调节计算,本次根据水均衡原理,采用典型年旬时段调节编程计算,20%、50%、75%、95%四种频率年来水情况下沉陷区可引水量及可供水量计算结果如表 7.10 所示。

表 7.10　规划平原湖泊可引水量及可供水量计算结果表　　　　　单位:万 m^3

频率 P		东湖及朔里湖	西湖	南湖	临海童湖	合计
20%	可引水量	1650	1572	2249	6741	12212
	可供水量	4272	2040	3600	8640	18552
50%	可引水量	1055	609	1633	4313	7610
	可供水量	3660	1080	3096	6960	14796
75%	可引水量	692	0	1063	2897	4652
	可供水量	3240	720	2580	5880	12420
95%	可引水量	204	0	270	0	474
	可供水量	2700	696	1800	3120	8316

5. 采煤沉陷区蓄水的可行性和可靠性分析

(1) 沉陷区蓄引水水源分析

沉陷区蓄水水源主要有丰水期引河道水、矿井疏排水、自身产水、周边地下水补给水。根据上述来水量分析,在丰水年各沉陷区引水水源较丰,沉陷区引水可靠。

(2) 沉陷区蓄水对当地内涝水位影响分析

根据规划研究,各沉陷蓄水水面至地面尚有 0.5~0.7 m 以上的高差,沉陷区地处平原除自身产水外,无汇水面积,按以上分析,各沉陷区在引蓄水后其自身产水量不会使沉陷区产生内涝。

(3) 沉陷区蓄水对当地环境影响分析

沉陷区蓄水水源为矿井疏排水、河道引水、自身产水和地下水补给水。矿井疏排水、自身产水、地下水补给水水质较好。在丰水期所引河道水,除龙岱河为劣Ⅴ类外,其他各河道水质为Ⅲ~Ⅳ类水。根据监测资料,各沉陷区除南湖沉陷区水质在Ⅱ~Ⅲ类外,其他沉陷区水质基本为Ⅳ类水。因此,目前在不从龙岱河引蓄水的情况,不会对当地水环境产生影响。

(4) 沉陷区蓄水渗漏分析

根据各沉陷区域水文地质工程地质钻探资料,沉陷区附近第四系冲积层厚度在 100~200 m 之间,上部层黏土较厚,一般在 10~15 m 以上,透水性不强,因此渗漏损失较小。综上所述,沉陷区引蓄水是可行的。

7.2.2　特枯水期及突发事件时期水资源应急方案研究

建立健全供水安全应急机制,正确应对和高效处置区域供水突发事件,尽可能减少特殊干旱年和重大供水事件对城乡生产、人民生活、社会稳定和经济发展所造成的严重损害,保障人民群众饮水安全,提高政府应对突发供水事件的能力,防患于未然,研究并制定特枯水及突发事件时期水资源应急方案是十分必要的。

7.2.2.1　皖中地区

1. 合肥市

(1) 应急预案级别划分

应急预案主要有水量和水质两类类型。其中水量应急类包括气候干旱型和工程事故型两种。气候干旱型属于城市供水,主要受来水影响,这种应急预案的编制要考虑到有一定的持续时间,应提高预见性和储备量。工程事故型是考虑战争、恐怖袭击、洪水、地震等人为因素或自然灾害的冲击,属于突发的短期应急,持续时间相对较短。水质应急类包括常规污染型和突发卫生事故型。由于气温等自然原因,导致局部污染或集中污染的爆发而影响供水的属于常规污染型。突发卫生事故型一般发生时间短,但危害大,必须加强防范,在出现事故的情况下,要提出保障一定时期供水的措施。根据水旱灾害、水源地污染、地震灾害、战争、恐怖袭击等自然因素和人为因素来划分三级合肥市供水应急预案。合肥市供水应急预案分三级制定,级别越高预案的措施越严厉。如表 7.11 所示。

表 7.11　合肥市供水应急预案级别划分

状态	级别	判定具体标准
基本应急状态	一级:黄色	① 出现连续 3 个干旱年,地表水源地蓄水量基本不能满足供水量; ② 发生 6 级以下地震,供水系统设备受到破坏,部分地区短时间停水; ③ 水源水质受到轻度污染,即水中出现轻度异味,主要感观指标超过 1 倍以上
紧急应急状态	二级:橙色	① 出现连续 3 个以上干旱年和特殊干旱年,地表水源地蓄水量不能满足供水量; ② 发生 6 级以上地震,水源地受到破坏,供水系统设备受到严重破坏; ③ 水源地水质受到严重污染,水源地水体为 Ⅴ 类,水厂出水水质无法满足要求; ④ 洪水破坏水源地的工程; ⑤ 战争、恐怖袭击、企业排污、交通事故、人为投毒等突发事件造成水源地破坏
极端应急状态	三级:红色	① 出现特别重大干旱年,地表水源地蓄水量严重不足; ② 地震灾害造成多个水源地无法供水; ③ 水源地水质受到严重污染,有毒指标超过国家饮用水水质标准; ④ 洪水破坏水源地的工程; ⑤ 战争、恐怖袭击、企业排污、交通事故、人为投毒等突发事件造成多水源地破坏

(2) 应急对策

① 优先用水对策。在水资源出现短缺、供水紧急状态下,坚持遵循"先生活,后生产"的原则,应首先保证城市人民生活需要,维护社会安定为基本原则,保障人民基本生活供水;其次是保证生活必需品的生产供水;三是保证城市支柱产业的重点工业用水。

② 降低标准对策。城市居民用水可以降低用水标准进行供应,来保障基本生活用水。实行限量定额供水,对一切用水单位,包括工矿企业、事业单位、机关团体、宾馆等公共场所要实行总量控制,努力降低用水定额,减少用水量。

③ 压缩用水对策。严格实行控制性供水。停止高用水行业,适当压缩工业用水;削减农作物灌溉用水量;特枯年份除保证城市生活、菜田和副食品生产用水外,

其他用水都要压缩。

④ 水资源调控对策。对淠河引水、滁河干渠、董铺、大房郢大型水库及张桥、蔡塘、大官塘、众兴、管湾、袁河西等中型水库等要统筹安排,建立和完善干旱及水质的监测和预报系统,及时掌握水资源供需状况,提高预测干旱灾害的能力。对现有水资源实行统一优化调度。布设水源地水位、流量、水质等动态监测网,对各水源地水量、水质等进行预报。

(3) 组织机构

城市供水应急工作具有较强的政治性、政策性和整体协调性,该项工作必须由各市政府统一领导并组织实施,成立城市供水应急领导小组。供水应急领导小组是处置供水应急事件的具体指挥机构,由市人民政府市长或分管副市长任组长,成员由市水务局、公安局、建设局、卫生局、城管局、供电局、环保局、广电局等主要领导组成,负责对水源供水应急事件的组织协调、决策指挥和处置。根据应急工作需要,应急领导小组在挂靠部门设办公室、调查组、调度组、工程组、监测组、财务组、医务组、物资组、交通组、新闻组、保卫组、专家组等。

(4) 供水量监测与预警

① 城市供水水源监测。建设合肥市国家主要水源地安全信息管理系统,建成覆盖合肥市城市和三县县城所有水源地的监测站网。完善水质监测中心,最终达到所有水源地由水环境监测部门统一监测的目标。实施中应考虑新建的地表水断面尽量与水文断面一致,所有监测站点的监测要水质水量同步。

② 来水预报。预报的来水量主要包括河川径流量(水库的入库来水量、河道的区间来水量、无控制工程的河川径流量)和地下水资源量。

③ 应急预警。

a. 预警条件。地表水水源地监测、水文、河道、水上航运等部门工作人员如发现水体出现异常(水质变臭、大量泡沫、死鱼等),水源地监测部门在常规监测中发现水源地水质指标出现异常变化,或水源水质自动监测站点显示水体污染症状后,应及时上报所在地水环境监测部门和水行政主管部门,由水环境监测部门利用移动实验室或其他快速机动监测手段初步确定预警条件,并将结果报当地水行政主管部门和上级部门,由当地水行政主管部门和上级部门通报当地人民政府。

b. 预警报告渠道。各级水行政主管部门管理的水源(河段、水库、地下水)由水源监测部门确定预警条件后,由同级水行政主管部门报告省级水行政部门和当地政府,并由省级水行政主管部门报告水利部和相关的政府部门。

特别重大的水源污染事故预警,省级水行政主管部门在报告水利部的同时,可直接报告国务院。

c. 预警报告程序。合肥市水行政主管部门发现或得知重大水源污染事故预警后,立即组织相关部门核查有关情况,然后将有关情况、采取或需要采取的措施及时上报水利部,报告需经领导签发。

(5) 水量应急预案

区域的特枯水年和连续枯水年的衡量标准应从气象、水文、水资源、农业等多方面着手,以雨情、水情、土壤墒情、水库蓄水、实际发生的干旱年和干旱年段的相关信息作为指标,选择其中一个或多个指标进行组合,作为特枯水年和连续枯水年段的衡量标准。

合肥市城市应急预案如表 7.12 所示。

① 要素分析。

供水量:淠河灌区遇特殊干旱年(代表年 1966 年)与中等干旱年(代表年 1968 年)的总供水量相比略减少 1.1 亿 m^3,主要由于 1966 年淠河可能入境引水量比 1968 年减少 0.936 亿 m^3,其中合肥城区淠河供水量减少约 0.7 亿 m^3。董铺水库、大房郢水库来水量减少 0.2 亿 m^3。

用水量:淠河灌区 1966 年总需水量 23.64 亿 m^3,其中城镇工业、生活等需水量 9.07 亿 m^3(合肥城区 7.3 亿 m^3),其需水要求的保证率在 95% 以上。尤其要确保合肥城区生活供水安全。农田灌溉设计保证率 $P = 75\% \sim 80\%$,1966 年农田灌溉需水量比中等干旱年 1968 年增加了 4.0 亿 m^3,属超设计保证率的农田灌溉需水量。

② 预防性措施。

a. 干旱的监测和预报:建立和完善干旱的监测和预报系统,及时掌握水资源供需状况,提高预测干旱灾害的能力。

b. 建立抗旱指挥系统:加强防旱、抗旱指挥的组织和应变能力。

③ 应急对策。

a. 优先保证城市生活及重点行业用水。在遇特殊干旱年,水资源严重短缺的情况下,要加大节水力度,在节约用水的前提下,严格控制供水,制定供水政策。供水的优先顺序为:一是生活用水;二是城市重点工业用水;三是农业用水及一般工业;四是生态环境用水。

b. 调整淠史杭灌区的供水机制,加大淠河灌区对董铺、大房郢、众兴大型水库及大官塘、蔡桥、张桥中型水库的供水量以确保合肥城区及三县城区用水。

c. 充分利用现有电灌站及自来水厂的设备能力,加大从巢湖、瓦埠湖的提水量,必要时可根据当地需要设置临时抽水站,预计比正常提水可增加提水量 1.0 ~ 1.2 亿 m^3。

d. "引泉入城"(即"引龙济肥")工程,确保城市饮用水安全。在合肥市经济高速发展的情况下,为保证合肥城区饮用水需要,国内已有长距离城市管道供水的成功经验。建议尽早开展"引泉入城"工程的前期工作,争取 2015 年开始兴建。

表 7.12　合肥市城市饮用水水源地安全供水应急预案

城市名称	基本应急预案	紧急应急预案	极端应急预案
合肥市区	增大淠河引水同时削减城市农作物用水,按照保生活、保重点工业用水的原则,压缩其他用水指标。限制高用水行业的用水量。工业企业自备水源全部开启,解决自身的需水要求,提高水的重复利用率。加强中水回用,对取水量较大且浪费较多的刷车场所采用中水利用、公共浴池分片交替开业,基本保证服务行业最低营业用水,以免造成"水荒"。动用张桥、蔡塘、大官塘三座反调节水库与董铺、大房郢水库联合调度	① 除基本应急预案的措施外扩大巢湖灌区供水,置换优质饮用水源; ② 实施"引江济肥"; ③ 进一步削减城市农作物用水,压缩各行业用水指标,关闭部分高用水行业、建筑业、洗浴、洗车等耗水大户; ④ 从合肥城区应急地下水水井和国家地下水监测井抽取地下水; ⑤ 增加"引龙入肥"水量	① 除基本、紧急预案措施外,封闭所有高用水行业、建筑业、洗浴、洗车等耗水大户,停止城市农作物用水,挖潜水库的供水能力,动用董铺、大房郢水库的死库容。联合调度所有水源全部应用于城市居民生活,满足人民生活的最低需求; ② 加大从巢湖提水主要用于重点工业用水; ③ 及时从邻近城市调运桶装水、矿泉水、纯净水
肥西县	增大潜南干渠引水,削减城镇农作物用水,按照保生活、保重点工业用水的原则,压缩其他用水指标。限制高用水行业的用水量。动用谢高塘、宣湾、磨墩水库进行联合调度供水	① 除基本应急预案的措施外,从丰乐河应急供水; ② 进一步削减城镇农作物用水,压缩各行业用水指标,关闭部分高用水行业、建筑业、洗浴、洗车等耗水大户	① 除基本、紧急预案措施外,封闭所有高用水行业、建筑业、洗浴、洗车等耗水大户,停止城镇农作物用水,挖潜水库的供水能力; ② 从巢湖提水用于工业用水; ③ 及时从邻近城市调运桶装水、矿泉水、纯净水
肥东县	增加淠河引水,削减城镇农作物用水,按照保生活、保重点工业用水的原则,压缩其他用水指标。限制高用水行业的用水量。动用管湾、袁河西、岱山水库进行联合调度供水。	① 除基本应急预案的措施外,从驷马山引江供水。 ② 进一步削减城镇农作物用水,压缩各行业用水指标,关闭部分高用水行业、建筑业、洗浴、洗车等耗水大户	① 除基本、应急预案措施外,封闭所有高用水行业、建筑业、洗浴、洗车等耗水大户,停止城镇农作物用水,挖潜水库的供水能力; ② 从巢湖提水主要用于生活用水; ③ 及时从邻近城市调运桶装水、矿泉水、纯净水

城市名称	基本应急预案	紧急应急预案	极端应急预案
长丰县	增加瓦东供水,削减城镇农作物用水,按照保生活、保重点工业用水的原则,压缩其他用水指标。限制高用水行业的用水量	① 除基本应急预案的措施外,动用永丰、钱岗、武岗水库与地下水进行联合调度供水; ② 进一步削减城镇农作物用水,压缩各行业用水指标,关闭部分高用水行业、建筑业、洗浴、洗车等耗水大户	① 除基本、紧急预案措施外,封闭所有高用水行业、建筑业、洗浴、洗车等耗水大户,停止城镇农作物用水,挖潜水库的供水能力,必要时从瓦埠湖加建翻水站供水满足城镇居民生活用水; ② 及时从邻近城市调运桶装水、矿泉水、纯净水

e. 扩大巢湖灌区,置换淠河优质水向城区供水。随着"引江济淮"、"引江济巢"工程实施,巢湖水体水质得到进一步的改善,为合肥市加大从巢湖提水以置换原来用水农业灌溉的淠河优质水提供有力保障,对工程沿线周边地区提供补充水源。

f. 农业产业结构调整,实现农业水资源可持续利用。要实现压缩淠河对农业的供水,加大淠河对城市供水的重要环节主要是对灌区的农业结构进行调整。

g. 调整淠史杭灌区的供水机制,加大淠河灌区对董铺、大房郢、众兴大型水库及大官塘、蔡桥、张桥中型水库的供水量以确保合肥城区及三县城区用水。

h. 充分利用现有电灌站的设备能力,加大从巢湖、瓦埠湖的提水量,必要时可根据当地需要设置临时抽水站。

i. 引江济肥,从驷马山引江工程引水入滁河干渠,再从众兴水库进入合肥市区。从长江引水,水源是有保障,是合肥市特枯水年的战略水源。

(6)应急措施

应急措施采用工程措施和非工程措施两种。根据预警程度,分三级编制具体的预案,基本应急预案、紧急应急预案和极端应急预案。

① 工程措施。

基本应急预案和紧急应急预案主要是依靠当地水源地和外来引水进行联合调度供水,削减农作物用水,压缩各行业用水指标和削减压缩部分高用水行业、洗浴业等耗水大户当出现极端应急预案时启用巢湖备用水源地,巢湖可相机从长江引水。巢湖目前水质状况较差,但随着引江济淮工程的实施,引江济巢改善巢湖水环境工作的展开,巢湖水质状况将逐渐得到改善。

② 非工程措施。

a. 组织指挥与职责。

合肥市饮用水水源地突发事件应急组织体系由应急领导机构、综合协调机构、有关类别水源地事件专业指挥机构、应急支持保障部门、专家咨询机构、地方各级人民政府水源地突发事件应急领导机构和应急救援队伍组成。

在市政府的统一领导下,全市各级水行政主管部门负责统一协调水源地突发事件的应对工作,各专业部门按照各自职责做好相关专业领域水源地突发事件应对工作,各应急支持保障部门按照各自职责做好水源地突发事件应急保障工作。

专家咨询机构为水源地突发事件专家组。

水源地突发事件合肥市应急救援队伍由各相关专业的应急救援队伍组成。水务局应急救援队伍由水务局所属单位组成。

b. 综合协调机构。

合肥市水行政主管部门负责协调水源地突发事件应对工作,贯彻执行党中央、省政府有关应急工作的方针、政策,认真落实省政府有关水源地应急工作指示和要求;建立和完善水源地应急预警机制,组织制定(修订)合肥市城市饮用水水源地突发事件应急专项预案;统一协调重大、特别重大水源地事件的应急救援工作;指导地方政府有关部门做好水源地突发事件应急工作;部署合肥市水源地应急工作的公众宣传和教育,统一发布水源地应急信息;完成合肥市政府下达的其他应急救援任务。

各有关成员部门负责各自专业领域的应急协调保障工作。

c. 有关类别水源地事件专业指挥机构。

全市水源地保护联席会议有关成员单位之间建立应急联系工作机制,保证信息通畅,做到信息共享;按照各自职责制定本部门的水源地应急救援和保障方面的应急预案,并负责管理和实施;需要其他部门增援时,有关部门向全市水源地保护联席会议提出增援请求。必要时,市政府组织协调特别重大水源地突发事件应急工作。

d. 地方人民政府水源地突发事件应急领导机构。

水源地应急救援指挥坚持属地为主的原则,特别重大水源地事件发生地的市人民政府成立现场应急救援指挥部。所有参与应急救援的队伍和人员必须服从现场应急救援指挥部的指挥。现场应急救援指挥部为参与应急救援的队伍和人员提供工作条件。

e. 专家组。

全市水源地保护联席会议设立水源地突发事件专家组,聘请科研院校单位和军队等有关专家组成。主要工作为:参与水源地突发事件应急工作;指导水源地突发事件应急处置工作;为市政府或联席会议的决策提供科学依据。

2. 六安市

(1)特枯水期和突发事件期安全应急预案结构

① 应急预案级别划分。

　　六安市供水应急预案分三级制定,级别越高预案的措施越严厉,其划分标准参照表7.14。

　　② 应急对策。

　　a. 优先用水对策。在水资源出现短缺、供水紧急状态下,坚持遵循"先生活,后生产"的原则,应首先保证城市人民生活需要,以维护社会安定为基本原则,保障人民基本生活供水;其次是保证生活必需品的生产供水;最后是保证城市支柱产业的重点工业用水。

　　b. 降低标准对策。城市居民用水可以降低用水标准进行供应,来保障基本生活用水。实行限量定额供水,对一切用水单位,包括工矿企业、事业单位、机关团体、宾馆等公共场所要实行总量控制,努力降低用水定额,减少用水量。

　　c. 压缩用水对策。严格实行控制性供水。停止高用水行业,适当压缩工业用水;削减农作物灌溉用水量;特枯年份除保证城市生活、菜田和副食品生产用水外,其他用水都要压缩。

　　d. 水资源调控对策。对淠河上游的佛子岭、磨子潭、响洪甸、白莲崖水库、杭埠河上游的龙河口水库、史河上游的梅山水库等大中型水库要统筹安排,建立和完善干旱及水质的监测和预报系统,及时掌握水资源供需状况,提高预测干旱灾害的能力。对现有水资源实行统一优化调度。布设水源地水位、流量、水质等动态监测网,对各水源地水量、水质等进行预报。

　　③ 组织机构。

　　城市供水应急工作具有较强的政治性、政策性和整体协调性,该项工作必须由市政府统一领导并组织实施,成立城市供水应急领导小组。供水应急领导小组是处置供水应急事件的具体指挥机构,由市人民政府市长或分管副市长任组长,成员由市水务局、公安局、建设局、卫生局、城管局、供电局、环保局、广电局等主要领导组成,负责对水源供水应急事件的组织协调、决策指挥和处置。根据应急工作需要,应急领导小组在挂靠部门设办公室、调查组、调度组、工程组、监测组、财务组、医务组、物资组、交通组、新闻组、保卫组、专家组等。

　　(2) 监测与预警

　　① 供水量监测与预警。

　　a. 城市供水水源监测。在2010年初步建成六安市国家重要水源地安全信息管理系统,建成覆盖六安市城市和五县三期所有水源地的监测站网。2020年继续完善水质监测中心,最终达到所有水源地由水环境监测部门统一监测的目标。实施中应考虑新建的地表水断面尽量与水文断面一致,所有监测站点的监测要水质水量同步。

　　b. 来水预报。预报的来水量主要包括河川径流量(水库的入库来水量、河道的区间来水量、无控制工程的河川径流量)和地下水资源量。

　　② 应急预警。

a. 预警条件。地表水水源地监测、水文、河道、水上航运等部门工作人员如发现水体出现异常(水质变臭、大量泡沫、死鱼等),水源地监测部门在常规监测中发现水源地水质指标出现异常变化,或水源水质自动监测站点显示水体污染症状后,应及时上报所在地水环境监测部门和水行政主管部门,由水环境监测部门利用移动实验室或其他快速机动监测手段初步确定预警条件,并将结果报当地水行政主管部门和上级部门,由当地水行政主管部门和上级部门通报当地人民政府。

b 预警报告渠道。各级水行政主管部门管理的水源(河段、水库、地下水)由水源监测部门确定预警条件后,由同级水行政主管部门报告省级水行政主管部门和当地政府,并由省级水行政主管部门报告水利部和相关的政府部门。

特别重大的水源污染事故预警,省级水行政主管部门在报告水利部的同时,可直接报告国务院。

c. 预警报告程序。六安市水行政主管部门发现或得知重大水源污染事故预警后,立即组织相关部门核查有关情况,然后将有关情况、采取或需要采取的措施及时上报水利部,报告需经领导签发。

(3)安全应急预案

① 水量应急预案。

六安市历史上水旱灾害频繁,一般水灾多于旱灾。建国后,发生旱灾年份有1953年、1958～1959年、1961年、1966～1967年、1976～1978年、1981年、1988年、1990年、2000年等。其中以1978年的干旱为最严重,因1976和1977年连续干旱两年,1977年冬天又缺少雨雪,1978年春天雨水也不多,梅雨季节缺水干旱、伏天缺水高温,干旱范围和严重程度都超过以往。塘、坝、小水库干涸,中型水库基本无水,佛子岭、梅山、响洪甸、磨子潭、龙河口五大水库抽死库容水抗旱,淮河基本断流,长江出现汛期最枯水位,水稻无水可栽,旱粮难于生长,人畜饮水发生困难。近年来通过淠史杭灌区、龙河口水库等各种水利工程建设,合理调配市内各区域水量,六安市的防灾抗旱能力已得到极大提高。当发生类似干旱状况时,可通过正确全面的应急对策,渡过难关,将灾害影响减到最小。

② 应急对策。

缓解特殊干旱期缺水的对策应包括工程和非工程应急措施。制定防御特殊干旱预防性措施和应急对策如下:

a. 建立和完善干旱的监测和预报系统,及时掌握水资源供需状况,提高预测干旱灾害的能力。

b. 建立抗旱指挥系统,加强防旱、抗旱指挥的组织和应变能力。

c. 优先保证城市生活及重点行业用水。在遇特殊干旱年,水资源严重短缺的情况下,要加大节水力度在节约用水的前提下,严格控制供水,制定供水政策。供水的优先顺序为:一是生活用水;二是城市重点工业用水;三是农业用水及一般工业;四是生态环境用水。在枯水年份要削减农作物灌溉用水,特枯及连续枯水年除保证六安城区生活及重点行业用水外,其他用水都要压缩,农村除生活用水外要立足当地水资源,采取各种应急自救措施。

d. 农业产业结构调整,实现农业水资源可持续利用。要实现压缩淠河对农业的供水,加大淠河对城市供水的重要环节,主要是对灌区的农业结构进行调整。

e. 合理规划应急水源地建设,以备不时之需。

③ 应急备用水源。

从供水角度看,六安市域内大型水库众多,水量充沛,水质优良。六安市现状通过淠河总干渠上的东城和城南两个水源地供水,现状年供水量约 5000 万 m³。这些水源地水量和水质均可满足六安市供水要求,规划新增城区大公堰作为六安市区主要水源地污染事故时的应急备用水源,远期可利用响洪甸水库应急供水。如表 7.13 所示。

表 7.13　六安市近期应急水源地规划表

序号	城市	备用水源地名称	水源地类型	功能	备注
1	六安市区	青年塘	水库	水质型	规划
2	寿县	淮河干流	河道	水量、水质型	规划
3	霍邱县	城西湖	湖泊	水量、水质型	规划
4	舒城县	龙河口水库	水库	水量、水质型	规划

(4)应急措施

应急措施采用工程措施和非工程措施两种。根据预警程度,分三级编制具体的预案:基本应急预案、紧急应急预案和极端应急预案。

① 工程措施。

基本应急预案和紧急应急预案主要是依靠当地水源地和外来引水进行联合调度供水,削减农作物用水,压缩各行业用水指标和削减压缩部分高用水行业、洗浴业等耗水大户,当出现极端应急预案时启用备用水源地。

② 非工程措施。

a. 组织指挥与职责

六安市饮用水水源地突发事件应急组织体系由应急领导机构、综合协调机构、有关类别水源地事件专业指挥机构、应急支持保障部门、专家咨询机构、地方各级人民政府水源地突发事件应急领导机构和应急救援队伍组成。

在市政府的统一领导下,全市各级水行政主管部门负责统一协调水源地突发事件的应对工作,各专业部门按照各自职责做好相关专业领域水源地突发事件应对工作,各应急支持保障部门按照各自职责做好水源地突发事件应急保障工作。

专家咨询机构为水源地突发事件专家组。

水源地突发事件六安应急救援队伍由各相关专业的应急救援队伍组成。水务局应急救援队伍由水利局所属单位组成。

b. 综合协调机构。

六安市水行政主管部门负责协调水源地突发事件应对工作,贯彻执行党中央、省政府有关应急工作的方针、政策,认真落实省政府有关水源地应急工作指示和要求;建立和完善水源地应急预警机制,组织制定(修订)六安市城市饮用水水源地突发事件应急专项预案;统一协调重大、特别重大水源地事件的应急救援工作;指导地方政府有关部门做好水源地突发事件应急工作;部署六安市水源地应急工作的公众宣传和教育,统一发布水源地应急信息;完成六安市政府下达的其他应急救援任务。

各有关成员部门负责各自专业领域的应急协调保障工作。

c. 有关类别水源地事件专业指挥机构。

全市水源地保护联席会议有关成员单位之间建立应急联系工作机制,保证信息通畅,做到信息共享;按照各自职责制定本部门的水源地应急救援和保障方面的应急预案,并负责管理和实施;需要其他部门增援时,有关部门向全市水源地保护联席会议提出增援请求。必要时,市政府组织协调特别重大水源地突发事件应急工作。

d. 地方人民政府水源地突发事件应急领导机构。

水源地应急救援指挥坚持属地为主的原则,特别是重大水源地事件发生地的市人民政府成立现场应急救援指挥部。所有参与应急救援的队伍和人员必须服从现场应急救援指挥部的指挥。现场应急救援指挥部为参与应急救援的队伍和人员提供工作条件。

e. 专家组。

全市水源地保护联席会议设立水源地突发事件专家组,聘请科研院所和军队等有关专家参加。主要工作:参与水源地突发事件应急工作;指导水源地突发事件应急处置工作;为市政府或联席会议的决策提供科学依据。

3. 滁州市

(1) 应急水源规划总体布局

① 居民生活及工业生产水源规划布局。

a. 城市区居民生活、工业生产水源工程规划布局。

滁州市(琅琊和南谯区)规划近期沙河集水库作为滁州市居民生活及工业生产应急备用水源;中期黄栗树水库和新建的山许水库可以作为滁州市居民生活及工业生产应急备用水源;远期驷马山引江水作为滁州市居民生活及工业生产应急备用水源,规划清流河上增设二级提水电站,在特大干旱年和突发水污染事故时,可以提水补给西涧湖和沙河集水库,作为滁州市居民生活及工业生产的应急和备用水源。

b. 集镇居民生活、工业生产水源工程规划布局。

滁州市(琅琊和南谯区)现有8个乡镇,建设乡镇集中供水工程,扩大供水规模和供水范围。应急供水规划措施主要是对集镇自来水厂的水源在干旱年预留适当蓄水量保证居民生活用水,另外为防止在特殊干旱年水源工程供给不足问题出现,区域合理布置新建 74 口机井。

c. 农村居民生活抗旱备用水源规划布局。

农村饮用水抗旱应急水源工程形式主要包括水井、蓄水池、提水工程,以及机动送水设备等。应急供水规划拟加快对现有水厂管网进行延伸,以尽快提高农村居民生活饮水条件,并合理布置建造水井取用地下水源,提高农村居民生活用水抗旱应急能力。

② 农业灌溉抗旱应急水源规划布局。

农业抗旱应急水源工程主要包括小水库、塘坝和提水工程等。浅山区主要以小水库和小塘坝为主,配以浅层水井,丘陵地区主要以河流和圩堤排涝沟系及地下水为水源。大旱年份,驷马山引江泵站从长江提水进入滁河,由汊河闸挡水,将滁河及清流河水位提高到 7.0 m 以上,保证城镇市区居民生活用水、骨干工矿企业用水、大中型水库中型以上灌区农作物灌溉用水以及长江水所能提及的地方。

(2) 农村应急水源工程规划

① 农村居民生活应急(备用)水源工程规划。

充分利用已建和规划新建的农村饮水安全工程保障农村居民饮用水。

a. 规划在浅山区新建 22 口深井,确保偏远山区居民饮用水安全。

b. 规划拟将章广、施集镇自来水厂管网联网,并对水厂进行扩建,总规模从5000 t/日扩建到 10000 t/日。

c. 南谯区新建 55 口深井,确保偏远山丘区和集镇自来水管道辐射不到的地区农民饮用水安全。

② 农业灌溉应急(备用)水源工程规划。

a. 扩建陆庄一、二级站,更新王家洼三级站。

扩建陆庄一、二级站、更新王家洼三级站属驷马山灌区南谯区陆庄灌溉片续建配套扩建工程,主要建设内容包括扩建陆庄一、二级站,更新王家洼三级 3 座泵站,更换机电及电气设备 9 台套,计 1215 kW;更新进出水管道;原枢纽工程拆除重建,安装起吊设备,延长进水渠和出水渠护砌长度。工程主要任务改善和恢复灌溉面积 5.0 万亩,其中陆庄一级站更新 3 台 650HL-13 立式混流泵,单机功率 180 kW,计 540 kW,设计流量 3.5 m³/s;陆庄二级站选用 650HW-5 卧式混流泵 3 台,单机 115 kW,计 345 kW,设计流量 3.3 m³/s;王家洼三级站更新选用 20SAP-22A 卧式混流泵 3 台,单机 110 kW,计 330 kW,设计流量 1.5 m³/s。

b. 新建石马王、九面塘提水站。

随着大滁城建设,沙河水库供水功能由于滁城居民及社会经济用水等不断增大,沙河水库灌区干旱时期,只能依靠提清流河水。大滁城规划拟对清流河从五孔桥到滁城北外环进行疏浚,因此,驷马山引江灌溉水枯水季节可直接到石马王滚水坝下,在石马王滚水坝下游清流河西岸新建一级提水站,设计流量 1.3 m³/s,扬程

6 m,装机容量 95×2 kW。通过电站将江水提到石马王滚水坝以上,再在九面塘新建一提水站,设计流量 1.3 m³/s,扬程 20m,装机容量 240×2 kW。通过增设二级电站提水,将江水引入到沙河水库东干渠,即可灌溉沙河水库灌区农田,又可引江水入城西水库和沙河集水库。

c. 新建郑家坝水库。

新建郑家坝水库,坝址位于百道河西源郑家坝段,坝址上游集水面积 109 km²,大坝建成后总库容约为 5000 万 m³,兴利库容 3000 万 m³,设计水位 43.0 m,水库建成后,将提高独山水库、红石沟水库及沙河集水库灌区灌溉保证率。

d. 对南谯区 105 座在册小水库除险加固。

达到设计标准后总库容 6584 万 m³,对 71 座不在册小水库加固,原总库容 1425.5 m³,加固后增蓄 71 万 m³。

(3) 城镇应急(备用)水源工程规划

① 新建 20000 t/日乌衣镇自来水厂。

乌衣镇为南谯区首镇,总人口 5.14 万人,南谯区政务新区设在乌衣镇政府西 2 km 处,正在建设中,计划三年内初步建成,规划总人口约 10 万人。目前滁城自来水 Ø600 主管道已延伸到乌衣镇,2008 年南谯区利用农村饮水安全工程项目将自来水管网延伸到各街道及新农村点,管网延伸设计规模 5000 t/日。为了确保乌衣镇及南谯区政务新区用水,拟再建设一座 20000 t/日自来水厂,作为乌衣镇及南谯区政务新区应急及备用水厂,水厂水源选用赵桥水库作为供水水源。赵桥水库位于南谯区乌衣镇东南部滁河上游,距滁宁公路 1.5 km,距滁州市区 23 km,是一座以防洪为主兼顾灌溉的小(1)型水库。水库集水面积 22.4 km²,赵桥水库兴利水位 10.50 m,设计洪水位 11.39 m,校核洪水位 12.0 m,总库容 622 万 m³。属长江流域滁河水系,水库泄洪闸下游通过撒洪沟与滁河连通,驷马山引江灌溉工程可通过滁河将江水引入到赵桥水库,水源保证率高。

② 扩建南谯区沙河、黄泥岗镇饮水安全工程。

沙河、黄泥岗镇位于南谯区东北部,总人口 5.9 万人,2008 年利用农村饮水安全项目完成了 5000 t/日沙河自来水厂一期工程,建设规模 2500 t/日,2009 年利用农村饮水安全项目建设 2000 t/日黄泥镇自来水厂,为了确保沙河、黄泥镇 5.6 万人及工业用水安全,规划拟将沙河、黄泥岗镇自来水厂管网联网,并实施沙河镇自来水二期工程,使整个水厂供水规模达到 7000 t/日。

③ 新建山许水库。

新建山许水库,坝址位于南谯区盈福寺河山许段,坝址上游集水面积 103 km²,设计拟建大坝长 820 m,最大坝高 25 m,坝顶高程 47.0 m,坝型为碾压式均质土坝。大坝建成后总库容为 6720 万 m³,兴利库容 3440 万 m³,设计水位 43.0 m,水库建成后,可与沙河集、城西水库并联进行联合调度运行。

④ 扩建沙河集水库,抬高增蓄。

增加库容 4733 万 m³,通过沙城干渠,补给城西水库水源,保证滁城及滁城自来水厂管网延伸至大王、腰铺、乌衣镇等居民生活用水。

⑤ 从驷马山引长江水,增设二级电站提水入城西水库和沙河水库。

7.2.2.2　皖北地区

1. 受旱典型年水量平衡分析

根据《安徽省淮河抗旱预案》的淮河蚌埠闸以上供水区域内水资源供需分析成果,受旱典型年的缺水情况如表 7.14 所示。

表 7.14　蚌埠闸以上供水区域典型干旱年水量平衡成果表

受 旱 典 型 年 ＼ 项　目	供水量 (亿 m³)	总用水量 (亿 m³)	缺水量 (亿 m³)	缺水率
1977	4.66	9.35	− 5.43	58.1%
1978	6.61	16.86	− 10.5	62.3%
1981	8.17	11.94	− 6.37	53.4%
1986	9.30	10.51	− 5.05	48.0%
1988	8.64	11.39	− 4.34	38.1%
1994	10.49	14.36	− 7.70	53.6%
2000	11.18	12.76	− 2.75	21.6%
2001	7.64	16.20	− 9.81	60.6%

说明:受旱典型年的受旱分析时段为 3~9 月,农业用水保证率按 90% 考虑。

根据现状年的供需平衡分析结果,95%、97% 的典型干旱年分别缺水 5.42 亿 m³、6.87 亿 m³。主要是沿淮补水片灌区农业用水缺乏。

已发生的典型受旱年蚌埠闸上区域均缺水,其中秋季缺水比午季缺水严重,主要原因是秋季水稻灌溉的水量比较大,其中上桥枢纽在干旱年份从淮河抽水到茨淮新河灌溉占了相当大的比重。蚌埠闸上区域在受旱典型年平均缺水量为 5.46 亿 m³,年最大缺水量为 1978 年 10.5 亿 m³,最小缺水量为 2000 年 2.7 亿 m³;逐月最大缺水量为 2001 年 7 月的 4.34 亿 m³,最小缺水量为 2000 年 4 月的 640 万 m³。

2. 特枯水期水源条件分析

根据对蚌埠闸上区域周边水源条件分析,在特枯水期有向蚌埠段、淮南段供水可能的水源有:① 蚌埠闸上地表水源;② 茨河地表水源;③ 天河地表水源;④ 凤阳山水库水源;⑤ 瓦埠湖地表水源;⑥ 城市中水回用水源;⑦ 蚌埠淮河以北地下水水源;⑧ 翻水水源。

本节将重点对蚌埠闸地表水水源在特枯条件下的供水保证程度、水资源调度方案进行研究。对于其他水源在特枯水期的可供水量,将引用《蚌埠市城市供水水源规划》、《蚌埠市城市抗旱预案》、《淮南市城市供水水源规划》以及该河段电厂取水水资源论证的分析成果。

(1) 芡河洼地蓄水

芡河位于茨淮新河以北,介于西淝河与涡河之间。东南流经利辛、蒙城、怀远三县境,于茨淮新河上桥枢纽下游注入茨淮新河,全长 92.7 km,流域面积 1328 km²。芡河洼死水位为 15.0 m,死库容 0.185 亿 m³,蓄水位 17.5 m 时,相应调节库容 0.628 亿 m³。

根据《蚌埠市引芡济蚌工程初步规划》的成果,在 $P=50\%$ 的典型年,芡河洼在蓄水位 18.0 m 时向蚌埠供水 0.548 亿 m³ 是有保证的,其出现的最低水位为 17.5 m;在 95% 保证率年份,当水位下降到 16.5 m 时限制农业用水,当下降到 16.0 m 时停止向农业供水的条件下,可向蚌埠市连续供水 80 天,日均供水能力 15 万 m³/日,年供水量 1200 万 m³;当芡河蓄水位抬到 18.5 m 以后,95% 年份的年可供水量达到 6700 万 m³。

芡河的水质较好,没有大的用水户,仅有怀远县城区取水,设计供水 1.5 万 m³/日,实际取水 0.8 万 m³/日。1978 年大旱时,芡河仍有水可用,目前蚌埠市已规划"引芡济蚌"工程,将芡河水作为蚌埠市饮用水源。

(2) 天河水

天河洼蓄水位 17.0 m,相应库容 0.23 亿 m³,天河洼地死水位 15.5～16.0 m,现状主要用水是农业、养殖业用水。现状 90% 的典型干旱年,当水位低于 16.5 m 时停止农业用水,年可供水量仅 1350 万 m³,1996 年建立城市应急供水泵站,但由于水源不足并存在城乡用水矛盾,目前不具备向城市供水条件。

(3) 凤阳山水库地表水

目前凤阳山水库坝下农业用水替代工程即将竣工,根据分析在 95% 年份稳定供水 5 万 m³/日是可行的,在连续偏枯年份亦有保证,而且水质好。凤阳山水库现正在加固,供水量将增加,在满足凤阳当地用水后,仍有一定剩余供水潜力,可供蚌埠市用水,输水管已配送至蚌埠市附近的门台子镇,可延伸至蚌埠市龙子湖区的东海大道、新城区,供水期可达 4 个月。但由于不在一个行政区,不便于管理,目前蚌埠市尚未将其纳入应急水源,需要相关部门之间相互协商解决。

(4) 瓦埠湖地表水

瓦埠湖跨淮南市及寿县、六安、肥西、长丰五个县市,洼地主要集中在寿县、长丰及淮南市郊区,总流域面积 4193 km²,淮南市境汇水面积约 50 km²,根据瓦埠湖历年最低水位排频结果及瓦埠湖水位～库容曲线可知,瓦埠湖在保证率 50% 时,年最低水位 17.4 m,对应蓄水量为 1.6 亿 m³;保证率 75% 时,年最低水位 17.1 m,对应蓄水量为 1.3 亿 m³;保证率 95% 时,年最低水位 15.9 m,对应蓄水量为 0.3 亿 m³。

(5) 城市污水处理厂中水回用

蚌埠、淮南市近几年污水回用已开始起步,回用水量仅占 20% 左右。蚌埠污水处理厂的一期工程设计处理规模为 10 万 m³/日,现已投入试运行,二期工程处理规模为 10 万 m³/日。淮南市污水处理厂一期工程日处理规模为 10.0 万 t,二期工程正在建设中,其设计处理规模为 10 万 m³/日。

(6) 蚌埠淮河以北地下水

据原安徽省地质矿产局第一水文队勘察资料,在淮河北岸小蚌埠以北、曹老集南 2 km 处、东到洪沟约 138 km²,埋藏着中深层孔隙水,地下水水头埋深 2~4 m,含水层顶板和浅层含水层相连,含水层岩性为粗砂、中砂,总厚度 20~50 m,有两个含水组,单井涌水量 3000~5000 m³/日,该地层中深层资源 11.0 万 m³/日,现已开采 1.2 万 m³/日,剩余资源 10 万 m³/日,按中深层地下水可开采系数 0.5 计算,可开采量为 5 万 m³/日,可以作为特枯水期的应急供水水源之一。

(7) 翻水(调水)

① 从蚌埠闸下翻水。

水量分析:取蚌埠闸下 1961~2002 年共 42 年的历年最低日、旬平均水位资料系列进行频率分析。经分析,20%、50%、75%和 97%保证率最低日平均水位分别为 12.28 m、11.62 m、11.05 m 和 10.42 m;20%、50%、75%和 97%保证率最低旬平均水位分别为 12.63 m、11.89 m、11.36 m 和 10.45 m。如表 7.15 所示。蚌埠闸以下至洪泽湖河段蓄水量计算采用《淮河中游河床演变与河道整治》(安徽省·水利部淮委水利科学研究院 1998 年)研究成果,河道蓄量计算公式为

$$W = 320.71H^2 - 2894.1H + 5742.4 \tag{7.14}$$

式中:W 为河道主槽库容,万 m³;H 为蚌埠闸下水位,m。

表 7.15　蚌埠闸下不同保证率最低日平均水位表

保证率	20%	50%	75%	97%
日平均水位(m)	12.28	11.62	11.05	10.42
旬平均水位(m)	12.63	11.89	11.36	10.45

当保证率 $P=97\%$ 时,蚌埠闸的下泄水量 $Q=0$,相应水位 $H=10.42$ m,相应蓄量为 1.04 亿 m³。目前闸下区域工业、农业和生活用水量约 4500 万 m³/年,折合日用水量约为 12 万 m³,在保证率为 97%时的特枯水期也有一定的水量可以利用。南水北调东线工程规划已经国务院批准,东线第一期工程已于 2002 年 12 月分别在江苏、山东开工建设。按照规划,南水北调东线第一期工程将于 2008 年建成,工程运用后,洪泽湖的常年蓄水位将控制在 12 m 以上,尤其是遇干旱年份,蚌埠闸下的水位将较现状提高 1 m 左右,闸下将增加蓄量 0.5 亿 m³ 左右,届时将进一步提高从闸下翻水作为应急水源的保证率。水质分析:根据淮河流域水环境中心资料,现状情况下特枯水期,蚌埠闸下~五河沫河口段的水质比闸上水质差,一般为 V 类水。因此,考虑到蚌埠闸下的水质因素以及闸下河道生态用水,在特枯年份不宜将从蚌埠闸下翻水作为应急水源方案。

② 从新集站、五河站翻水。

　　根据《蚌埠市城市供水水源规划报告》中的应急水源分析,在特殊干旱年份,建议由新集翻水站向蚌埠闸上补水。该站位于蚌埠闸下与洪泽湖之间淮河左岸张家沟口,距蚌埠闸 40～50 km,设计流量 15 m³/s。在干旱年份该站可抽蚌埠闸下河槽蓄水及洪泽湖水,再通过张家沟进入香涧湖,沿怀洪新河进入胡洼闸,在闸上设临时站抽水补充至蚌埠闸上,供城市用水。在南水北调东线工程未实施的情况下,在特别干旱年份洪泽湖的水质和水量均难以保证,新集站翻水水源仍以淮河槽蓄水为主,由于水量有限,新集站在南水北调东线工程未实施的情况下,在枯水期仅可向蚌埠闸上供水 1500 万 m³,同时加之输水线路较长,沿途农业用水量大,翻水入蚌埠闸上后涉及淮南、蚌埠两市水量、水费分摊等问题,管理比较复杂。因此,在现状条件下,即使启动新集站的翻水措施,因受翻水量的限制以及用水管理等原因,难以解决蚌埠闸上的缺水问题。

　　③ 南水北调安徽省配套工程(“安徽淮水北调”)规划情况。

　　国家南水北调的东线工程目前已经实施,南水北调工程配套支线工程——安徽省淮水北调工程已完成了规划工作。根据《安徽省淮水北调工程规划》(安徽省水利学会,2004 年 10 月),提出了东线、中线、西线各 3 条共 9 条调水线路。近期推荐方案为中线方案,即五河站—香涧湖—浍河固镇闸下—二铺闸上。蚌埠闸上特枯期缺水应急补水线路可以利用淮水北调中线线路一部分,即通过怀洪新河引香涧湖水,在胡洼闸设临时站可以抽水补充至蚌埠闸上。

　　④ 香涧湖、沱湖蓄水与淮河蚌埠闸联合调控。

　　怀洪新河全面建成投入使用,使得香涧湖、沱湖蓄水与蚌埠闸上地表水联合调控运用成为可能。怀洪新河的主要任务是分泄淮河中游洪水,但河巷闸、新湖洼闸建成大大改善了其灌溉引水条件。西坝口闸、山西庄闸、新开沱河闸的建成,实现沱湖、香涧湖分蓄,又为抬高沱湖、香涧湖水带来了可能。香涧湖、沱湖湖底高程为10.5～11 m,原由北店闸总控制正常蓄水位为 13.50～13.80 m,香涧湖可调节库容约 1800 万 m³,沱湖的可调节库容约 4500 万 m³。怀洪新河建成两湖分蓄后,香涧湖正常水位为 14.30 m,沱湖为 13.80 m,两湖可调节库容分别为 6500 万 m³ 和5300 万 m³。按照怀洪新河的设计标准,香涧湖、沱湖的蓄水位将分别蓄到 15.30 m 和 14.80 m,两湖的可调节库容分别是 1.35 亿 m³ 和 1.1 亿 m³,合计为 2.45 亿 m³,与目前蚌埠闸上调节库容相当。并且这一地区污染少,水资源利用率低,容易储水,平常把蚌埠闸废泄水改蓄在香涧湖、沱湖内。建议在新湖洼闸建翻水站,一旦蚌埠闸上出现水资源紧张,即可向蚌埠闸上补水。上述两湖抬高蓄水位可扩大当地水稻面积近 60 万亩,周边有 20 余万亩水稻可实现自流灌溉,同时发展水产养殖,也可为宿州、淮北两市提供水源。若南水北调东线全面建成,洪泽湖水位蓄至13.0～13.50 m,即使香涧湖、沱湖无水,建在新湖洼闸处的翻水站也可通过提开西坝口闸,直接抽取洪泽湖水向蚌埠闸上补水。目前安徽省正在规划“淮水北送”项目解决淮北、宿州两市水源问题,建在新湖洼闸处的翻水站,通过枢纽工程控制,也可作为向宿州、淮北供水的中间翻水站方案之一。

抬高香涧湖、沱湖蓄水位,必须首先解决三个问题:① 两湖周边湖洼地种植结构调整问题。沿岸的郜家湖、龙潭湖、许沟洼地地面高程 13.0～13.50 m,香涧湖抬高蓄水位后,正常水位要比现有地面高出 2.0 m 左右,部分洼地需退田还湖,同时引导农民大力发展水产养殖和水稻;② 解决沿湖洼地排涝问题;③ 解决抬高蓄水位淹没区耕地补偿和种、养殖结构调整问题。根据各水源在特枯年水资源条件,分析其在特枯年的可供水量以及利用的可行性。如表 7.16 所示。

表 7.16　蚌埠闸上(淮南、蚌埠段)特枯年各水源可供水情况表

序号	水　源	特枯年可供水量(万 m³/日)		特枯年用水的可行性	
		现　状	规划年	现　状	规划年
1	芡　河	1200	6700(抬高蓄水位后)	无工程,不能利用	可以利用
2	天　河	1350	1350	水源不足,难以利用	难以利用
3	凤阳山水库	1200	1200	无工程,不能利用	难以利用
4	瓦埠湖	3000	3000	已有淮南翟家洼水厂,不能利用	不能利用
5	蚌埠淮河以北地下水	2460	3650	可以利用	可以利用
6	五河、新集站翻水	1500(*)		翻水保证率低,可以利用	南水北调实施后可以利用
7	沱湖、香涧湖、蚌埠闸联合运用	10000	/	无工程,不能利用	可以利用
8	中水回用	/	3650	不能利用	可以利用
9	南水北调水源	/	超过10000	不能利用	可以利用

注:(*)此量为特枯期可翻水量。

3. 应急调度方案

(1)闸上应急水源措施

① 抬高蚌埠闸上正常蓄水位。

抬高蚌埠闸上蓄水位的有利条件:蚌埠闸建成以后,正常蓄水位 17.50～17.70 m 时,淮河仍有 150 m³/s 流量径流下泄,可根据中长期天气预报通过控制发电流量的大小、发电时段来调节蚌埠闸上蓄水位;淮河蚌埠闸扩孔已经完成,下泄能力增强,为有效降低闸上水位创造了条件,使得闸上水位蓄高后,为了满足防洪要求又能快速降低,怀洪新河建成后,可利用怀洪新河提前分洪,抵消抬高蓄水对淮河防洪不利影响。根据 1999～2004 年蚌埠闸上实测水位资料分析,蚌埠闸上1999 年、2000 年、2002 年和 2004 年 9 月 30 日的水位均已接近或超过 18.00 m,可见蚌埠闸扩建完成后,闸上实际运行的正常蓄水位已经到 18.00 m 或 18.50 m。依据闸上库容曲线,蚌埠闸上正常蓄水位由 17.50 m 抬高到 18.00 m 或 18.50 m,

增加的蓄水库容分别为 0.5 亿 m³、1.0 亿 m³。按照目前平均的复蓄系数估算,增加蓄水量将达到 2.5 亿 m³ 左右。

通过对蚌埠闸上水量调节计算结果分析,当蚌埠闸上正常蓄水位按 18.0 m 控制运行时,对于 95% 的干旱年,现状年不需要限制农业、工业用水,其最低水位为 16.76 m,2010 规划水平年最低水位为 16.64 m,均高于蚌埠闸上的死水位 15.5 m。可见,闸上蓄水位的提高进一步增加了闸上现状和规划用水户取水的保证程度。

② 淮河干流洪水资源利用。

淮河干流蚌埠以上集水面积 12.1 万 km²,多年平均径流量约 260 亿 m³,闸上地表水资源的特点是年际变幅大、年内分配十分不均,洪水资源在水资源所占的比重很大。所以,在地表水的供水中表现是枯水年水资源严重不足,而丰水年受水资源工程的调蓄能力、用水总量的限制,又有大量的余水入江入海。即使是在枯水年水资源相对不足,因径流的年内分配不均,且多以集中暴雨洪水形式出现,在枯水年的丰水期也有部分余水排弃。因此,蚌埠闸上的来水特点决定了加强洪水资源的合理利用以及水资源科学调度是十分必要的,是现状工程情况下提高供水保证程度的有效措施。

根据沿淮洪水资源利用研究的初步成果,从行蓄洪区自然条件、社会经济状况、防洪要求、洼地与淮干水量交换方式等方面分析,利用沿淮洼地蓄水增加调节库容有多种方案,主要是 3 种方案:通过扩大淮干洼地蓄水面积,增加调蓄能力;进一步抬高淮干已有的蓄水洼地(工程)的蓄水位;为了减少洼地蓄水对防洪的影响,采取汛后抬高淮干洼地蓄水位。

地表水与过境水的充分利用,关键是扩大河道及沿淮湖泊的调节库容。淮河干流洪水资源利用的工程措施是利用蚌埠闸上的淮河干流河道、沿淮湖泊及部分洼地拦蓄境外来水。蚌埠闸上游两岸湖泊较多,根据气象部门的气象预报及各个供水区域的实际干旱情况,经防汛与抗旱综合分析,适当提高节制闸及湖泊的蓄水位,可以增加蓄水库容,闸上主要蓄水体抬高蓄水位后增加库容情况如表 7.17 所示。

尽管闸上增加了蓄水库容,若是在特枯水年,有些时段没有来水也就不能蓄到水。根据蚌埠吴家渡水文站资料分析,即使是特枯水年,蚌埠闸仍有 10~70 亿 m³ 的水量下泄,表明闸上还是有水可以蓄的。若是在闸上发生缺水时段以前提前蓄水,是可以蓄住枯水期的洪水资源,从而实现洪水资源的利用。

表 7.17　蚌埠闸主要蓄水体抬高蓄水位后增加库容情况表

蓄水体名称	蚌埠闸	城东湖	瓦埠湖	高塘湖	合计
原正常蓄水位(m)	18.0	19.00	18.00	17.50	
抬高后的正常蓄水位(m)	18.5	19.50	18.50	18.00	
增加蓄水库容(万 m³)	7000	6050	9000	2500	24550

③ 从蚌埠闸下翻水。

根据蚌埠闸下 1961～2002 年共 42 年的历年最低日、旬平均水位资料系列进行频率分析结果,50%、75% 和 95% 保证率最低日平均水位分别为 11.62 m、11.05 m 和 10.45 m;50%、75% 和 95% 保证率最低旬平均水位分别为 11.89 m、11.36 m 和 10.48 m。

④ 从新集站、五河站翻水。

a. 现状情况。

根据《蚌埠市城市供水水源规划报告》中的应急水源分析,在特殊干旱年份,建议由新集翻水站向蚌埠闸上补水。该站位于蚌埠闸下与洪泽湖之间淮河左岸张家沟口,距蚌埠闸 40～50 km,设计流量 15 m^3/s。在干旱年份该站可抽蚌埠闸下河槽蓄水及倒引的洪泽湖水通过张家沟进入香涧湖,沿怀洪新河逐级翻到蚌埠闸上。如蚌埠闸上缺水,还可在胡洼闸设临时站抽水补充至蚌埠闸上,供城市用水。在南水北调东线工程未实施的情况下,在特别干旱年份洪泽湖的水质和水量均难以保证,新集站水源仍以淮河槽蓄水为主,由于水量有限,新集站在南水北调东线工程未实施的情况下,可在枯水期向蚌埠闸上供水 1500 万 m^3。加之输水线路较长,沿途农业用水量大,翻水入蚌埠闸上后涉及淮南、蚌埠两市水量、水费分摊等问题,管理比较复杂。在现状条件下,即使启动新集站的翻水措施,因受翻水量的限制以及用水管理等原因,也难以解决蚌埠闸上的缺水问题。

b. 南水北调东线安徽配套工程("安徽淮水北调")规划情况。

南水北调东线工程已开工建设,安徽省提出了利用南水北调东线工程的配套工程规划——淮水北调工程。根据《安徽省淮水北调工程规划》,可供选择的调水线路有东线、中线、西线各 3 条共 9 条。近期推荐方案为中线方案,即五河站—香涧湖—浍河固镇闸下—二铺闸上。蚌埠闸上特枯期应急补水线路可以利用淮水北调中线线路一部分,即通过怀洪新河引香涧湖水,在胡洼闸设临时站可以抽水补充至蚌埠闸上。

引水条件及引水水源保证程度分析:根据洪泽湖实际水位控制运用现状、南水北调东线工程对洪泽湖控制运用的规划条件、淮河五河～洪泽湖段河道现状输水能力和洪泽湖老子站、淮河干流五河站历年实测资料综合分析,在保证率 85% 时,老子山站全年最低日平均水位 11.16 m,五河站全年最低日平均水位 10.97 m;保证率 97% 时,老子山全年最低日平均水位 10.45 m,五河站全年最低日平均水位 10.40 m。

南水北调东线第一期工程规划向北送水时,洪泽湖控制最低水位为:第一、二期为 11.9 m,第三期为 11.7m。淮河太平闸～高良涧段,交通部门曾于 1985 年前后按底高 9.0 m、底宽 50～100 m 进行疏浚。1992 年,安徽省水利水电勘测设计院根据当年实测纵断面和 1985 年实测航道断面资料,分析了老子山～淮河五河分洪闸的引水能力(该成果已经国家农业综合开发领导小组批复)。按老子山水位

10.45 m、五河分洪闸下水位 9.5 m 计算时,可以引洪泽湖水 53.0 m³/s。

因此,在特枯水期南水北调东线工程及安徽淮水北调工程实施后,可以向蚌埠闸上补水满足规划水平年的缺水量。但目前"淮水北调"的规划用水户中,没有特枯期蚌埠闸上的用水,应补充这方面工作。

⑤ 利用香涧湖、沱湖蓄水与淮河蚌埠闸联合调控。

怀洪新河全面建成投入使用,使得香涧湖、沱湖蓄水与蚌埠闸联合调控运用成为可能。

怀洪新河的主要任务是分泄淮河中游洪水,但河巷闸、新湖洼闸建成大大改善了其灌溉引水条件。西坝口闸、山西庄闸、新开沱河闸的建成,实现沱湖、香涧湖分蓄,又为抬高沱湖、香涧湖水带来了可能。香涧湖、沱湖湖底高程为 10.5～11 m,原由北店闸总控制正常蓄水位 13.50～13.80 m,香涧湖可调节库容约 1800 万 m³,沱湖的可调节库容约 4500 万 m³。怀洪新河建成两湖分蓄后,香涧湖正常水位为 14.30 m,沱湖为 13.80 m,两湖可调节库容分别为 6500 万 m³ 和 5300 万 m³。按照怀洪新河的设计标准,香涧湖、沱湖的蓄水位将分别蓄到 15.30 m 和 14.80 m,两湖的可调节库容分别是 1.35 亿 m³ 和 1.1 亿 m³,合计为 2.45 亿 m³,与目前蚌埠闸上调节库容相当。并且,这一地区污染少,水资源利用率低,容易储水,平常把蚌埠闸废泄水改蓄在香涧湖、沱湖内。建议在新湖洼闸建翻水站,一旦蚌埠闸上出现水资源紧张,即可向蚌埠闸上补水。上述两湖抬高蓄水位可扩大当地水稻面积近 60 万亩,周边有 20 余万亩水稻可实现自流灌溉,同时发展水产养殖,也可为宿州、淮北两市提供水源。若南水北调东线全面建成,洪泽湖水位蓄至 13.0～13.50 m,即使香涧湖、沱湖无水,建在新湖洼闸处的翻水站也可通过提开西坝口闸,直接抽取洪泽湖水向蚌埠闸上补水。目前安徽省正在规划淮水北送,解决淮北、宿州两市水源问题,建在新湖洼闸处的翻水站,通过枢纽工程控制,也可作为向宿州、淮北供水的中间翻水站方案之一。

抬高香涧湖、沱湖蓄水,必须首先解决三个问题:两湖周边湖洼地种植结构调整问题。沿岸的部家湖、龙潭湖、许沟洼地地面高程 13.0～13.50 m,香涧湖抬高蓄水位后,正常水位要比现有地面高出 2.0 m 左右,部分洼地需退田还湖,同时引导农民大力发展水产养殖和水稻。解决沿湖洼地排涝问题和解决抬高蓄水位淹没区耕地补偿和种、养殖结构调整问题。

⑥ 南水北调。

南水北调东线第一期工程将于 2008 年建成,工程运用后,洪泽湖的正常蓄水位抬高至 13.5 m,一般可维持在 12.0～13.5 m,尤其是遇干旱年份,蚌埠闸下的水位将较现状提高 1～2 m,闸下河段的蓄水量将有效增加。

在特殊干旱年份,可由新集翻水站向蚌埠闸上补水。该站可抽蚌埠闸下河槽蓄水及倒引的洪泽湖水通过张家沟进入香涧湖,沿怀洪新河逐级翻到蚌埠闸上,还可在胡洼闸设临时站抽水补充至蚌埠闸上,供城市用水。根据《蚌埠市城市供水水源规划》成果,新集站在南水北调东线工程未实施的情况下,可在枯水期向蚌埠闸上供水约 1500 万 m³。南水北调东线工程实施后,将进一步提高供水保证率。安徽省提出了利用南水北调东线工程的配套工程规划——淮水北调工程,该工程实施后,更有利于蚌埠闸上的补水。

⑦ 引江济淮跨流域调水。

引江济淮工程是一项跨流域调水工程,是缓解沿淮及淮北城市缺水,特别是特殊干旱年、连续干旱年份供水矛盾的根本性工程,被称为安徽省内的"南水北调"工程。20 世纪 50 年代中期,安徽省就有建设"江淮运河"的设想,把长江、淮河两大水系在安徽境内连接起来,缓解北方旱情,促进水资源的优化配置与合理利用。1995 年,"引江济淮"前期工作领导小组成立,并编制完成可行性研究报告。1999 年 1 月,工程启动。安徽省委、省政府已将引江济淮工程列入重要议事日程,要求及早考虑总体规划、分步实施,"十五"期间已完成工程的前期工作。

引江济淮工程自长江抽水,经巢湖进派河,再提水沿派河经大柏店隧洞注入瓦蚌湖,近期工程按注入瓦蚌湖流量 100 m³/s 的规模兴建,远景按总规模 200 m³/s 扩建。引江济淮工程在蚌埠闸上沿淮地区的供水对象主要是淮南和蚌埠两座大中城市及蚌埠、临淮岗之间沿淮地区的一般城镇。由于长江水量丰沛、城市用水量年际内变幅小,引江济淮近期工程实施后向蚌埠闸上沿淮地区提供的最大年供水量可达 25 亿 m³ 左右。

(2) 水资源调度措施

① 应急期节约(压缩)用水措施。

a. 应急期供水秩序。

根据《水法》等法律法规,应急期的用水先后次序拟定如下:

ⅰ. 优先确保城市居民生活用水,保证机关、学校、军队、医院、交通、邮电、旅馆、饭店、百货商店、消防、城市环卫业公共用水。应急期间限制空调、浴池、公园娱乐、洗车等非生产性用水大户的用水。

ⅱ. 根据调节计算结果,应急期在没有外调水源的情况下,要压缩淮南市、蚌埠市一般工业用水,两市应制定一般工业供水压缩方案,在限额供水的条件下,尽量保证市区电力工业、重点企业的用水要求。

ⅲ. 在枯水年的应急期要全面停止农业灌溉用水。

b. 根据调节计算结果,制定应急期蚌埠市、淮南市区限制供水方案。市民人均用水量比正常时期减少 20%,必要的城市公共生活供水量减少 30% 左右,必要的工业按上文压缩削减供用水量的原则,逐户落实。

c. 推广节水器具和节水技术,分户装表(计量)率达到 100%。

d. 制定应急期水价价格体系,如孔隙型地下水比正常期上浮 20%,地表水源上浮 15%。在应急期按上浮价格收费,超计划部分实行累进加价收费的办法。

在现状条件下,茨河、天河、凤阳山水库、新集站翻水、中水回用等水源因受供水工程的限制以及与其他已有的用水户矛盾,在特枯水期没有向蚌埠闸上供水的可能。根据应急期蚌埠闸上水源措施分析结果以及各水源在特枯年的可供水量、工程(取水工程、输水工程)条件、特枯年取水与当地已有其他用水户的用水矛盾、蚌埠闸不同方案时蚌埠闸上地表水的调节计算成果等,拟定现状年水资源应急调度方案以及在南水北调工程实施后的水资源应急调度方案。如表7.18所示。

表7.18　特枯期蚌埠闸上(蚌埠、淮南段)水资源应急调度方案表

方案	方案的条件	方案内容
1	现状年,已论证电厂没上马的条件下	蚌埠闸上特枯水期限制用水的水资源调度方案
2	现状年,已论证电厂上马的条件下	蚌埠闸上地表水与淮南市城区地下水、蚌埠淮河以北地下水联合调度方案
3	规划水平年,南水北调工程未实施时	蚌埠闸上地表水、城区地下水与应急补水措施联合调度方案
4	规划水平年,南水北调工程实施后	蚌埠闸上地表水与南水北调水源联合调度方案

② 现状条件下特枯水期水资源调度措施。

a. 现状年已论证电厂没上马的条件下。

根据调节计算结果,现状年已论证的电厂(机组规模为2×600 MW)没上马的情况下,在特枯水年通过控制蚌埠闸汛末的蓄水位(控制在17.5 m以上),限制上桥闸的翻水量和翻水水位(16.5 m时限制翻水)等措施,可以满足蚌埠闸上淮南、蚌埠段的用水,此时闸上的最低水位将达到15.3 m(旬平均)。

b. 现状年已论证电厂上马的条件下。

在现状年已论证电厂上马的条件下的水资源调度方案是:节约用水、蚌埠闸上地表水与蚌埠淮河以北、淮南市城区地下水联合调度。

③ 规划年水资源调度措施。

规划水平年的特枯水期,蚌埠闸上的水资源调度方案为闸上地表水、调(翻)水、城区中深层地下水三水源联合方案。根据该取水方案的可供水量以及供水保证率情况分析,提出了南水北调工程实施后,特枯水期不同蓄水位情况下的限制用水措施,如表7.19所示。

在规划水平年,南水北调工程未实施的情况下,其具体的水资源调度措施同现状年,但在蚌埠闸上水位低于15.5 m时,就要启动翻水方案。规划(南水北调实施后)特枯期水资源高度具体措施如表7.20所示。

表 7.19　现状条件下特枯期水资源调度具体措施表

蚌埠闸水位(m)	具体措施
16.5	研究河段工农业生产基本不受影响,各取水口可以正常取水。可保证研究河段境内两市居民生活及电厂、煤矿等骨干企业的用水安全
16	(1) 限制农业灌溉用水,推广使用旱地龙延长作物抗旱期; (2) 采取限制用水措施,按用水定额限制用水,城区居民综合用水定额为每人每天控制在 170 L 以内; (3) 城市公共服务性行业,采取控制用水措施
15.5	(1) 蚌埠、淮南两市应停止农业灌溉用水,推广使用旱地龙延长作物抗旱期,同时可适当调整农业种植结构,组织农民做好以副补农、以秋补夏等工作; (2) 淮南、蚌埠市应停止在各补水水源区域内的农业灌溉用水的提取; (3) 限制公用服务性用水,公共事业市政用水可采取中水,逐步关闭桑拿、浴池、游泳池、洗车场,限制宾馆、饭店和酒店等非生产性用水,一般工业企业实行计划限量用水,同时实施居民节约用水,并采取措施按用水定额限制用水,城区居民综合用水定额为每人每天 150 L,对企业和居民超量用水实施超价收费; (4) 严格控制区域内城市污水排放量,严格控制达标排放,逐步关闭污水排放量较大、不影响国计民生且效益较低的企业
15	(1) 两市停止使用自来水的公用服务性用水,对大部分一般工业企业停止供水,尤其停止低效益高耗水企业用水,以最大限度保证城区居民生活用水以及平圩电厂、洛河电厂、已论证的田集、凤台、蚌埠等电厂用水、淮南化工总厂、丰原集团、沿淮煤矿等较大的企业用水; (2) 全面停止农业灌溉用水,可分散打小井抽取浅层地下水灌溉农作物; (3) 集中利用城区分散的深井,作为居民生活用水主要水源之一并统一调配,淮南市现有深井可取地下水量为 2.0 万 m^3/日,蚌埠市淮河以南以及小蚌埠中深层地下水可供水量可适度开采 10 万 m^3/日,以供城市居民生活用水; (4) 在允许使用的取水口因地制宜建立多种形式喂水站,针对各取水口的具体情况,因地制宜实施降低自来水厂取水口高程、建喂水站、取水口清淤、开挖引水渠等工程措施,以保证取水通畅,建临时泵站,着重做好淮南一、三、四水厂,望峰岗水厂和蚌埠三水厂等自来水厂的喂水工作,保证各取水口能取到足够的水量; (5) 城市居民实施限额定时供水,综合定额每人每天 110 L
低于 15	当水位低于 15 m 时,除了采取以上措施,拟采取以下翻水措施:在实施从蚌埠闸上应急补水时,首先确保五河新集泵站满负荷向怀洪新河翻水,同时严格限制怀洪新河两岸的农业用水;当蚌埠闸上水位低于 15 m 时,在新胡洼闸架设临时泵站向蚌埠闸上翻水,弥补闸上水源的不足

表 7.20 规划年(南水北调实施后)特枯期水资源调度具体措施表

蚌埠闸蓄水位(m)		具体措施
16.5	非汛期(秋季)	研究河段内工农业生产基本不受影响,各取水口可正常取水;可保证该河段境内电厂、煤矿等骨干企业及两市居民生活的供水安全;当水位低于16.5 m时,停止全河段的农业取水以及内河从淮河翻水
	汛期(夏季)	研究河段内工农业生产基本不受影响,各取水口可正常取水;可保证该河段境内电厂、煤矿等骨干企业及两市居民生活的供水安全;当水位低于16.5 m时,限制全河段的农业取水、停止内河从淮河翻水
16	非汛期(秋季)	(1) 停止农业灌溉用水,推广使用旱地龙延长作物抗旱期;采用当地河流地表水和浅层地下水抗旱; (2) 全市节约用水,并采取措施按用水定额限制用水,城区居民综合用水定额为每人每天 170 L
	汛期(夏季)	(1) 制定服务性用水的具体限制用水措施; (2) 做好新集站或五河站向蚌埠闸上补水的准备工作
15.5	非汛期(秋季)	(1) 蚌埠、淮南两市应停止农业灌溉用水,推广使用旱地龙延长作物抗旱期,同时可适当调整农业种植结构,组织农民做好以副补农、以秋补夏等工作; (2) 淮南、蚌埠市应停止在各补水水源区域内的农业灌溉用水的提取; (3) 限制公用服务性用水,公共事业市政用水可采取中水,逐步关闭桑拿、浴池、游泳池、洗车场,限制宾馆、饭店和酒店等非生产性用水,一般工业企业实行计划限量用水,同时实施居民节约用水,并采取措施按用水定额限制用水,城区居民综合用水定额为每人每天 110 L,对企业和居民超量用水实施超价收费; (4) 严格控制区域内城市污水排放量,严格控制达标排放,逐步关闭污水排放量较大、不影响国计民生且效益较低的企业; (5) 按照补水计划,实施新集翻水站或五河站向蚌埠闸上补水
	汛期(夏季)	(1) 其他措施同非汛期; (2) 禁止上桥闸等内河翻水; (3) 按照补水计划,实施新集翻水站或五河站向蚌埠闸上补水

(3) 应急调度保障措施

① 旱情监测预报与预警措施。

淮南、蚌埠市抗旱指挥机构、有关单位要建立健全旱情监测网络,确定重点监测区域,掌握实时旱情,并预测干旱发展趋势。针对干旱灾害的成因、影响范围及程度,采取相应预警措施。旱情旱灾的信息主要包括:旱灾发生的时间、地点、范围、程度、受灾人口;土壤墒情、蚌埠闸上蓄水、内河及沿淮湖泊蓄水和城市、乡镇供水情况;灾害对城市乡镇供水、农村人畜饮用水、农业生产、林牧渔业、水力发电、河道航运、生态环境等方面造成的影响。

② 组织发动措施。

安徽省以及蚌埠市、淮南市人民政府发出抗旱紧急通知,派出抗旱检查组、督查组,深入受旱地区指导抗旱救灾工作。根据旱情的发展,省防指宣布进入紧急抗旱期;蚌埠市、淮南市防指召开紧急会议,全面部署抗旱工作;每天组织抗旱会商;做好蚌埠闸上骨干水源的统一调度和管理;向国家申请特大抗旱经费,请求省政府从省长预备费中安排必要的资金,支持抗旱减灾工作;动员受旱地区抗旱服务组织开展抗旱服务;不定期召开新闻发布会,通报旱情旱灾及抗旱情况;气象部门跟踪天气变化,捕捉战机,全力开展人工增雨作业。

③ 水资源管理措施。

加强该河段应急期的水资源统一管理,包括供水、用水、排污的全面统一管理;加强供水设施管理,查漏抢修,减少水量损失;根据应急期的节约用水方案,加强节约用水的管理,确保该方案的实施。根据蚌埠闸上应急期水资源调度措施,加强沿河各用水户的用水管理,在不同的蓄水位,应限制农业等用水户的用水,以确保应急期水资源调度措施的全面实施。

④ 水资源保护措施。

在特枯水期水资源短缺,可供水量少,水环境容量小,更要注重水源的保护。

(4) 结论与建议

① 结论。

a. 限制用水(缺水)情况,通过对蚌埠闸上(淮南－蚌埠段)水量平衡调节计算,不同用水条件时的限制用水(缺水)情况如表 7.21 所示。

表 7.21　特枯水年不同用水条件下限制用水(缺水)量表

用水条件	限制用水(缺水)水量(亿 m³)				缺水时段(月份)
	农业	一般工业项目	城市生活	小计	
现状年不考虑已规划论证电厂取水	1.2(＊)	0	0		/
现状年已规划论证电厂取水为 1.1 亿 m³	1.2(＊)	0	0		/
规划水平年电厂取水量为 1.5 亿 m³	0.20(▲) 1.2(＊)	0.28	0.0	0.48	10、11、2、3、4
规划水平年电厂取水量为 2.7 亿 m³	0.20(▲) 1.2(＊)	0.66	0.18	1.04	10、11、1、2、3、4

注:起调水位 17.5 m,闸上最低限制水位 15.0 m(旬平均水位)。(▲)为限制沿淮干流农业水量,(＊)为限制上桥闸的翻水量。

计算结果还表明,在特枯期,现状年主要限制农业用水,规划年因淮南煤电基地电厂、蚌埠电厂上马,城市缺水水量增加,具体情况如下:

i. 现状年发生 1978~1979 年的来水时,根据现状的用水条件,当汛末蚌埠闸的蓄水位控制在 17.5 m 或 18.0 m 以上,通过闸上地表水水资源调度方案的实施,可以基本满足蚌埠、淮南城市生活、工业用水;当汛末蓄水位达不到 17.0 m 时,通过一定量的农业用水限制,可以基本满足该河段城市工业、生活用水,对于限制的农业用水,可以通过开采浅层地下水来满足或农业综合节约用水措施。

ii. 规划年可采取控制抬高蚌埠闸上汛末蓄水位(汛末水位在 17.5 m 以上),开采城区地下水以及限制闸上一定量的农业用水(翻水)、一般工业、生活用水等措施,可以基本满足蚌埠、淮南城市生活、工业用水。当汛末水位在 17.0 m 以下时,除了以上措施以外,要启动五河新集、蚌埠闸下、临淮—龙子湖等翻水措施向蚌埠闸上补水。

b. 特枯水期供水对策。

i. 现状年蚌埠闸上遭遇特殊枯水年时,通过控制闸上汛末蓄水位在 18.0 m 以上,以及限制一定量农业用水等措施,可以基本满足河道外用水,但是会挤占河道内航运、生态用水,与河道内用水户争水矛盾突出。若是在特枯水期要满足一定量的河道生态用水,要启动闸上应急补水措施。

ii. 规划水平年蚌埠闸上遭遇特殊枯水年时,通过蚌埠闸上的洪水资源利用,以及一定限制用水等措施,基本可以满足河道外用水。若要满足河道内用水户用水,要启动南水北调、引江济淮调水措施。

② 建议。

a. 加强水资源、水资源工程统一管理。目前,淮河干流水资源仍以水行政主管部门区划管理。省淮河河道管理局管理淮河干流、涡河蒙城县以下、颍河茨河铺以下的河道与堤防,沿淮河两岸的湖泊只管理控制闸。堤防上的泵站、内河水源、水库调度等一般由地方水行政主管部门负责管理。在干旱期,水量的分配及调度难以很好地实施。

b. 加强沿淮洪水资源利用的研究。淮河干流蚌埠以上集水面积 12.1 万 km², 鲁台子站多年平均径流量约 260 亿 m³, 蚌埠闸调蓄库容仅为 0.7~1.2 亿 m³。淮河过境水(洪水的资源利用)是沿淮主要工、农业生产用水及城乡居民生活用水的水源,洪水资源利用的工程措施是利用蚌埠闸上我省境内的淮河干流河道、沿淮湖泊及部分洼地拦蓄境外来水。工程规模主要受境外来水量多少、蓄水后对干流防洪影响大小二者制约。工程位置的选择除其自身的经济合理性外,还应尽可能在供水对象的行政区域内或其附近兴建,以降低供水输水管渠工程造价,有利于工程兴建,便于运营管理。

因此,有必要对洪水资源利用的工程规模、工程位置、洪水资源利用效果与来水的关系、沿淮湖泊蓄水位提高对当地的居民生活影响、洪水资源利用工程的调度控制问题进行研究。

c. 对现有水利工程及水资源工程进行加固改造,进一步挖掘水资源控制与供水潜力。沿淮控制湖泊引水的涵闸大多建于20世纪50～60年代,工程老化较严重,原工程设计主要为防洪排涝,一般无反向引水要求,内河侧无消能防冲设施,因此,引水灌溉水流对闸底板冲刷特别严重。比如,历史上尹家沟闸就因抗旱引水,闸上游护坦被冲坏,后经加固接长10余米才保证安全运行。目前涵闸只能在高水位、小水头的条件下引水灌溉,一旦旱情严重,内湖水位降低,闸上、下游水位差较大时,只能小启度开启闸门,限制引水流量以保证水闸的安全。由于工程设施先天不足原因,引水流量受到限制,延误抗旱良机,不能充分发挥工程的作用。

d. 随着淮南煤电基地的建设,蚌埠闸上用水户、用水结构将发生变化,形成了以满足最小生态用水、城市、煤电工业用水为主新的用水格局。因此,在水资源配置中应重新对用水户用水量之间进行分配,形成以城市、工业用水为主的新水资源配置格局。

7.2.3 皖中江淮丘陵地区地下水分布规律与开采技术的研究

江淮分水岭横贯我省中部,受自然条件制约,分水岭两侧大部分地区水资源极为贫乏,在偏旱年份,人畜饮用水都发生困难,这在分水岭腹地显得更为突出。在分水岭中段(西起六安毛坦厂,东至定远界牌)腹地(分水岭脊线两侧10 km左右),在综合分析27眼勘探(开采)孔数据分析的基础上,对江淮分水岭缺水地区地下水勘探规律作一探讨。

7.2.3.1 自然条件概况

从水资源贫乏程度和地下水赋存形态角度出发,可将江淮分水岭地区分为三段:自六安毛坦厂向西为西段,出露地层主要是太古界、元谷界变质岩,地貌上是高山峻岭自定远界牌向东南为东段,出露地层开始是元古界变质岩再向东南为中生代火山岩、沉积岩,地貌上是低山丘陵渐变的丘陵低岗;二者之间的中段出露地层主要是中生代沉积岩,地貌上主要是丘陵低岗。

中段大部分地区为第四系地层所覆盖,盖层厚度多在5～20 m,岩性主要是黏土、亚黏土;下伏基岩为侏罗、白垩及第三系砂岩、泥岩。这些基岩极贫水,除白垩系张桥组砂岩含有一定量层间水外,其他时代地层只在风化裂隙和构造裂隙中才赋存有地下水。

中段腹地,地表河流稀少,河流流程短,集水面积小,这些都是修筑地表拦蓄水工程的不利因素;植被不发育,第四系松散地层赋水性差。在这种供需水矛盾十分突出的地区,若能寻找有利地段建造中深井,不失为一可取的捷径。

7.2.3.2 勘探(开采)孔调查

本次在中段脊线附近调查统计了27眼勘探(开采)孔,共有14眼孔比较成功,成功率约50%,本书作者作为技术负责的有9眼,失败的有一眼。

7.2.3.3　基岩裂隙水分布规律

据现有钻孔资料,砂岩中钻孔为 12 眼(1、2、3、4、5、6、7、8、9、10、11、12、13 和 27 号),成功 9 眼,成功率为 75%;除 25、28 号井外,其余孔基岩是以泥岩为主的钻孔,成功 4 眼,成功率仅为 33%;从区域上来看,失败率较高的是长丰、寿县和肥东,这与基岩分布规律相一致。为提高成功率,用收集到的钻探成果,对本区段基岩裂隙水的分布规律进行探讨是十分必要的。

1. 风化裂隙水

本区段基岩风化壳的赋水程度随岩性差异有较大变化,一般在以砂岩为主地段,均存有分布较稳定的风化裂隙含水层,该层水量基本上都大于 30 t/D,个别地段可达 80~100 t/D(如 1 号、2 号井)。而在以泥岩为主地段,风化裂隙含水层分布极不稳定,水量亦很小,一般都小于 15 t/日,如 9 号井为 5~8 t/日,1S 号为 10 t/D 左右,22 号井为 7 t/D,24 号井为 5 t/D 左右。本区段由于第四系盖层较薄,砂岩风化壳厚度也不大(一般小于 10 mm),所以开采比较方便。

2. 构造裂隙水

这里所谓的构造裂隙仅指断层运动所产生的裂隙。从已有的钻探、物探成果来看,构造裂隙水程度与构造走向关系不甚密切,而与断裂的倾角关系较大。3 号、7 号、10 号、17 号及 22 号孔,在物探资料上反映断层倾角较大,取出的岩芯,其裂隙面倾角一般都在 70°~80°,有些甚至近直立(如 3 号与 22 号);而倾角小的裂隙面往往赋水性较差,如 24 号孔在施工中,自 80~220 m 之间遇到多段裂隙破碎带,裂隙面倾角多在 35°~50°之间,但破碎带基本无水。9 号孔也遇见几段裂隙破碎带,有些裂隙面上生长着石英晶体,两侧岩芯的石英晶体间有的还见有孔洞,滴水皆无,其裂隙面倾角多在 50°左右。看来,大倾角裂隙更有利于地下水富集。从已有井看,本区段构造裂隙水埋藏深度都不大,一般都在自基岩向下 100~150 m 范围内。基岩裂隙分布规律如表 7.22 所示。

表 7.22　基岩裂隙分布规律表

勘探(开采)孔调查表

用户地址	编号	井深 (m)	出水量 (t/日)	第四系		基岩岩性
				厚(m)	岩性	
六安先生店羽绒厂	1	220	80	13	黏土	砂岩
	2	150	100	14	黏土	砂岩
六安三十铺、四十铺	3	154.5	200	12	亚黏土	砂岩
	4	300	无水	5~8	亚黏土	砂岩
肥西金桥	5	300	无水	5~8	亚黏土	砂岩
肥西官亭变电所	6	53.5	100	6	亚黏土	砂岩

勘探(开采)孔调查表

用户地址	编号	井深(m)	出水量(t/日)	第四系		基岩岩性
				厚(m)	岩性	
肥西防办紫蓬山基底	7	120	150	12	亚黏土	砂岩
肥西农兴乡政府	8	110	无水	6	黏土	砂岩
寿县炎刘中学	9	200	无水	5~7	黏土	泥岩
寿县李山乡政府	10	204	200	17	亚黏土	泥岩
合肥三十岗	11	300	70~80	17	亚黏土	砂岩
	12	200.5	120	27	黏土(底有砂层)	砂岩
合肥经济学校	13	300.4	120	28	黏土(底有砂层)	砂岩
长丰吴山乡政府	14	200	无水	10	黏土	泥砂岩
长丰双岗中谷公司	15	300	无水	8	黏土	泥岩
开发区合肥西市区区政府	16	200	150	12	黏土	泥岩
	17	201.6	180	8	黏土	泥岩
肥东虞园乡政府	18	300	无水	15	黏土	泥岩
	19	200	无水	7~8	亚黏土	泥砂岩
肥东八一乡政府	20	180	无水	7~8	亚黏土	泥砂岩
肥东众兴水库管理处	21	120	40~50	9	亚黏土	泥岩
	22	210	无水	9	亚黏土	泥岩
肥东八斗和谐新村	23	170	无水	15	亚黏土	泥岩
	24	240	无水	15	亚黏土	泥岩
肥东龙山乡政府	25	150	120	8	亚黏土(底有砂层)	泥岩
肥东银塘中学	26	200	无水	7	黏土	泥砂岩
定远站岗乡政府	27	120	50~70	22	亚黏土	泥砂岩

7.2.3.4　找水步骤与方法

实际生产中,钻探前的准备工作极为重要,这主要包括两个方面,其一是水文地质调查,其二是地球物理勘探。这两套物探方法,在这类地层中是可行的。

7.2.3.5 结论

通过对调查资料的探讨,对在江淮分水岭中段地区寻找开发地下水资源问题,可初步得出如下几点看法:

① 在江淮分水岭中段地区,勘探开发地下水以满足为当地人畜饮用水是可行的。在相对其他地段难度更大的腹地,都可以寻找到高产水井,而且只要方法对头,工作认真,成功率也极高,那么其他地段更应可能建成水量较大的水井。

② 开发地下水更为经济合理。本区段基岩裂隙水埋藏深度不大(一般小于200 m),且水量稳定,水质优良;与地表水构筑物相比,同等水质水量条件下若再考虑占地面积、未来运行费用等,建井就更为经济。

③ 应重视水文地质调查与物探工作,这是提高成功率的保证。在钻探前的准备工作中,需查清当地基岩岩性,是否存在风化裂隙水,其量可能有多大。然后决定拟开采何种类型的含水层,再决定用何种物探方法。圈划物探范围时,要注意地形的拐点物探方法一般用测深与联剖,或浅震即可;在定井位时,当有多个位置可供选择时,尽可能优先考虑大倾角断层。

7.3 重点区域与水资源利用技术研究

7.3.1 皖中皖北地区重点区域供水保障方案研究

安徽省多年平均水资源总量为 716 亿 m³,人均占有量 1100 m³,约为全国的1/2,其中淮北地区和皖中江淮岭易旱易涝地区人均占有量仅有 400 多 m³,水资源紧缺。水资源时空分布不均仍然是安徽省的基本水情。针对水资源调控能力不足,按照"依托皖江、调配皖西、补给皖北、改善皖东、多源皖中"的水资源开发利用战略指向,安徽省将进一步加快水资源配置骨干工程体系建设,构建"江淮互通、河湖相连、库塘多点"的水资源配置格局,基本建立供水安全保障体系,解决沿淮淮北及江淮丘陵地区灌溉水源不足的问题,同时缓解城市和工业用水日趋紧张的局面,全面提升应对持续干旱和特大干旱的能力。"十二五"期间,全省供水能力新增 50亿 m³,年供水总量控制在 360 亿 m³。基本建立供水安全保障体系,大力发展节水农业,力争启动引江济巢与淮水北调等跨区域调水工程,逐步解决沿淮淮北地区及江淮丘陵部分地区水资源短缺问题。"十二五"期间,我省将加快水资源配置工程建设,初步建立水资源高效利用与有效保护体系,万元工业增加值用水量降低到182 m³,净增节水灌溉面积 200 万亩,大型灌区灌溉水有效利用系数提高到 0.53,基本实现农业灌溉用水总量零增长。主要江河湖泊水功能区水质达标率达到

70%以上,城市主要供水水源地水质达标率达到95%以上。

7.3.1.1　江淮分水岭易旱易涝地区安全供水方案研究

1. 瓦埠湖雨洪资源利用

（1）抬高瓦埠湖正常蓄水位,提高供水能力

瓦埠湖位于淮河中游南岸,流域面积 4193 km^2,由东淝河的中游河道扩展演变形成。瓦埠湖水源涉及淮南市(谢家集区)、六安市(寿县、金安区)和合肥(长丰县、肥西县)共五个县(区)。瓦埠湖湖底高程 15.5 m,正常蓄水位为 17.50 m,相应库容为 1.67 亿 m^3;死水位 16.5 m,相应库容 0.66 亿 m^3;当水位抬高至 18.0 m时,库容为 2.2 亿 m^3;水位 18.3 m 时,库容为 2.64 亿 m^3。2001 年淮河流域干旱后瓦埠湖蓄水位逐年抬高,近几年非汛期实际蓄水位控制在 18.0 m。

2003 年,瓦埠湖东淝河下段开始治理,东淝河下段主要整治的工程措施为:① 疏浚新东淝河,增强其作为瓦埠湖主要排洪功能;② 疏通老东淝河,恢复老河原有的泄水能力,发挥其辅助新东淝河排洪功能;③ 清除影响排洪的各种障碍物;④ 阻水建筑物的扩建和重建。同时,加强工程管理等非工程措施建设等。

经比较,新东淝河采用河道底宽为 45 m 的疏浚方案,该方案工程量不大,效益明显,较为经济合理。整治后,多年平均降低瓦埠湖洪水位 0.14 m,最大洪水位降幅达 0.68 m,多年平均减少洪水淹没面积 6.0 km^2;中高水年份,瓦埠湖洪水位降落至 19.0 m 以下的时间将比现状提前 7~10 天。由于东淝闸除险加固,东淝河下段治理,瓦埠湖正常蓄水位可提升至 18.3 m,增加供水能力 4400 万 m^3。

（2）增建支流拦水工程,提高雨洪资源利用率

由于瓦埠湖具有行蓄洪和供水双重功能,加大湖区洪水的利用程度,仅依靠抬高湖区正常蓄水位是难以提高流域供水利用效率的。所以,在此基础上,还应考虑采取面上工程加强利用流域洪水资源,坦化洪水过程,即"点面结合"。利用流域河网的调蓄功能,使洪水在入湖之前能够分级调节。利用江淮分水岭的地形地貌,兴建分洪闸门、滚水坝等拦水工程,增加蓄水量,提高雨洪的利用率。

（3）利用雨洪资源,改善生态环境

瓦埠湖区域经济处于快速发展阶段,用水量急剧增加,干旱年份许多支流断流,大量未经处理的生产与生活废弃物长期滞留于河道之内,造成严重污染。洪水利用不仅需弥补水资源不足还要发挥其修复流域生态的特性,发挥其改善环境的功效。因此,不宜将一场洪水尽数排放入海,原则上应以洪水前峰的水量清洗河道,改善环境,而尽量利用其余部分补充水资源,修复流域生态。

2. 提高水库汛限水位或蓄洪水位,增加供水能力

挖掘大中型水库的防洪调度与兴利的潜力,是洪水资源化利用的主要手段之一。流域内的水库主要是在 50~60 年代大规模群众兴修水利运动中建成的,存在质量和保坝标准不高等问题。经过 80 年代以来的不断除险加固,大部分水库已达

设计标准,在充分论证的基础上,一定程度上提高区内水库的汛限水位,甚至超蓄洪水也是可行的。具体措施包括:一是水库大坝除险加固,以逐步抬高汛限水位。随着水文系列的延长,对大型水库洪水设计进行复核,校算各级设计水位;水库调度改一级控制为多级控制以提高汛限水位;实行分期汛限水位调度。二是通过科学分析提高汛限水位,如利用卫星云图、雨水情遥测系统等现代化手段,实施预蓄预泄、预报调度、考虑天气预报延长预见期等水库调度方式,在保证安全的前提下多蓄水,通过不失时机地抓蓄后汛期洪水,增加水库蓄水量。三是应用科学手段,提高调度水平和洪水预见期。

3. 江淮分水岭易旱地区规划治理

（1）加强水利基础设施建设

采取工程措施与非工程措施并举,通过引、拦、蓄、节等方式,实现对水资源的高效利用、优化配置、全面节约和有效保护。以淠史杭、驷马山和女山湖等大中型灌区续建配套和中小型水库除险加固为基础,以"挖深扩容"为重点,改造建设大中塘,充分拦蓄当地径流,提高塘坝蓄水能力,巩固水源建设成果;加大明渠、低压输水管网及小型提水泵站建设规模,加大沟河渠清淤力度,扩大自流灌溉。全面提高灌溉覆盖率,增加有效灌溉面积,增强抗旱能力。

（2）大力推广节水灌溉技术

突出抓好以中低产田改造为重点的农田水利基础设施建设,改善基本农田生产条件,加快实施灌区续建配套工程建设,因地制宜推广喷灌、滴灌、管灌、微喷灌及非充分灌溉技术,改进地面灌溉条件,扩大节水灌溉面积,增强蓄水和抗旱能力。

（3）加快高标准农田建设

实行严格的耕地保护制度,确保总量不减、用途不改、质量不降。按照统筹规划、分工协作、集中投入、连片推进的要求,加快推进基本农田整治和高标准农田建设。按照"谁复垦、谁受益"的原则,重点对工矿用地的废弃地、停产的砖瓦窑场、迁村并点后的宅基地等进行复垦,扩大未利用土地复垦面积;按照"稳产高产,旱涝保收,节水高效"的标准,通过工程和非工程措施,加强基本农田改造,建设一批高标准农田;围绕沟、渠、田、林、路、井综合治理,加快中低产田改造,推进农业综合开发、基本农田整治、土壤改良、灌区末级渠系节水改造和田间工程配套设施建设;结合土地流转,推进农业适度规模经营;发挥分水岭示范片建设示范带动作用,推进现代高效农业的发展,提高土地产出率。推进农业结构转型升级。

（4）岭区生态环境建设

以"把树种上"为主向生态保护和利用、发展特色林产品转变。重点治理区新增造林面积141.1万亩。2010年森林覆盖率达到22.5%,比2005年增加1.2个百分点,与全省的差距由1997年治理开发初期的10.2个百分点缩小到5.5个百分点。"十二五"期间将新增造林100万亩以上,森林覆盖率达到23.5%左右,水土流失得到进一步治理。

（5）优化产业结构，发展特色产业，提高节水水平

农业生产以"把结构调优"向建立主导产业体系转变。一是粮食生产连年丰收，为支撑区域乃至全省经济发展作出了重要贡献。2010年重点治理区粮食产量达808.3万t，比2005年增长34.2%。二是农业结构不断优化。通过发展适应性农业，具有区域特色的旱作节水农业比重增大，特色产业渐成规模，逐步建成棚室蔬菜、草莓、畜禽生产、双低油菜、低油花生等一批优势特色农产品基地。2010年农林牧渔业产值比为49.4∶3.9∶35.9∶10.8，养殖业比重分别比1997年、2005年提高了6.7和2.6个百分点。三是农业产业化蓬勃发展，产业体系不断完善，区域化布局、规模化生产逐步成型。

（6）加快实施农村饮水安全工程

以中型及小（一）型水库为依托，积极推进集中供水工程建设，延伸集中供水管网，有条件的地方发展城乡一体化供水；继续加强饮水井建设，合理利用地下水；加强饮用水水源保护和水质监测；基本解决农村人口饮水安全问题。

4. 巢湖生态环境与供水安全保障技术研究

（1）流域特征

巢湖流域内共有小河流33条，分为7条水系。主要集水范围包括合肥市、巢湖市等，是安徽省的主要产粮区。主要入湖河道杭埠河～丰乐河、派河、南淝河、白石山河等四条河流占流域径流量90%以上，其中杭埠河～丰乐河是注入巢湖水量最大的河流。其次为南淝河、白石山河，分别占总径流量的65.1%、10.9%和9.4%。巢湖流域内各水系主要是以西水补给，因此，巢湖水量和水位明显受河流水情控制。裕溪河源出巢湖东，是巢湖唯一入江通道。

（2）水质状况

巢湖汇水面积较大，沿岸线较长，沿线城市较多，这些城市由于管网系统不完善，且大多采用的是合流制排水，截留倍数设计不当，致使大量的生活污水和工业废水以及部分雨水直接溢流通过河道进入巢湖，再加上农业面源污染，使巢湖水体污染、富营养化严重。

（3）治理措施

① 强化工业企业环境监管，提高工业企业环保标准。

巢湖流域工业企业全面执行国家《污水综合排放标准》或相应行业一级排放标准。对达不到排放标准的企业，实行停产整顿。严格排污许可证管理，所有排污单位实行持证排污，未获得排污许可的企业一律不得生产，超标排污的一律停产整顿或关闭。

② 大力推进经济结构调整。

全面禁止新上产业政策限制类、淘汰类项目和增加氮磷污染的项目。鼓励工

业企业开展循环经济建设和清洁生产审核工作,重点扶持建设一批污染物"零排放"的示范企业。

③ 加快污染处理设施建设,切实提高城镇污水处理率。

流域所有县城所在镇污水处理厂建成后第一年运行负荷率要达到 60% 以上,第三年起要达到 75% 以上。全面提高城镇污水处理标准。所有污水处理厂都要安装自动在线监测装置,并与环保部门联网,保证稳定达标运行,对未按规定运行和超标准排放的污水处理厂,要依法依规进行处罚,并加倍征收排污费。

④ 防治农业面源污染。

大力发展现代农业,建立有机农业和生态农业评价体系及标准,引导农民积极调整种植结构,建设无公害农产品、绿色食品和有机食品生产基地。大力提高农业标准化生产水平,全面推广测土配方施肥、农药减量增效控污等先进适用技术。推进农业废弃物综合利用,实施乡村清洁工程,建设农作物秸秆、农村生活污水及垃圾、人畜粪便等农村废弃物处理和综合利用设施,推广"组保洁、村收集、镇转运、县处置"的城乡统筹垃圾处理模式,减少农村生产生活污染物排放。加强农业面源污染控制,巢湖沿湖 1 km 范围内禁止从事种植蔬菜、花卉等施用化肥强度大的农业活动,禁止鱼塘养鱼。在面广量大的农村居住点,要广泛推广应用沼气净化池、人工湿地等生活污水处理适用技术,因地制宜地处理农户生活污水。

⑤ 控制畜禽养殖污染。

加强畜禽养殖污染达标管理。规模化畜禽养殖场按照工业污染源管理要求,从环境影响评价、"三同时"、排污申报、排污收费、排污许可证和污染限期治理等方面,依法加强环境监管,限期实现达标排放。积极采用沼气工程、加工有机肥料等综合利用方式,加强畜禽粪便的资源化利用。实施畜禽养殖综合整治,巢湖沿湖 3 km 范围内划定为畜禽禁养区。

⑥ 推进内源治理及生态修复。

加大内源污染治理力度,推广湖泊自然放养,2008 年底前巢湖湖区全面取缔湖泊围网养殖,广泛放养和种植有利于净化水体的水生动植物,提高湖泊自净能力。加强船舶环境管理,严把入湖船舶签证关,加强对进入巢湖水域船舶防污设施装备及使用情况的检查。在巢湖沿湖 1 km、主要水源保护区周边 2 km、入湖河道上溯 10 km 两侧各 500 m 等范围内,有计划、有步骤地实施退耕、退渔、退养,还林、还湖、还湿地,建设生态隔离带。在上游地区进行小流域综合治理,涵养水土,保护水质。

⑦ 加强流域水环境管理,强化饮用水源环境管理。

所有集中式饮用水源地划定保护区,确界立牌,全面实施生态隔离、防护等工程措施,防止蓝藻集聚污染。流域各市、县要抓紧规划建设备用水源地和应急水源地,提高应急保障能力。对主要入湖河道逐条进行综合治理和实施生态恢复,改善入湖河流水质。防治蓝藻污染。制定水华暴发处置预案,建立例行的打捞蓝藻作业制度,组织专业队伍,提高机械装备水平,增强打捞效率,努力做到"日产日清"。

⑧ 建立防污控污责任体系和建立防污控污责任机制。

流域各级政府要切实加强对水污染综合整治工作的组织领导,成立水污染综合整治领导机构,制定分年度实施的工作方案,明确各级地方政府及相关部门的责任、分工和进度要求,并层层签订目标责任书,建立水污染防控长效机制。定期公布巢湖地区主要污染物减排和治污工程完成情况,接受社会和群众监督。建立环保一票否决制度。

⑨ 野生动植物生物多样性保护及恢复工程。

在大力宣传增强法制观念的同时,组织力量开展对野生动植物资源的调查和科研活动。为保护和恢复巢湖的生态环境,维持生物多样性提供科学依据。建立一批珍贵动植物保护和繁殖基地,促进野生动植物资源的恢复和增长。禁止一切形式的围湖造地、围湖造池和占用湿地的违法行为,保障野生动植物繁衍的栖息地。严厉打击滥捕、乱采、偷猎及倒卖走私野生动植物的违法犯罪活动,严禁休渔期、禁捕期期间捕捞生产。树立人类爱护野生动植物的良好风尚。

⑩ 生态防护林建设工程。

为保证沿湖湿地的稳定性,湿地外围一定距离内植树造林,行程围绕沿湖湿地的防护林带。该防护林带的作用,一可保持水土,防止地表径流冲刷对湿地的淤积;二可含蓄水源,起到对湿地水量调控,保持湿地面积稳定的作用。沿湖、河、沟、渠等宜林地带逐步退耕还林、退建还林、林木种植实行乔灌结合,发挥其护坡、护堤及涵养水源的作用,达到水土保持、拦截农田回流水,固定农田回流水的氮、磷、农药等污染物质,使水质得到初步净化。

（4）供水保障

巢湖水质的根本好转对区域水资源配置有着极其重要的作用。当巢湖水质达到一般工业和农业灌溉用水水质要求时,不仅合肥市可通过分质使用,也可向江淮分水岭缺水区域滁河灌区置换大别山优质水源作为区域生活用水。可通过"引巢济滁"、"引巢济淠"及"引巢济淮"工程,缓解江淮分水岭缺水地区、沿淮淮北地区及皖东的滁州部分地区水资源供需矛盾。

根据规划设计,巢湖水质改善后,引巢济淠年均置换水量达 2.5 亿 m^3。

由于巢湖水质污染严重,2005 年合肥市停止从巢湖取水,在此之前,合肥第四、第五水厂和部分自备水厂从巢湖取水,合计取水能力 67.5 万 m^3/日,实际年取水量 16400 万 m^3。

鉴于合肥市淠河灌区、各干渠、分干渠处于淠河全灌区尾部,由于供水水源不足且不及时,需从巢湖补给水量。根据淠河灌区有关规划调节计算成果推算,现状水平年 95%、97%保证率条件下需补给水量 8500 万 m^3。

（5）骨干水源工程建设

① 引江济巢生态引水工程。

我省自 2004 年提出引江济巢工程后,2006 年年底正式启动了有关前期论证工作,2007 年 12 月完成了引江济巢工程项目建议书及相关重大专题编制任务。引江济巢工程由新辟线路和现有线路扩疏组成,新辟引江线路自安庆枞阳闸引江入菜子湖调蓄后,向北经孔城河过分水岭由白石天河注入巢湖,输水线路全长约 113 km,河道断面按满足Ⅲ级航道 60 m 底宽设计,引江流量 200 m^3/s 以上,涉及安庆市的枞阳县、宜秀区、桐城市和巢湖市的庐江县,永久占地近 2.0 万亩,拆迁房屋 37.4 万 m^3,安置人口 1.54 万人(其中搬迁人口近 0.9 万人),土石方开挖约 1.0 亿 m^3,工程估算投资约 86.5 亿元。此外,结合巢湖防洪和供水要求利用凤凰颈闸及西河、兆河现有线路应急扩疏,使现有线路引江规模由 20~30 m^3/s 增加至 100 m^3/s 以上,需投资 3.3 亿元。引江济巢工程实施后,年均新增引江水量约 12 亿 m^3,约占巢湖正常库容的 70%,其中利用现有引江线路扩疏增加 1.0 亿 m^3,新辟引江线路增加 11.0 亿 m^3,可使巢湖基本恢复至建闸前江湖交换规模,水体自然更新周期由现在的 12 年减少为不足 2 年,配合巢湖流域污染源治理,在实施引江济巢 3 年左右后,全湖水质能稳定在Ⅳ类及以下,可有效改善西半湖水质和抑制蓝藻暴发。

② 大、中型水库工程建设。

a. 新建江巷水库。

定远县地处江淮分水岭北部,为驷马山灌区、淠史杭灌区及炉桥灌区的末梢,上述三个灌区水源目前难以引入连江区域,加上当地降雨偏少,造成干旱灾害发生频繁。在历次水利规划中,都多次提出兴建江巷水库、以解决当地百万亩农田的灌溉用水问题,同时对防洪减灾有着重要意义,后都因资金短缺等问题而没能批复。

经全面论证分析,江巷水库选址在定远县连江镇,水库控制流域面积 735 km^2,设计总库容 3.44 亿 m^3,其中兴利库容 1.29 亿 m^3。建成后年均可供灌溉用水和城乡生活水 9285 万 m^3,近期灌溉面积 29 万亩,远期结合驷马山引江灌溉工程引江补源,并和灌区范围内 11 座中型水库联合调度运用,设计灌溉面积可达 107 万亩。同时,结合下游河道整治,将坝址以下至石角桥段沿河两岸畈地防洪标准由现状 3~5 年一遇提高到 10 年一遇。

b. 新建靠山水库。

为解决定远县北部沿山区严重缺水问题,计划新建靠山水库作为定远县北部沿山地区农业灌溉备用水源;水库来水面积 26.5 km^2,兴利库容 760 万 m^3,总库容 1250 万 m^3;同时远期也可作为炉桥盐化工项目的应急备用水源。

c. 新建马桥水库。

新建马桥水库作为定远县中部缺水区的农业灌溉备用水源。马桥水库工程是原计划兴建的一座中型水库工程,位于定远县张桥镇境内,该水库净来水面积 144 km^2,总库容 6390 万 m^3,兴利库容 4440 万 m^3,兴利水位 48.15 m,设计灌溉面积

13.09 万亩。

d. 新建储城寺水库。

储城寺水库位于定远县蒋集镇境内,规划作为解决定远县西南地区严重缺水地区农业灌溉的主要水源地,水库来水面积 28.5 km^2,兴利库容 810 万 m^3,总库容1265 万 m^3。

e. 凤凰台和张公桥中型水库。

六安市规划,至 2020 年新建凤凰台和张公桥 2 座中型水库,总库容 2850 万m^3,兴利库容 1903 万 m^3,设计灌溉面积 6.7 万亩,可解决 5.7 万人安全饮水问题。

③ 引江济肥工程。

引江济肥,从驷马山引江工程引水入滁河干渠,再从众兴水库进入合肥市区。目前肥东县境"三水"基本沟通,尚有 4.6 km 渠道尚未沟通且渠道断面偏小。从长江引水,水源是有保障的,是合肥市特枯水年的战略水源。但涉及两个地市,存在协调问题和驷马山引江工程配套及沿途水质问题,且多级提水使其成本较高。合肥市经济发展的趋势使用水需求增加很快,建议作为大旱年应急水源。

④ 引江济淮工程。

引江济淮工程是一项以城市、工业供水为主,兼有农业灌溉补水、生态环境改善和发展航运等综合效益的大型跨流域调水工程。工程以长江为水源,注入巢湖调蓄后经派河翻越江淮分水岭入瓦埠湖,再送入淮河干流蚌埠闸上。供水范围主要为安徽省沿淮淮北地区和线路途经地区,受水区内的重要城市有合肥、巢湖、蚌埠、淮南、阜阳、宿州、淮北、亳州等市。

引江济淮工程建成后,六安市作为引江济淮工程重要受水区之一,2020 年可向江淮分水岭区域多年平均补水 6 亿 m^3,2030 年可向六安市多年平均补水量为 8亿 m^3,工程建成后,可为区域提供安全可靠的补充水源,改善和发展淠河尾部约面积 130 万亩灌溉面积。此外,还可相机增加淮河生态用水,改善重点水域水环境。

⑤ 建设引龙入肥工程。

从龙河口水库抽引山泉水供应合肥,被称为引龙入肥。而实施引龙入肥工程,是合肥市"十二五"水利发展规划的重点工程之一。初步选择肥西县磨墩水库作为受水调蓄水库,该工程规模也已明确,根据安徽中西部重点区域及淠史杭灌区水量分配初步方案,兼顾发展需要,龙河口输水工程应留有余地,设计引水规模以每年1.5 亿 m^3 为宜。在 50%保证率的一般年份,位于大别山区的龙河口水库将每年向合肥市提供城市用水 1.2 亿 m^3 优质水源。

7.3.1.2　蚌埠闸以上安全供水方案研究

根据前面章节供水安全综合评价结果,蚌埠闸以上地区抗风险能力薄弱,为了保障区域供水安全,在供水方案设计的时候,首先应当考虑在特枯年份供水风险高发时期,满足供水需要,以增强蚌埠闸以上地区抗风险能力,提高供水安全保障。因此,针对抗风险能力的不足,结合水资源调度技术,提出蚌埠闸以上特枯水期安全供水方案。

1. 特枯期水资源调度

在现状条件下,茨河、天河、凤阳山水库、新集站翻水、中水回用等水源因受供水工程的限制以及与其他已有的用水户矛盾,在特枯水期没有向蚌埠闸上供水的可能。根据各水源在特枯年的可供水量、工程(取水工程、输水工程)条件、特枯年取水与当地已有其他用水户的用水矛盾、蚌埠闸不同方案时蚌埠闸上地表水的调节计算成果等,拟定现状水资源、工程条件下的水资源应急调度方案以及在南水北调工程实施后的水资源应急调度方案。如表7.23所示。

表7.23　现状水资源、工程条件下及南水北调工程后水资源应急调度方案

方案	方案条件	方案内容
现状年1	已论证电厂没上马的条件	蚌埠闸上特枯水期限制用水的水资源调度方案
现状年2	已论证电厂上马的条件	蚌埠闸上地表水与淮河以南地下水、蚌埠淮河以北地下水联合调度方案
规划年3	南水北调工程未实施时	蚌埠闸上地表水、城区地下水与应急补水措施联合调度方案
规划年4	南水北调工程实施后	蚌埠闸上地表水与南水北调水源联合调度方案

(1) 现状条件下特枯水期水资源调度方案的措施

① 现状年,已论证电厂没上马的条件下。根据调节计算结果,现状年已论证的电厂(2×600 MW)没上马的情况下,在特枯水年通过控制蚌埠闸汛末的蓄水位(控制在17.5 m),限制上桥闸的翻水量和翻水水位(16.5 m时限制翻水)等措施,可以满足蚌埠闸上淮南、蚌埠段的用水。此时,闸上的最低水位将达到15.3 m(旬平均)。

② 现状年已论证电厂上马的条件下。在现状年已论证电厂上马的条件下的水资源调度方案是蚌埠闸上地表水与蚌埠淮河以北、淮南市城区地下水联合调度方案。根据特枯期蚌埠闸上地表水调节计算结果,具体的调度措施如表7.24所示。

表7.24　现状条件下特枯期水资源调度具体措施表(已论证电厂上马)

蚌埠闸水位(m)	具体措施
16.5	研究河段工农业生产基本不受影响,各取水口可以正常取水;可保证研究河段境内两市居民生活及电厂、煤矿等骨干企业的用水安全
16	(1) 限制农业灌溉用水,推广使用旱地龙延长作物抗旱期; (2) 采取限制用水措施,按用水定额限制用水,城区居民综合用水额为每人每天控制在150 L以内; (3) 城市公共服务性行业,采取控制用水措施

续表

蚌埠闸水位(m)	具体措施
15.5	(1) 蚌埠、淮南两市应停止农业灌溉用水,推广使用旱地龙延长作物抗旱期,同时可适当调整农业种植结构,组织农民做好以副补农、以秋补夏等工作; (2) 淮南、蚌埠两市应停止在各补水水源区域内的农业灌溉用水的提取; (3) 限制公用服务性用水,公共事业市政用水可采取中水,逐步关闭桑拿、浴池、游泳池、洗车场,限制宾馆、饭店和酒店等非生产性用水,一般工业企业实行计划限量用水,同时实施居民节约用水,并采取措施按用水定额限制用水,城区居民综合用水定额为每人每天 150 L,对企业和居民超量用水实施超价收费; (4) 严格控制区域内城市污水排放量,严格控制达标排放,逐步关闭污水排放量较大、不影响国计民生且效益较低的企业
15	(1) 两市停止使用自来水的公用服务性用水,对大部分一般工业企业停止供水,尤其停止低效益高耗水企业用水。以最大限度保证城区居民生活用水以及平圩电厂,洛河电厂,已论证的田集、凤台、蚌埠等电厂用水,淮南化工总厂,丰原集团,沿淮煤矿等较大的企业用水; (2) 全面停止农业灌溉用水,可分散打小井抽取浅层地下水灌溉农作物; (3) 集中利用城区分散的深井,作为居民生活用水主要水源之一并统一调配。淮南市现有深井可取地下水量为 2.0 万 m^3/日,蚌埠市淮河以南以及小蚌埠中深层地下水可供水量可适度开采 10 万 m^3/日,以供城市居民生活用水; (4) 在允许使用的取水口因地制宜建立多种形式喂水站,针对各取水口的具体情况,因地制宜地实施降低自来水厂取水口高程、建喂水站、取水口清淤、开挖引水渠等工程措施,以保证取水通畅。建临时泵站,着重做好淮南一、三、四水厂,望峰岗水厂和蚌埠三水厂等自来水厂的喂水工作,保证各取水口能取到足够的水量; (5) 城市居民实施限额定时供水,综合定额每人每天 110 L
低于 15	除了采取以上措施,拟采取以下翻水措施: 在实施从蚌埠闸上应急补水时,首先确保五河新集泵站满负荷向怀洪新河翻水,同时严格限制怀洪新河两岸的农业用水。当蚌埠闸上水位低于 15.0 m 时,在新胡洼闸架设临时泵站向蚌埠闸上翻水,弥补闸上水源的不足

(2) 规划年特枯水期水资源调度方案措施

规划水平年的特枯水期,蚌埠闸上的水资源调度方案为闸上地表水、调(翻)水、城区中深层地下水三水源联合方案。根据该取水方案的可供水量以及供水保证率情况分析,提出了南水北调工程实施后特枯水期不同蓄水位情况下的限制用水措施。如表 7.25 所示。

表 7.25　规划年(南水北调实施后)特枯期水资源调度具体措施表

蚌埠闸蓄水位(m)		具体措施
16.5	非汛期 (秋季)	研究河段内工农业生产基本不受影响,各取水口可正常取水;可保证该河段境内电厂、煤矿等骨干企业及两市居民生活的供水安全;当水位低于 16.5 m 时,停止全河段的农业取水以及内河从淮河翻水
	汛期 (夏季)	研究河段内工农业生产基本不受影响,各取水口可正常取水;可保证该河段境内电厂、煤矿等骨干企业及两市居民生活的供水安全;当水位低于 16.5 m 时,限制全河段的农业取水停止内河从淮河翻水
16	非汛期 (秋季)	(1) 停止农业灌溉用水,推广使用旱地龙延长作物抗旱期,采用当地河流地表水和浅层地下水抗旱; (2) 全市节约用水,并采取措施按用水定额限制用水,城区居民综合用水定额为每人每天 240 L
	汛期(夏季)	(1) 制定服务性用水的具体限制用水措施; (2) 做好新集站或五河站向蚌埠闸上补水的准备工作
15.5	非汛期 (秋季)	(1) 蚌埠、淮南两市应停止农业灌溉用水,推广使用旱地龙延长作物抗旱期,同时可适当调整农业种植结构,组织农民做好以副补农、以秋补夏等工作; (2) 淮南、蚌埠两市应停止在各补水水源区域内的农业灌溉用水的提取; (3) 限制公用服务性用水,公共事业市政用水可采取中水,逐步关闭桑拿、浴池、游泳池、洗车场,限制宾馆、饭店和酒店等非生产性用水,一般工业企业实行计划限量用水,同时实施居民用水节约用水,并采取措施按用水定额限制用水,城区居民综合用水定额为每人每天 150 L,对企业和居民超量用水实施超价收费; (4) 严格控制区域内城市污水排放量,严格控制达标排放,逐步关闭污水排放量较大、不影响国计民生且效益较低的企业; (5) 按照补水计划,实施新集翻水站或五河站向蚌埠闸上补水
	汛期 (夏季)	(1) 其他措施同非汛期; (2) 禁止上桥闸等内河翻水; (3) 按照补水计划,实施新集翻水站或五河站向蚌埠闸上补水

在规划水平年,南水北调工程未实施的情况下,其具体的水资源调度措施同现状年,但在蚌埠闸上水位低于 15.5 m 时,就要启动翻水方案。

(3) 应急期供水秩序

根据《水法》等法律法规,应急期的用水先后次序拟定如下:

① 优先确保城市居民生活用水,保证机关、学校、军队、医院、交通、邮电、旅馆、饭店、百货商店、消防、城市环卫业公共用水。应急期间限制空调、浴池、公园娱

乐、洗车等非生产性用水大户的用水。

② 根据调节计算结果,应急期在没有外调水源的情况下,要压缩淮南、蚌埠两市的一般工业用水,两市应制定一般工业供水压缩方案,在限额供水的条件下,尽量保证市区电力工业、重点企业的用水要求。

③ 在枯水年的应急期要全面停止农业灌溉用水。

(4) 应急期节约(压缩)用水方案

① 根据调节计算结果,制定应急期蚌埠市、淮南市区限制供水方案。市民人均用水量比正常时期减少20%,必要的城市公共生活供水量减少30%左右,必要的工业按上文压缩削减供用水量的原则,逐户落实。

② 推广节水器具和节水技术,分户装表(计量)率达到100%。

③ 制定应急期水价价格体系,如孔隙型地下水比正常期上浮20%,地表水源上浮15%。在应急期按上浮价格收费,超计划部分实行累进加价收费的办法。

2. 闸上应急补水措施

(1) 从蚌埠闸下翻水

取蚌埠闸下1961～2002年共42年的历年最低日、旬平均水位资料系列进行频率分析。经分析,50%、75%和95%保证率最低日平均水位分别为11.62 m、11.05 m和10.45 m;50%、75%和95%保证率最低旬平均水位分别为11.89 m、11.36 m和10.48 m。

根据《淮河中游河床演变与河道整治》(安徽省・淮委水利科学研究院,1998年)研究成果,当保证率$P=95\%$时,蚌埠闸下相应水位$H=10.45$ m。

(2) 新集站、五河站翻水

① 现状情况。

根据《蚌埠市城市供水水源规划报告》中的应急水源分析,在特殊干旱年份,建议由新集翻水站向蚌埠闸上补水。该站位于蚌埠闸下与洪泽湖之间淮河左岸张家沟口,距蚌埠闸40～50 km,设计流量15 m³/s。在干旱年份该站可抽蚌埠闸下河槽蓄水及倒引的洪泽湖水通过张家沟进入香涧湖,沿怀洪新河逐级翻到蚌埠闸上。如蚌埠闸上缺水,还可在胡洼闸设临时站抽水补充至蚌埠闸上,供城市用水。在南水北调东线工程未实施的情况下,在特别干旱年份洪泽湖的水质和水量均难以保证,新集站水源仍以淮河槽蓄水为主,由于水量有限,新集站在南水北调东线工程未实施的情况下,可在枯水期向蚌埠闸上供水1500万 m³。加之输水线路较长,沿途农业用水量大,翻水入蚌埠闸上后涉及淮南、蚌埠两市水量、水费分摊等问题,管理比较复杂。在现状条件下,即使启动新集站的翻水措施,因受翻水量的限制以及用水管理等原因,难以解决蚌埠闸上的缺水问题。

② 南水北调东线安徽配套工程("安徽淮水北调")规划情况。

引水条件及引水水源保证程度分析:根据洪泽湖实际水位控制运用现状、南水北调东线工程对洪泽湖控制运用的规划条件、淮河五河～洪泽湖段河道现状输水能力和洪泽湖老子站、淮河干流五河站历年实测资料综合分析,在保证率85%时,老子山站全年最低日平均水位 11.16 m,五河站全年最低日平均水位 10.97 m;在保证率97%时,老子山全年最低日平均水位 10.45 m,五河站全年最低日平均水位 10.40 m。

(3) 利用香涧湖、沱湖蓄水与淮河蚌埠闸联合调控

怀洪新河的主要任务是分泄淮河中游洪水,但河巷闸、新湖洼闸建成大大改善了其灌溉引水条件。西坝口闸、山西庄闸、新开沱河闸的建成,实现沱湖、香涧湖分蓄,又为抬高沱湖、香涧湖水带来了可能。香涧湖、沱湖湖底高程为 10.5~11 m,原由北店闸总控制正常蓄水位 13.50~13.80 m,香涧湖可调节库容约 1800 万 m^3,沱湖的可调节库容约 4500 万 m^3。怀洪新河建成两湖分蓄后,香涧湖正常水位为14.30 m,沱湖为 13.80 m,两湖可调节库容分别为 6500 万 m^3 和 5300 万 m^3。按照怀洪新河的设计标准,香涧湖、沱湖的蓄水位将分别蓄到 15.30 m 和 14.80 m,两湖的可调节库容分别是 1.35 亿 m^3 和 1.1 亿 m^3,合计为 2.45 亿 m^3,与目前蚌埠闸上调节库容相当。

3. 应急调度方案实施的保障措施

(1) 特枯期水情监测预报与预警分析

水务水情分析工作主要是依据各部门提供监测的旱情旱灾信息进行整理和分析,然后制定紧急预案提交政府决策分析、分步实施并检查,预警工作在分析阶段要重视气象预测工作,特别是大范围的气象预测工作,充分利用现状水文信息收集、水情预报和管理技术,进一步研究避免和降低相应风险的措施。

(2) 组织发动措施

安徽省以及蚌埠市、淮南市人民政府发出抗旱紧急通知,派出抗旱检查组、督查组,深入受旱地区指导抗旱救灾工作。根据旱情的发展,省防指宣布进入紧急抗旱期;蚌埠市、淮南市防指召开紧急会议,全面部署抗旱工作;每天组织抗旱会商;做好蚌埠闸上骨干水源的统一调度和管理;向国家申请特大抗旱经费,请求省政府从省长预备费中安排必要的资金,支持抗旱减灾工作;动员受旱地区抗旱服务组织开展抗旱服务;不定期召开新闻发布会,通报旱情旱灾及抗旱情况;气象部门跟踪天气变化,捕捉战机,全力开展人工增雨作业。

(3) 水资源管理措施

① 加强该河段应急期的水资源统一管理,包括供水、用水、排污的全面统一管理。

② 加强供水设施管理,查漏抢修,减少水量损失。

③ 根据应急期的节约用水方案,加强节约用水的管理,确保该方案的实施。

④ 根据蚌埠闸上应急期水资源调度措施,加强沿河各用水户的用水管理,在不同的蓄水位,应限制农业等用水户的用水,以确保应急期水资源调度措施的全面实施。

7.3.2　皖中皖北地区主要城市安全供水保障技术研究

7.3.2.1　安全供水方案计算

根据皖中皖北地区的河流特征、水资源分布状况、供水工程等现状资料和规划资料,利用上述模型计算皖中皖北典型城市 2020 年规划水平年的供水配置状况,计算结果如表 7.26 所示。

表 7.26　皖中皖北地区规划水平年(2020)供水配置成果表　　单位:万 m³

行政区	按水源分类					按用水户分类								
						城镇				农村				
	地表水	其中:外流域调水	地下水	其他	合计	生活	生产	生态	小计	生活	生产	生态	小计	合计
合肥	50.63	19.52	0.47	0.00	50.63	3.72	21.31	0.34	25.37	0.82	20.21	0.54	21.57	46.94
六安	34.09	1.02	0.52	0.00	34.61	2.65	4.67	0.18	7.50	1.15	20.16	0.21	21.52	29.02
滁州	36.10	1.99	0.56	2.05	36.66	1.26	7.91	0.28	9.45	0.68	13.71	0.33	14.72	24.17
阜阳	17.59	2.28	7.96	0.59	28.41	2.99	5.84	0.45	9.27	1.38	17.68	0.08	19.14	28.41
蚌埠	10.58	1.40	0.84	0.35	13.17	0.86	5.64	0.14	6.64	0.14	6.28	0.11	6.53	13.17
淮北	2.77	4.98	1.07	0.80	9.63	0.94	4.71	0.14	5.79	0.21	3.29	0.33	3.83	9.63
淮南	24.37	1.08	0.76	1.22	27.43	1.11	16.59	0.19	17.89	0.23	9.28	0.02	9.53	27.43

7.3.2.2　安全供水方案技术分析

1. 合肥市

(1) 水资源配置

合肥都市的生态空间组织可概括为:"一湖、两库、三河、四区",其中,"一湖"是指巢湖,它是都市区中最大的水体生态空间;"两库"是指董铺、大房郢水库,它们是最贴近市区中心的蓝色生态空间;"三河"是指贯穿于都市区的三条主要的河流,即南淝河、上派河、店埠河;"四区"是指分别楔入都市区城镇空间的四大片生态景观绿地。通过都市区的生态空间组织,使得合肥市原有的翠绿绕城、田园入锲的形态特征得到保持和延续。

按照大合肥全新规划,未来合肥的空间布局将由原先的"141"优化成"1331"空间布局,即"1"个主城区、"3"个副中心城区、"3"个产业新城、"1"个环巢湖示范区。未来巢湖水资源或将能够用于合肥人的非生活用水。作为核心资源保障,大城合肥水资源将引长江和巢湖水逐步置换出淠河总干渠优质的农灌水,保障用于合肥主城区和庐江县的工业及城镇生活用水。

利用现有输水工程,调引部分江水补给庐南钢铁工业基地和淠史杭灌区,构建"东西互补、南北共保"的多水源水资源配置格局。同时,合肥还将利用巢湖水源,增加巢湖水源对非生活用水的配置,实施分质供水,分类配水。

① 水资源配置思路。

根据上述合肥市水资源供需平衡分析结果,逐步调整供需两端方案,最终达到供需平衡。

方案1,"一次供需分析":进行水资源一次供需分析的目的是在无新增供水和节水等投入情况下,定量确定区域水资源供需前景,充分暴露发展进程中的水资源供需矛盾,是以现状为基础的未来最大供需缺口。一次平衡中的需水量指各个规划水平年社会经济按照当地政府制定的目标发展、节水措施正常投入、维持现状生态保护目标的需水量,即基本方案。供水量以现有水利设施不变,但扣除不合理的供水量如水质未达到用水户水质标准,即零方案。

方案2,"二次供需分析":若"一次供需分析"有缺口,在一次平衡基础上,立足当地水资源条件,在需求侧通过各种节水措施进一步压缩需求,进行水价调整和增强管理来抑制需水过快增长,即推荐方案;供给侧通过治污,在提高用水水质的同时,增加当地可利用水量,进一步挖掘区域内供水潜力。在抑制需求和增加供给两方面共同作用下,一次平衡的供需缺口将大幅度降低,二次平衡后的供需缺口实质上是充分发挥当地水资源承载能力条件下仍然不能解决的缺口,只有通过实施外流域调水工程解决。否则,缺水将转化为区域内社会经济损失,必须调整经济发展速度,适应水资源供给。

方案3,"三次供需分析":若"二次供需分析"仍有较大缺口,则考虑实施外调水源工程,同时考虑对外调水供水区的供水结构进行调整,力求实现"优水优用"和供需基本平衡。

合肥市水资源配置沿用此配置思路,逐次进行供需方案比较。

② 水资源配置方案。

根据合肥市水资源两次供需平衡分析,方案1不能满足未来社会经济发展的需求,水资源需求缺口较大,因此本规划推荐实施方案2。配置方案2作为推荐方案,同时考虑了节水工程的投入、本地新水源工程和境外引水工程的建设,通过各种生活、工业和农业节水措施,提高了水的利用效率,有效缓解了合肥市水资源的紧张局面。

本次围绕城乡饮水、农业生产、生态环境、重点工业等重点领域,确定了合肥市总体配置方案,并通过工程调配手段,进行区域水资源的优化配置,确定水资源配置总体布局。

合肥市的供水主要靠当地水库塘坝以及通过提、引、调外水组成:本地水库主要有以董铺、大房郢、众兴、磨墩为代表的大、中、小型水库以及相当数量的塘坝组成;现状条件下进入合肥市的外来供水水源由三部分组成(不含新划入的巢湖市、庐江县):一是淠河总干渠引水和调水;二是驷马山引江工程;三是瓦埠湖提水。

其中淠河总干渠通过瓦东、小蜀山、潜南、滁河分干渠为合肥市提供农业灌溉用水。而合肥市城市生活用水则通过淠河总干渠引致滁河干渠调水至董埔水库,经过调蓄后送至市自来水原水管网。而驷马山引江工程需通过驷马山灌区渠首工程从长江取水,经过和县境内引入滁河,通过滁河的反调节水库众兴水库供肥东县的生活和部分灌溉用水。另外,瓦东干渠的尾部及长丰县通过提取瓦埠湖水和高塘湖水作为灌溉和生活用水。

将供需平衡分析方案 2 作为推荐方案,同时考虑了节水工程的投入、本地新水源工程和境外引水工程的建设,通过各种生活、工业和农业节水措施,提高了水的利用效率,有效缓解了合肥市水资源紧张局面。

③ 配置成果分析。

规划年 2020 年:配置后 50%、75%、95%保证率年份用水量分别为 46.94 亿 m^3、51.91 亿 m^3、56.43 亿 m^3;供水量分别为 50.63 亿 m^3、51.38 亿 m^3、47.38 亿 m^3。50%保证率年型不缺水;75%保证率年型缺水 0.53 亿 m^3,缺水率为 1.02%,主要是农业缺水;95%保证率年型缺水 9.04 亿 m^3,缺水率为 16.03%,其中农业缺水 8.90 亿 m^3,生态缺水 0.14 亿 m^3。

④ 水资源配置实施方案。

合肥市城镇饮水规划主要针对水源地水源保证率、水量进行工程建设,针对水质进行水源地保护措施建设。

工程建设方案是根据合肥市城市水源地 2010 年、2020 年水平年水源初步供需平衡,对合肥市城市水源地工程建设规划提出初步方案并多次与市、县、区水务部门负责同志及技术负责人进行讨论协商。

a. 水源工程配置。

根据合肥市水利发展规划,合肥市水源工程建设项目近期完成岱山湖、管湾、魏老河、龙门寺、大官塘、磨墩、明城 7 座中型、11 座国家重点小(1)型水库和 26 座省计划小型水库除险加固任务和验收工作,完成 14 座国家重点小(1)型水库、28 座省级计划小(2)型水库除险加固任务。将完成淠史杭灌区瓦东干渠节制闸、进水闸、泄水闸更新改造,南淝河泄水闸下游河道整治,滁河干渠姚庙滑坡治理,滁河干渠六处滑坡治理,大蜀山分干渠肥西段除险加固工程,大蜀山分干渠(蜀山段)节水改造和驷马山灌区肥东县杨塘灌溉片老黄一级站改造等七处工程。小型农田水利重点县工程中,将抓好肥西、肥东和长丰三县小型农田水利重点县工程建设,积极引导和调动受益农民开展农村水系治理、河道清淤疏浚、河塘整治、引排水工程等面上农水工程建设。合肥市水源地工程规划建设如表 7.27 所示。

表 7.27　合肥市水源地工程规划建设表

序号	项目名称	受益区	项目性质	建设内容	新增供水量（亿 m³）	实施期
1	董铺水库扩容改造工程	合肥城区	改建	董铺、大房郢水库库容加固并抬高汛限水位等	0.6	2010～2020 年
2	引巢济肥置换水源工程	合肥城区	新建	利用艾岗等泵站改扩建,抽引巢湖水补给潜南、大小蜀山分干渠;利用原引巢济滁电灌渠道改造和撮镇、刘郢三站改扩建,抽引巢湖水补给滁河干渠;置换原用于农业灌溉的淠河优质水向合肥城区供水	2.0	2010～2020 年
3	张桥、蔡塘、大官塘中型水库新水源工程	合肥城区	新建	实现张桥、蔡塘、大官塘水库与董铺、大房郢水库优质水资源联合调度统一向合肥城区供水;完成大官塘水库除险加固,张桥、蔡塘等水库的供水配套与保护工程,使水库标准达到设计标准,提高蓄水能力	1.0	2010～2020 年
4	引龙入肥管道提(引)水工程	合肥城区	新建	从龙河口水库坝上至磨墩水库管道供水,输水管道长度 55 km,新建泵站或沿途加压站	1.2～1.5	2015～2020 年
5	合肥城区"分质供水"管网改造工程	合肥城区	改建	对合肥城区相对集中的工业户进行"分质供水"管网改造,改用巢湖水置换出优质水用于饮用水	1.0～1.2	2011～2020 年
6	董铺、大房郢水库上游7座小型水库加固工程	合肥城区	改扩建	董铺、大房郢水库上游梅冲、大桥湾、农冲坝、许湾、松棵、胡大塘、彭老堰7座小型水库加高加固,有效利用雨洪资源	0.05	2010～2020 年

续表

序号	项目名称	受益区	项目性质	建设内容	新增供水量（亿 m³）	实施期
7	磨墩水库及3座小型水库新水源工程	肥西县上派镇	新扩建	实现以磨墩水库（中型，现状水质Ⅱ类）为主体，联合潭冲、谢高塘、大官塘小型水库利用潜南干渠反调节的新水源工程；完成水库的除险加固，使水库标准达到设计标准提高蓄水能力；新建引水渠道工程	0.25	2011～2015年
8	丰乐河提水工程	肥西县上派镇	新建	从丰乐河肖家河提水进入五十埠分干渠至上派镇，新建 22 km 输水管道工程，新建泵站两座，引水流量 4 m³/s	0.90	2010～2020年
9	管湾、袁河西水库新水源工程	肥东县店埠镇、撮镇	新建	实现众兴水库为主体，管湾、袁河西中型水库供水群；管湾水库加高、加固及袁河西水库除险加固，使水库标准达到设计标准，增加调蓄能力	0.35	2010～2020年
10	袁河西～众兴水库输水管道工程	肥东县店埠镇、撮镇	新建	袁河西～管湾～众兴水库输水管道工程，长度 12 km。		2010～2020年
11	引巢济滁	肥东县店埠镇、撮镇	新建	利用撮镇电灌站及新建大李湾电灌站提引巢湖水至滁河干渠实施肥东县南水北调引巢济滁	0.2	2010～2020年
12	引江济滁	肥东县店埠镇、撮镇	新建	利用肥东驷马山引江工程，重点对袁河西水库至北张水库段渠道进行整治，完善渠道配套建筑物，增建翻水站一处及滁河干渠肥东段和黄町一级站出水渠水源保护等	0.15	2010～2020年

续表

序号	项目名称	受益区	项目性质	建设内容	新增供水量（亿 m³）	实施期
13	店埠河上段治理	肥东县店埠镇、撮镇	改扩建	众兴水库至大李湾橡胶坝段河道、橡胶坝工程改造，抬高蓄水位，增加调蓄能力	0.08	2010～2020 年
14	众兴水库上游三座小水库加固工程	肥东县店埠镇、撮镇	改扩建	众兴水库上游程段、元疃、关塘小型水库加固工程。	0.005	2010～2015 年
15	永丰水库及2座小型水库新水源工程	长丰县水湖镇	新建	实现以永丰水库（中型，现状水质为Ⅱ类）为主体及钱岗、伍岗小型水库利用瓦东干渠反调节的新水源工程；完成水库的除险加固，使水库标准达到设计标准，提高调蓄能力，新建永丰水库至县水厂16 km长的输水管道工程及水库间输水渠道及保护工程	0.15	2010～2015 年
16	庄墓河疏浚清淤工程	长丰县水湖镇	改扩建	长丰县水厂取水口位于庄墓河，现河道淤塞影响水厂取水，需疏浚清淤土方97万 m³		2007～2008 年
17	引江济巢（淮）	无为、安庆	新建	由新辟菜子湖引江线路和凤凰颈现有线路共同构建引江济巢工程体系	3.0	
	合肥市合计				11.44	

按受益城市划分，合肥市区水源工程建设项目7个，其中新增水源项目3个引巢济肥置换水源工程，张桥、蔡塘、大官塘中型水库新水源工程，引龙入城管道提（引）水工程），改扩建项目3个（董铺水库改造工程，合肥城区"分质供水"管网改造工程，董铺、大房郢水库上游7座小型水库加固以及合肥城区应急水源工程）；肥西县上派镇新增水源工程建设项目2个（磨墩水库及3座小型水库新水源工程、丰乐河提水工程）；肥东县店埠镇、撮镇水源工程建设项目3个，其中新增水源项目5个（管湾、袁河西水库新水源工程，袁河西～众兴水库输水管道工程，引巢济滁，引江济滁）；长丰县水湖镇水源工程建设项目2个，其中新建和改扩建项目各1个（永丰水库及2座小型水库新水源工程、庄墓河疏浚清淤工程）。合肥市供水水源线路如图7.11所示。

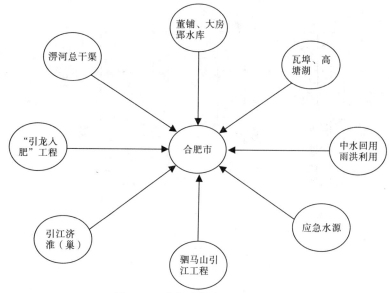

图 7.11　合肥市供水水源线路图

b. 节水工程。

i. 农业节水建设。

农业节水目标:合肥市灌溉水有效利用系数由现状的 0.45,2015 年提高至 0.54,2020 年提高至 0.57。全市在中等干旱年($P=75\%$)条件下,平均综合毛灌溉用水量由 2010 年(基准年)346.3 $\mathrm{m^3/}$亩,考虑节水后 2015 年降至 335.3 $\mathrm{m^3/}$亩,平均每亩降低 11 $\mathrm{m^3}$;2020 年降至 324.4 $\mathrm{m^3/}$亩(即推荐方案),比基本方案还要降低。全市农田灌溉需水量由 2010 年(基准年)9.44 亿 $\mathrm{m^3}$(有效灌溉面积 272.1 万亩),2015 年为 13.3 亿 $\mathrm{m^3}$(有效灌溉面积 396.7 万亩),2020 年 15.5 亿 $\mathrm{m^3}$(有效灌溉面积 477.8 万亩)。全市农业用水量呈下降趋势,抑制全市农业用水量总量增长。

ii. 工业节水建设。

工业节水的重点是通过产业结构战略调整和节水技术改造,控制用水量的增长,提高工业用水重复利用率,减少万元工业增加值用水量,提高中水回用率等。2016~2020 年:加强水平衡测试;通过对重点工业企业的供水系统和生产工艺、设备进行更新改造,以及废水处理能力的提高,使重点工业企业全部达到节水型企业标准,预计投资 13071 万元。

iii. 城镇生活和第三产业节水工程。

生活节水的重点是通过旧有输水管网、用水设备的改造更新、新型节水器具的普及以及加强节水宣传,加大节水管理力度改变人们用水观念,提高水利用系数,实现用水总量增长率的下降。其中,城市供水管网改造更新的投资已包括在城市饮用水源地建设中,这里不再重复计算。合肥市 2020 年水资源配置情况如图7.12、表 7.28 所示。

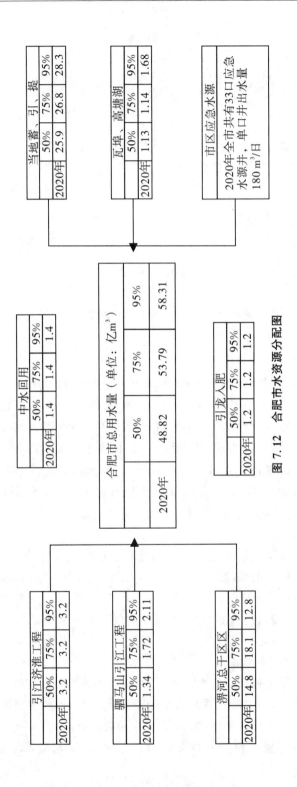

图 7.12　合肥市水资源分配图

表 7.28　2020 年合肥市水资源配置表(推荐方案)　　　　　　　单位:亿 m³

分区	保证率	需水量				供水量	缺水量					缺水率
		生活	生产	生态	合计		生活用水	工业用水	农业用水	环境用水	合计	
合肥市区	50%	2.63	7.61	0.78	11.03	11.49	0	0	0	0	0	0
	75%	2.63	8.78	0.78	12.20	12.65	0	0	0	0	0	0
	95%	2.63	9.84	0.78	13.26	11.90	0	0.80	0.20	0.35	1.35	10.20%
肥东县	50%	0.46	6.95	0.01	7.42	7.74	0	0	0	0	0	0
	75%	0.46	7.74	0.01	8.21	8.52	0	0	0	0	0	0
	95%	0.46	8.45	0.01	8.93	8.01	0	0.11	0.80	0	0.91	10.20%
肥西县	50%	0.45	6.43	0.01	6.88	7.17	0	0	0	0	0	0
	75%	0.45	7.15	0.01	7.61	7.90	0	0	0	0	0	0
	95%	0.45	7.82	0.01	8.28	7.43	0	0	0.84	0	0.84	10.20%
长丰县	50%	0.29	5.30	0.01	5.60	5.84	0	0	0	0	0	0
	75%	0.29	5.89	0.01	6.19	6.43	0	0	0	0	0	0
	95%	0.29	6.43	0.01	6.73	6.05	0	0	0.69	0	0.69	10.20%
巢湖市	50%	0.32	5.87	0.06	6.24	6.50	0	0	0	0	0	0
	75%	0.32	6.53	0.06	6.90	7.16	0	0	0	0	0	0
	95%	0.32	7.13	0.06	7.51	6.74	0	0	0.77	0	0.77	10.20%
庐江县	50%	0.39	9.37	0	9.76	10.17	0	0	0	0	0	0
	75%	0.39	10.40	0	10.79	11.20	0	0	0	0	0	0
	95%	0.39	11.34	0	11.73	10.53	0	0.10	1.10	0	1.20	10.20%
合肥市	50%	4.54	41.52	0.88	46.94	48.9049	0	0	0	0	0	0
	75%	4.54	46.49	0.88	51.91	53.8674	0	0	0	0	0	0
	95%	4.54	51.01	0.88	56.43	50.672	0	1.01	4.4	0.35	5.76	10.21%

　　董铺、大房郢水库:董铺、大房郢水库是合肥市区的主要饮用水水源,董铺水库总库容量 2.42 亿 m³,常年蓄水 6000 万～7000 万 m³。大房郢水库总库容量 1.84 亿 m³,常年蓄水 5000 万～6000 万 m³。保证率 95% 时,董铺水库可供水量 0.331 亿 m³,大房郢水库可供水量 0.294 亿 m³,两座水库合计可供水量 0.625 亿 m³。根据水库 2005～2010 年水质监测资料分析,董铺、大房郢水库目前水质为Ⅱ～Ⅲ类,个别采样点有部分测次会出现Ⅳ类,超标项目主要有高锰酸盐指数、氨氮、总磷。董铺、大房郢水库受来水面积和库容限制,可供水量不足。由于董铺、大房郢水库

已除险加固,设计标准得到了提高,可采取提高汛限水位增加库容,提高供水能力。根据董铺、大房郢水库运行调度方案和工程参数,汛限水位还有提高的空间,水库在安全指标内扩容,可增加库容 0.6 亿 m^3。

董铺、大房郢水库是合肥市城市饮用水水源地,均位于市区,周边人口稠密,经济发达,人为活动频繁,面源污染大,点源污染多。多个工业园区均位于水库二级保护区范围内,园区内工业企业密集,治污设施不配套,造成工业污染。两大水库上游农田大量施用化肥农药,村镇生产生活污水得不到处理,形成了面源污染。合肥市要加强饮用水源地保护立法和规划,尽早完成《董铺水库和大房郢水库保护区综合规划》,增加二级保护区面积。同时,强化饮用水源地保护和执法,实施董铺水库、大房郢水库水源地保护土地整治项目,尽快搬迁库区村庄和住户,启动饮用水源地水质监测预警系统,建立饮用水源地保护联席会议制度和联合执法机制,每年开展饮用水源地保护专项执法行动,关闭并取缔存在环境污染隐患的工业、畜禽养殖和餐饮企业。

巢湖供水水源:巢湖是我国五大淡水湖之一,也是我省第一大湖,水域分属巢湖市和合肥市,是一个半封闭型湖泊。湖泊面积 780 km^2,湖面东西长 61.7 km,南北宽 20.8 km,平均宽 15.1 km,最窄处约 7.5 km。湖底平坦,高程约 5~6 m,最低 4.61 m。多年平均蓄水位 8.42 m,相应库容 21 亿 m^3,洪水位 12 m 时总库容为 48.1 亿 m^3。多年平均入湖水量约 37 亿 m^3。通过凤凰颈站闸与长江沟通,供水保证率较高。巢湖目前以农业用水为主,是巢湖灌区的主要水源。巢湖水资源丰富,但水体富营养化,水质随季节而变化。近几年虽加大了治污力度,水质恶化趋势有所减缓,但污染状况并不乐观,基本为Ⅳ~Ⅴ类。主要超标项目:CODCr、总磷、总氮。由于巢湖水质不稳定,目前已停用,仅作为合肥市战略备用水源,该水源具有供水保证程度高,取水成本低,便于集中供水等特点。

安徽省计划用 5 年时间,使巢湖湖体富营养化加重趋势得到遏制,环湖支流水质明显改善,城镇生活污水处理率达到 80%,农村达到 20%,畜禽粪便处理率达到 50%。用十年时间,使巢湖水体达到Ⅲ~Ⅳ类标准,城镇生活污水处理率达 95%,农村生活污水处理率以及固体废弃物集中处理率达到 90% 以上;恢复建设沿湖湿地 30 km^2。若巢湖水质达到有效治理,符合生活饮用水标准,每年可向合肥市提供生活用水约 5 亿 m^3。若水质达到农业灌溉用水,每年可置换淠河总干渠用于农业灌溉的约 2 亿 m^3 优质水源供合肥市生活用水。

引巢济滁工程:众兴水库位于肥东县中北部,店埠河上游,是滁河干渠上的主要调节水库,总库容 9948 万 m^3,兴利库容 6187 万 m^3,死库容 663 万 m^3。水库上游来水面积 114 km^2,兴利水位 45.60 m(吴淞高程,下同),设计洪水位 46.38 m,校核洪水位 47.28 m。众兴水库是肥东水厂和肥东二水厂的主要饮用水源,目前水质为Ⅱ类,局部为Ⅲ类(高锰酸盐指数偏高),整个湖面处于中营养状态。众兴水库水质较好,但由于要灌溉淠河灌区肥东境内约 45 万亩的农田,因此干旱年份需从滁河干渠引水方可满足需要。肥东县、镇供水如要增加从众兴水库的取水量,则农田灌溉需要进行节水改造,同时还要寻找可靠的补给水源。引巢济滁工程即是利用撮镇电灌站及新建大李湾电灌站提引巢湖水至滁河干渠实施肥东县南水北调引巢济滁。工程实施后可用巢湖水 0.2 亿 m³。

中小型水库除险加固提高供水能力:蔡塘水库位于南淝河支流板桥河西支上游,滁河干渠上反调节水库之一,是双墩水厂的水源地,集水面积 26 km²,总库容 1400 万 m³。蔡塘水库目前水质基本为Ⅲ类,整个湖面处于中营养状态。潭冲水库位于肥西境内,是上派镇主要水源,总库容量 463 万 m³,兴利库容 305 万 m³,集水面积 5.7 km²,坝顶高程 31.53 m。目前水质基本为Ⅲ类,整个湖面处于富营养状态。目前蔡塘、潭冲水库水质较好,可通过干渠补给水量(蔡塘水库由滁河干渠补水、潭冲水库由潜南干渠补水),但由于库容小,蓄水有限,如供水量增大,需频繁补水;干旱季节,供水难以保证,仅可作为小型水厂水源。实现以磨墩水库(中型,现状水质Ⅱ类)为主体,联合潭冲、谢高塘、大官塘小型水库利用潜南干渠反调节的新水源工程,完成水库的除险加固,使水库标准达到设计标准提高蓄水能力;新建引水渠道工程,实现以众兴水库为主体,管湾、袁河西中型水库供水群,管湾水库加高、加固及袁河西水库除险加固,使水库标准达到设计标准,增加调蓄能力。以上工程实施后可增加供水能力 0.6 亿 m³。

淠河总干渠引水工程:淠河总干渠引水工程是淠史杭灌溉工程的重要组成部分,水源来自上游白莲崖、磨子潭、佛子岭和响洪甸四座大型水库的优质水源。合肥市处于淠河灌区下游,工程建成以来,进入合肥市的年均引水量 6.5~7.0 亿 m³,有效地灌溉面积 230 万亩。自 1980 年灌区开始向合肥市供水以来,显著改善了合肥市城区的饮用水水量和水质。用于城市的引水量随年度变化很大,据董铺水库管理处统计,2009 年、2010 年年均进入董铺、大房郢水库的补水量约为 2.0 亿 m³。

根据《安徽省水功能区划》,淠河灌区总干渠从渠首横排头枢纽至肥西县将军岭闸,全长 111.5 km,一级区划为淠河灌区总干渠六安合肥开发利用区,该水域是以农业用水为主,同时为六安和合肥两市提供饮用水源,按照优先保护饮用水源和保证农业用水水源的原则;二级区划为淠河灌区总干渠六安合肥饮用水源农业用水区。

由于该区具有向大中城市集中供水的功能,对其水质管理要求高,以保护饮用水源不受污染。该区控制断面现状水质为Ⅱ~Ⅲ类,水质管理目标 2020 年为Ⅱ类。

"引龙入肥"管道提(引)水工程:从龙河口水库坝上通过管道引水至磨墩水库,输水管道长度 55 km,新建泵站或沿途加压站。将龙河口优质水源引至合肥市作生活用水,年引水量 1.2~1.5 亿 m³。

水库水质总体良好,不含总磷、总氮评价,主要为Ⅰ~Ⅱ类;含总磷、总氮评价,全年水质为Ⅲ~Ⅳ类。所有水库中氨氮、高锰酸盐指数均达标,但总氮全部站点都高于 GB3838-2002 中的湖库Ⅱ类水限值;总磷在枯季(一般是 2 月、11 月)高于 GB3838-2002 中的湖库Ⅱ类限值。

(2) 应急供水预案

根据历史资料统计,合肥市自有资料以来最严重的旱情是连续三年干旱(三年降水频率均在 86%以上),最严重状况是淠河总干渠断流,上游大别山水库不得不动用死库容,给合肥市人民的生活和生产带来严重影响。具体措施详见本章特枯水及突发事件时期水资源应急方案。

2. 六安市

(1) 配置原则

根据水资源供需平衡分析成果,在一次平衡基础上,立足当地水资源条件,在需求上则通过各种节水措施进一步压缩需求,进行水价调整和增强管理来抑制需水过快增长,采用二次平衡成果即推荐方案;供给则通过治污,在提高用水水质的同时,增加当地可利用水量,进一步挖掘区域内供水潜力。在抑制需求和增加供给两方面共同作用下,一次平衡的供需缺口将大幅度降低,二次平衡后的供需缺口实质上是充分发挥当地水资源承载能力条件下仍然不能解决的缺口,只有通过实施外流域调水工程解决。否则,缺水将导致为区域内社会经济损失。必须调整经济发展速度,适应水资源供给。本次水资源配置方案以行政分区为单元,以采取强化节水措施的水资源供需平衡为基础,按照节水型社会建设进行用水定额控制,严格按照取水总量控制,抑制水资源需求过快增长,严格按照水功能区纳污能力进行入河排污总量控制,对全市水资源在经济社会系统和生态环境系统之间以及不同行业之间进行合理调配,使得水资源配置格局与经济社会发展及生态环境保护的要求相协调。在保障经济社会又好又快发展同时,有效保护水资源,维护生态平衡、改善环境质量。

(2) 配置目标

六安市水资源合理配置的目的是在查清六安市水资源数量、质量及其分布规律、水资源开发利用现状和存在问题以及社会经济发展历程的基础上,依据可持续发展的观点,按照高效、公平和多目标统筹兼顾协调的原则,通过工程与非工程措施,对各种可利用水源在不同区域、不同用水部间进行各水平年和不同来水保证率条件下的需求控制与调剂供给、合理配置,实现动态平衡,保障用水安全,支撑经济、社会的持续协调发展。

六安市水资源合理配置具体目标如下:

2020 年,在确保城乡居民生活用水和工业用水需求的前提下,在中等干旱年($P=75\%$)达到供需平衡,在特别干旱年份($P=95\%$)全市缺水率控制在 20%左右;进一步增加自然生态系统留用水量,改善河道外城镇生态环境,维持河湖一定的生态水位或流量。

（3）水量配置方案

① 城乡水量配置。

随着皖江城市带、合肥经济圈建设的发展,六安市可利用国家级平台参与长三角合作与分工,承接产业转移,加快与合肥等城市一体化进程,促进沿淮地区发展。全市经济总量持续增长,城镇化、工业化进程不断加快,对供水水量和供水水质都提出了新的更高要求。在保证城市和工业快速用水增长的同时,为保障粮食安全生产,未来 20~30 年,农业灌溉面积仍呈现缓慢增长趋势,农业灌溉保证率也需要稳定和提高,农村饮水困难亦需解决,城乡供水关系面临新情况和新挑战。

城乡水量总体配置需充分考虑水源条件、水质情况和调配手段,按照城乡统筹、以人为本、优水优用的要求,合理配置城乡需水,统筹城乡安全用水,促进城乡协调发展。

按可供水量计,2020 年城镇用水量较 2015 年进一步增加,为 7.5 亿 m³,随着农田灌溉节水的加强及农村人口的减少,农村用水量及所占比例较 2015 年有所减少,农村用水配置量减少至 21.52 亿 m³,城乡用水结构进一步调整为 25.84%、74.16%。

从上述配置结果可以看出在未来 20 年内六安市的不断建设,城市需水量呈长期增长趋势,城市配置水量比例在不断上升,随着农村人口减少及农业节水技术的运用,农村用水量呈逐年下降态势。

② 行业水量配置。

在水资源配置中,既要考虑水资源的有效供给保障经济社会的发展,同时经济社会发展也要适应水资源条件,根据水资源的承载能力安排产业结构与经济布局,通过水资源的高效利用促进经济增长方式的转变,统筹生活、生态、生产三者用水,优先保障城乡居民生活用水,有序安排生产用水,保证基本生态用水,满足居民生活水平提高、经济发展和环境改善的用水要求,实现水资源的高效持续利用。

按可供水量计,2020 年生活、工业、农业和河道外生态建设用水配置量分别为 3.80 亿 m³、4.67 亿 m³、20.16 亿 m³ 和 0.39 亿 m³,配置比例进一步调整为 13.09%、16.09%、69.47%、1.35%。

根据上述水资源分行业配置结果看出,规划水平年随着全市城市化和工业化进程的加快,生活用水、工业用水和生态环境用水占总配置水量不断增加,农业用水随着农业节水技术的不断进步所占比例在不断减少。

③ 供水水源配置。

供水水源配置是以强化节水模式下的供需平衡推荐方案为基础,根据流域和各区域的水资源条件和开发利用水平,合理调配地表水与地下水、当地水与外调水、天然水与再生水。通过合理开发地表水,科学利用地下水,充分利用外调水,努力使污水资源化,保障流域和区域经济社会的可持续发展。

2020 年配置供水量 34.61 亿 m³,比 2015 年增加 0.71 亿 m³,其中地表水供水量 33.58 亿 m^3，增加 0.65 亿 m^3；地下水供水量为 0.45 亿 m^3，维持与 2015 年一致；再生水、中深层地下水等其他水源供水量为 0.58 亿 m^3，比 2015 年增加 0.06 亿 m^3。

由供水水源配置成果可知，六安市供水水源配置中主要以地表水源为主，地下水供水量维持在基准年水平，规划水平年将不再增加，规划水平年其他水源主要为污水处理回用，该部分水量主要配置用于未来六安市部分工业用水和城市生态环境用水。

④ 跨流域水量配置。

引江济淮工程是解决安徽沿淮淮北和江淮分水岭地区水资源不足的重大跨流域调水工程。引江济淮工程的实施，将为缓解六安市未来水资源供需矛盾发挥重要作用。规划至 2020 年，通过引江济淮工程，六安市多年平均跨流域调入水量为 1.04 亿 m^3。

（4）配置成果分析

规划年 2020 年：配置后 50%、75%、95% 保证率年份用水量分别为 29.02 亿 m^3、38.4 亿 m^3、59.0 亿 m^3；供水量分别为 31.7 亿 m^3、41.5 亿 m^3、51.0 亿 m^3。50%、75% 保证率年型不缺水；95% 保证率年型缺水 8.0 亿 m^3，缺水率为 13.6%。其中，农业缺水 7.91 亿 m^3，生态缺水 0.08 亿 m^3。

（5）重大水资源配置工程

① 新建水库工程。

六安市规划至 2020 年新建凤凰台和张公桥 2 座中型水库，总库容 2850 万 m^3，兴利库容 1903 万 m^3，设计灌溉面积 6.7 万亩，可解决 5.7 万人安全饮水问题。

② 集中引水工程。

霍邱铁矿为一全隐伏型铁矿区，其范围南自马店镇的重新集，北至淮河，西自桥台—花园—四十里长山东侧一线，东至王截流—高塘集—何家圩子一线长约 32 km；东西宽约 5 km 自北向南分布有周集、张庄、刘塘坊、付老庄、李老庄、范桥、草楼、周油坊、吴集、重新集等 9 个大中型铁矿床。截至 2002 年年底查明霍邱铁矿资源储量 16.80 亿吨，远景储量 30 亿吨以上，是我国重要的铁矿资源。近年来，随着国内铁矿资源需求量的增大，霍邱铁矿开发势头迅猛，大昌矿业、开发矿业、诺普、金安、金日盛等有限公司相继进驻霍邱经济开发区，在建及拟建的铁矿项目有 10 余处，加之与铁矿相关的电厂、选矿厂、钢铁冶炼等企业的相继投产或规划建设，工业取水量增长迅速。建设开发区及矿区工业供水工程，统一向工矿企业供水，可有效保证霍邱经济开发区内工业项目用水要求，避免重复建设取水工程、节约资源、便于管理。

该供水工程取水水源为城西湖沿岗河地表水，并相继引提淮河水补充城西湖作为本工程的补充水源。本管道工程供水对象为区内所有的铁矿选矿厂、首矿大昌铁矿深加工项目、金钛水泥厂等,并预留一定的水量供今后的新增工业项目用水。在较充分考虑了项目节水、矿排水与工业园区中水利用因素后,规划设计取水规模为:近期 2020 年,设计年取水量 6573 万 m^3/a,源水泵站设计流量3.54 m^3/s。

③ 重大跨流域调水工程。

引江济淮工程是一项以城市、工业供水为主,兼有农业灌溉补水、生态环境改善和发展航运等综合效益的大型跨流域调水工程。工程以长江为水源,注入巢湖调蓄后经派河翻越江淮分水岭入瓦埠湖,再送入淮河干流蚌埠闸上。供水范围主要为安徽省沿淮淮北地区和线路途经地区,受水区内的重要城市有合肥、巢湖、蚌埠、淮南、阜阳、宿州、淮北、亳州等市。

引江济淮工程建成后,六安市作为引江济淮工程重要受水区之一,2020 年可向六安市多年平均补水 1.04 亿 m^3,工程建成后,可为六安市提供安全可靠的补充水源,改善和发展淠河尾部约面积 130 万亩灌溉面积。此外,还可相继增加淮河生态用水,改善重点水域水环境。

④ 重点节水工程。

a. 大型灌区续建配套及节水改造工程。

对淠史杭通过实施建筑物配套续建工程、水稻节水灌溉措施、渠道防渗工程、田间配套续建工程、节水管理技术、高效节水技术等工程和非工程措施,提高灌溉水利用率,降低亩均用水量,提高单方水产出,提高用水效率与效益。

b. 工业及城市生活节水工程。

在优化调整区域产业布局的基础上,鼓励工业企业对生产工艺进行节水改造,开发和完善高浓缩倍数工况下的循环冷却水处理技术。推广直流水改循环水、空冷、污水回用、凝结水回用等技术。推广供水、排水和水处理的在线监控技术。加快城市供水干、支管网系统的技术改造,降低输配水管网漏失率。全面推行节水型用水器具,发展"节水型住宅",节水设施与主体工程同时设计、同时施工、同时投产。实施分质供水,推广中水回用。

⑤ 其他工程。

沿淮洪水资源利用是通过抬高安徽省淮河干流河道和沿淮湖泊洼地蓄水位、扩大常年蓄水面积等途径,在提高当地雨洪资源利用程度的基础上相继引进淮干过境洪水,变自然灾害为有效利用,缓解淮河蚌埠闸以上区域近期干旱年份的缺水压力,并有利于湖泊生态环境的改善。结合治淮工程建设进展情况,洪水资源利用选择抬高城西湖(同时扩大蓄水范围)、城东湖、瓦埠湖、高塘湖、天河洼、蚌埠闸上、临淮岗坝上蓄水位,拦蓄淮河干流或湖洼地、支流来水,共可增加调蓄库容 9.9 亿m^3。六安市供水水源线路图如图 7.13 所示,水资源配置图如图 7.14 所示。六安市规划水平年配置成果表如表 7.29 所示。

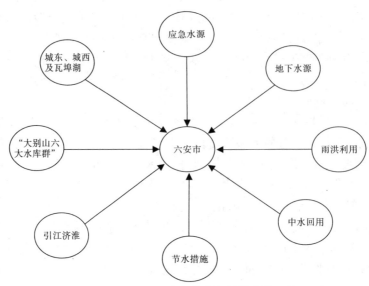

图 7.13 六安市供水水源线路图

表 7.29 六安市规划水平年(2020)配置成果表

分区	保证率	需水量(万 m³)				供水量	缺水量(万 m³)					缺水率
		生活	生产	生态	合计		生活用水	工业用水	农业用水	环境用水	合计	
金安区	50%	3208	32295	274	35777	39524	0	0	0	0	0	0
	75%	3208	43816	274	47298	51008	0	0	0	0	0	0
	95%	3208	69224	274	72706	58980	0	0	13681	45	13726	19%
裕安区	50%	5997	27612	444	34053	38997	0	0	0	0	0	0
	75%	5997	38579	444	45020	49810	0	0	0	0	0	0
	95%	5997	62763	444	69204	57973	0	0	11111	120	11231	16%
寿县	50%	7496	76839	854	85189	88048	0	0	0	0	0	0
	75%	7496	104273	854	112623	118764	0	0	0	0	0	0
	95%	7496	164772	854	173122	146513	0	0	26466	143	26609	15%
霍邱县	50%	8791	66635	989	76415	81240	0	0	0	0	0	0
	75%	8791	91245	989	101025	109849	0	0	0	0	0	0
	95%	8791	145513	989	155293	147443	0	0	7650	200	7850	5%
舒城县	50%	5972	21228	643	27844	31386	0	0	0		0	0
	75%	5972	30195	643	36811	40813	0	0	0		0	0
	95%	5972	49969	643	56585	47534	0	0	8831	220	9051	16%

续表

分区	保证率	需水量(万 m³)				供水量	缺水量(万 m³)					缺水率
		生活	生产	生态	合计		生活用水	工业用水	农业用水	环境用水	合计	
金寨县	50%	3578	7928	374	11880	14254	0	0	0		0	0
	75%	3578	11754	374	15706	16697	0	0	0		0	0
	95%	3578	20191	374	24143	20166	0	0	3927	50	3977	16%
霍山县	50%	2044	11207	209	13460	17337	0	0	0		0	0
	75%	2044	15542	209	17795	19376	0	0	0		0	0
	95%	2044	25102	209	27355	20542	0	0	6778	35	6813	25%
叶集试验区	50%	950	4470	113	5533	6603	0	0	0		0	0
	75%	950	6252	113	7315	8310	0	0	0		0	0
	95%	950	10182	113	11245	10587	0	0	658	0	658	6%
全市合计	50%	38036	248215	3900	290151	317389	0	0	0	0	0	0
	75%	38036	341657	3900	383594	414627	0	0	0	0	0	0
	95%	38036	547717	3900	589653	509738	0	0	79102	813	79915	16%

(6) 大别山水库群水资源保障方案

六安市的主要饮水水源来自以响洪甸、佛子岭、磨子潭、白莲崖、梅山、龙河口水库为主体的大别山水库群以及沿淮湖泊、中小型蓄水工程等。佛子岭、响洪甸、磨子潭三大水库和白莲崖水库构成大别山区混联水库群,是淠河上游重要蓄水工程,也是六安、合肥等重要城市的饮用水水源地。水库群控制面积 3240 km²,总库容约 39.24 亿 m³,有效调节库容 13~15 亿 m³,年均来水量 26.8 亿 m³。因水库地处人类影响较小的深山,受自然屏障保护,水质基本呈天然状态,是不可多得的优质水源。

佛子岭坝址以上流域面积 1840 km²,设计洪水位 128.14 m,警戒水位 118.00 m,正常水位 125.56 m,汛限水位 112.56 m,死水位 108.76 m,总库容 4.85 × 10⁸ m³。

兴利调度原则:先由佛子岭水库发电放水来满足下游农田灌溉需水,不足水量由响洪甸水库补充,需放灌溉专用水时,视佛子岭、响洪甸两水库的实际蓄水情况确定。

主汛期洪水调度原则:近期汛限水位 112.56 m,当库水位超过 112.56 m 时,应开启所有泄洪设施泄洪;当佛子岭水库超过 121.00 m 时,关闭磨子潭水库泄洪

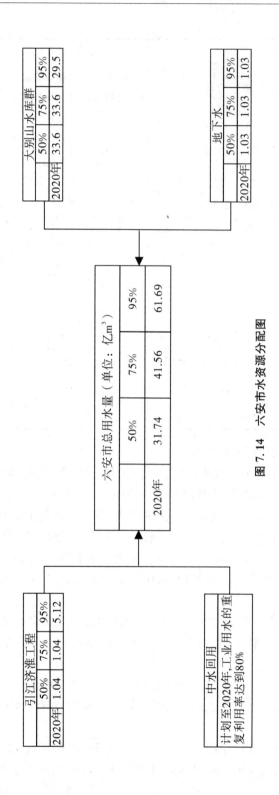

图 7.14 六安市水资源分配图

设施,为佛子岭水库错峰。多年平均降雨 1502 mm,径流 769 mm。佛子岭水库为年调节水库,与上游磨子潭水库和响洪甸水库三库联调,为淠河灌区(实际灌溉面积达 520 万亩)提供充足的水源。根据淠河灌区水资源平衡规划,非农业和农业供水量为 1∶3。响洪甸水库大坝于 1958 年建成,坝顶高程为 144.50 m,设计洪水位 139.10 m,校核洪水位 143.60 m,汛限水位 125.00 m,死水位 108.00 m,总库容 26.32×108 m³。响洪甸水库库水位在 125.00 m 以上,留 4.13×108 m³ 库容担负淮干蓄洪任务,库水位超过 125.00 m 时,视淮干水情用蓄洪洞泄洪;库水位超过 131.40 m 时,泄洪洞全开,泄洪洞最大泄量为 618 m³/s,保护对象为大坝,水库调度按省防指批准控制运用计划调度;当淮干正阳关水位达到 26.00 m 时,该库的防洪调度由淮委下达调度指令,省防指下达调度令执行。

响洪甸水库多年平均降雨 1477 mm,坝址处多年平均入库流量 34.2 m³/s,多年平均径流深 755.7 m,多年平均来水量 10.82×10^8 m³。新建的白莲崖水库工程以防洪为主,兼有发电、灌溉、供水等综合利用效益。水库建成后将把下游佛子岭水库现在 1000 年一遇的防洪能力提高到 5000 年一遇,并为淮河防洪发挥蓄滞洪、错峰等作用,还具有增加下游淠河蓄水、减少洪涝灾害的作用。白莲崖水库是提高佛子岭水库防洪能力不可替代的工程措施,是保证淠史杭灌区正常灌溉和城市供水的重要措施,是治理淮河 19 项重点工程之一。

大别山水库群在安徽省具有重要地位。它是全省防洪保安工程的重要组成部分,是皖西、皖中防洪安全的重要屏障;它是粮食安全的重要支撑,显著地改善了皖西、皖中地区农业生产能力;它是饮水安全的依托,大型水库群是省会城市合肥的主要水源,是皖西经济中心城市六安的唯一水源,是沿渠十余座县城和近百个乡镇居民饮水的依托;它是经济发展的命脉,淠史杭大型水库群及其沿渠水电站是皖西的重要电源,为皖西快速发展提供了电力能源支撑;它是安徽省生态良好的源头活水。

大别山水库群水资源保护和管理工作应从以下 8 个方面开展工作:① 生态修复与水环境治理工程;② 污染源综合整治工程;③ 水土保持工程;④ 水源地建设与保护工程;⑤ 促进农村水生态环境改善的水利工程;⑥ 水资源监测与预警监测系统及能力建设;⑦ 科研工作;⑧ 组建水资源执法能力队伍及能力建设。

通过一系列工程和非工程保障措施,水库的供水安全保障能力会进一步提升,尤其是水库的除险加固工程的实施,可有效提高水库的汛限水位,增加水库的兴利库容,为特枯年份的城镇和农业供水提供了有力的保障。

(7) 淠史杭总干渠水源保障方案

淠河总干渠是淠史杭灌区两大总干渠之一,以响洪甸、佛子岭、磨子潭和白莲崖水库为主要水源的淠河灌区通过淠河总干渠承担 616 万亩农田的灌溉任务,其中淠河总干渠直灌面积就达 90.9 万亩。淠河总干渠同时是向六安、合肥城市供水和沿途乡镇居民生活用水的输水渠道,关系到六安、合肥两市近 400 万人口的饮用水安全,已列入国家重要饮用水源地名录。淠河总干渠水资源保护共开展渠道水环境整治、排污口整治、水源地保护工程、防洪与输水工程建设、水资源监控体系建设等五个方面工作,总投资约32927万元。

　　① 水环境整治。

　　淠河总干渠渠道水环境整治共开展渠道综合整治和渠道水土保持工程及监督管理等两方面治理工作,工程总投资5713万元。渠道水环境整治汇总如表7.30所示。

表 7.30　淠河总干渠水环境整治工程汇总表

工程类型	工程项目名称	主要建设内容	工程量	经费估算(万元)
渠道综合整治	水面治理	水面岸边治理(m³)	32530.9	863.27
		建立隔离防护林(m³)	50340.3	40.56
		种植净化植物(m³)	15102.1	6.24
	居民点整治	迎水坡面人口搬迁	58人、1059m²	423.6
	渠道清淤	清理淤积(m³)	691183	2764.7
		打捞水草	33处	363.7
	闸前清污	设备购置及安装	3处	380
水土保持工程及监督管理	渠道水土保持	种植草皮(m²)	36036	49.65
		补种草皮(m²)	3000	4.13
		新建截水沟(m)	11662	186.59
		维修截水沟(m)	13309	106.47
	坡耕地水土保持治理	改造耕地、种植草皮(亩)	10	10.71
		改造耕地、种植水土保持林(亩)	376.2	282.9
		退耕还林(亩)	104.4	50.22
	建设工程水土保持监督管理	施工工程水土保持管理办公室	技术装备建设	150
			宣传培训	20
			监督管理	10
合计				5713

　　② 排污整治。

　　排污整治共包括入河排污口治理和集中区污水治理两方面工作,总投资3287.4万元。如表7.31所示。

表 7.31　沘河总干渠排污整治汇总表

工程类型	工程项目名称	主要建设内容	工程量	经费估算(万元)
现状排污治理	生活、工业截污	污水管网	6717m	991.2
		污水提升泵站	1 处	693.1
		已建泵站改造	3 处	150
		污水穿渠工程	1 处	993.1
	雨污分流	雨污分流改造	4 个	200
	雨水排放口改造	雨水排放口改造	13 个	260
合计				3287.4

③ 水资源保护工程。

沘河总干渠水源地保护工程共开展水源地保护区、水源地面源污染防治、水源地安全隔离、水源地安区管理以及城市备用水源地建设等 5 方面的工作,工程总投资 7081.3 万元。如表 7.32 所示。

表 7.32　沘河总干渠水源地保护工程汇总表

工程类型	工程项目名称	主要建设内容	工程量	经费估算(万元)
水源地保护区	水源地保护区	保护区标志	设立取水口标识、界碑、界桩和保护区公告	32
水源地面源污染防治	养殖业治理	搬迁养猪场(处)	1	30
		养鱼塘治理	鱼塘排水改造	80.8
	农村农业面源污染防治	清理垃圾场(t)	45	0.45
		农田污染防治	农田排水沟改造	140
		垃圾收集处理设施	修建垃圾池 10 处、配备垃圾车 7 辆、垃圾中转站 7 座、农村排水管道	390
	桥梁、道路	桥梁雨水收集处理	24 座	61.95
		道路绿化隔离带	110.9 km	458.66
	汇入河流治理	河口治理	河口护坡改造	129.2
		上游综合治理	禁止开荒种地,种植水土保持林	868.2
居民点隔离防护	隔离防护	新建护栏和绿篱隔离带	19.6 km	686

工程类型	工程项目名称	主要建设内容	工程量	经费估算(万元)
水源地安全管理	水源地安全执法大队	技术装备建设	执法车辆、办公用品等	150
		宣传培训	人员培训	20
		监督执法		10
城市应急备用水源地建设	大公堰备用水源地建设	备用水源地改造	沿堤建坝、新建闸坝控制室	2000
		水厂配套管网设施	取水管网	2000
合计				7081.3

④ 防洪与输水工程建设。

通过对淠河总干渠沿线工程、涵闸、渠堤等进行全面检查,存在一些安全隐患和险工险段。工程建设主要包括渠道加固、堤坡护砌,滑坡、渗漏及其他险情修复,放水涵闸与泄水闸的维修与改建等,共需投资约 14621 万元,防洪与输水工程建设汇总如表 7.33 所示。

表 7.33　淠河总干渠防洪与输水工程建设汇总表

工程类型	工程项目名称	主要建设内容	工程量	经费估算(万元)
渠道护砌	加固、堤坡护砌	加固、堤坡护砌	渠道加固,堤坡护砌 42740 m	347
滑坡、渗漏及其他险情治理	滑坡	滑坡险情治理	滑坡险情治理 13 处	1067
	渗漏	管涌、渗漏及散浸险情治理	管涌、渗漏及散浸险情治理 25 处	645
	其他	其他险情	砼护坡综合改造 9 处	357
涵、闸的维修与改建	泄水闸的维修与改建	泄水闸除险加固	泄水闸除险加固 4 处	3045
	渠下涵(渡槽)的维修与改建	渠下涵(渡槽)除险加固	渠下涵(渡槽)除险加固 8 处	1040
	进水闸的维修与改建	进水闸除险加固	进水闸除险加固 3 处	585
	放水涵的维修与改建	放水涵除险加固	放水涵除险加固 76 处	1151

续表

工程类型	工程项目名称	主要建设内容	工程量	经费估算(万元)
总干渠渗漏加固,护坡维护修整以及金杯、潩五支渠进水闸改建	总干渠渗漏加固,护坡维护修整以及金杯、潩五支渠进水闸改建	续建配套建设	堤身加培、渗漏段加固、护坡工程、新建洰史杭灌区防汛抗旱调度中心一座,信息化建设等,金杯、潩五支渠进水闸的改建	6384
合计				14621

（8）应急保障水源

缓解特殊干旱期缺水的对策应包括工程和非工程应急措施,制定防御特殊干旱预防性措施和应急对策。具体措施详见本章特枯水及突发事件时期水资源应急方案。

3. 滁州市

（1）水资源配置方案

根据水资源三次供需平衡分析,方案 1 和方案 2 都不能满足滁州市未来社会经济发展的需求,水资源需求缺口较大,因此本规划推荐实施方案 3。配置方案 3 作为推荐方案,同时考虑了节水工程的投入、本地新水源工程和境外引水工程的建设,通过各种生活、工业和农业节水措施,提高了水的利用效率,有效缓解了滁州市水资源的紧张局面。

本次围绕城乡饮水、农业生产、生态环境、重点工业等重点领域,确定了滁州市总体配置方案,并通过工程调配手段,进行区域水资源的优化配置,确定水资源配置总体布局。

滁州市的供水主要靠当地水库塘坝以及提引外水组成:本地水库主要有以黄栗树、沙河集为代表的大中小型水库以及相当数量的塘坝组成;现状条件下进入滁州市的外来供水水源由四部分组成:一是女山湖灌区引淮工程;二是天长引高邮湖工程;三是驷马山引江工程;四是高塘湖灌区工程。

其中,女山湖灌区引淮工程、天长引高邮湖工程、高塘湖灌区工程可以从滁州市境内直接提取,而驷马山引江工程需通过驷马山灌区渠首工程从长江取水,经过和县境内引入滁河,供给定远、市区、全椒以及来安。

将供需平衡分析方案 3 作为推荐方案,同时考虑了节水工程的投入、本地新水源工程和境外引水工程的建设,通过各种生活、工业和农业节水措施,提高了水的利用效率,有效缓解了滁州市水资源的紧张局面。

（2）配置成果分析

规划年 2020 年:配置后 50%、75%、95%保证率年份用水量分别为 23.1 亿

m³、26.5 亿 m³、29.3 亿 m³；供水量分别为 38.2 亿 m³、27.7 亿 m³、26.5 亿 m³。
50%保证率年型不缺水；75%保证率年型不缺水；95%保证率年型缺水 2.83 亿
m³，缺水率为 9.6%，其中，农业缺水 2.4 亿 m³，生态缺水 0.4 亿 m³。

（3）水资源配置实施方案

① 蓄水工程。

2011～2015 年主要新建的大中型水库有：南谯区沙河集水库抬高蓄水位，凤
阳县凤阳山水库抬高蓄水位，定远县新建靠山水库，明光市新建崔家湾水库。大中
小型水库工程共新建或改造 224 处，年供水量新增 7310 万 m³，投资 14.96 亿元。

2016～2020 年主要新建的大中型水库有：滁州市区新建山许水库，定远县新
建江巷水库，明光市新建冷水涧水库。大中小型水库工程共新建或改造 159 处，年
供水量新增 9663 万 m³。

2021～2030 年主要新建的大中型水库有：滁州市区新建郑家坝水库，定远县
新建马桥坝水库，储城寺水库扩容。大中小型水库工程共新建或改造 134 处，年供
水量新增 7040 万 m³。

2011～2015 年塘坝工程新建 1729 处，改建 9275 处，年供水量新增 6168
万 m³。

2016～2020 年塘坝工程新建 1737 处，改建 8936 处，年供水量新增 5639
万 m³。

② 灌区配套续建改造工程。

灌区续建配套工程包括恢复部分灌溉站、新增流动机械灌溉设备及配套工程
等。2011～2015 年，提水工程共改造 511 台套，容量 61518 kW，新建 285 台套，容
量 34650 kW，年供水量新增 17310 万 m³。

2016～2020 年，提水工程共改造 373 台套，容量 44884 kW，新建 269 台套，容
量 32876 kW，年供水量新增 13997 万 m³。

2021～2030 年，提水工程共改造 340 台套，容量 39766 kW，新建 226 台套，容
量 28862 kW，年供水量新增 12353 万 m³。

③ 再生水利用工程。

再生水利用实现了污水资源化，可谓治理与开发并举，是一种立足本地水资源
的切实可行的有效措施，且具有十分可观的社会、环境和经济效益。目前滁州市已
建设 7 座污水处理厂，设计处理能力为 27 万吨/日，2010 年实际处理能力为 24.1
万吨/日。2020 年滁州市规划城镇污水处理率达到 90%，工业废水处理率达到
100%。为完成上述目标，滁州市各县（市、区）规划年拟新建或扩建的污水处理工
程共 10 项，其中，全椒县污水处理厂、定远县马桥污水处理厂和定远县炉桥污水处
理厂都规划有中水回用工程，总投资 127385.6 万元。

④ 城乡饮水水源工程。

规划滁州市四县两市两区新建和改扩建水源工程共 39 处，需投资 246200 万

元,其中新建水源工程投资 222500 万元,改扩建水源工程投资 23700 万元。

a. 滁州市琅琊区和南谯区近期仍以西涧湖和沙河集水库为主要供水水源,设计供水规模 15 万 t/日;中期新增以黄栗树水库为取水水源的第三水厂(设计总供水规模 10 万 t/日,其中一期 5 万 t/日)和以沙河集水库为取水水源地的第四水厂(设计总供水规模 15 万 t/日,其中一期 5 万 t/日),为琅琊区和南谯区城镇居民生活供水,供水方式为管道输水;远期规划兴建山许水库,新增以屯仓水库为取水水源的第五水厂(设计供水规模 5 万 t/日)和以山许水库为取水水源的第六水厂(设计供水规模 5 万 t/日),解决滁州市日益增长的城市人口对饮用水的需求。

b. 来安县近期以平阳水库和陈郢水库(以屯仓水库作为补充水源)为主要供水水源,其中,第一水厂和第三水厂的取水水源均为平阳水库,设计供水规模分别为 1.5 万 t/日和 3 万 t/日;第二水厂以陈郢水库为取水水源,屯仓水库为补充水源,设计供水规划为 2 万 t/日。中期第二水厂的设计供水规模增至 4 万 t/日。远期第二水厂的供水规模增至 6 万 t/日。

c. 全椒县近期以黄栗树水库和赵店水库作为主要供水水源,其中,第二水厂以黄栗树水库为取水水源,设计供水规模分别为 5 万 t/日;第三水厂以赵店水库为取水水源设计供水规模分别为 5 万 t/日。中期新增以马厂水库作为供水水源的第四水厂,设计供水规模为 5 万 t/日。远期新增以三湾水库作为供水水源的第五水厂,设计供水规模为 5 万 t/日。

d. 定远县近期城镇供水通过定远县自来水厂、第二水厂、第三水厂和第四水厂联合供水来解决县城不断增加的饮用水需求量。其中,定远县自来水厂取水水源为城北水库和解放水库,设计供水规模为 4 万 t/日;第二水厂取水水源为桑涧水库,设计供水规模为 1 万 t/日;第三水厂取水水源为大余水库和双河水库,设计取水规模为 1 万 t/日。中期规划增加定远县自来水厂、第二水厂和第三水厂的设计供水规模,设计供水规模将分别达到 4.5 万 t/日、3.5 万 t/日和 2 万 t/日。远期规划增加第三水厂的供水规模,设计供水规模将达到 4 万 t/日,同时新建马桥水库,并将其作为定远县第四水厂的取水水源,设计供水规模为 4 万 t/日。

e. 凤阳县近期仍以凤阳山水库作为县城居民生活的主要供水水源,设计供水规模为 8 万 t/日;中期以凤阳山水库为取水水源的第一水厂设计供水规模增加至10 万 t/日,同时新增以官沟水库为取水水源的第二水厂,设计供水规模为 3 万 t/日;远期新增以燃灯寺水库为取水水源的第三水厂,设计供水规模为 3 万 t/日。

f. 明光市近期以南沙河为主要供水水源地,其中,第一水厂的设计供水规模由3.5 万 t/日增至 5 万 t/日;新建第二水厂,取水头部设在马场拦河坝南侧,南沙河以西的水库内,设计供水规模为 5 万 t/日,中期增加第二水厂的设计供水规模,由近期的 5 万 t/日增至 10 万 t/日;远期新建第三水厂,以东风湖作为取水水源,设计供水规模为 10 万 t/日。

g. 天长市近期以高邮湖为取水水源的第一水厂 10 万 t/日设计供水规模不

变,新增以釜山水库为取水水源的第二水厂,设计供水规模为 5 万 t/日;中期新增以时湾水库为取水水源地第三水厂,设计供水规模为 5 万 t/日;远期增加第二水厂的设计供水规模,由中期的 5 万 t/日增至远期的 8 万 t/日。

⑤ 节水工程。

a. 农业节水建设。

面上节水灌溉工程:2016~2020 年,增加节水灌溉工程面积 156 万亩,预计投资 14227 万元;2021~2030 年,增加节水灌溉工程面积 59 万亩,预计投资 49683 万元。

养殖业节水:2015~2020 年投资 3000 万元,2020~2030 年投资 3000 万元。

b. 工业节水建设。

工业节水的重点是通过产业结构战略调整和节水技术改造,控制用水量的增长,提高工业用水重复利用率,减少万元工业增加值用水量等。

2016~2020 年:加强水平衡测试;通过对重点工业企业的供水系统和生产工艺、设备进行更新改造,以及废水处理能力的提高,使重点工业企业全部达到节水型企业标准,预计投资 13071 万元。

c. 城镇生活和第三产业节水工程。

生活节水的重点是通过旧有输水管网、用水设备的改造更新、新型节水器具的普及以及加强节水宣传,加大节水管理力度改变人们用水观念,提高水利用系数,实现用水总量增长率的下降。其中,城市供水管网改造更新的投资已包括在城市饮用水源地建设中,这里不再重复计算。

滁州市供水水源线路图如图 7.15 所示,水资源配置图如图 7.16 所示。滁州市水资源配置情况如表 7.34 所示。

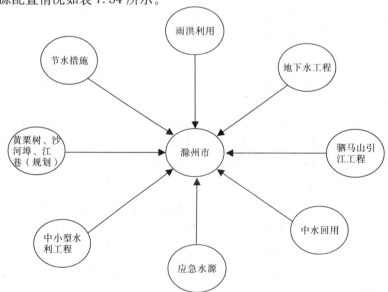

图 7.15　滁州市供水水源线路图

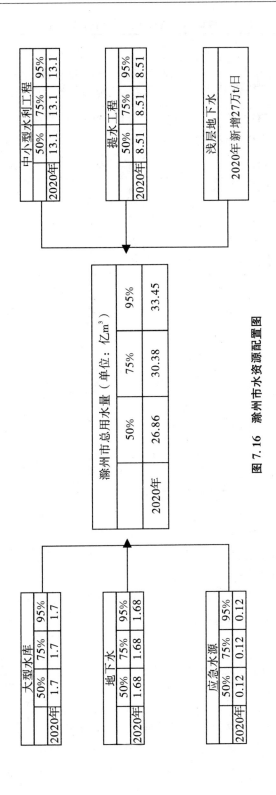

图 7.16 滁州市水资源配置图

表 7.34 2020 年滁州市水资源配置成果(行政分区) 单位:万 m³

分区	保证率	需水量				供水量	缺水量					缺水率
		生活	生产	生态	合计		生活用水	工业用水	农业用水	环境用水	合计	
滁州市区	50%	2761	36307	1134	40202	55737	0	0	0	0	0	0
	75%	2761	39142	1134	43038	44321	0	0	0	0	0	0
	95%	2761	41531	1134	45427	41318	0	0	3428	681	4109	9.0%
来安县	50%	2267	23727	748	26742	48700	0	0	0	0	0	0
	75%	2267	28210	748	31225	32948	0	0	0	0	0	0
	95%	2267	31614	748	34629	30530	0	0	3650	449	4099	11.8%
全椒县	50%	2075	21495	712	24283	43307	0	0	0	0	0	0
	75%	2075	25647	712	28434	29823	0	0	0	0	0	0
	95%	2075	28856	712	31643	29493	0	0	1723	427	2150	6.8%
定远县	50%	4096	35741	1352	41188	68824	0	0	0	0	0	0
	75%	4096	43554	1352	49001	52017	0	0	0	0	0	0
	95%	4096	50579	1352	56026	49261	0	0	5954	811	6765	12.1%
凤阳县	50%	3096	25764	1062	29922	51628	0	0	0	0	0	0
	75%	3096	30380	1062	34538	35538	0	0	0	0	0	0
	95%	3096	34439	1062	38597	32461	0	0	5499	637	6136	15.9%
天长市	50%	2824	41391	1014	45229	71738	0	0	0	0	0	0
	75%	2824	48176	1014	52014	53928	0	0	0	0	0	0
	95%	2824	52881	1014	56719	53751	0	0	2360	608	2968	5.2%
明光市	50%	2988	19259	1043	23290	41618	0	0	0	0	0	0
	75%	2988	22741	1043	26771	28501	0	0	0	0	0	0
	95%	2988	26318	1043	30349	28312	0	0	1411	626	2036	6.7%
全市合计	50%	20106	203685	7064	230856	381553	0	0	0	0	0	0
	75%	20106	237850	7064	265021	277077	0	0	0	0	0	0
	95%	20106	266218	7064	293389	265126	0	0	24024	4239	28263	9.6%

(4) 应急保障对策

具体措施详见特枯水及突发事件时期水资源应急方案。

4. 阜阳市

(1) 配置思路

在水资源规划中,水资源的合理配置一般要经过多次供需平衡分析,根据平衡分析结果,逐步调整供需两端方案,最终达到供需平衡。

"一次供需分析",是考虑人口的自然增长、经济的正常发展、城市化进程和人民生活水平的提高对水的较高需求,在现状水资源开发利用格局和发挥现有供水工程潜力的情况下,进行水资源供需平衡分析计算,目的在于充分暴露供需矛盾。"二次供需分析",是在"一次供需分析"有缺口的基础上进行"二次供需分析",即考虑节流措施,通过节水手段以及合理提高水价、调整产业结构、合理抑制需求等措施,进行水资源供需平衡分析计算。对于"三次供需分析",若"二次供需分析"仍有较大缺口,则考虑开源措施,寻找新的水源、挖潜配套、污水处理再利用等,进行"三次供需分析",力求实现供需基本平衡。

(2) 水资源总体配置方案

根据水资源三次供需平衡分析,方案 1 和方案 2 都不能满足阜阳市未来社会经济发展的需求,水资源需求缺口较大,因此本规划推荐实施方案 3。

配置方案 3 作为推荐方案,同时考虑了节水工程的投入、本地新水源工程和外调水工程的建设,通过各种生活、工业和农业节水措施,提高了水的利用效率,有效缓解了阜阳市水资源的紧张局面。

2020 年水资源总体配置方案:

50%保证率下,全市供水总量为 22.04 亿 m³,其中,当地地表水供水量 12.61 亿 m³,浅层地下水供水量 5.03 亿 m³,深层地下水供水量 1.17 亿 m³,再生水利用 1.87 亿 m³,外调水 1.36 亿 m³;河道外用水总量为 22.04 亿 m³,其中,生活用水总量 3.73 亿 m³,生产用水总量 17.89 亿 m³,河道外城镇生态用水总量 0.42 亿 m³,河道外"三生用水"比例为 16.9∶81.2∶1.9。

75%保证率下,全市供水总量为 27.03 亿 m³,其中,当地地表水供水量 15.62 亿 m³,浅层地下水供水量 5.94 亿 m³,深层地下水供水量 1.17 亿 m³,再生水利用 1.87 亿 m³,外调水 2.42 亿 m³;河道外用水总量为 27.03 亿 m³,其中,生活用水总量 3.73 亿 m³,生产用水总量 22.88 亿 m³,河道外城镇生态用水总量 0.42 亿 m³,河道外"三生用水"比例为 13.8∶84.7∶1.5。

95%保证率下,全市供水总量为 25.24 亿 m³,其中,当地地表水供水量 11.87 亿 m³,浅层地下水供水量 5.31 亿 m³,深层地下水供水量 1.17 亿 m³,再生水利用 1.87 亿 m³,外调水 5.02 亿 m³;河道外用水总量为 25.24 亿 m³,其中,生活用水总量 3.73 亿 m³,生产用水总量 21.09 亿 m³,河道外城镇生态用水总量 0.42 亿 m³,河道外"三生用水"比例为 14.8∶83.5∶1.7。阜阳市供水水源线路图如图 7.17 所示,水资源配置图见图 7.18。阜阳市水资源配置情况如表 7.35 所示。

(3) 应急供水预案

根据安徽省干旱特点和阜阳及周边地区历史干旱资料分析,阜阳市自有资料以来最严重的旱情是连续三年干旱(三年降水频率均在 86% 以上),最严重的状况是淮河干流连续6个月断流或处于亚断流状态。届时,颖河、茨淮新河都处于断流状态,阜阳闸、插花闸、阙町闸蓄水接近死库容,淮河南照集前三个月抽水流量降至一半(日取水20万 m³/日),后三个月则是无水可抽,面对这样恶劣的状况,阜阳城区将采取以下对策。

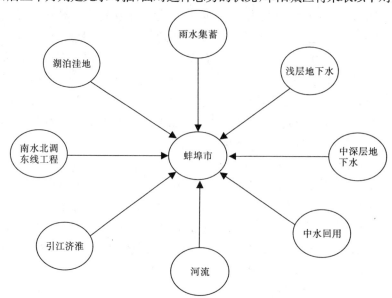

图 7.17　阜阳市供水水源线路图

具体措施详见特枯水及突发事件时期水资源应急方案。

5. 蚌埠市

(1) 配置思路与方法

① 配置思路。

水资源配置是本次水资源综合规划的重要内容,也是体现本次规划先进性、科学性、创新性的主要内容之一,是以"水资源调查评价"、"水资源开发利用评价"为基础,结合"节约用水"、"水资源保护"、"需水预测"、"供水预测"等有关部分,以水资源供需分析为基础手段,以水资源配置优化模型为计算手段,在现状供需分析和对各种合理抑制需求、有效增加供水、积极保护生态环境的可能措施进行组合及分析的基础上,对各种可行的水资源配置方案进行比较,提出推荐方案,以此作为制定总体布局与实施方案的基础。

② 配置原则。

本次水资源应遵循以下原则:总量控制的原则;生活优先、生产和生态用水兼顾原则;系统原则;协调原则;合理确定跨流域需调水量的原则;鼓励其他水源开发利用原则。

③ 配置方法。

首先,考虑湖泊洼地、南水北调东线工程、引江济淮工程以及主要河流水系等,分析蚌埠市计算分区或控制节点的水资源供、用、耗、排水之间的相互联系,以反映

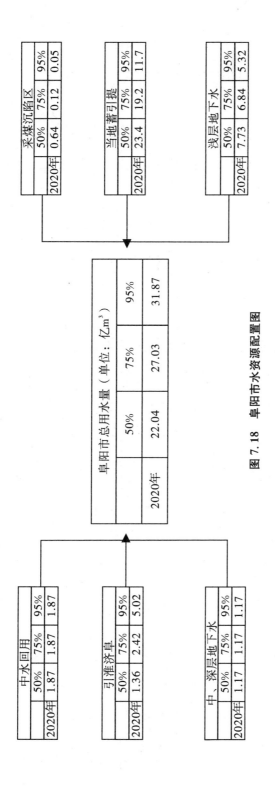

图 7.18   阜阳市水资源配置图

水量单位：万 m³

表 7.35　2020 年阜阳市水资源配置成果（行政分区）

分区	保证率	需水量				供水量						缺水量				
		生活	生产	生态	合计	地表水	浅层地下水	中深层地下水	再生水	外调水	合计	生活用水	工业用水	农业用水	环境用水	合计
阜阳城区	50%	10139	41116	2657	53911	46892	13864	3472	6803	5293	76324	0	0	0	0	0
	75%	10139	51161	2657	63957	38436	12246	3472	6803	8468	69424	0	0	0	0	0
	95%	10139	59897	2657	72693	23430	9531	3472	6803	19567	62803	0	0	9890	0	9890
临泉县	50%	7065	24558	265	31888	22446	16656	1848	1934	1222	44105	0	0	0	0	0
	75%	7065	32366	265	39696	18218	14706	1848	1934	2903	39609	0	0	0	0	0
	95%	7065	39628	265	46958	13215	11448	1848	1934	5017	33462	0	0	13495	0	13495
太和县	50%	5761	24160	361	30282	27135	14632	1624	2331	1357	47079	0	0	0	0	0
	75%	5761	32169	361	38291	22061	12917	1624	2331	4355	43288	0	0	0	0	0
	95%	5761	38985	361	45107	13058	10062	1624	2331	7024	34099	0	0	11008	0	11008
阜南县	50%	5391	28777	198	34365	50959	13976	1908	1962	1629	70434	0	0	0	0	0
	75%	5391	36817	198	42406	39967	12410	1908	1962	1210	57456	0	0	0	0	0
	95%	5391	45695	198	51284	20459	9603	1908	1962	4014	37946	0	0	13338	0	13338
颍上县	50%	5394	45958	430	51782	70459	12560	2120	3622	3258	92019	0	0	0	0	0
	75%	5394	58474	430	64298	59467	11137	2120	3622	3387	79733	0	0	0	0	0
	95%	5394	72178	430	78003	40459	8631	2120	3622	12042	66874	0	0	11129	0	11129
界首市	50%	3551	14321	258	18130	16068	5640	732	2096	814	25350	0	0	0	0	0
	75%	3551	17823	258	21632	13531	4979	732	2096	3871	25209	0	0	0	0	0
	95%	3551	20891	258	24701	8029	3879	732	2096	2509	17245	0	0	7456	0	7456
合计	50%	37301	178889	4169	220359	233958	77328	11704	18748	13573	355312	0	0	0	0	0
	75%	37301	228810	4169	270280	191679	68396	11704	18748	24193	314720	0	0	0	0	0
	95%	37301	277275	4169	318745	118650	53154	11704	18748	50173	252429	0	0	66316	0	66316

各计算分区间的水力联系。

其次,建立基础资料数据库,数据库内容包括蚌埠市各计算分区水资源量系列、地下水可开采量、跨流域调水工程的调水量,通过科学预测经济社会发展指标和生活生产及生态与环境的需水量、现有工程及规划工程(蓄水)供水能力、工程与用户需求间的拓扑关系等。

然后,根据本规划编制的指导思想,结合淮河流域及山东半岛水资源综合规划、安徽省水资源综合规划等有关规划,以蚌埠市水资源承载能力、主要控制节点下泄水量、区域缺水状况为约束,提出蚌埠市规划水平年可供水量成果。

最后,在需水预测、可供水量调节计算和节水分析的基础上,进行多次供需分析,主要分析区域缺水状况,在充分实施节水挖潜的情况下,区域供需缺口仍较大。在经济社会发展受到较大影响时,应考虑增加供水水源,缩小供需缺口,保障经济社会发展对水资源的合理需求。

(2) 配置方案

根据本规划的水资源配置思路与方法,采用前面章节不同水平年的需水预测、节约用水以及供水预测等工作的成果,进行蚌埠市水资源配置分析计算。蚌埠市水资源配置从宏观上对供水和用水进行统筹安排,包括不同区域水量配置、不同行业水量配置、不同供水水源水量配置。

2020 年蚌埠市 50%、75%、95%保证率的配置水量分别为 20.2 亿 m^3、21.4 亿 m^3、21.8 亿 m^3;2030 年蚌埠市 50%、75%、95%保证率的配置水量分别为 21.0 亿 m^3、22.1 亿 m^3、22.3 亿 m^3。蚌埠市供水水源的线路图如图 7.19 所示,水资源配置图如图 7.20 所示,蚌埠市各县市水量配置情况如表 7.36 所示。

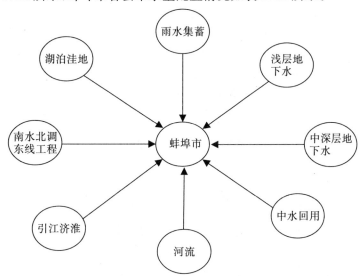

图 7.19 蚌埠市水资源配置图

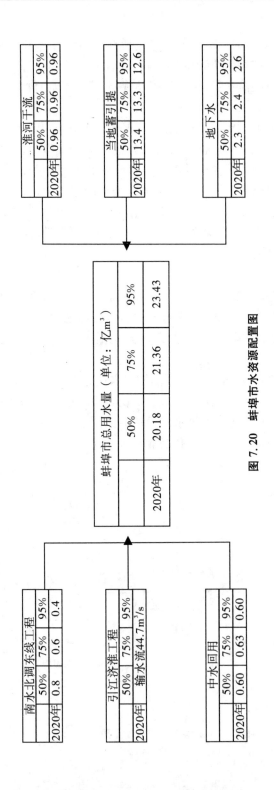

图 7.20 蚌埠市水资源配置图

表 7.36　蚌埠市各县市水量配置表　　　　　　单位:万 m³

分区		保证率	2020 年
水资源分区	王蚌区间北岸	50%	50847
		75%	54431
		95%	59725
	王蚌区间南岸	50%	16981
		75%	17839
		95%	18197
	蚌洪区间北岸	50%	100922
		75%	107562
		95%	102788
	蚌洪区间南岸	50%	33078
		75%	33819
		95%	34954
行政分区	蚌埠市区	50%	40511
		75%	41413
		95%	40635
	怀远县	50%	105242
		75%	112389
		95%	114902
	五河县	50%	37284
		75%	40092
		95%	40624
	固镇县	50%	18792
		75%	19758
		95%	19503
蚌埠市		50%	201829
		75%	213653
		95%	215664

　　蚌埠市相对于其他 5 个城市供水安全相对较好,但也不容乐观。为此,除了加强对蚌埠闸以上常规水源地的保护以外,还计划进行如下水源地工程建设以保证

蚌埠市的供水安全。

① 天河湖应急供水工程。

为应对淮河水污染突发事件,蚌埠市在 1996 年确定天河湖为应急水源地。天河湖位于淮河右岸,距蚌埠市区约 10 km,流域总面积 340 km²。天河湖死水位 15.5~16.5 m,正常蓄水位 17.0 m。天河湖应急供水工程设计将天河湖正常蓄水位抬高至 18.0 m,在湖边建立应急供水泵站(包括至蚌埠市三水厂输水管道),设计供水能力 15 万 m³/日,供水时间为 3 个月。

② 新开辟芡河洼地水源地工程。

根据蚌埠市境内及周边水源地分布情况,并从水质水量、开发利用制约因素等方面综合考虑,结合蚌埠市供水历次规划,拟新开辟芡河洼地水源地向蚌埠市城市供水。芡河发源于利辛县,流经蒙城县、怀远县,于芡河闸下入淮河,流域面积 1328 km³。芡河自怀远县万福桥以下地势低洼,河面开阔,形成湖泊,俗称芡河洼,据蚌埠城区约 20 km。芡河洼水质良好,全年以 II 类水质为主。芡河洼死水位为 15.5 m,死库容为 1850 万 m³,现状正常蓄水位为 17.5 m,兴利库容为 6280 万 m³。芡河洼多年平均天然径流量 2.98 亿 m³,75%、95% 保证率年份用水量分别为 0.98 亿 m³ 和 0.63 亿 m³。经水量调节计算,芡河洼向蚌埠市城市供水,需将正常蓄水位抬高到 18.0 m,正常工程供水规模 15 万 m³/日,多年平均可向蚌埠市供水 5529 万 m³,设计保证率 95% 条件下,可连续向蚌埠市供水 213 天,累计供水 3363 万 m³;应急供水规模 20 万 m³/日,多年平均可向蚌埠市供水 6769 万 m³,设计保证率 95% 条件下,可连续向蚌埠市供水 122 天,累计供水 2568 万 m³。工程主要建设项目包括输水工程、影响处理工程、水源地保护工程和水资源检测设施等,其中输水工程由输水泵站和 17 km 输水管道等组成;影响处理工程主要包括提防护坡、拆除重建和新建泵站 6 座、拆除重建穿堤涵洞 9 座;水源地保护工程包括护坡工程、围栏工程和水生湿生植物带等。

第 8 章 成果与建议

本成果涉及水循环、水资源情势演变,缺水态势,水资源承载力,供水安全评价以及供水安全关键技术和水资源优化配置等方面的研究,成果系列内容丰富,在水利规划、农业生产、社会经济发展、水资源管理、水利科学基础研究、产学研结合和国内外学术交流等方面得到了广泛应用,并产生了较为显著的社会效益、经济效益和生态效益。项目的推广和应用为丰富和发展皖中皖北地区水资源研究、为水资源学科的发展起到积极推动作用。

8.1 研究成果

8.1.1 揭示了皖中皖北地区动态条件下的水文循环变化特征

依据皖中江淮丘陵区代表站——淠史杭蒸发实验站和淮北平原区代表站——五道沟水文水资源实验站(1956~2010 年)历年实测系列资料,采用 P‑Ⅲ型曲线、M‑K 趋势突变模型、拟合曲线等多种方法对区域气象要素、降水、水面蒸发、潜水蒸发、入渗等主要水文要素、年代、年际、年内的演变趋势进行分析,分析了引起诸要素突变和变异的驱动因子,揭示了各要素的演变特征和变化规律。分析结果表明:

1. 降水量变化规律

皖中江淮分水岭地区降雨量年际、年代、年内变化剧烈,最大年降水量是最小年降水量的 5 倍。年内降水主要集中在 5~8 月,占全年的 62.2%。各月降水相差悬殊,季节分配极不均匀,丰枯变化较为明显,汛期降水量是非汛期降水量的 5 倍。年代间降水变化频繁,20 世纪 50 年代至 60 年代呈减少趋势,60 年代至 80 年代呈增加趋势,80 年代中期至 90 年代呈减少趋势,90 年代中期至 2010 年降水量呈上升趋势。通过 M‑K 趋势和突变检验,结果表明,在整个降水量系列年限内皖中江淮分水岭地区自 70 年代初开始,年降水量开始了长达 40 年的增长趋势,且以 3.0158 mm/a 的速率增加。

根据五道沟实验区 1956~2010 年资料,经 P‑Ⅲ型曲线和 M‑K 趋势和突变点分析,该实验区 50 年代初至 70 年代初年降水量处于减少—增加—减少—增加—减少的波动中。70 年代中期开始,年降水量开始了长达 40 年的增加,80 年代末至 90 年代初经历了短时的减少过程,90 年代中期至 21 世纪后又开始逐渐增加,年增长速率为 1.304 mm/a。

2. 蒸发量变化规律

根据皖中浔史杭蒸发站 1956～2010 年长系列资料通过 M-K 趋势检测模型分析,结果表明:年水面蒸发量呈历年递减趋势,逐年递减速率达 3.18 mm/a,出现此现象是由绝大多数月份的月水面蒸发量呈递减变化所决定的。递减趋势在 7～9 月蒸发旺盛期表现得最突出,递减速度均在 0.6 mm/a 以上,其中以 8 月递减最快,达 1.22 mm/a。年内和年际分析皆表明,皖中江淮分水岭地区水面蒸发量变化趋势呈逐年减小。

根据皖北五道沟水文实验站 1956～2010 年长系列实测资料分析,多年平均器皿蒸发量为 1079.9 mm,从 1966～1986 年,低于多年平均蒸发年的年份仅 5 年,绝大多数年份高于多年平均蒸发量。1986～2008 年,几乎所有的年份都低于均值,蒸发量的下降趋势非常明显。通过趋势拟合,蒸发量呈现逐年震荡下降趋势,下降速率每年约为 10.6 mm。

理论上,因全球温室效应,气温逐年升高,理应蒸发量也应逐年升高,实际上却出现反向趋势。对于此现象,学术界一直在探讨影响水面蒸发变化趋势的根本原因,但至今未有共识。为了探求水面蒸发逐年减小的成因,本项目利用浔史杭蒸发实验站、城西实验站和五道沟水文实验站实测的系列气象资料与水面蒸发进行相关分析和显著性检验,分析结果显示,风速是导致水面蒸发逐年减小的主要因素。

8.1.2 探明了流域水资源情势演变的主要规律

重点分析了径流量、地表水资源量等几方面的变化。水资源的循环运动规律决定了水资源的时空分布特征,认识、掌握、遵守水循环运动规律是开展水资源管理工作的基础和主要科学依据,是制定水资源相关管理制度的重要理论依据。最严格的水资源管理制度是以水循环为基础,面向水循环全过程,全要素的水资源管理制度,本课题从水循环和水资源要素演变入手研究,为水资源管理提供技术支撑,抓住了管理的深层次背景。从淮河干流代表站、典型流域、江淮分水岭地区、淮北平原区等不同层面出发,分析了径流演变特征及规律。

1. 系统分析江淮分水岭地区代表水文站径流变化特征

经对横排头站 1951～2010 年年径流量序列的分析,从趋势来看整体呈减少趋势,减少速率为 0.03 亿 m³/a,在 1990 年之前径流量变化周期为 10 年左右,1990 年之后径流量变化周期为 20 年左右。其中 1963～1965 年、1968～1969 年、1982～1985 年、1989～1992 年年径流量偏大;1957～1962 年、1966～1967 年、1970～1974

年、1976～1979 年、1992～1995 年年径流量偏小。

经对桃溪站 1951～2010 年年径流量序列的分析，从趋势来看整体变化不明显，主要受上游灌区灌溉回归水影响，其中 1991～1992 年、1993～1994 年年径流量偏大；1965～1968 年、1978～1980 年、1992～1993 年、2000～2001 年年径流量偏小。

2. 系统分析淮河干流代表水文站径流变化特征

经对鲁台子站 1951～2010 年年径流量序列的分析，从趋势来看整体呈减少趋势，减少速率为 0.68 亿 m^3/a，在 1986 年之前径流量变化周期为 10 年左右，1986 年之后径流量变化周期为 20 年左右。其中 1954～1956 年、1963～1965 年、1968～1969 年、1982～1985 年年径流量偏大；1957～1962 年、1966～1967 年、1970～1974 年、1976～1979 年、1992～1995 年年径流量偏小。

3. 典型流域径流变化情况

为了全面地把握皖中江淮分水岭地区降雨径流情势，需在区域内选择足够数量且代表性较好的流量观测站进行降雨径流情势分析，通过分析识别径流有衰减的区域。在皖中江淮分水岭地区，则选取了长江流域的晓天站、龙河口站、桃溪站、襄河闸和淮河流域的黄泥庄站、黄尾河站、白莲崖站、明光共 8 个水文控制站。

据 1958～2010 年的年径流系列资料，皖中地区径流年际变化较大。主要表现在最大与最小年径流量倍比悬殊、年径流变差系数较大和年际丰枯变化频繁等。最大与最小年径流量倍比悬殊，本区各控制站最大与最小年径流量的比值一般在 5～30 之间，最小仅为 3，而最大可达 1680。变差系数 C_v 值较大，年径流变差系数值与年降水量变差系数值相比，不仅绝对值大，而且在地区分布上变幅也大，呈现由西向东递减、平原大于山区的规律。

杨楼试验站典型流域是一个封闭式小流域，应该具有很好的降雨径流相关性以及其他水文要素的相关性。据 1972～2008 年的年径流系列资料，径流的年际变化非常大，最大年径流量为 3412.4 万 m^3，发生在 1985 年，最小年径流量为 0，15 个年份都没有监测到径流或径流量很少，该站的径流量从 1972 年到 2008 年呈先减少再增加的趋势，整体呈减少趋势。其中，1985 年的径流的一个突变值。

4. 地表水资源的变化特征

皖中地区径流量的年代变化特征是总体上是 1976 年以前径流量偏丰，1976 年以后径流量偏枯，且流域内各区域趋势变化差异较大。受降水和下垫面条件的影响，皖中地表水资源量地区分布总体与降水量基本一致，总的趋势是西部大、东部小，同纬度山区大于平原。

研究表明 20 世纪 50 年代和 2003～2010 年是区域地表水资源相对偏多时期，分别比常年同期偏多 13% 和 19%，20 世纪 60 年代的地表水资源量略高于常年均值 3%，而 20 世纪 70、80、90 年代的地表水资源分别比常年均值偏少 8.3%、4.8% 和 11%。

区域全年降水与地表水资源量的相关系数为 0.93,说明地表水资源量与降水的关系密切,降水是影响地表水资源量的重要因子。降水多的年份,相应的地表水资源量大,降水量少的年份,水资源量也少。而全年温度与地表水资源量的相关系数为 -0.26,说明气温变化与水资源量有一定的反相关性,但相关不显著。

特别是近 10 年冬季气温增幅明显,其冬季温度为 2.8 ℃,比历年均值(2.0 ℃)高 0.8 ℃,比 1951～1960 年的冬季气温 1.5 ℃上升了 87%。历年降水量与地表水资源量的相关系数为 0.93,说明降水与地表水资源的关联程度高,变化趋势基本一致。

皖北地区径流量的年代变化特点是 20 世纪 50～60 年代偏丰、70 年代平水、80～90 年代偏枯。与降水相比,径流和降水的年代变化总体基本一致,丰枯同步,只是幅度更剧烈一些。

研究表明,淮河代表站天然径流量的变化与降雨量的变化不同步。这主要是受下垫面的影响和人类活动的影响。径流减少与下垫面条件变化与用水方式的变化等多因素相关,但是降雨的增加仍然是天然径流量增加的主要原因之一。安徽省淮河流域径流量的年代变化特点是 50～60 年代偏丰、70 年代平水、80～90 年代偏枯。其径流量还呈现出如下变化:淮北北部下垫面变化引起天然径流量减少,淮河以南下垫面变化引起天然径流量增加。

8.1.3　剖析了皖中皖北地区水资源供需状况和缺水态势

根据皖中皖北地区现状各行业用水水平和经济社会发展指标,在深入挖掘和充分利用当地水源工程供水能力的基础上,开展了皖中皖北地区供需水预测,并进行了缺水态势分析。结果表明:在现状供水条件下,皖中皖北地区 75%中等干旱年和 97%特枯年份的需水均得不到保证,只有采取工程措施和非工程措施才能解决水资源的供需矛盾。

皖中地区由于人多、地少、水少,加上水资源时空分布不均,导致该区水资源问题十分突出,特别是江淮分水岭地区。

合肥市为皖中地区缺水较为严重的城市之一,通过对规划水平年不同来水频率的供水、需水情况进行分析,其结果表明:合肥市为工程型缺水、水质型和资源型缺水并存,在现状水资源开发利用格局和发挥现有供水工程潜力的情况下,2020 年,合肥市按既定的社会经济发展目标,供需分析中将出现较大的缺口。分析结果表明了合肥市资源型缺水、水质型缺水并存。资源型缺水表现在合肥的水资源时空分布不均匀,供水中较大一部分来源于跨流域调水,且有增长的趋势,这使得合肥市在枯水年的供水量难以得到保证。水质型缺水表现在由于排放大量废污水造成合肥市周边淡水资源受污染而短缺。以巢湖为例,由于工业的发展,废污水无序排放,污水处理工程建设和运行滞后等因素,巢湖湖区整体水质遭到重度污染,水体呈中度富营养化状态,水质已不能满足生活需要,因此需要对水资源进行合理配置。跨流域区域调水、水生态修复与综合治理是支撑合肥市快速平稳发展的必然需求。

六安市规划水平年不同来水频率的供水、需水情况分析结果表明:在现状水资源开发利用格局和发挥现有供水工程潜力的情况下,六安市按 2020 年既定的社会经济发展目标,供需分析中将出现较大的缺口。根据方案 2 的供需平衡可知,2020年,50% 及 75% 频率平水年份不缺水,95% 特枯水年份缺水量为 7.99 亿 m^3,较基本需水方案少 10.62 亿 m^3。六安市为农业大市,虽然水资源相对较为丰富,但农业灌溉需水量要求大,配套水利工程设施较不完善,灌溉水利用系数低,因此六安市主要为工程型缺水,应采取措施提高灌溉水利用系数,推广节水器具,逐渐减少水田、水浇地、菜田等作物灌溉定额,努力解决农业用水量大这一主要矛盾。此外,依靠新增供水工程挖掘当地水资源潜力和加大节水力度,全面提高用水效率、压制用水需求的做法,可以明显缓解当地的缺水压力。

对滁州市规划水平年不同来水频率的供水、需水情况进行分析,结果表明:在现状水资源开发利用格局和发挥现有供水工程潜力的情况下,滁州市按 2020年既定的社会经济发展目标,供需分析中将出现较大的缺口。根据方案 2,2020年,50% 频率平水年份不缺水,75% 枯水年份和 95% 特枯水年份缺水量分别为2.4 亿 m^3 和 9.0 亿 m^3,分别较基本需水方案少 8.4 亿 m^3 和 7.3 亿 m^3。根据方案 3,由于增加了境外引水,方案 3 与方案 2 相比缺水量又有较大减少。50% 平水年份均不缺水。2020 年,各县区缺水均有较大程度改善,75% 枯水年份和95% 特枯水年份全市缺水量分别较未调入外水前少 1.7 亿 m^3,各县区缺水主要体现在农业灌溉水不足。由以上分析可知,滁州市为工程型缺水,滁州市区应采取节水措施提高工业重复利用率,农业方面可以通过提高灌溉水利用系数和调整种植结构,减少无效的蒸发,提高灌溉保证率,减少灌溉用水量。还应通过立足于当地水资源,积极调引外水,开展节水型社会建设,全面提高用水效率,开源与节流措施并举,可以在很大程度上满足滁州市不断增长的用水需求,缓解缺水压力。

皖北地区人均水资源量为 460 m^3,仅占全省人均水资源量的 1/3 和全国的1/5,小于国际公认的人均 500 m^3 的严重缺水线。该区资源型缺水、工程型缺水和水质型缺水并存,城市缺水和工农业生产缺水严重。目前淮北地区亳州、淮北、宿州和阜阳等城市由于缺乏地表水源而将中深层地下水作为主要供水水源,地下水超采已引发了降落漏斗和地面沉降等环境地质灾害。随着社会经济发展对水资源需求的快速增长,缺水形势将愈来愈严峻。根据方案一供需平衡分析可知,在平水年份,皖北近期缺水量达 9.11 亿 m^3,中期将达 11.22 亿 m^3;一般干旱年份($P =$75%),近期缺水约 17.39 亿 m^3,中期缺水约 18.64 亿 m^3。

为了保障皖北地区社会经济可持续发展,维持区域生态环境和地质环境安全,挖掘当地水资源潜力和利用过境雨洪水资源都是积极有效的手段。但从长远来看，为确保蚌埠、淮南、阜阳、亳州、淮北、宿州等重要城市的供水安全，只有改善生态环境，解决好城市区因地下水超采引发的地质环境问题，实现区内水资源的可持续利用，尽早实施引江济淮和淮水北调、淮水西调等调水工程，方能从根本上解决水资源日益短缺问题。这不仅是解决该区日益复杂的水资源问题的迫切需要，也是事关区域经济社会可持续发展全局的重大战略问题。

8.1.4　提出开采潜力和水资源承载力等级和指标

实行最严格水资源管理制度，以水资源承载力和水环境容量为基础，围绕促进水资源的优化配置、高效利用和有效保护，建立三条红线。本研究在水循环研究基础上，开展了水资源承载力和供水潜力专题研究，从另外一个角度为研究区域乃至更大范围的落实最严格水资源管理制度提供了技术支撑。

① 基于优化的负载指数法对江淮分水岭地区、淮北地区的水资源开发潜力进行分析。

淮河流域所有地级市现状年和未来年份的水资源负载指数均属于 Ⅰ 级，开发利用程度很高，开发潜力很小，开发条件很艰巨，需要从外流域调水。阜阳市承载力最低，淮北市、亳州市、宿州市、淮南市及蚌埠市水资源承载能力较低，现状年水资源对人口和农业的承载能力尚可，如果注重节约保护，基本可以维持社会经济现状发展的用水需求，但对工业发展的承载出现超载，需要开发配置其他水源方能满足日益增长的水资源需求。

皖中地区除了位于淮河南岸的六安市在现状年以及未来规划年水资源负载指数在 Ⅱ 级，水资源利用程度高，其他地级市现状年和未来年份的水资源负载指数均属于 Ⅰ 级，开发利用程度很高，开发潜力很小，开发条件很艰巨，需要从外流域调水。合肥市水资源负载指数跟其他地级市相比，要比其他地市的数值大得多，说明合肥市水资源已经过度开发，开发潜力极小，属于最严重的缺水地区，需要采取一系列的措施为合肥市的经济发展寻求稳定可靠安全的水源，此外，相应的节水措施也必将作为支撑合肥跨越式发展的必需手段。

② 安徽省淮河流域开采潜力较大的地下水源地有：宿州市水源地、灵璧县城水源地、五河县城水源地、怀远老西门水源地、蚌埠市水源地、淮南田东—洛河水源地、天长市水源地、固镇县城水源地及两淮矿区水源地等。超采区主要分布于淮北平原各城市和县城。由于地下水的多年超量开采，阜阳、宿州等城市区已陆续发现存在较为严重的地面沉降。

③ 首次基于 AHP 构权的多层次模糊综合评价模型建立完整的区域水资源承载力评价指标体系对淮北地区、皖中地区典型城市水资源承载力展开分析，结果表明：

　　淮北市水资源承载能力较低。当地的水资源已不能承载人口、社会经济和生态环境的发展,属于资源型缺水。现状水平年水资源对人口和农业的承载能力尚可,但对工业发展的承载出现超载。从分区差异看,水资源的地区分布不均,相应的产业布局应该考虑水资源的分布进行适当调整和转移,北区在现状基础上,主要考虑产业结构调整,提高节水水平,未来工业发展和工业园区的规划建设应向南区转移。

　　合肥市水资源承载能力较低。当地的水资源承载力与合肥的人口、社会经济和生态环境的发展不协调,属于资源型、工程型、水质型缺水。现状水平年水资源对人口和工业的承载能力尚可,在现有的经济技术条件下,合肥市的水资源还有一定的开发利用潜力,如果注重节约保护,可以维持社会经济进一步发展的用水需求。从规划水平年看,人口的高速增长以及经济的飞速发展等制约水资源承载力的因素将制约合肥的发展。在充分考虑未来大力节水和广泛开源的条件下,虽然需水量发展趋缓,供水量也有所增加,但是总体分析结果依然是合肥市水资源承载力较危险,形势依然不容乐观。如果按照原定的社会经济目标发展,将会发生水资源不足现象,水资源因素将严重制约合肥市未来社会经济的可持续发展,对生态环境的稳定性也构成威胁,应采取相应的对策和措施。

　　④ 从水环境承载力来看:a. 皖中地区的六安市现状年 2010 年入河排污量全年化学需氧量入河量为 25252 t,氨氮入河量为 1869 t,经水质模型计算现状年水体纳污能力化学需氧量允许入河量为 223336 t,氨氮允许入河量为 14431 t。从比较情况看,六安市目前的水环境承载力具有一定的承载空间,能够保证生活、生产、生态的要求,但局部地区水环境形势不容乐观。随着六安市社会经济的快速发展,排污量的不断增加,仍需采取控制措施,提高水环境承载力;b. 合肥市现状年 2010 年入河排污量全年化学需氧量 65298 t/日,氨氮 3197 t/日,经水质模型计算现状年水体平均纳污能力化学需氧量允许入河量为 32465 t,氨氮允许入河量 3327 t。从比较情况看,合肥市目前的水环境状况已超载,形势较为严峻,对生活、生产、生态的用水要求构成威胁。随着合肥市社会经济的快速发展,排污量的不断增加,需采取有效控制措施,提高水环境承载力;c. 滁州市现状年 2010 年入河排污量全年化学需氧量 32684.1 t/日,氨氮 4023.7 t/日,经水质模型计算现状年水体平均纳污能力化学需氧量允许入河量为 44225 t,氨氮允许入河量 2356.2 t。从比较情况看,滁州市目前的水环境状况已局部超载,形势不容乐观,对生活、生产、生态的用水要求构成威胁。随着滁州市社会经济的快速发展,排污量的不断增加,需采取有效控制措施,提高水环境承载力。

8.1.5　构建供水安全评价模型和评价指标体系,安全供水现状评价

在总结国内外供水安全及水资源承载力评价研究成果基础上,对皖中皖北的重点区域江淮分水岭地区和淮北平原区以及重点城市合肥市、阜阳市,建立一套皖中皖北地区完整的供水安全评价指标体系,利用多层次模糊综合评价模型对皖中皖北典型城市及重点区域的供水安全现状进行了评价,指出了各城市及重点区域供水安全存在的问题以及薄弱环节,并且针对各市存在的具体问题提出了相应的安全供水工程方案。

从供水条件及潜力、实际供水保障、生态环境保障和抗风险能力四个方面来综合评价供水安全。其中,供水条件及潜力指区域内供水的禀赋,实际供水保障指当前情况下实际的供水能力,生态环境保障侧重供水压力下对水环境安全的保障能力,抗风险能力则反映了供水系统应对非常规情况尤其是干旱等威胁供水安全的自然灾害的能力。评价结果表明,该指标体系可以客观地反映皖中皖北地区实际的供水安全现状。

① 经过计算,皖中地区以六安、合肥及滁州为代表的供水安全综合评价结果处于一般水平,相比较而言,六安市较安全,其次是滁州,最次是合肥。总的来说,皖中地区得分 0.161 分,处于一般偏上水平。皖北地区以蚌埠、亳州、阜阳、淮北、宿州及淮南为代表的供水安全综合评价结果处于一般偏下水平,相比较而言,蚌埠和淮南处于一般偏上水平,而其余四个城市均处于较不安全水平。总的来说,皖北地区得分 −0.256,为一般偏下水平。

② 纵向来看,皖中皖北地区综合评价结果均不理想,处于一般水平上下。从四个指标层来看,供水条件及潜力方面,皖中地区要优于皖北地区,评分约为 0.478,而皖北地区评分约为 −0.400;实际供水保障方面,皖北地区要优于皖中地区,评分约为 0.276,而皖中地区评分约为 −0.188;生态环境保障方面,皖中与皖北地区相仿,评分约为 −0.311,而皖北地区评分约为 −0.318;抗风险能力方面,皖中地区要优于皖北地区,评分约为 0.350,而皖北地区评分约为 −1.282。

③ 从重点区域及重点城市评价结果上看,江淮分水岭地区较蚌埠闸以上地区稍好,评分分别为 0.183 及 −0.17,但是均位于一般水平线上下;合肥市建城区较阜阳市建城区稍好,评分分别为 0.042 及 −0.129,但同样位于一般水平线上下。

8.1.6　开展供水安全保障关键技术综合研究,综合提出了重点区域、主要城市的供水安全优化配置保障方案

研究区域水资源矛盾复杂而突出,显然单一的措施或者技术都难以保障区域

供水安全,在保障水资源持续开发利用的基础上,从挖掘供水潜力和提高区域水资源承载力的角度出发,构建了区域供水安全关键技术体系,包括水资源优化调度技术、洪水资源安全利用技术、地下水安全开采技术、特枯水期及突发事件期水资源应急技术、重点区域及主要城市安全供水技术等五个方面的关键技术研究。在技术体系中既有地表水,也有地下水的安全开采,既考虑工业生活供水安全,也有灌区用水安全。

① 皖中江淮丘陵区典型灌区水量调度与配置关键技术研究。淠史杭灌区运用 Mike Basin 模型模拟构建对节点水量进行平衡分析、水库优化调度、地表地下水联合运用等内核,采用优化网络解法,通过优先规则和流量目标对各种水事行为进行节点水量分配和将流量分配到各连线上实现水量平衡的计算,得出淠史杭灌区的最优化水量分配方案。

② 雨洪资源安全利用技术研究。本次研究基于安徽省境内淮河中游干流洪水的基本特性、沿淮淮北地区水资源利用、工程调蓄能力现状和水资源预测,提出了缓解本地区未来水资源供需平衡矛盾的根本措施是实施跨流域调水,利用沿淮湖洼增蓄水量,是水资源利用的重要补充措施。通过对淮北地区沉陷区的测量、评价与预测;根据预测结果 2020 年有效库容达到 1.32 亿 m^3,进而分析了沉陷区与河道沟通连接及蓄水条件,并确定了沉陷区特征蓄水位,计算了不同保证率下沉陷区的可供水量。

③ 皖中江淮丘陵地区地下水分布规律与开采方式的研究。本项目针对江淮分水岭易旱地区地表河流较少,河流流程短,积水面积小,地表水资源严重不足的特点,首次开展江淮分水岭地区地下水分布规律和开采技术的研究。通过实地调查和地质勘探资料的研究分析,揭示了江淮分水岭缺水地区地下水形成机理及分布规律,取得了一套切实可靠具有较强适用性的技术成果,提出了地下水开采技术和方案。成果具有极强的针对性、实用性和创新性,不仅为皖中江淮分水岭缺水地区探索出一条新的供水安全保障途径,同时也填补了江淮分水岭缺水地区地下水开采技术的空白。

④ 特枯水期及突发事件时期水资源应急方案研究。本项目对安徽省皖中皖北重点城市在特枯水期及突发时期的水资源供需平衡分析,提出皖中皖北重点城市的水资源应急方案。

⑤ 皖中皖北重点区域及主要城市安全供水方案研究。在供水安全综合评价基础上,运用供水安全保障技术,对皖中皖北重点区域(江淮分水岭易旱地区以及蚌埠闸以上区域)进行安全供水方案研究,提出基于供水安全综合评价结果的安全供水方案。利用基于规则的水资源配置模型计算了皖中皖北地区典型城市的水资源配置方案。同时,针对每个市的具体情况分别制定了跨流域调水、水源地规划等具体的工程方案,通过这些方案的实施,有望从根本上缓解该地区供水紧张的局面,为当地水资源的可持续利用和社会经济的可持续发展提供必要支撑。

8.2　成果综合应用

8.2.1　为区域水资源综合规划和农村水利规划编制提供技术支撑

本项目对皖中皖北缺水地区水文情势和水资源演变进行多要素研究,科学、全面地揭示了皖中皖北地区水文要素和水资源演变规律,据此对皖中皖北重点缺水地区和重要城市的水资源开发潜力和承载能力进行了研究,在此基础上提出了主要城市供水安全评价指标体系、供水安全程度等级。在对供水安全保障技术进行了综合研究后,为皖中皖北重点地区和主要城市制定了安全供水方案,并对主要城市、重点区域水资源进行了优化配置,同时提出了特枯年及突发事件期的供水保障应急预案。该成果已在沿淮淮北六市(包括淮南市)和江淮分水岭易旱地区三市(合肥、六安、滁州)水资源综合规划以及《江淮分水岭易旱地区综合治理十二五规划》、《淠史杭大型水库群水资源保护规划》、《淠河总干渠水资源保护规划》、《安徽省淮河流域水资源调查与评价》、《淮河流域水资源综合规划》、《淮河流域地下水评价与监测管理规划》中得到了广泛的应用,为皖中皖北地区城市供水规划和水源地布局及产业结构调整提供重要技术依据,产生了较显著的社会经济效益和环境效益。根据测算,以上规划编制采用该研究成果,可节省基础工作经费近千万元,在水资源管理中应用,减少因缺水对社会经济损失累积达1300万元。据初步测算,该成果在六安市、滁州市水资源综合规划、农田水利基本建设规划等规划中应用,节省规划所需要投入基础工作近500万元;在水资源管理与调度方面,减少因供水不安全对社会经济损失累积达3000万元;在江淮分水岭综合治理过程中,应用该成果节省经费约1500万元;在大别山水库群、淠史杭总干渠保护规划编制中,应用该成果可节约编制经费100万元,同时对饮用水源地水源的保护,为重点城市六安市、中心城市合肥市的城市安全供水提供了保障,为合肥经济圈社会经济的发展做出了积极贡献,成果的应用不仅产生了经济效益,同时也取得了明显的社会效益和生态效益。该成果在淮北市及宿州市水资源综合规划、农田水利基本建设规划等规划中应用,节省规划所需要投入基础工作经费近700万元,在水资源管理与调度方面,减少因供水不安全对社会经济损失累积达2200万元,缓解了城区供水的压力及淮北地区地下水源的超采状况;该成果研究的安全供水方案和远景岩溶水源地,为宿州市新增供水能力30万 m³/日以上,为宿州市社会经济持续发展提供水资源支撑。成果在淮北市水资源综合规划、划定水资源开发利用控制红线指标、地下水开采总量控制红线等方面得到应用,2007年淮北市应用该成果调整了局部水源开采、配置方案,实现工业布局南移,缓解相山岩溶水源地超采,局部岩溶水位回升 4~6 m,确保优质岩溶水供给市区生活用水,社会环境效益显著,节省规划基础工作投入近 800 万元,在水资源管理中应用此成果,减少因缺水对社会经济导致的损失累积达 3000 万元。成果在对亳州市水资源综合规划、水资源管理中得到了应用,提供了很好的技术支撑。该成果提出的"引淮入亳"工程是我市(含涡阳、利辛、蒙城三县城区)未来社会经济发展重要的水资源支撑。该成果中灌区水资源优化配置技术对亳州市农村水利规划的农田水利总体布局、灌溉规划、田间工程布置等方面起到了很好指导作用。该成果提出的中深层孔隙水安全利用关键技术、水资源承载力在地下水资源管理中已充分应用。根据测算,以上规划采用该成果,节省亳州市水资源综合规划、农田水利规划等规划基础工作投入经费近 500 万元,在水资源管理中应用,减少因缺水对社会经济导致的损失累积达 1500 万元,缓解了城区地下水源地超采状况的进一步恶化,该成果研究的安全供水方案,新增供水能力 15 万 m³/日,为亳州市新一轮社会经济发展提供水资源支撑。根据水资源演变和地下水安全开采量成果,系统建立了淮北中南部和北部农灌区水资源配置模型,以灌溉增产效益最大为目标,提出最佳农作物组成、最佳灌溉工程运行系和最优农田水资源配置结构。根据研究成果,在农田水利规划中调整了种植结构和灌溉系统,节约了水资源,增加了灌溉面积。

8.2.2 为区域水利工程建设提供支撑,保障供水安全

皖中皖北地区尤其是江淮分水岭易旱地区和淮北平原地区是水资源最紧缺及开发利用程度最高的地区之一。水资源安全和生态环境恶化与经济社会发展之间的矛盾越来越突出,已成为当前和今后很长时期社会经济快速发展的主要制约因素。本项目针对皖中皖北重点缺水区域、主要城市水资源问题较为突出的地区,对皖中皖北地区水文情势演变规律和水资源变化规律进行研究,把水循环要素转换关系和水资源演变研究成果,应用于水资源开采潜力、承载力,在此基础上开展以供水安全评价与安全供水保障技术的基础研究。在供水安全保障技术研究中,分析了重点区域和主要城市水资源分布和水源工程现状的基础上,按照"江淮互通、河湖相连、库塘多点"的水资源配置格局,制定了供水保障技术方案。采取"挖塘扩容、拦蓄并举、雨洪利用、结构调优"的基本思路,制定了保障措施。该成果的基本思路在皖中皖北缺水地区的城乡水利规划和农田基本建设中已广泛应用,并取得了显著的社会效益、经济效益和生态效益。现对成果应用效益较为突出的部分单位和地区予以简单介绍。

① 依据"挖塘扩容、拦蓄并举、雨洪利用、结构调优"的基本思路,六安市金安区、裕安区在农村安全供水保障实施中成效显著,其中金安区三年来共挖当家塘 325 口,新增蓄水能力 1600 万方,新增和改善灌溉面积 4.5 万亩,打井 147 眼,解决

了缺水地区饮水困难群众 1.56 万人,改造和新建村级电灌站 14 座,清淤河渠道约 50 km,建拦水坝 5 座,病险水库维修加固 5 座。同时大力发展特色农业,农业结构日趋优化合理,在缺水重点区域逐步建立起优势产业群,区域化、规模化、专业化格局基本形成,对缺水地区农村经济实现腾飞贡献突出。

裕安区三年来共整修、新挖(扩)大中塘口 447 口,建拦水坝 14 座,新建小 II 型水库 6 座,除险加固水库 4 座,新建和改造农用电灌站 6 处,整治输水渠道 5 条,打井 509 眼,解决人饮困难人口 33600 人,改善灌溉面积 6.5 万亩,新增灌溉面积 4.8 万亩。为了把缺水区域结构调优、农业种植结构趋于合理,治理区农、经、饲种植面积比例由 2007 年年初的 73∶27∶0 变为现在 54∶32∶14,水田和旱经作物种植面积比例由 2007 年年初的 85∶15 变为现在 77∶23。

② 在安全供水保障技术方案研究中,本项目对采煤沉陷区和沿淮湖泊洼地雨洪资源的利用做了深入的研究,该成果已在实践中应用,效果显著。

淮北市已对采煤沉陷区进行了规划并已实施,南湖和临海童湖近期的主体功能为蓄水和供水,南湖向市区供水用于置换工业企业所用的优质岩溶水,临海童湖蓄水向临涣工业园区供水,东湖、朔里湖和西湖近期的主体功能为湿地、水景观及渔业养殖。规划实施后每年可为淮北市新增供水约 4000 万 m³,大大缓解了淮北市供水压力,同时也提高了淮北市的水资源承载能力。

沿淮湖泊洼地众多,如果能合理利用雨洪资源,将会对当地的供水安全提供有力的保证,对当地生活质量的提高、生产水平的发展、生态环境的改善起到积极的推动作用。

为了改善瓦埠湖周边城乡的用水环境,提高瓦埠湖的生态修复能力,安徽省水利厅、淮委已将瓦埠湖汛限水位从 17.5 m 提高到 18.0 m,可有效利用雨洪资源 0.7 亿 m³,近期将计划再次提高瓦埠湖的汛限水位,如提高汛限水位至 18.3 m,可再增加兴利库容 0.5 亿 m³。计划的实施将会对瓦埠湖周边城乡尤其是对国家能源基地淮南市和三国古都寿县的安全供水提供了有力的保障。

8.2.3 指导灌区水资源合理配置与节水增产,保障粮食安全

该项目在供水保障关键技术研究的基础上,对重点城市和区域进行了水资源优化配置并提出了供水保障措施。安全供水保障措施中,重点介绍了农业节水灌溉先进技术的推广和应用,先进的节水灌溉技术不仅节水而且增产。基于此,节水灌溉技术推广应用,决定着水资源量的高效利用,节水灌溉不仅节水而且增产。

淠史杭蒸发站经过多年的灌溉试验研究,总结出了"浅湿间歇"节水增产灌溉技术,该技术已在六安市缺水地区得到了广泛应用。2008 年,在原来较为成熟的技术基础上,经过多年试验筛选优化和实际应用推出了"优化的浅湿间歇节水灌溉

技术",该技术基本要点是"阶段水层多次落干,一次烤田相结合的方法,做到后水不见前水,充分利用雨水,按指标灌水的生理特性,用于养根保叶抗倒伏,又有利于抗病虫害和个体群体的发育,达到了节水增产目的"。该技术已在史河灌区以及淠河灌区的部分缺水地区推广应用,三年来在霍邱等三县(区)累计推广约 150 万亩,在原来的基础上,每亩节水提高 5 m³。

该成果的应用为灌区节约用水、水资源优化调度、农业生产的增收及水资源的高效利用,为皖西重镇六安市、省会合肥市等城市生活用水提供更多的优质水源,为重点城市的供水保障和社会经济的建设作出了积极的贡献,也是 2012 年中央一号文件关于加快推进农业科技创新保障粮食安全的具体体现。

8.2.4 为社会经济发展规划制定与实施提供水资源支撑,保障经济安全

随着中部崛起战略规划的实施,合肥经济圈规划快速运行,淮南国家级能源基地规划、沿淮城市群发展规划、"两淮一蚌"发展规划等皖北振兴规划的逐步推进,皖中皖北各市社会经济发展规划的有序运作,特别是"大合肥"、"1331"生态空间建设布局构建,充分体现了水是"生活之源、生产之要、生态之基"。本项目在主要城市安全供水方案,供水安全保障技术的研究基础上,本着"依托皖江,调配皖西,补给皖北,改善皖东"的战略指向,构建江淮互通,河湖相连,库塘多点的水资源配置格局,基于战略高度制定了重点城市的水资源优化配置方案,成果具有较强的针对性、创新性和前瞻性,为区域规划的实施提供了水资源支撑,保障经济发展安全。

8.2.5 在水资源管理方面应用

本项目在皖中皖北地区水资源开发潜力和承载力、供水安全保障关键技术体系中的水资源优化联合调度与管理、雨洪资源综合利用技术、地下水安全开采技术、特枯水期水资源调度技术等诸多研究成果中,水资源潜力和承载力分析成果,已应用于最严格水资源管理制度三条控制红线中的"水资源开发总量控制红线"的划定中。本项目中,供水安全保障关键技术体系中的水资源优化联合调度与管理技术、地下水安全开采技术、特枯水期水资源调度技术等成果,也应用于安徽淮河流域水资源管理中。其中,水量优化配置成果以确保城市生活安全用水、保障粮食生产正常用水、保证生态环境基本用水为目标,通过强化皖中皖北地区和重点流域水资源定额管理与总量控制,建立权责明确的区域水量分配机制,初步建立水资源管理的三条"红线",统筹省界和辖市间用水权益,规范行业间用水行为,构建和谐用水秩序,落实生态环境建设和水资源保护责任,以水资源的可持续利用支撑经济社会的可持续发展。

本项目供水保障关键技术研究成果中的特枯水期水资源调度技术研究成果在

水资源应急管理中越来越受到区域水资源管理机构的重视,尤其是皖中皖北地区重点城市特枯水期和突发事件期应急预案的制定对区域和重点流域的水资源和水安全管理具有重要的指导意义。这些成果,在区域和流域的水资源管理和规划里已被广泛应用。

8.2.6　在水利基础研究方面应用

在本项目研究的成果中,水循环、水资源情势演变分析等部分研究成果已为水利部重大公益项目"淮河流域水资源安全保障关键技术研究",国家自然科学基金项目"地形对水文过程影响的实验研究及其分布式模拟"(50879016)、"基于参数外延的样本监测方法及分布式面源模型应用研究"(50609006)、"基于水文敏感区识别的磷分布模拟及危险源区定位研究"(50979027)、"淮河流域旱灾治理关键技术研究"(200901026)、教育部"长江学者和创新团队发展计划资助"项目"大气—陆面—水文过程耦合机理研究"(IRT0717)、河海大学水文水资源与水利工程科学国家重点实验室团队创新项目"气候变化对流域水循环过程及水文极端事件的影响"(1069-50985512)等项目和其他生产项目的研究提供了基础实验资料和分析研究成果。其中,淮河流域水资源情势与供水保障关键技术研究与应用,获得 2012 年水利部大禹水利科学技术二等奖;皖北农田水资源高效利用与综合应用,获得2012 年安徽省科学技术进步三等奖;完成《取样土柱切割托盘》、《一种水文地质参数实验用原状土柱的取样方法》两项实用新型专利申报并获批;完成《浮力式土壤蒸渗仪》、《一种水文地质参数实验用原状土柱的取样方法》两项发明申请,正在公示。公开发表有关论文 30 余篇,出版专著 4 部。

8.2.7　在人才培养方面

本项目研究成果的应用,不仅取得了社会效益、经济效益和生态效益,同时还培养了一只具有高水平创新能力的水文水资源及相关交叉学科的研究队伍,建立了一个集野外水文实验、理论研究、产学研结合和生产应用于一体的水文水资源科研平台,与高校和科研院所联合培养研究生 10 余人。团队主要研究人员中,8 人被聘为工程师,9 人被聘为高级工程师,4 人被聘为教授级高级工程师,项目负责人王振龙获得 2009 年水利部"5151 人才"和安徽省第四批学术和技术带头人,并享受国务院特殊津贴。

8.2.8　在国内外学术交流方面

本项目依托的淠史杭蒸发站、城西径流实验站、五道沟水文实验站皆是国家重点试验站,是安徽省水利水资源的重要组成部分,先后与国内各省、自治区的水利、水文地质、科研院所、高等院校等相关部门的科研人员有长期的合作与科学交流,并且还为华北水利水电学院研究生院、河海大学、武汉大学、南京大学、合肥工业大学、安徽理工大学、安徽水利水电学院等高校的多名水文水资源专业学生驻站实习、撰写学位论文等提供技术指导和帮助。其中,五道沟水文实验站 2001 年与德国联邦健康与环境研究所建立友好合作关系,该所所长多次到站进行学术活动;实验站也派出 4 人到该所工作、学习和交流。2002 年实验站又培养 1 人前往德国汉诺威大学攻读水文水资源与环境博士学位,2003~2008 年先后培养 7 人到健康与环境研究所研读、交流访问。此外,还与日本、荷兰、意大利等国的水文水资源专家进行频繁的交流。通过国内外一系列的学术交流和人员往来,实验站的管理、研究思路、学术水平等不断提高,2004 年在五道沟实验站召开了第六次水文流域实验与水文规划国际学术研讨会,以纪念始于五道沟实验站(青沟)的中国水文实验 50 年,并得到联合国教科文组织的支持。德国国家研究中心水文研究所所长 Klaus-Peter Seiler 认为,五道沟 50 年水文实验和连续不间断的蒸渗仪群实验资料,现时在国际上是独一无二的,五道沟代表了中国水文实验的奋斗精神。

8.3　水资源安全的对策建议

面对皖中皖北地区日益严峻的水资源和水环境安全问题,根据皖中皖北不同地区水资源开发利用特点及水资源开发潜力与承载力问题,结合现有水资源工程和未来水资源演变趋势,从水资源现状和需求各个方面提出解决皖中皖北缺水对策与水资源配置建议。正确处理好充分利用当地地表水、合理开采地下水、注重水资源保护和节约用水、产业结构优化调整以及跨流域跨区域调水之间的关系,统筹考虑上下游、不同区域蓄水、排污、调水利害关系。这不仅是解决该区日益复杂水资源问题的迫切需要,也是事关区域经济社会可持续发展全局的重大战略问题。

8.3.1　充分利用现有水资源工程,提高雨洪资源和中水利用量,实现水资源优化配置

解决皖中皖北水资源问题的重要途径之一是水资源合理配置。在皖中皖北地区已修建了大量的蓄、引、提、调水利工程和机电井工程,初步形成了开发利用地表水、地下水、跨流域跨水系调水等水资源综合工程体系,初步显现长江、淮河、大别山水库群、巢湖等重要水体联合调度的供水格局。皖中地区尤其是江淮分水岭地区和省会合肥市,首先应充分利用当地的蓄水工程,在不能满足需求的情况下,实施跨流域跨地区调水。随着污水工程建设力度的不断加大,污水处理能力的不断

提高,对水质要求不高的行业可采取分质供水的方式利用中水,确保提高城市生活用水。对于区内湖泊和水库在确保防洪安全的基础上,提高兴利库容,利用雨洪资源,提高城乡安全供水保障。在皖北地区,要利用蚌埠闸、临淮岗工程及众多沿淮采煤沉陷区蓄水,加强水资源的合理调配,增加雨洪资源利用量,实现水资源的优化配置。

8.3.2 新建和扩建水资源拦蓄工程及跨流域跨区域调水工程,提高供水能力

随着经济社会的快速发展,安徽省皖中皖北地区的水资源形势越来越严峻,利用现有的水资源工程已远远不能满足当前及未来社会经济快速发展对水资源的快速需求,急需新建和扩建水资源拦蓄工程及跨流域跨区域调水工程,以提高水资源的供水能力和保障能力。皖中地区,计划将大别山水库群、董铺水库和大房郢水库等8座大型水库和一些中型水库逐步完成除险加固增加蓄水和供水量。皖中江淮分水岭地区,除了加快水利工程的建设以外,还要加强跨流域跨地区的调水工程。要加快"引江济淮"工程和"引龙入肥"工程等调配水工程的建设;尽快提高重点城市的安全供水保障能力。利用巢湖分质供水以解决皖中江淮分水岭地区易旱缺水的不利形势。引江济淮工程全面实施后,皖中地区的供水能力将进一步提高。而且随着引江济巢工程的推进,巢湖的水质会进一步得到改善,届时皖中地区的供水能力将会有更大的提升空间。皖北地区,除了要适当抬高沿淮湖泊蓄水位,利用临淮岗工程和沉陷洼地适当蓄水,利用好淮河蚌埠闸以上洪水资源外,引江济淮是解决安徽淮河流域及江淮缺水区水资源供需矛盾的一项战略性骨干工程,提高流域内的水资源配置能力,同时加快推进节水型社会建设和再生水的利用量,进一步提高水资源利用效率和效益。

8.3.3 建立水资源及水环境安全实时调度管理系统,实现水资源科学调度管理

随着皖中皖北地区经济社会的快速发展和城市化进程的加快,水资源及水环境安全问题日益突出,建立水资源及水环境实时调度管理和安全保障体系,尤其是建立干旱年份整个地区的水资源调度应急预案,对实现经济社会可持续发展意义重大。皖中皖北地区来水过程丰枯变化大、随机性强,且来水过程和用水过程差异很大,不同的来水年份供用水保证率差别很大。因此,建立水资源及水环境安全实时调度管理系统,实现不同区域水资源统一调度,对于高效利用水资源和有效利用洪水资源,防止和避免污染事故的发生,保障区域水资源安全和水环境安全具有重要意义。

8.3.4　加强皖中皖北水资源统一配置和调度,进一步加强水环境承载能力

皖中皖北地区水资源严重短缺,随着各地经济的快速发展,地区之间、部门之间的争水矛盾越来越突出,尤其是处于皖中丘陵区跨省界、跨区域的淠史杭灌区,由于采用"长藤结瓜"式的灌溉渠系,各部门、各行业、各地区以及灌溉渠道上下游之间抢水、争水现象特别严重,需要合理配置水资源,以确保城市生活安全用水、保障粮食生产正常用水、保证生态环境基本用水。水资源短缺问题关系到地区经济社会的可持续发展,要求区域必须全面建设节水型社会,提高水资源利用效率和效益,改善水生态环境,增强可持续发展能力,实现人与水的和谐相处,促进经济、社会、环境协调发展。健全水资源和节水的考核体系,水资源和节水的主要指标,要纳入生态建设、全面小康社会、节水型社会建设、科学发展等评价考核体系。对污染物排放总量考核,应当按照核定的水域纳污能力,倒逼至排污口门和排污单位,以此控制污染物排放总量,细化相应考核办法和监督机制。

加强水环境的具体措施有:① 加快城镇污水处理设施建设;② 严格产业污染控制;③ 进行淠河总干渠入河排污口及其他干渠上的排污口整治迁移;④ 加强市界和灌区各控制节点水质达标管理;⑤ 强化对水功能区的监督管理;⑥ 加强面源污染综合治理。

参 考 文 献

[1] 王振龙.安徽省水文水资源实验现状与新时期研究重点[J].江淮水利科技,2010(01).

[2] 王振龙,陈玺,等.淮北平原水文气象要素长期变化趋势和突变特征分析[J].灌溉排水学报,2010(05):52-56.

[3] 王振龙,等.地下水安全开采量的概念与评价方法研究[J].水文,2010(02):13-19.

[4] 王振龙,高建峰.实用土壤墒情监测预报技术[M].北京:中国水利水电出版社,2006.

[5] 王振龙,等.淮河流域水文实验现状与新时期水资源研究重点[J].地下水,2009(06).

[6] 王振龙,李瑞,等.淮北平原有无作物生长条件下潜水蒸发规律实验研究[J].农业工程学报,2009(06).

[7] 王振龙,刘猛,等.地下水安全开采量的概念与评价方法研究[M]//王式成等:水文水资源技术与实践.南京:东南大学出版社,2009.

[8] 王振龙,刘淼,等.淮北平原有无作物生长条件下潜水蒸发规律试验[J].农业工程学报,2009(06).

[9] 王振龙,马倩,等.淮北平原水资源综合利用与规划实践[M].合肥:中国科学技术大学出版社,2008.

[10] 王振龙,孙乐强,等.淮北平原降水时空变化规律研究[J].水文,2010,(06):78-84,92.

[11] 王振龙,王兵,等.农田墒情监测预报和抗旱信息系统设计与实现[J].农业工程学报,2006(2):188-190.

[12] 王振龙,王凤云,王式成.安徽省淮北地区墒情监测预报和抗旱决策信息系统研究[J].水利水电技术,2001(10):20-22,65.

[13] 王振龙,章启兵,等.采煤沉陷区雨洪利用与生态修复技术研究[J].自然资源学报,2009(07).

[14] 王振龙,等.安徽淮北地区地下水资源开发利用潜力分析评价[J].地下水,2008(04).

[15] 王振龙.安徽省水文水资源实验现状与新时期研究重点[J].江淮水利科技,2010,(01):41-43.

[16] 王振龙,等.淮北平原变化环境下水文循环实验研究与应用.大禹水利科学技术二等奖,2010.

[17] 王振龙,等.安徽省水文水资源实验现状与新时期研究重点[J].江淮水利科技,2010(01).

[18] 王式成,汪跃军,等.水资源一体化管理下淮河流域水资源监测的思考[C]//淮河研究会:淮河研究会第五届学术研讨会论文集.北京:中国水利水电出版社,2010.

［19］　王式成,顾乃刚.水资源论证中地表水调节计算问题分析[J].治淮,2008(10):6-7.

［20］　王式成,孔令志.安徽淮北地区水资源形势展望与对策研究[J].水利水电快报,2008
　　　　(S1):42-45.

［21］　王式成,王振帅.淮北地区城市地下水资源管理的思考[J].治淮,2001(04).

［22］　王式成,杨爱林,管向民.阜阳市城区水资源开发利用研究[J].西北水资源与水工程,
　　　　1999(04):44-46,51.

［23］　王式成.淮北地区城市地下水资源开发利用的变化趋势[J].治淮,2000(01).

［24］　郝振纯,李丽,王加虎.气候变化对地表水资源的影响[J].地球科学:中国地质大学学报,
　　　　2007,32(03):425-432.

［25］　罗健,郝振纯.我国北方干旱的时空分布特征分析[J].河海大学学报(自然科学版),2001
　　　　(04).

［26］　郝振纯,王加虎,等.气候变化对黄河源区水资源的影响[J].冰川冻土,2006,28(01):
　　　　1-7.

［27］　鞠琴,余钟波,等.小波网络模型及其在日流量预测中的应用[J].西安建筑科技大学学
　　　　报:自然科学版,2009,41(01):47-52.

［28］　刘晓群,郝振纯,等.洞庭湖蓄洪垸开闸蓄洪初步研究[J].人民长江,2009,40(14).

［29］　陆桂华,张建云,等.大范围旱情监测技术[J].水利水电技术,2003,34(04):44-46.

［30］　任政,郝振纯.基于属性区间识别理论的水资源可持续利用评价[J].水电能源科学,
　　　　2009,27(3).

［31］　任政,郝振纯.水资源开发利用评价的支持向量机模型[J].水利水运工程学报,2009
　　　　(01).

［32］　孙乐强.茅河小流域综合整治与发展模式探讨[J].水利科技与经济,2009,15(2).

［33］　王国庆,张建云,章四龙.全球气候变化对中国淡水资源及其脆弱性影响研究综述[J].
　　　　水资源与水工程学报,2005,16(02):7-10.

［34］　王加虎,郝振纯,李丽.变化条件下的水资源研究综述[C]//周孝德,沈冰:水与社会经济
　　　　发展的相互影响及作用:全国第三届水问题研究学术研讨会论文集.北京:中国水利水
　　　　电出版社,2005,12.

［35］　曾涛,郝振纯,王加虎.气候变化对径流影响的模拟[J].冰川冻土,2004,26(03):
　　　　324-332.

［36］　张乐天,郝振纯.黄河下游与淮北平原蒸发试验对比分析[C]//骆向新,尚宏琦:第三届
　　　　黄河国际论坛论文集.郑州:黄河水利出版社,2007,10.

［37］　安徽省人民政府.安徽省国民经济和社会发展"十一五"总体规划纲要,2006.

［38］　安徽省水利部淮委水利科学研究院,亳州市水务局.亳州市水资源配置方案及工程规
　　　　划,2010.

［39］　安徽省水利部淮委水利科学研究院,淮北市水务局.淮北市水资源综合规划,2007.

［40］　安徽省水利部淮委水利科学研究院,宿州市水利局.宿州市水资源综合规划,2010.

［41］　安徽省水利部淮委水利科学研究院,等.安徽省淮北市城市供水水资源规划,2002.

［42］　安徽省水利厅.安徽省行业用(取)水定额,2006.

［43］　柏菊.调节计算中典型年的选取方法[J].水资源研究,2010(02).

［44］　柏菊,向龙,等.淮北平原1966~2007年蒸发量变化趋势及其影响因素分析[J].安徽农业科学,2010(25):13904-13907,13930.

［45］　蔡善承,吴平.浅议平原洼地治理与治理方式转变[C]//安徽省人民政府:安徽省国民经济和社会发展.北京:中国科学技术出版社,2010,12.

［46］　常军,李素萍,等.河南水资源量特征及对气候变化的响应[C]//中国气象学会:第26届中国气象学会年会气候资源应用研究分会场论文集,2009.

［47］　陈昌才.淮河湖泊洼地洪水资源利用实现途径[C]//中国科学技术协会:淮河流域综合治理与开发科技论坛文集.北京:中国科学技术出版社,2010,12.

［48］　陈光.400-800 mm降水量中、南温带水安全评价标准研究[J].科技资讯,2006(32):130-130.

［49］　陈家琦.水安全保障问题浅议[J].自然资源学报,2002,17(03):276-279.

［50］　陈建耀,刘昌明,吴凯.利用大型蒸渗仪模拟土壤-植物-大气连续体水分蒸散[J].应用生态学报,1999(01):45-48.

［51］　陈隆勋,周秀骥,等.中国近80年来气候变化特征及其形成机制[J].气象学报,2004,62(05):634-646.

［52］　陈南祥,等.基于规则的水资源模拟配置模型[J].灌溉排水学报,2005(04).

［53］　陈显利,徐野,等.加强我国供水安全保障能力建设的建议[J].中国给水排水,2009,25(14):25-27.

［54］　张利平,陈小凤,等.SWAT模型在白莲河流域径流模拟中的应用研究[J].长江科学院院报,2009(06).

［55］　陈晓宏,涂新军,等.水文要素变异的人类活动影响研究进展[J].地球科学进展,2010(08):800-811.

［56］　陈兆开.淮河流域水资源生态补偿制度问题研究[J].安徽农业科学,2007,35(24).

［57］　陈志恺.中国水资源的可持续利用[J].中国水利,2000(08):38-40.

［58］　程翠云,阎伍玖.安徽区域水资源可持续利用评价[J].环境科学研究,2006,19(05):154-158.

［59］　程先军.有作物生长影响和无作物时潜水蒸发关系的研究[J].水利学报,1993(06):37-42.

［60］　楚文海,吴晓微,等.西南岩溶地区水资源可持续利用评价[J].资源科学,2008,30(03).

［61］　褚健婷,夏军,等.海河流域气象和水文降水资料对比分析及时空变异[J].地理学报,2009,64(09):1083-1092.

［62］　戴崇标,丛日凡,姜志群.淮河流域水资源可持续利用评价指标[J].水土保持应用技术,2010(04):20-22.

[63] 邓英春.安徽省淮河流域旱情评价与抗旱对策研究[C]//中国水利学会:中国水利学会2010学术年会论文集(上册).郑州:黄河水利出版社,2010.

[64] 丁峰.安徽省淮北平原水资源条件分析与可持续利用探讨[C]//中国科学技术协会:淮河流域综合治理与开发科技论坛文集.北京:中国科学技术出版社,2010.

[65] 丁一汇,孙颖.国际气候变化研究新进展[J].气候变化研究进展,2006,2(04):161-167.

[66] 费永法.淮河流域水资源问题的探讨[C]//中国水利学会:2008年全国城市水利学术研讨会暨工作年会资料论文集,2008.

[67] 费永法.实现淮河区水资源合理配置的关键问题集对策建议[C]//中国科学技术协会:淮河流域综合治理与开发科技论坛文集.北京:中国科学技术出版社,2010.

[68] 高歌.气候对水资源影响模式评估业务应用研究[C]//中国气象学会:中国气象学会2005年年会论文集,2005.

[69] 龚代华.基于供水安全机制的供水定价方法研究[J].中国物价,2007(01):18-21.

[70] 顾洪,沈宏,吴贵勤.淮河流域水资源配置格局的特点及实现途径[C]//中国水利学会,水利部淮河水利委员会:青年治淮论坛论文集.北京:中国水利水电出版社,2006.

[71] 顾万龙,王纪军,等.淮河流域降水量年内分配变化规律分析[J].长江流域资源与环境,2010,19(4).

[72] 郭新华,商庆仁.开发地下水库,治理旱涝灾害[C]//中国科学技术协会:淮河流域综合治理与开发科技论坛文集.北京:中国科学技术出版社,2010.

[73] 郭增军,孙健.烟台市农业节水灌溉发展现状与思考[C]//淮河研究会:淮河研究会第五届学术研讨会论文集.北京:中国水利水电出版社,2010.

[74] 郭占荣,荆恩春,等.种植条件下潜水入渗和蒸发机制研究[J].水文地质工程地质,2002(02):42-45.

[75] 韩宇平,阮本清,解建仓.多层次多目标模糊优选模型在水安全评价中的应用[J].资源科学,2003(04).

[76] 何英华,王庆华.确保农村供水安全的对策[J].中国卫生工程学,2008,17(02).

[77] 胡继连,等.黄河水资源的分配模式与协调机制——兼论黄河水权市场的建设与管理[J].管理世界,2004(08).

[78] 胡巍巍,王式成,等.安徽淮北平原地下水动态变化研究[J].自然资源学报,2009(11):1893-1901.

[79] 胡贻新.城市水环境保护和水资源可持续发展[J].中华建设,2005(01).

[80] 胡志华.淮河流域区域经济差异的影响因素与协调发展对策研究[D].合肥:合肥工业大学,2010.

[81] 华士乾.我国水资源分布特点及其开发利用中的问题[J].资源科学,1979(02).

[82] 淮河水利委员会.淮河流域及山东半岛水资源可利用量及生态环境用水成果,2006.8.

[83] 淮河水利委员会.淮河片水资源公报,2000～2007.

[84] 淮河水资源保护科学研究所.淮干上中游及主要支流下游生态用水研究,2004.

［85］　淮河委员会水文局.特枯水期淮河蚌埠闸上(淮南～蚌埠段)水资源调度方案研究,2005.

［86］　淮河委员会水文局.淮河干流蚌埠闸上水资源形势展望.淮河流域暴雨洪水学术交流研讨会论文集.

［87］　淮河委员会水文局,乔治亚水资源研究所.水文预报与水资源优化管理关键技术,2006.12.

［88］　黄敬林.发展蚌埠经济带动淮河流域经济发展[C]//淮河研究会:第二届淮河文化研讨会论文集,2003.

［89］　黄林泉.中国的水环境问题[C]//周光召:面向21世纪的科技进步与社会经济发展(上册).北京:中国科学技术出版社,1999.

［90］　黄润.淮河流域可持续发展的主要问题和综合调控[J].国土与自然资源研究,2000(01).

［91］　黄奕龙,王仰麟,等.城市饮用水源地水环境健康风险评价及风险管理[J].地学前缘,2006,13(03):162-167.

［92］　姬宏,王振龙,李瑞.淮北平原地下水资源演变情势研究[J].水文,2009(01):59-62.

［93］　姬宏,张敏秋.淮河流域水资源利用国内外比较与发展趋势分析[J].水文,2009,29(06).

［94］　贾绍凤,张豪禧,孟向京.我国耕地变化趋势与对策再探讨[J].地理科学进展,1997(01).

［95］　姜芳爱.加强水质管理,保障供水安全[J].科技资讯,2010(17):158-158.

［96］　姜志群,朱元生.基于最大熵原理的水资源可持续性评价[J].人民长江,2004,35(01):41-42.

［97］　焦建林.河南省水资源开发利用现状、存在问题及其对策思考[C]//淮河研究会:淮河研究会第五届学术研讨会论文集.北京:中国水利水电出版社,2010.

［98］　金光炎.地下水文学初步与地下水资源评价[M].南京:东南大学出版社,2009.

［99］　金光炎.深层地下水资源的分类属性与分析评价[J].江淮水利科技,2009(01).

［100］　金菊良,洪天求,王文圣.基于熵和FAHP的水资源可持续利用模糊综合评价模型[J].水力发电学报,2007,26(04):22-28.

［101］　景林艳.区域水资源承载能力的量化计算和综合评价研究[D].合肥:合肥工业大学,2007.

［102］　孔凡哲,王晓赞.利用土壤水吸力计算潜水蒸发初探[J].水文,1997(03):44-47.

［103］　雷能忠,许峰,等.多级模糊综合评判在自然资源承载力评价中的应用——以阜阳地区地下水资源为例[J].安徽技术师范学院学报,2004,18(01):53-57.

［104］　雷志栋,杨诗秀,谢森传.土壤水动力学[M].北京:清华大学出版社,1988.

［105］　黎家作.市场经济条件下淮河流域发展水土保持小流域经济的几点思考[J].治淮,1996(07):20-21.

［106］　李长英.城市供水安全体系构建探讨[J].科协论坛,2010(06).

［107］　李鸿昌,高万青.对淮河流域工业发展的思考[J].经济经纬,2000(01).

［108］　李坤刚.我国洪旱灾害风险管理[J].中国水利,2003(B03):47-48.

[109] 李勤,李秋兰,燕在华.江苏省淮河流域水资源规划模型的研究[J].灌溉排水,2000,19 (02).

[110] 李志强,魏智敏,卢双宝.关于确保城市供水安全的对策思考[J].南水北调与水利科技, 2007,5(02):38-39.

[111] 梁树献,罗泽旺,等.浅析气候变化对淮河流域地表水资源的影响分析[C]//中国水利学 会:中国水利学会 2010 学术年会论文集(上册).郑州:黄河水利出版社,2010.

[112] 梁学海,陈竹青,等.淮南矿区采煤沉陷区水资源利用前景分析[M]//王式成,陈竹青, 等:水文水资源技术与实践.南京:东南大学出版社,2009.

[113] 梁友.淮河水系河湖生态需水量研究[D].北京:清华大学,2008.

[114] 廖四辉,程绪水,施勇,等.淮河生态用水多层次分析平台与多目标优化调度模型研究 [J].水力发电学报,2010(04):14-19.

[115] 刘昌明,张喜英,等.大型蒸渗仪与小型棵间蒸发器结合测定冬小麦蒸散的研究[J].水 利学报,1998(10):36-39.

[116] 刘翠善.地表水资源开发利用程度、限度和潜力分析[D].南京:南京水利科学研究 院,2007.

[117] 刘福英,王禹.淮北市水资源演变情势的研究[J].安徽水利水电职业技术学院学报,2008 (04):11-13.

[118] 刘国香.山东省水安全评价体系初步研究[J].山东水利,2005(10).

[119] 刘猛,王振龙.安徽省淮北地区地下水环境质量评价[J].治淮,2009(11).

[120] 刘喜峰,张巍巍,张泽中.城市化与城市供水安全的模型分析[J].人民黄河,2007,29 (02).

[121] 刘义国.淮河中游未控区间天然径流评价[J].水资源保护,2007,23(01).

[122] 刘云涛,曲红,赵文秀.哈尔滨市城市供水安全应急预案选择[J].黑龙江水利科技,2007, 35(01):103-104.

[123] 刘振胜,等.长江下游干流枯季水量分配方案研究[J].人民长江,2005(10).

[124] 马天旗,万一.浅析淮河流域水资源保护及水污染防治[C]//中国科学技术协会:淮河流 域综合治理与开发科技论坛文集.北京:中国科学技术出版社,2010.

[125] 毛晓敏,何长德.叶尔羌河流域裸地潜水蒸发的数值模拟研究[J].水科学进展,1997,8 (04):313-320.

[126] 毛晓敏,雷志栋,等.作物生长条件下潜水蒸发估算的蒸发面下降折算法[J].灌溉排水, 1999(02):26-29.

[127] 牛国跃等.沙漠土壤河大气边界层中水热交换和传输的数值模拟研究[J].气象学报, 1997(04):398-407.

[128] 秦爱民,钱维宏,蔡亲波.1960～2000 年中国不同季节的气温分区及趋势[J].气象科学, 2005,25(04):338-345.

[129] 秦丽云.淮河流域水资源可持续开发利用与环境经济的研究[D].南京:河海大学,2001.

[130]　秦佩英.淮河流域的水资源调查评价取得重要成果[J].治淮,1984(05).

[131]　秦秋莉,陈景艳.我国城市供水安全状况分析及保障对策研究[J].水利经济,2001(03).

[132]　邵薇薇,杨大文.水贫乏指数的概念及其在中国主要流域的初步应用[J].水利学报,
　　　　2007,38(07).

[133]　沈宏,刘熔.淮河片城镇生活用水现状与未来[J].治淮,1997(10).

[134]　沈振荣等.水资源科学实验与研究——大气水、地表水、土壤水、地下水相互转化关系
　　　　[M].北京:中国科学技术出版社,1992.

[135]　施春红,葛华军.城市供水安全分析及对策研究[J].中国公共安全:学术版,2007(01):
　　　　15-19.

[136]　施春红,胡波.城市供水安全综合评价探讨[J].资源科学,2007,29(03):80-85.

[137]　石秋池.从淮河流域水污染看经济发展中的问题[J].中国水利,2001(04).

[138]　水利部淮水利委员会.淮干上中游及主要支流下游水资源利用现状调查报告,2004.

[139]　水利部淮水利委员会.淮河流域及山东半岛水资源开发利用现状调查评价报告,
　　　　2004.9.

[140]　水利部淮水利委员会.淮河流域及山东半岛水资源评价,2004.9.

[141]　唐共地,杨保达.淮河蚌埠水文站年径流系列丰枯转移特性分析[M]//王式成,陈竹青
　　　　等:水文水资源技术与实践.南京:东南大学出版社,2009.

[142]　涂啸.基于区域共同体构想的淮河流域可持续发展研究[D].开封:河南大学,2008.

[143]　汪斌,程绪水.淮河流域的水资源保护与水污染防治[J].水资源保护,2001(03).

[144]　汪跃军,蒋永奎.淮河流域地表水资源可利用量估算成果分析[J].治淮,2005(06):
　　　　19-21.

[145]　汪跃军,赵瑾,王式成.淮河干流蚌埠闸以上水资源需求分析及开发利用建议[C]//中国
　　　　水利学会,水利部淮河水利委员会:青年治淮论坛论文集.北京:中国水利水电出版
　　　　社,2006.

[146]　王发信,王兵.怀洪新河对两岸地下水补排规律分析[J].地下水,2009(05).

[147]　王发信,尚新红,王兵.怀洪新河蓄水可行性研究[M]//王式成,陈竹青等:水文水资源技
　　　　术与实践.南京:东南大学出版社,2009.

[148]　王发信.水利工程移民征迁监理工作实践与思考[J].治淮,2009(04).

[149]　王官勇,戴仕宝.近50年来淮河流域水资源与水环境变化[J].安徽师范大学学报(自然
　　　　科学版),2008,31(01).

[150]　王嘉涛,梁树献,徐慧.近十年来淮河流域旱涝变化特征探讨[C]//淮河研究会:淮河研
　　　　究会第五届学术研讨会论文集.北京:中国水利水电出版社,2010.

[151]　王建武.河南省淮河流域洪涝灾害成因分析及对策研究[C]//中国科学技术协会:淮河
　　　　流域综合治理与开发科技论坛文集.北京:中国科学技术出版社,2010,12.

[152]　王庆,陈吉余.淮河流域综合治理与南水北调(东线)工程[J].长江流域资源与环境,
　　　　1998,7(04):378-384.

[153] 王维平,等.区域水资源优化配置模型研究[J].长江科学院院报,2004(05).

[154] 王小军,赵辉,等.南水北调受水区地下水压采与城市供水安全问题探讨[J].中国水利,2009(15).

[155] 王晓红,侯浩波.浅地下水对作物生长规律的影响研究[J].灌溉排水学报,2006(03):13-17.

[156] 王晓赞.农作物有效潜水蒸发试验研究[J].徐州师范大学学报(自然科学版),1999(01).

[157] 王学鹏,焦立新.循环经济,淮河流域水资源开发的必由之路[J].安徽科技学院学报,2007,21(5).

[158] 王玉太,储德义,沈宏.论淮河片水资源的配置与开发[C]//王玉太:21世纪治淮和流域可持续发展战略研讨会论文集.合肥:中国科学技术大学出版社,2001.

[159] 王玉太.21世纪上半叶淮河流域可持续发展水战略研究[M].合肥:中国科学技术大学出版社,2001.

[160] 王煜,等.基于区域水资源平衡的黄河下游引黄地区初始水权的探讨[J].灌溉排水,2002(06).

[161] 王跃军,王式成,等.淮河流域水资源量及变化趋势分析[C]//淮河研究会:淮河研究会第五届学术研讨会论文集.北京:中国水利水电出版社,2010.

[162] 王郑,王祝来,等.城市供水安全应急保障体系研究[J].灾害学,2006,21(02):106-109.

[163] 文俊,吴开亚,等.基于信息熵的农村饮水安全评价组合权重模型[J].灌溉排水学报,2006,25(04).

[164] 吴师.安徽省淮河流域水环境变迁及未来监测工作的思考[C]//中国科学技术协会:淮河流域综合治理与开发科技论坛文集.北京:中国科学技术出版社,2010.

[165] 吴亚军.采煤沉陷区与河流洪水资源安全利用研究[C]//中国科学技术协会:淮河流域综合治理与开发科技论坛文集.北京:中国科学技术出版社,2010,12.

[166] 夏军,刘孟雨,等.华北地区水资源及水安全问题的思考与研究[J].自然资源学报,2004,19(05):550-560.

[167] 夏军,左其亭.国际水文科学研究的新进展[J].地球科学进展,2006,21(03):256-261.

[168] 夏军等.淮河流域水环境综合承载能力及调控对策[M].北京::科学出版社,2009.

[169] 向茂森,唐柏林.淮河流域片社会经济简况[J].治淮,1997(07):36-39.

[170] 徐迎春.皖北地区治水与经济发展[D].合肥:安徽大学,2004.

[171] 许阳,储雪松,等.杭州市供水安全管理信息系统的建设实践[J].给水排水,2008,34(02):116-118.

[172] 薛仓生.浅析提高安徽省水资源承载能力的有效途径[J].人民长江,2004,35(09).

[173] 薛梅,葛朝霞,等.淮河流域水资源变化的分析及预测[J].中国农村水利水电,2008(08).

[174] 闫宝伟,郭生练,肖义.南水北调中线水源区与受水区降水丰枯遭遇研究[J].水利学报,2007,38(10):1178-1185.

[175] 闫华,周顺新.作物生长条件下潜水蒸发的数值模拟研究[J].中国农村水利水电,2002

(09):15-18.

[176] 杨迪虎.淮河流域重点污染源入河排污规律研究[C]//中国科学技术协会:淮河流域综合治理与开发科技论坛文集.北京:中国科学技术出版社,2010.

[177] 杨小柳,等.新疆经济发展与水资源合理配置及承载能力研究[M].郑州:黄河水利出版社,2003.

[178] 杨宗贵.城镇供水安全建设问题探讨[J].福建建设科技,2006(03):51.

[179] 叶乃杰,许浒.安徽省淮北平原旱涝灾害及其防治技术分析探讨[C]//中国科学技术协会:淮河流域综合治理与开发科技论坛文集.北京:中国科学技术出版社,2010.

[180] 尹殿胜.蚌埠市城市供水水源安全问题及对策[C]//中国科学技术协会:淮河流域综合治理与开发科技论坛文集.北京:中国科学技术出版社,2010.

[181] 游进军,等.水资源配置模型研究现状与展望[J].水资源与水工程学报,2005(03).

[182] 曾畅云,李贵宝,傅桦.水环境安全及其指标体系研究——以北京市为例[J].南水北调与水利科技,2004,2(04):31-35.

[183] 詹同涛,王浩,梁小刚.临淮岗工程蓄水兴利对区域水资源开发利用及配置的影响分析[C]//淮河研究会:淮河研究会第五届学术研讨会论文集.北京:中国水利水电出版社,2010.

[184] 张华侨,窦明,等.郑州市水安全模糊综合评价[J].水资源保护,2010,26(06).

[185] 张吉军.模糊层次分析法(FAHP)[J].模糊系统与数学,2000,14(02):80-88.

[186] 张建云,王国庆.气候变化对水文水资源影响研究[M].北京:科学出版社,2007.

[187] 张天义,郭新华.淮北平原旱涝灾害地质背景及防治对策[C]//中国科学技术协会:淮河流域综合治理与开发科技论坛文集.北京:中国科学技术出版社,2010.

[188] 张翔,王晓妮,等.中国主要流域水安全评价指数的应用研究[C]//中国水利学会青年科技工作委员会:中国水利学会第二届青年科技论坛论文集.郑州:黄河水利出版社,2005.

[189] 张翔,夏军,贾绍凤.干旱期水安全及其风险评价研究[J].水利学报,2005,36(09):1138-1142.

[190] 张炎斋,沈宏,张永勇.淮河流域闸坝对水生态与环境影响评估[C]//中国科学技术协会:淮河流域综合治理与开发科技论坛文集.北京:中国科学技术出版社,2010,12.

[191] 赵瑾.淮河流域水文站网现状分析及前景展望[C]//淮河研究会:淮河研究会第五届学术研讨会论文集.北京:中国水利水电出版社,2010.

[192] 赵奎霞,朱书全,等.模糊综合评判法评价白洋淀流域水环境承载度[C]//中国环境科学学会:中国环境科学学会2006年学术年会优秀论文集(中卷).北京:中国环境科学出版社,2006.

[193] 赵胜发.怀洪新河防洪调度运用思考[C]//中国科学技术协会:淮河流域综合治理与开发科技论坛文集.北京:中国科学技术出版社,2010.

[194] 郑胡根.骆马湖水资源管理问题与对策思考[C]//淮河研究会:淮河研究会第五届学术

研讨会论文集.北京:中国水利水电出版社,2010.

[195] 郑三元,王式成,陈益群.阜阳市城区供水方案研究[J].治淮,1998(10).

[196] 郑三元,王振龙.安徽淮北农灌区井灌经济技术研究[J].地下水,1996(03):97-101.

[197] 中水淮河有限责任公司.淮河流域水资源综合规划水资源需求预测资料,2006.10

[198] 周鹏.中国资源型区域与加工业区域经济发展的比较研究——以山西与浙江两省为例[J].经济地理,2005,25(03).

[199] 周卫平.国内外节水灌溉技术的进展及启示[J].节水灌溉,1997(04):18-20.

[200] 朱启林,甘泓,游进军等.基于规则的水资源配置模型应用研究[J].水利水电技术,2009,40(03).

[201] 朱颂梅,唐德善.水污染与城市供水安全[J].城市问题,2008(01):64-67.

[202] 朱正业.近十年来淮河流域经济史研究述评[J].社会科学战线,2005(06):255-259.

[203] 王兵.界首市水资源调查评价[J].安徽水利水电职业技术学院学报,2012(03).

[204] 王兵.阜阳市河流生态修复技术探讨[J].江淮水利科技,2012(04).

[205] 刘猛,王怡宁,李瑞.沿淮淮北水资源情势及缺水对策研究[J]水利水电技术,2012(11).

[206] 李瑞,王怡宁,等.安徽省淮北地区水资源问题及管理刍议[J].中国农村水利水电,2012(10).

[207] 王发信.怀洪新河新胡洼闸BP神经网络洪水预报模型[J].江淮水利科技,2012(02).

[208] 王辉.浅谈采煤沉陷区湿地生态修复[J].治淮,2012(11).

[209] 许一,徐得潜.安徽省节水灌溉效果评价方法研究[J].节水灌溉,2012(06).

[210] 王发信.水稻与水的关系,安徽省省水文专业委员会2012年会论文集,2012.12.

[211] 王振龙,等.淮北平原"四水"转化模型实验研究与应用[C]//中国水利学会水文专业委员会:中国水文科技新发展——2012年全国水文学术讨论会论文集,2012.

[212] Bandara,M.Drainage density and effective precipitation[J].Journal of Hydrology,1974,21(2):187-190.

[213] Bárdossy,A.,Disse,M.Fuzzy rule-based models for infiltration[J].Water Resource Research,1993,29(3):373-382.

[214] Brakenridge,R.,Anderson,E.MODIS-based flood detection,mapping and measurement:The potential for operational hydrological applications[J].Transboundary Floods:Reducing Risks Through Flood Management,2006,72:1-12.

[215] Tewei Dai,Labadie,J.W.River basin network model for integrated water quantity/quality management[J].Journal of Water Resources Planning and Management,2001,127(5):295-305.

[216] Doorenbos,J.,Pruitt,W.O.Guidelines for predicting crop water requirements[M].Rome:Irrigation and Drainage Paper(FAO),1977.

[217] Efstratiadis,A.,Koutsoyiannis,D.Fitting hydrological models on multiple responses using the multiobjective evolutionary annealing-simplex approach[M]//Abrahart,R.

J.,See,L. M.,Solomatine,D. P.,Springer,D. E.: Practical Hydroinformatics: Computational Intelligence and Technological Developments in Water Applications. [S. l.]: Water Science and Technology Library,2008.

[218] Fairfield,J.,Leymarie,P. Drainage networks from grid digital elevation models[J]. Water Resources Research,1991,27(5):709 – 717.

[219] Gan,T.,Burges,S. Assessment of soil-based and calibrated parameters of the Sacramento model and parameter transferability[J]. Journal of Hydrology,2006,320(1 – 2): 117 – 131

[220] Garbrecht,J.,Martz,L. The assignment of drainage direction over flat surfaces in raster digital elevation models[J]. Journal of Hydrology,1997,193(1 – 4):204 – 213.

[221] Georgakakos,A. P.,Yao,H. New control concepts for uncertain water resources systems:1,Theory[J]. Water Resources Research,1993,29(6),1505 – 1516.

[222] Georgakakos,A. P.,Yao,H.,Mullusky,M. G.,Georgakakos,,K. P. Impacts of climate variability on the operational forecast and management of the Des Moines River Basin [J]. Water Resources Research,1998,34(4),799 – 821.

[223] Saaty,T. L. Multicriteria decision making: the analytic hierarchy process: planning, priority setting,resource all ocation[M]. Pitts burgh: RWS publications,1990.

[224] Sullivan,C. Calculating a water poverty index[J]. World Development,2002,30(7): 1195 – 1210.

[225] Sullivan,C. A.,Meigh,J. R.,Giacomello,A. M. The Water Poverty Index: Development and application at the community scale[J]. Natural Resources Forum,2003,27 (3):189 – 199.

[226] Vargas,L. G. An overview of the analytic hierarchy process and its applications[J]. European Journal of Operational Research,1990,48(1):2 – 8.

[227] Willett,K.,Sharda,R. Using the analytic hierarchy process in water resources planning: selection of flood control projects[J]. Socio-Economic Planning Sciences,1991,25 (2):103 – 112.